输变电设备品控检测技术系列

配电设备品控检测技术

王　科　张贵鹏　阳　浩　宋　洁　编著

西南交通大学出版社
·成　都·

图书在版编目（CIP）数据

配电设备品控检测技术 / 王科等编著. —成都：西南交通大学出版社，2022.6
ISBN 978-7-5643-8736-5

Ⅰ. ①配… Ⅱ. ①王… Ⅲ. ①配电装置－质量检验 Ⅳ. ①TM642

中国版本图书馆 CIP 数据核字（2022）第 104668 号

Peidian Shebei Pinkong Jiance Jishu
配电设备品控检测技术

王　科　张贵鹏　阳　浩　宋　洁 / **编著**

责任编辑 / 李芳芳
封面设计 / 阎冰洁

西南交通大学出版社出版发行
（四川省成都市金牛区二环路北一段 111 号西南交通大学创新大厦 21 楼　610031）
发行部电话：028-87600564　028-87600533
网址：http://www.xnjdcbs.com
印刷：成都蜀通印务有限责任公司

成品尺寸　185 mm × 240 mm
印张　28.25　　字数　584 千
版次　2022 年 6 月第 1 版　　印次　2022 年 6 月第 1 次

书号　ISBN 978-7-5643-8736-5
定价　128.00 元

配电设备品控检测技术

编 委 会

主要编著者： 王　科　张贵鹏　阳　浩　宋　洁

其他编著者： 项恩新　王曙光　徐肖伟　聂永杰

颜自祥　范文武　李志翔　陈　龙

秦　忠　杨秋昀　段生江　吴雪松

邵　力　刘红文　王洪林　李　维

唐　标　许志松　蔡　伟　王志鹏

前言

PREFACE

电气设备品质控制是电网物资应用的一个关键环节，包括针对重要输变电工程重要关键物资的监造，以及全品类物资及关键物资部件的检测。作为电气设备应用的重要客户，电网公司在强化物资质量、构建完善品控能力方面，着力持续提升硬件（检测）和软件（人员）配置。

本书围绕用量大、种类多的配电设备，重点从品控的检测方面，以自行构建的配网实验室为核心，辅以市场化检测能力，针对配网三类核心设备（配变、开关、电缆），两类核心附属设备（绝缘子、熔断器），以及水泥杆、10 kV 避雷器、站用蓄电池、光缆、无人机等物资，还有电缆振荡波、超声检测、故障查找定位等配网常用的离线、带电、在线仪器，在检测效果分析的基础上阐述检测能力，最终基于运行缺陷故障及检测成效分析，提出了检测项目、检测重点侧重的优化建议。

全书共分 7 章，第 1 章介绍了中低压配网真型平台和铁磁谐振试验平台。第 2 章介绍了 10 kV 架空线路类设备品控检测，包括绝缘子、避雷器、裸导线、电杆、金具、塔材、光缆品类。第 3 章介绍了电缆及开关类设备品控检测，包括电缆、电缆附件、柱上开关、地面箱柜、PT 用熔断器类。第 4 章介绍了配变台区设备品控检测，包括配变、跌落式熔断器、JP 柜、低压空开品类。第 5 章介绍了配电自动化馈线终端（FTU）、蓄电池设备品控检测。针对每个品类的运行缺陷、故障统计，开展了基于品类结构、制造特点的检测项目关联分析，通过对历年品控检测不合格项目、数量、原因分析，给出了检测优化建议，并介绍了品类检测项对应的常用检测仪器及性能参数。第 6 章介绍了配网巡维工器具品控检测，包括无人机、直流试送仪、故障查找仪、电缆振荡波局放检测仪、非接触超声局放仪。针对仪器特点，进行了针对性测试评价。第 7 章基于品控检测与运行缺陷故障进行关联分析，给出了调整品类检测项目、检测量以及品控检测新方式的建议。

本书第 1 章由王科、项恩新、刘红文编写，阳浩、聂永杰审核；第 2 章由徐肖伟、秦忠、陈龙、李志翔、范文武编写，张贵鹏、阳浩、宋洁、王曙光审核；第 3 章由吴雪松、段生江、杨秋昀编写，王科、项恩新、张贵鹏、王曙光审核；第 4 章由徐肖伟、邵力、秦忠编写，宋洁、王曙光、张贵鹏审核；第 5 章由王洪林、李维、颜自祥编写，王科、阳浩、张贵鹏审核；第 6 章由邵力、秦忠、陈龙编写，项恩新、颜自祥、范文武、李志翔审核；第 7 章由王科、阳浩编写，王曙光、宋洁、张贵鹏审核。

本书涉及配网关键物资、常用运维仪器、物资及仪器的多参数性能检测、检测所用测试仪器、关键物资运行缺陷故障、物资性能参数优化调整以及配网真型实验室等综合内容，信息丰富，参考性强，适合作为电力工程技术人员的参考用书，也可作为电气设备制造技术人员、大专院校学生的参考用书，还可作为了解各类型电气设备的多参数的性能检测，以及电网、电源、用电客户技术人员管控电气设备质量的技术辅导用书，受众对象广泛。

由于编者水平所限，书中不妥之处欢迎广大读者批评指正。

作　者

2022 年 2 月

目 录

CONTENTS

第1章

配电网系统级检测技术

1.1 配网真型试验平台

1.1.1 真型试验平台概况

为满足人民对美好生活的向往，提升配电网可靠性、供电质量、安全性日益迫切，因此，当前配电网的建设主要围绕供电可靠性、供电质量以及安全性提升等方面进行，以适应不同区域［中心城市（区）、城镇地区、农村地区］的指标要求。地处高原、辖区广袤、环境复杂的云南配电网，网架薄弱、建设步伐滞后，尤其需要科技推动。建设高原中性点非有效接地真型配电网试验平台的核心在于实现真实配电网的系统级实证测试，通过中性点非有效接地配电网系统，融合配网电能质量和配网自动化装备，可开展“10 kV 中性点及 10 kV 单相、异相异地接地实证”“弧光接地及中性点补偿对电力电子装置影响”“10 kV 接地、380 V/220 V 漏电及电弧对人身安全的影响”“10 kV/380 V/220 V 无功及电压治理性能验证”“配电自动化”“新能源馈入”等方面的技术研究工作。

南网范围现有配网实验室能力，着重于设备单品，以满足物资品控检测为主。一些微型试验网络（包含动模）、规模、功能均无法满足现在更高的实际需求。地处高原、辖区广袤、环境复杂的云南配电网，步伐滞后，尤其需要科技推动。真型配电网创新平台以配电网中性点接地方式为核心，以高原弧光接地检测抑制及对电力电子装置的影响为重点，强化中低压人身安全实证测试，建设真型配网，整合自有计算能力，融合自有单品测试功能。

高原中性点非有效接地真型配电网试验平台按照功能划分为 7 个功能模块，包括电源系统、中性点多功能接地模块、单相接地试验模块、集总参数等效线路模块、能馈式电子负载、高压 SVG 系统和中央控制系统，如图 1-1 所示。

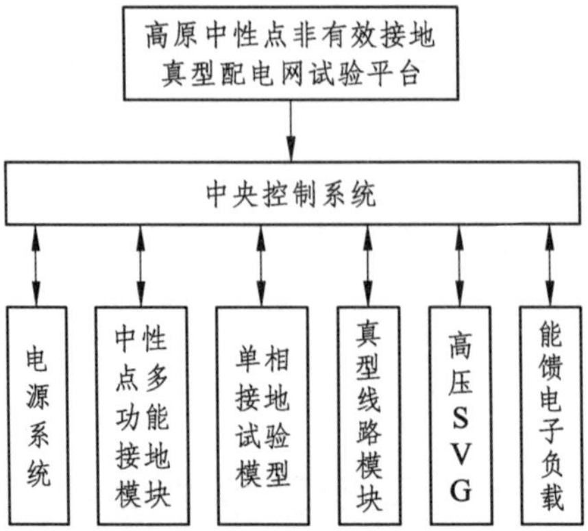

图 1-1　高原中性点非有效接地真型配电网试验平台构成

高原中性点非有效接地真型配电网试验平台主要功能有平台负荷闭循环功能、弧光接地及中性点补偿对电力电子装置影响测评功能、10 kV 接地、380 V/220 V 漏电及电弧的人身安全测评功能、10 kV/380 V/220 V 无功及电压治理性能验证功能、配电自动化实证测试功能、新能源馈入实证测试功能、无功补偿装置测试评价功能、低压台区涉电安全测试评价功能和新设备挂网安全测试功能等。

本平台是基于高起点、要素全、可灵活拓展的基础试验平台，可在全补偿、转移消弧、“网”参数测试、10 kV/380 V/220 V 人身电击和电伤、配电自动化、新能源馈入影响等方面开展实证测试研究工作，平台可开展各类型测试分析，技术培训及专业技术人才培养，具有显著成效。平台的主要亮点如下：

（1）整体能馈设计，真实有功负荷流动，低压可控谐波源，条件优越。

创新性地采用能馈式电子负载装置，平台系统整体通过 380 V 升压至 10 kV，然后通过变 380 V 形成整体能量闭循环。外部输入总容量控制在 630 kVA 以内，试验平台由器材厂的一台 1600 kVA 站用变单独供电，容量阈度大。能馈功率 0 ~ 200 kW 可调。低压回馈线路约 300 A 负荷电流，可控谐波源及负荷不平衡可调；高压约 12 A 负荷电流。有别于现有的及在规划的真型实验室，真实负荷流动，更加贴合实际。

（2）可开展配网接地故障高原接地电弧影响及补偿测试。

相较于平原地区，高海拔下配网接地故障的放电距离更长、自熄电弧电流更低、弧光接地过电压较高，电弧特征独特，弧光放电主动抑制较为困难，接地补偿措施要求更高。为适应高原地区接地故障的独有特点，国内现有或在规划建设中的真型实验室，均不具备该条件。

（3）可开展电力电子装置在弧光接地及中性点补偿技术下的综合适应性研究。

基于平台低压能馈柜和高压SVG系统，可开展单相弧光接地故障下的适应性研究；在有不同类型电力电子装置接入时（如在低压台区馈入新能源、接入电力电子负载、接入用于评测的低压电力电子装置、高压电力电子装置等），可开展单相弧光接地故障下的适应性研究，可开展各型中性点补偿技术综合叠加的影响分析。对于中性点补偿技术的研究工作，受限于真实弧光接地条件，国内现有的真型实验室电源阈度小、等效阻抗大、燃弧不充分，难以开展。本平台的电源阈度大、等效阻抗小，加上高原更易燃弧、自熄电弧电流更低，具有更优越的条件。据此方面的研究，可更严酷、真实地考核接入系统的电力电子装置综合性能。中性点全补偿技术如图1-2所示。

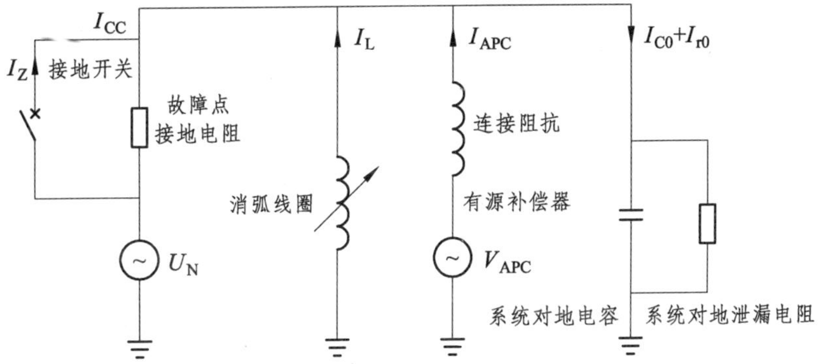

图 1-2　中性点全补偿技术

（4）中低压配网涉电安全技术，真型平台测试条件优越。

在 10 kV 接地人身安全上实现实证测试，校核仿真计算结果；开展 380 V/220 V 漏电及电弧人身电击安全实证测试，探索安全防护有效方法。相较已有简易模型测试及现场有限工况的测试条件，该平台能够更翔实且接近真实地开展实测验证，充实研究数据，贴近真实还原事件，而且安全可控，影响范围小。

（5）平台在中低压配网新装备（单品，系统）挂网试运行，配电自动化单品联网以实现系统级功能验证。

10 kV/380 V/220 V 无功及电压治理装备性能验证，配变低压台区馈入小型光伏、模拟风机、充电桩、储能等器件实现模拟真实工况的中低压网络级测试等方面，能实现强的生产支持。可为中性点接地方式效果、接地故障分析还原、产品性能考核、配电自动化验证、电力电子装备接入影响分析、新能源馈入测试等方面，提供系统级试验环境和优越条件，可有效支撑配用电生产实际。

1.1.2 真型试验平台模块及参数

1.1.2.1 试验平台布置及功能

高原中性点非有效接地真型配电网试验平台位于一座整体车间中，如图 1-3、1-4 所示。

图 1-3 线路器材厂俯瞰图

图 1-4 真型试验平台俯视图

如图 1-5 所示，车间净高 8 m、宽 15 m、长 120 m。试验平台占用 15 m × 60 m 共约 900 m^2 的室内面积，同时还在车间与围墙之间的户外空间（约 5 m × 120 m）设立四基水泥杆（两耐张，两支撑），布设 10 kV 架空绝缘导线和裸导线。

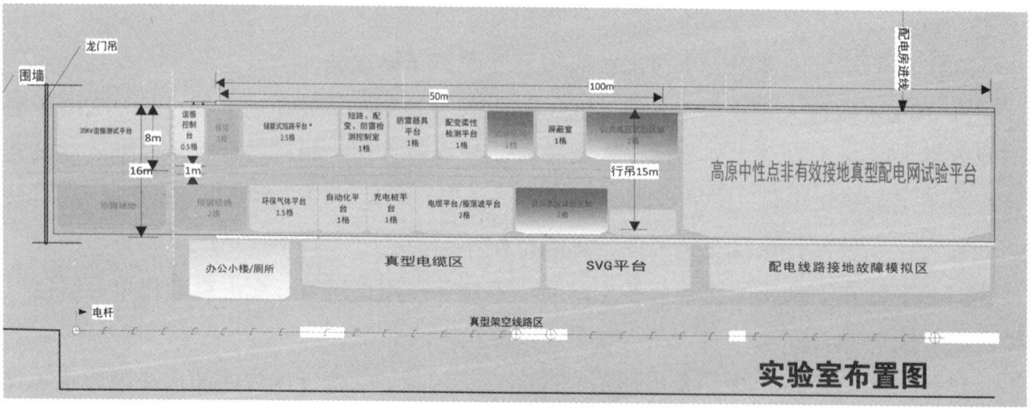

图 1-5 试验平台三维立体布置示意图

平台结构如图 1-6 所示。平台在设计时考虑了三种运行方式，能模拟不同负载下配电网运行工况，通过改变真型线路模块中电缆分支箱电缆接线方式实现改变运行方式，如图 1-7 ~ 1-9 所示。

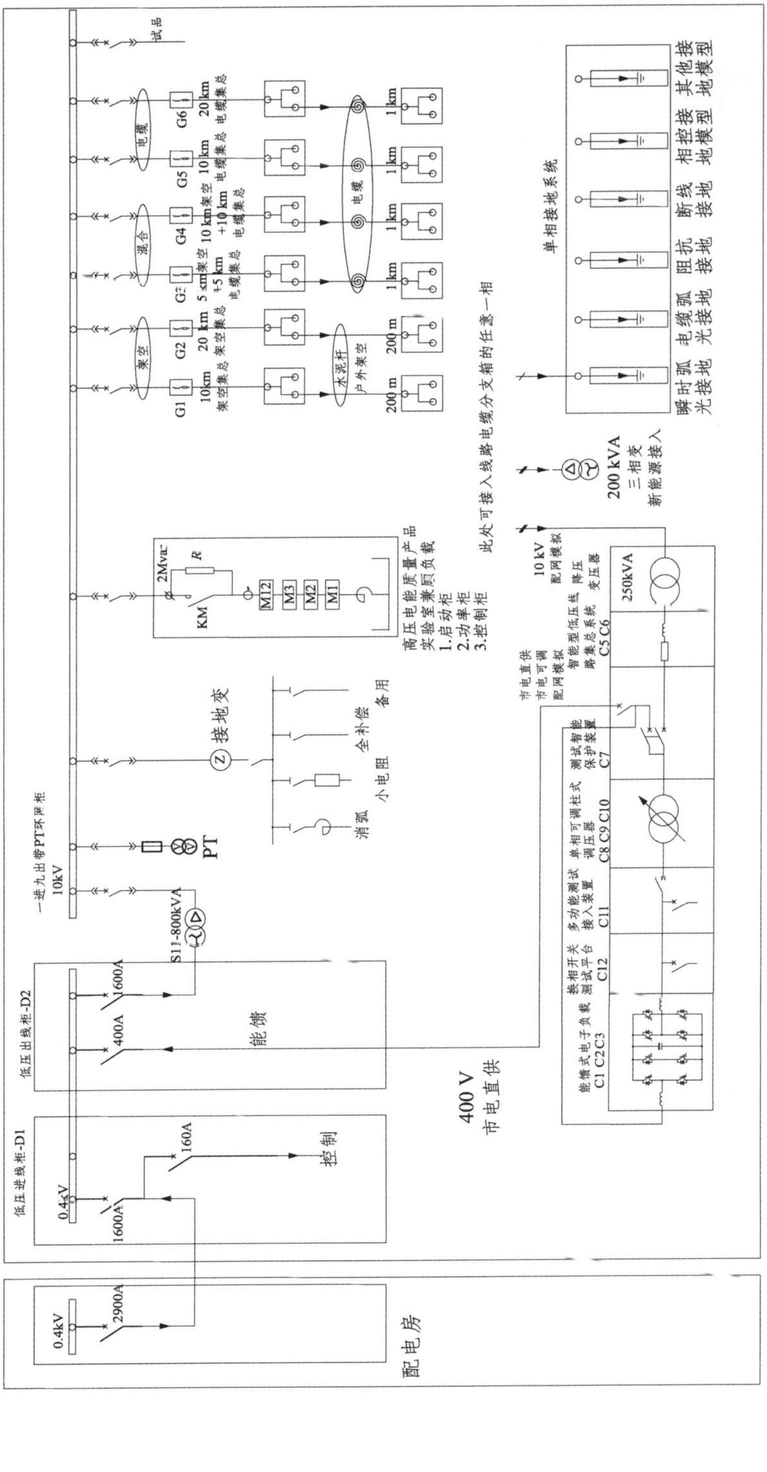
试品
G1
G2
G3
G4
G5
G6
10km 架空集总
20 km 架空集总
5 km架空 +5 km 电缆集总
10 km架空 +10 km 电缆集总
10 km 电缆集总
20 km 电缆集总
架空
混合
电缆
水泥杆 户外架空
200 m
1 km
单相接地系统
瞬时弧光接地
电缆弧光接地
阻抗接地
断线接地
相控接地模型
其他接地模型
此处可接入线路电缆分支箱的任意一相
200 kVA 三相变 新能源接入
10 kV 配网模拟 降压变压器
250kVA
2Mvar
R
KM
M12
M3
M2
M1
高压电能质量产品实验室兼阻负载
1.启动柜
2.功率柜
3.控制柜
Z 接地变
消弧
小电阻
全补偿
备用
PT
一进九出带PT环网柜
10kV
S11-800kVA
低压出线柜-D2
1600A
400A
能馈
低压进线柜-D1
0.4kV
160A
控制
400 V 市电直供
市电直供 市电可调 配网模拟
智能型低压线路集总系统 C5 C6
测试智能保护装置 C7
单相可调柱式调压器 C8 C9 C10
多功能测试接入装置 C11
换相开关测试平台 C12
能馈式电子负载 C1 C2C3
0.4kV
2900A
配电房

图 1-6 平台结构

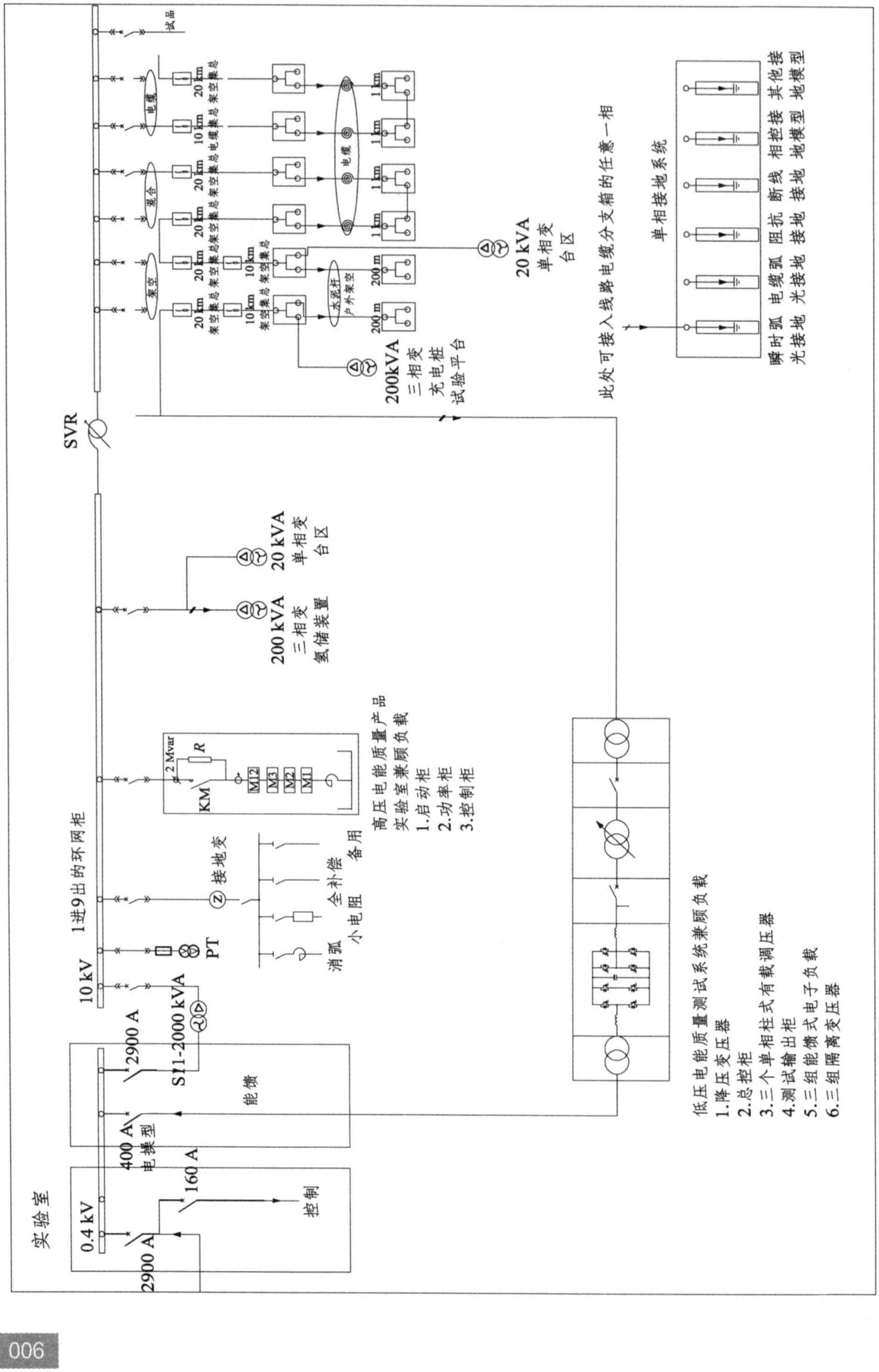
实验室
0.4 kV
2900 A
160 A
控制
400 A
电操型
能馈
2900 A
S11-2000 kVA
10 kV
PT
1进9出的环网柜
接地变
消弧
小电阻
全补偿
备用
KM
2 Mvar
R
M12
M3
M2
M1
高压电能质量产品实验室兼顾负载
1.启动柜
2.功率柜
3.控制柜
200 kVA 三相变 氢储装置
20 kVA 单相变 台区
SVR
200kVA 三相变 充电桩 试验平台
20 kVA 单相变 台区
试品
电缆
混合
架空
水泥杆户外架空
此处可接入线路电缆分支箱的任意一相
单相接地系统
瞬时弧光接地
电缆弧光接地
阻抗接地
断线接地
相控接地模型
其他接地模型
低压电能质量测试系统兼顾负载
1.降压变压器
2.总控柜
3.三个单相柱式有载调压器
4.测试输出柜
5.三组能馈式电子负载
6.三组隔离变压器

图 1-7　平台运行方式一

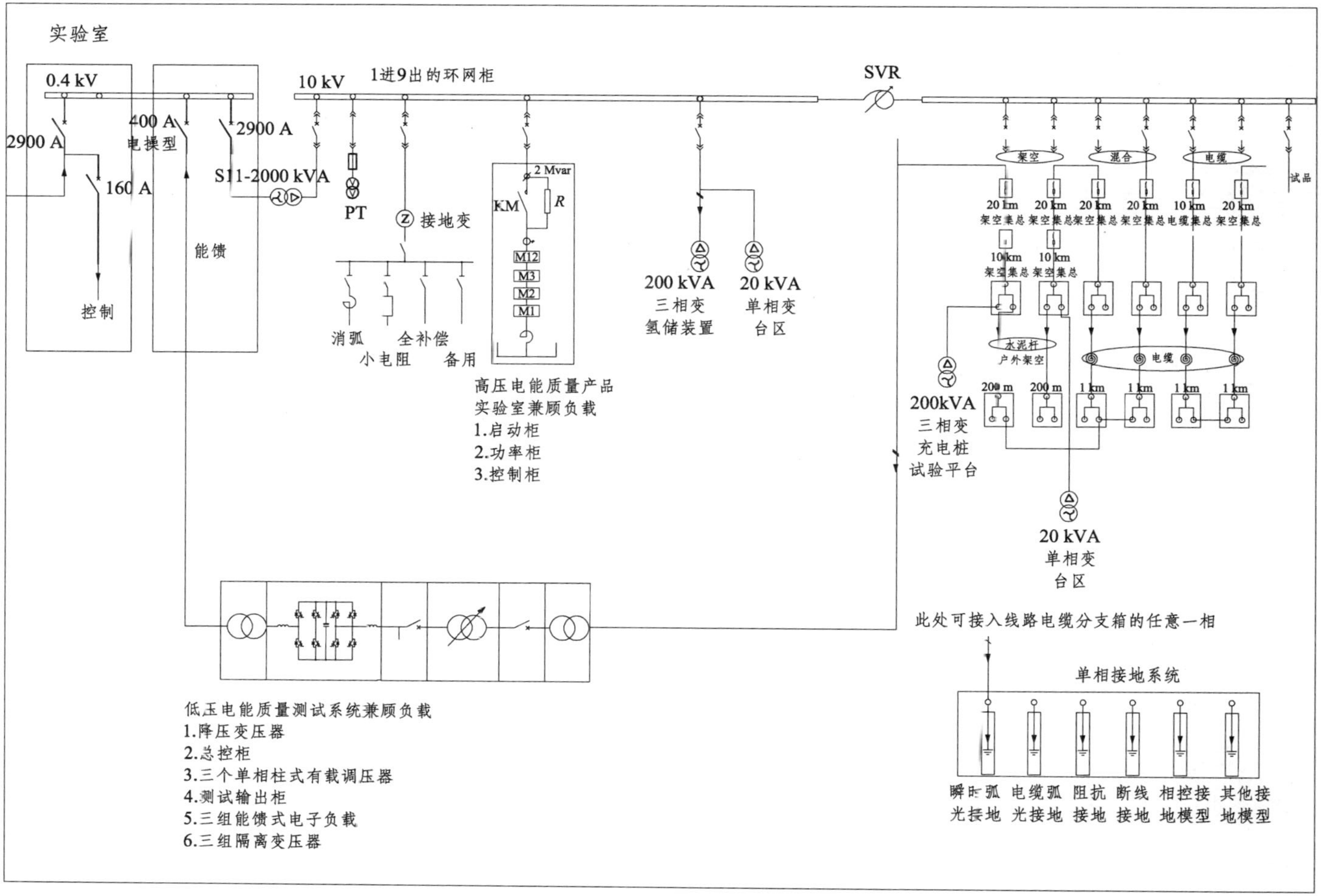

实验室
0.4 kV
2900 A
400 A
电操型
2900 A
160 A
控制
能馈
S11-2000 kVA
10 kV
1进9出的环网柜
PT
接地变
消弧
全补偿
小电阻
备用
KM
2 Mvar
R
M12
M3
M2
M1
高压电能质量产品
实验室兼顾负载
1.启动柜
2.功率柜
3.控制柜
200 kVA
三相变
氢储装置
20 kVA
单相变
台区
SVR
架空
混合
电缆
试品
20 km 架空集总
20 km 架空集总
20 km 架空集总
20 km 架空集总
10 km 电缆集总
20 km 架空集总
10 km 架空集总
10 km 架空集总
水泥杆
户外架空
电缆
200 m
200 m
1 km
1 km
1 km
1 km
200kVA
三相变
充电桩
试验平台
20 kVA
单相变
台区
此处可接入线路电缆分支箱的任意一相
单相接地系统
瞬时弧光接地
电缆弧光接地
阻抗接地
断线接地
相控接地模型
其他接地模型
低压电能质量测试系统兼顾负载
1.降压变压器
2.总控柜
3.三个单相柱式有载调压器
4.测试输出柜
5.三组能馈式电子负载
6.三组隔离变压器

图 1-8 平台运行方式二

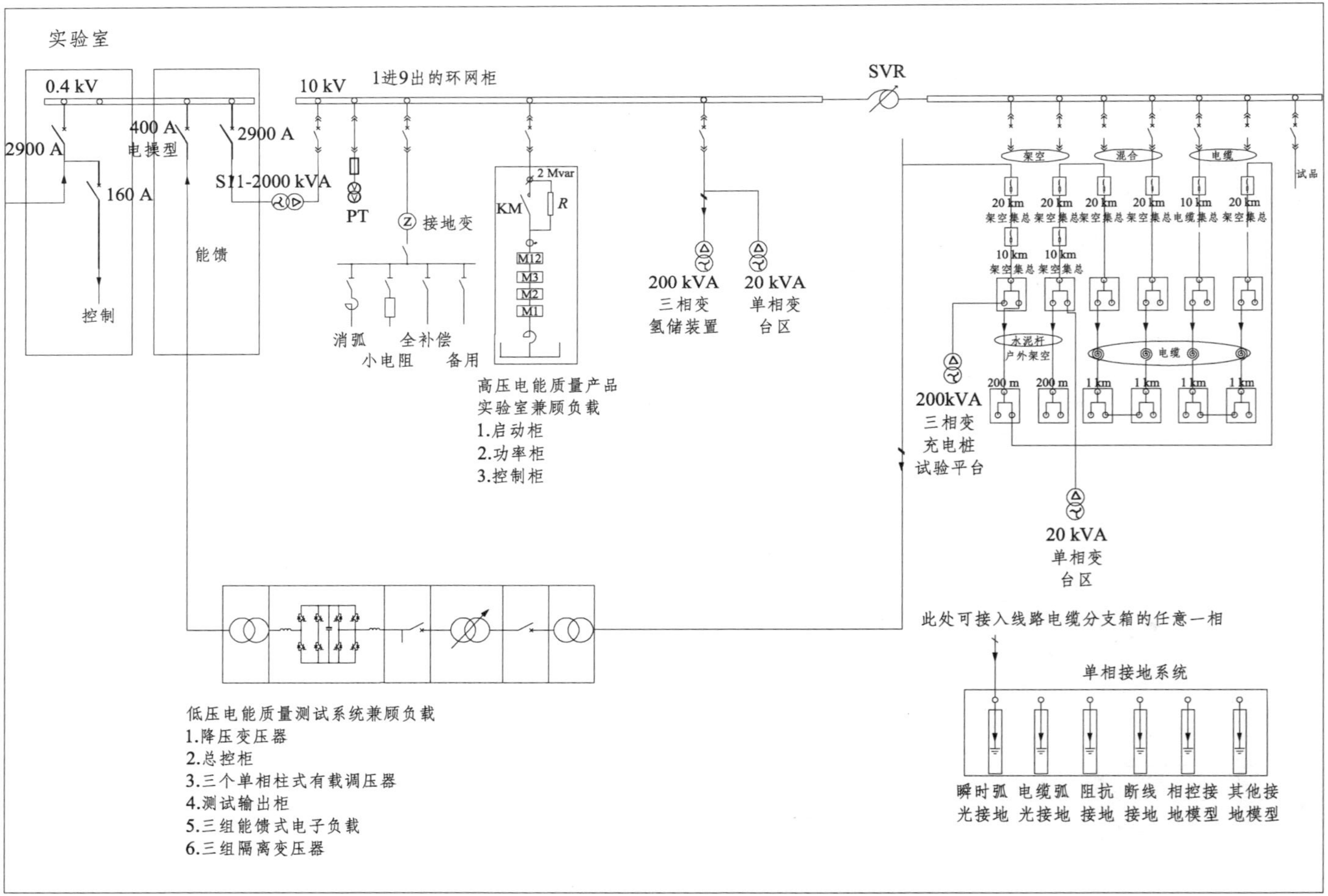

实验室
0.4 kV
2900 A
160 A
控制
400 A
电操型
能馈
2900 A
S11-2000 kVA
10 kV
1进9出的环网柜
PT
接地变
消弧
小电阻
全补偿
备用
KM
2 Mvar
R
M12
M3
M2
M1
高压电能质量产品
实验室兼顾负载
1.启动柜
2.功率柜
3.控制柜
200 kVA
三相变
氢储装置
20 kVA
单相变
台区
SVR
架空
混合
电缆
试品
水泥杆
户外架空
200kVA
三相变
充电桩
试验平台
20 kVA
单相变
台区
此处可接入线路电缆分支箱的任意一相
单相接地系统
瞬时弧光接地
电缆弧光接地
阻抗接地
断线接地
相控接地模型
其他接地模型
低压电能质量测试系统兼顾负载
1.降压变压器
2.总控柜
3.三个单相柱式有载调压器
4.测试输出柜
5.三组能馈式电子负载
6.三组隔离变压器

图 1-9　平台运行方式三

1.1.2.2　电源系统

如图 1-10 所示，高原中性点非有效接地真型平台电源系统构架为电源由线材厂新厂区 1 号 1600 kVA 专供变压器接入 0.4 kV 开关柜后送至项目实验室 4 台低压柜，经出线柜送至 S11-800 kVA 升压变压器，接入 10 kV 线缆模拟装置的 11 台高压环网柜，满足试验多样性的 12 台高压电缆分支箱用电。经 S11-250 kVA 降压变压器及户外低压台区变送至双电源切换柜，实现平台负荷闭循环。

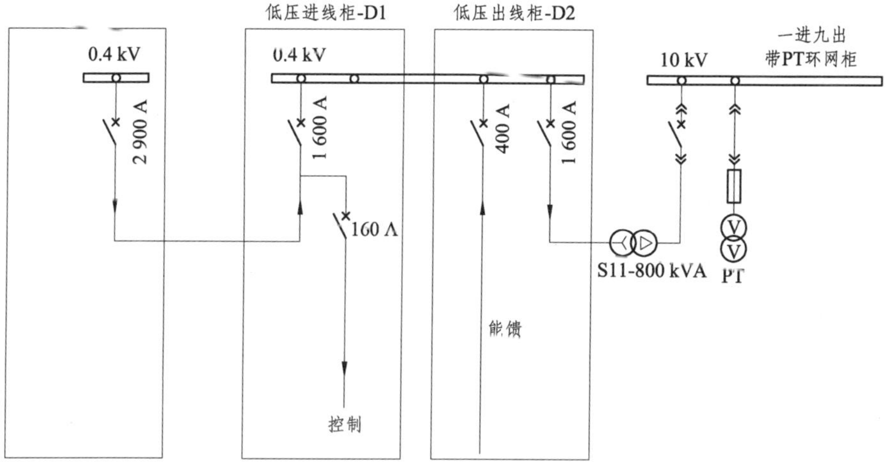

图 1-10　电源系统一次接线图

如图 1-11 所示，0.4 kV 电源从 0.4 kV 配电室引入 D01 进线柜，送至 0.4 kV 母排。经 D02 出线柜引出至 800 kVA 升压变送至 10 kV 系统。D03、D04 为双电源切换柜，分别由室外 10 kV 真实架空线路台变及室内降压变经 JP 柜接入。双电源切换柜 D03、D04 可分别为充电桩、氢储能系统供电。

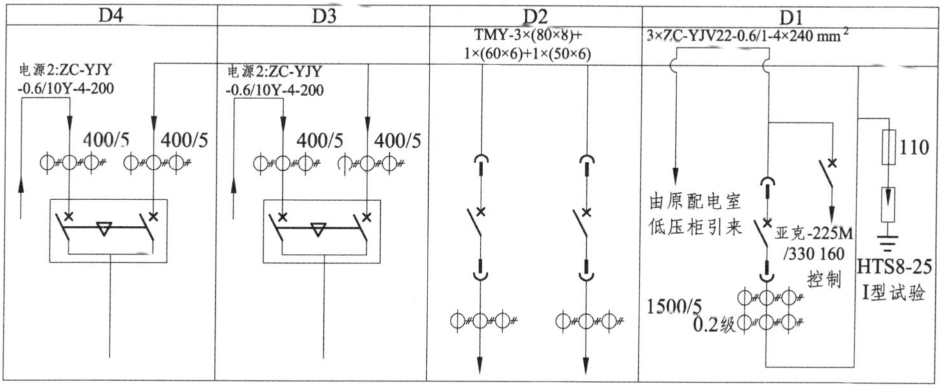

图 1-11　0.4 kV 电源系统一次接线图

10 kV 电源系统电源来自 0.4 kV 出线柜。其接线为：800 kVA 升压变升压经埋管横穿实验室送至 10 kV 环保气体环网柜的进线柜，经环网柜母线由各出线柜分别送出至线路集总柜后经高压电缆分支箱送出至各系统。

1.1.2.3 中性点多功能接地模块

1. 消弧线圈接地变成套装置

成套产品采用先进的树脂绝缘设计技术、工艺技术以及先进的生产检测设备进行设计、生产和检验，产品具有绝缘强度高、局放小、机械强度高、节能、体积小、重量轻、防潮、阻燃、噪声低、可靠性高等优点。成套设备参数如下：

（1）树脂浇注干式接地变压器 1 台：DKSC-800/10.5-200/0.4。

（2）树脂浇注干式消弧线圈 1 台：XHDCZ-315/10.5。

（3）干式真空有载分接开关 1 台：BPKI200-10/35-14。

（4）ZGML-R 系列自动跟踪消弧线圈阻尼电阻器模块 1 套：ZGML-RZ-1/ZK18。

（5）中性点多功能接地系统控制屏 1 面。

该成套装置能够满足 15 ~ 50 A 电容电流的自动跟踪补偿，可以实现对电力电子装置影响测评等功能。

2. 中性点接地可调小电阻

中性点接地可调小电阻采用独创的热平衡设计新技术、新进的不锈钢钣金成型及焊接新工艺，大功率可调试验电阻选择电阻专用、高强度的不锈钢合金制造，耐腐蚀、耐高温，阻值稳定、阻值误差小的特点，电阻器使用寿命长，电阻元件模块化，采用两组如图 1-12 所示的电阻组合，实现 1 ~ 20 Ω的 20 级以上的有级调节，大幅提高了单相接地故障过渡电阻的试验范围，满足了对电压、阻值等各种参数的要求。该电阻器电导率高、通流能力强，具有较强的抗氧化能力，并在高温下能保持良好的抗氧化性能。该电阻器采用高精度红外测温（见图 1-13），实现非电量保护，保障了试验过程的可靠和安全。

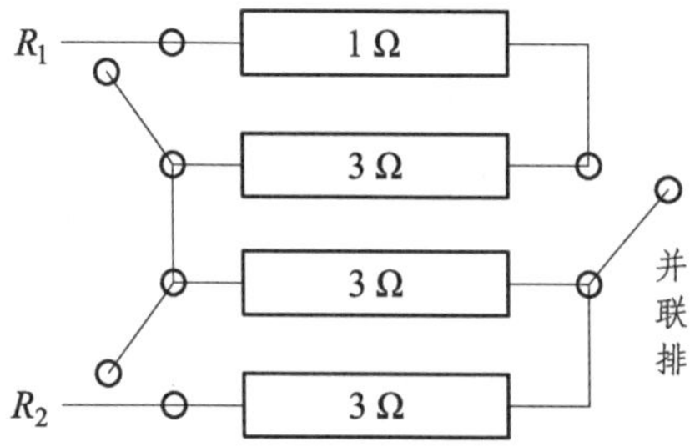

图 1-12 单组大功率电阻的串并连接示意图

图 1-13 红外测温探头

在模拟单纯小电阻接地方式中，故障电流大，利用很大的故障电流启动线路保护装置，通过继电保护的灵敏性、速动性，当故障发生时，立即切除故障线路。在模拟消弧线圈并联小电阻的接地方式中，发生单相接地故障时，系统根据已测量的电网电容电流值计算出需要补偿的电感电流，然后控制消弧线圈输出补偿电流。瞬时性接地故障由电感电流补偿后，电弧熄灭，接地故障自动消除恢复正常状态。对于消弧线圈补偿较长时间后（一般设定为 10 s）接地故障仍然存在的情况，则认为系统发生了永久性接地故障，需停电处理。此时成套装置动作过程是当接地持续时间超过 10 s 后自动闭合高压接触器投入小电阻，使馈线保护动作，通过开关跳闸切除故障线路。投入小电阻后，可控电抗器自动退出补偿，当故障线路隔离后，系统恢复正常运行，控制装置自动断开接触器退出小电阻。小电阻的准确投入实现了故障线路的快速准确隔离，避免了故障扩大。

3. 有源补偿试验装置

有源补偿试验装置主要用于验证小电流接地方式中配电网中性点电流中剩余的无功电流、有功电流和谐波电流的全补偿效果，验证全补偿后的接地电流以及接地点电压接近于零、彻底消除接地电弧的效果，从而降低人员触电伤害、减少弧光接地故障引发的火灾、设备烧毁等事故。

有源补偿试验装置工作原理：采用“改进型位移电压法”及“零序增量函数迭代（PSD）算法”，控制器可实时监测母线电压 $U_a/U_b/U_c$、零序电压 U_0、消弧线圈电流 I_L、零序电流 I_0、系统容流 I_c、残流 I_{cc}，接地发生后实时计算接地点电流 I_d、接地电阻 R_d，补偿器按输出电压电流目标值 U_s、I_s 输出，当实时跟踪控制至目标值时接地点电流 I_d 为 0。控制器采用人工智能算法控制补偿器的输出扰动可进行选线、故障消失退出等。

有源补偿试验装置，可与传统消弧线圈并联使用，也可独立使用。与传统消弧线圈并联使用时，以传统消弧线圈为主体，用于补偿大部分的基波接地故障电流，降低有源补偿器的容量，由一台控制器对两部分统一协调控制。

中性点多功能接地系统设备清单如表 1-1 所示，中性点多功能接地模块如图 1-14 所示。

表 1-1 中性点多功能接地系统设备清单

序号	附件名称	规格型号及参数	数量
1	接地故障有源全补偿装置	型号：XHGFN-10 kV/15 A/N，额定电压：250 V，额定电流：345 A；采样偏差：≤±2%，输出相角控制精度：≤2°，输出电压调节范围：（50%～100%）U_0	1 套
2	10 kV 大功率可调试验电阻装置	型号：XHDR-10/1200-N，额定电压：$10.5/\sqrt{3}$，标称阻值：1～20 Ω，额定发热电流：1200 A，额定温升：额定发热电流（10 s）下，不得超过 760 K	1 套

续表

序号	附件名称	规格型号及参数	数量
3	树脂浇注干式接地变压器	型号：DKSC-800/10.5-200/0.4，额定电压：10.5 kV/0.4 kV，额定容量：800/200 kVA，冷却方式：AN，温升限值：100 K，联结组别：ZN, YN11	1 台
4	树脂浇注干式消弧线圈	型号：XHDCZ-315/10.5，额定电压：6.062 kV，额定容量：315 kVA，额定电流：50 A，温升限值：100 K，冷却方式：AN	1 台
5	干式真空有载开关	型号：BPKI200-10/35-14，额定电流：200 A，级数：14 级，过渡电阻 10.4 Ω	1 台
6	ZGML-R 系列自动跟踪消弧线圈阻尼电阻器模块	型号：ZGML-RZ/ZK18，电压等级：6～20 kV，阻值：28 Ω	1 套
7	干式高阻抗变压器	型号：DC-120/10.5，额定容量 120 kVA，额定电流：16/363.6 A，额定电压：6.062/0.33 kV，相数：单相，冷却方式：AN，温升限值：100 K	1 台
8	中性点多功能接地系统控制屏	—	1 套
9	信号箱	电源路数：5 路，电压路数：4 路×5，电流路数：12 路×3，跳闸输出：12 路，开关跳位回读：12 路	1 台

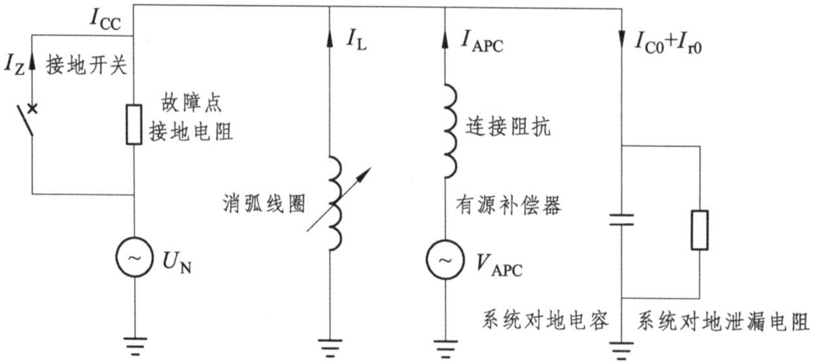

图 1-14　中性点多功能接地模块

1.1.2.4　单相接地试验模型

1. 接地模型设计

接地模块采用手车式、模块化设计，间隙弧光接地模块实现间隙可调范围：0～

200 mm，间隙种类采用羊角和球隙两种，分别见图 1-15、图 1-16。瞬时电弧接地模块的引弧方式采用细熔丝引弧，见图 1-17，同时增加电缆接地模块（三相），见图 1-18。过渡电阻接地装置采用不锈钢箱体式设计，防护等级 IP65，过渡电阻采用 30 只 1000 Ω大功率电阻组成，通过不同串并组合，可以实现 33.33 Ω ~ 30 kΩ过渡电阻的模拟，大幅提高了单相接地故障过渡电阻的试验范围，如图 1-19 所示。

单相接地试验模型设备清单见表 1-2，单相接地试验模型如图 1-15 所示。

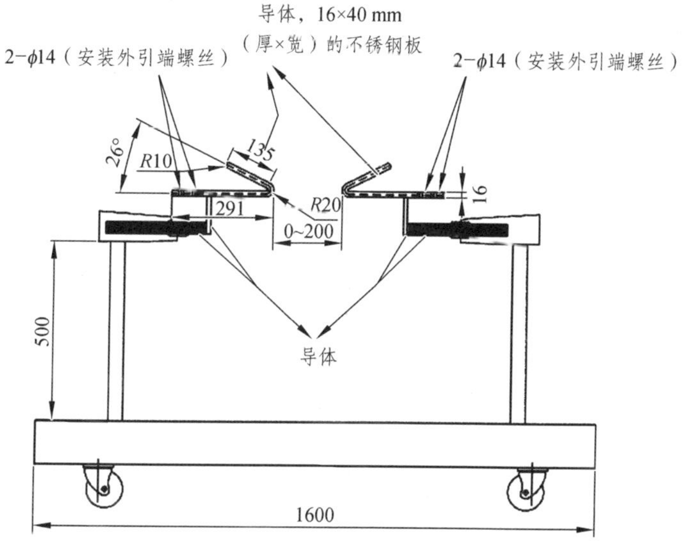

图 1-15　间隙弧光接地模块（羊角）

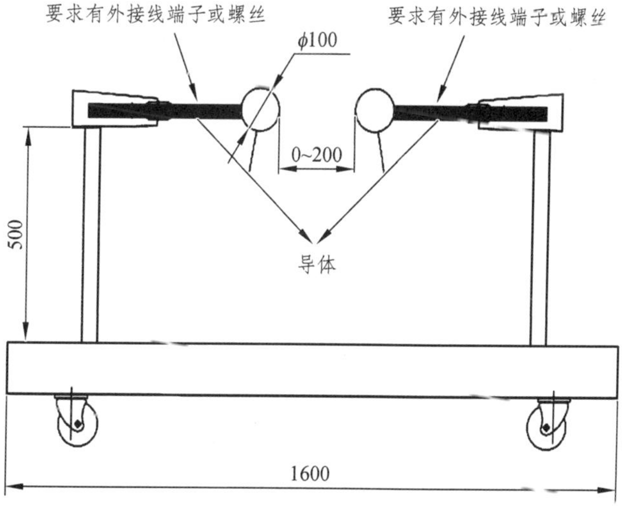

图 1-16　间隙弧光接地模块（球隙）

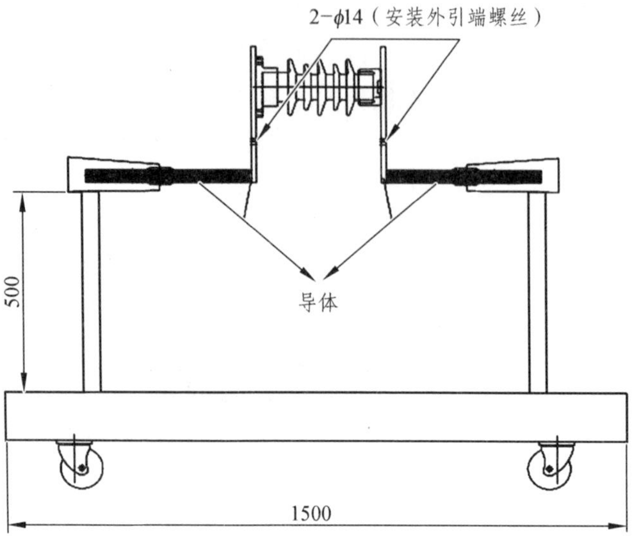

图 1-17　瞬时电弧接地模块

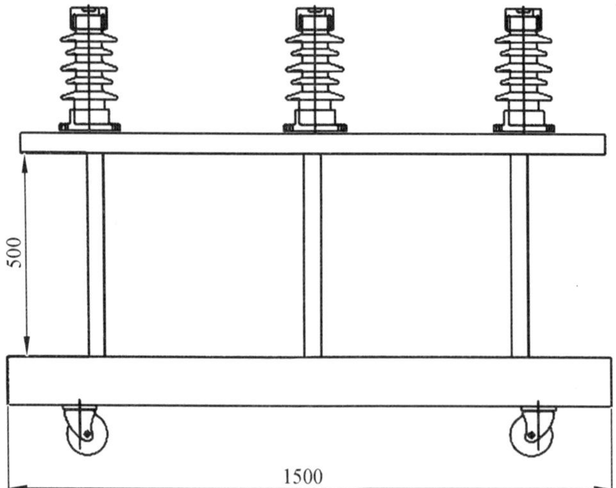

图 1-18　电缆击穿接地模块

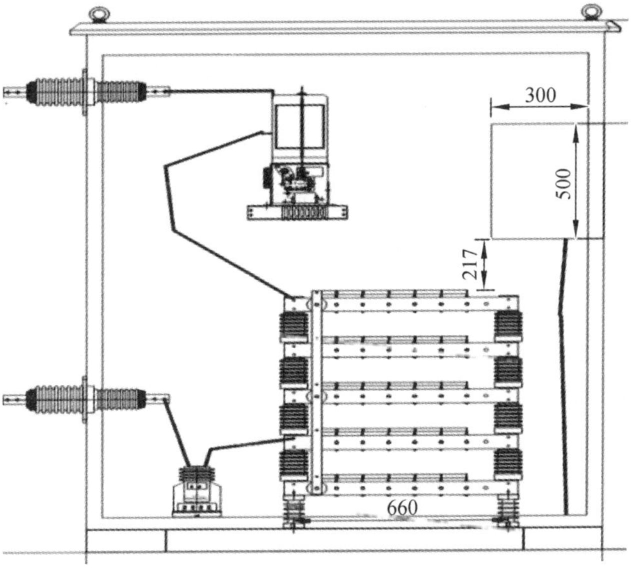

图 1-19　过渡电阻接地装置

表 1-2　单相接地试验模型设备清单

序号	附件名称	规格型号及参数	数量
1	瞬时电弧接地模块	引弧方式：细熔丝，爬电距离：≥200 mm	3 套
2	间隙弧光接地模块	球隙式：3 套，羊角式 3 套，球直径：≥100 mm，羊角角度：20°～30°，间隙调节范围：0～200 mm	6 套
3	电缆绝缘击穿放电装置	额定电压：10.5 kV，相数：三相	2 套
4	接地试验智能控制装置	型号：XHSM-GF/C，额定电压：10.5 kV，额定阻值：33.33 Ω～30 kΩ	2 套
5	接地试验电缆	ZR-YJV22-8.7/15 3×120 mm^2	10 m

图 1-20　单相接地试验模型

1.1.2.5 真型电路模块

1. 10 kV 线路集总模块

传统的线路模拟方案，仅将线路看作一个固定阻抗的电阻，在短距离模拟时，可以忽略线路自身的等效感抗及线路对大地的等效电容，高原中性点非有效接地真型配电网系统对模拟线路的参数，要求尽量还原实际线路的电气特征。

（1）模拟目标：

选用较为常用的 10 kV 电力系统线路作为模拟目标，模拟出来的效果，将更加能代表 10 kV 配网实际参数，具体如表 1-3 所示。

表 1-3 模拟目标

线路类型	导体材质	导线规格	线路高度	电缆结构	相间距
架空	铝	LGJ-120 钢包铝绞线	5 m	单芯	0.5 m
电缆	铝	8.7/15 kV 120 mm^2 交联聚乙烯绝缘钢带铠装聚氯乙烯护套电力电缆	0 m	三芯	24.88 mm（中心距）

（2）柜体完整参数：

10 kV 线路集总分为 6 套模拟柜，分别模拟 10 km 架空、20 km 架空、10 km 电缆、20 km 电缆、5 km 架空 + 5 km 电缆、10 km 架空 + 10 km 电缆。6 套线路集总柜参数如表 1-4 所示。

表 1-4 6 套线路集总柜参数

模拟线路	参数
10 km 架空	$R = 2.688\ \Omega$；$L = 8.992$ mH；$C = 0.123\ \mu$F
20 km 架空	$R = 5.376\ \Omega$；$L = 17.985$ mH；$C = 0.246\ \mu$F
10 km 电缆	$R = 2.53\ \Omega$；$L = 3.233$ mH；$C = 2.63\ \mu$F
20 km 电缆	$R = 5.26\ \Omega$；$L = 6.466$ mH；$C = 5.259\ \mu$F
5 km 架空 + 5 km 电缆	$R =（1.334 + 1.265）\Omega$；$L = 6.113$ mH；$C = 1.376\ \mu$F
10 km 架空 + 10 km 电缆	$R =（2.688 + 2.53）\Omega$；$L = 12.225$ mH；$C = 2.753\ \mu$F

2. 室外真实纯电缆真型线路

4回真型实体纯电缆中间经隔离开关开断的出线，单回长度为1000 m，可灵活接入各高压电缆分支箱。

2回真型实体纯架空线路，单回长度为200 m，同时在户外15 m杆塔架空处，可接入配变低压台区向双电源切换柜供电。

10 kV线路集总模块设备清单如表1-5所示。线路集总模块如图1-21所示，线路集总电抗器如图1-22所示，真实纯电缆真型线路如图1-23所示。

表1-5　10 kV线路集总模块设备清单

序号	附件名称	规格型号或技术指标
1	10 km架空	$R = 2.688\ \Omega$；$L = 8.992$ mH；$C = 0.123\ \mu F$；额定电压：10 kV；额定电流46 A；工作电源220 V
2	20 km架空	$R = 5.376\ \Omega$；$L = 17.985$ mH；$C = 0.246\ \mu F$；额定电压：10 kV；额定电流46 A；工作电源220 V
3	10 km电缆	$R = 2.53\ \Omega$；$L = 3.233$ mH；$C = 2.63\ \mu F$；额定电压：10 kV；额定电流46 A；工作电源220 V
4	20 km电缆	$R = 5.26\ \Omega$；$L = 6.466$ mH；$C = 5.259\ \mu F$；额定电压：10 kV；额定电流46 A；工作电源220 V
5	5 km架空+5 km电缆	$R = (1.334 + 1.265)\ \Omega$；$L = 6.113$ mH；$C = 1.376\ \mu F$；额定电压：10 kV；额定电流46 A；工作电源220 V
6	10 km架空+10 km电缆	$R = (2.688 + 2.53)\ \Omega$；$L = 12.225$ mH；$C = 2.753\ \mu F$；额定电压：10 kV；额定电流46 A；工作电源220 V
7	真实架空电缆	电缆型号：JKLYJ-10 kV-70 mm^2，单回长度200 m，共2回
8	真实电缆	电缆型号：ZC-YJLV-8.7/10 kV-3×50 mm^2，单回1000 m，共4回

图1-21　线路集总模块

图1-22　线路集总电抗器

图 1-23　真实纯电缆真型线路

1.1.2.6　10 kV 高压谐波发生与滤除系统

1. 动态无功补偿装置

XHSVG 系列动态无功补偿装置是以 IGBT 为核心的无功补偿系统，能够快速连续地提供容性或感性无功功率，实现考核点恒定无功、恒定电压和恒定功率因数的控制等，保障电力系统稳定、高效、优质地运行。主电路采用链式拓扑结构，模块化的结构设计，星形及三角形的连接方式实现不同容量下的最大性价比，既保证用户投资的有效性，又保障了电力系统稳定、高效、优质的运行。星形接法的结构示意图如图 1-24 所示。

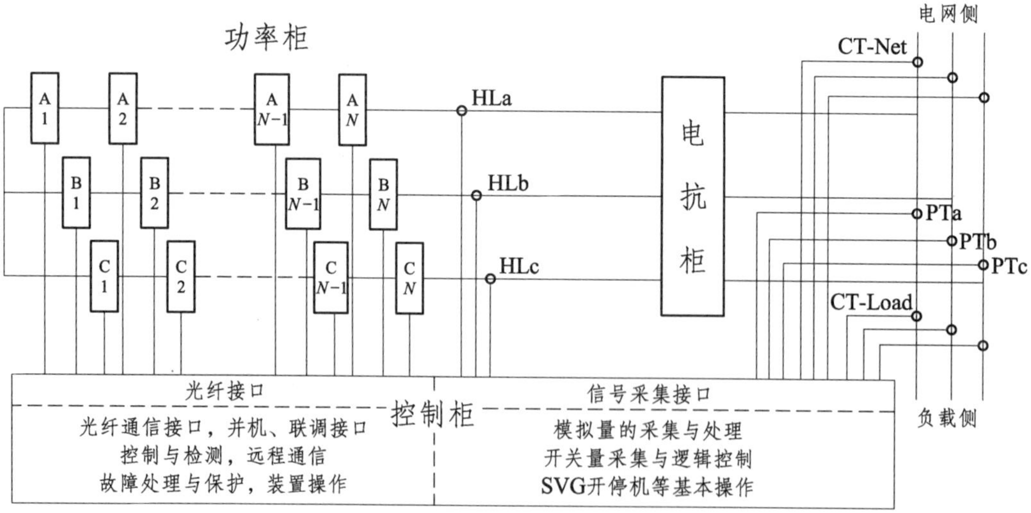

图 1-24　XHSVG 电气结构示意图

XHSVG 系列产品主要分为三部分：控制柜、功率柜、电抗器柜。其中功率柜实现了极大的统一，方便了产品容量的扩展及稳定性，控制柜与功率柜信号通过光纤进行隔离控制，实现了高低压的可靠隔离。XHSVG 系列产品系统对结构上做出了极大的改进处理，使维护更方便。控制柜进行了严格的抗干扰处理，保障控制系统不受高压主回路的影响。功率模块（单元）的改善使得功率柜占地面积更小，极大地节省了用户设备空间，减少了投资。XHSVG 主要器件及作用如表 1-6 所示。

表 1-6　XHSVG 主要器件及作用

系统结构	主要器件分类	作用
控制柜	开关器件	主回路的投切
	缓冲器件	模块充电时的母线缓冲
	数据采集器件	开关量、模拟量采集
	控制箱	数据处理
	逻辑控制器	逻辑控制
	人机界面	对参数进行设置以及波形记录
	二次电源系统	实现控制系统的稳定
功率柜	功率单元	根据信号级联成特定幅值及相位的电压
	强制风冷系统	对模块单元强制冷却
电抗器柜	电抗器（可空心户外布置）	实现无功电压源的并网并对电流滤波

2. 10 kV 高压大功率谐波发生与滤波系统设备清单

10 kV 高压大功率谐波发生与滤波系统设备清单如表 1-7 所示，实物图如图 1-25 所示。

表 1-7　10 kV 高压大功率谐波发生与滤除系统设备清单

序号	附件名称	规格型号及参数	数量
1	启动柜	软启动	1 套
2	控制柜	—	1 套
3	功率柜	额定电压：10.5 kV；额定容量：±2 Mvar；谐波特性：可向系统注入 2～15 次谐波，冷却方式：强迫风冷	1 套
4	空心滤波电抗器	型号：LKGKL-10-115 A-11.2 mH-D，额定容量 46.5 kvar，电压等级：10 kV，额定电流 115 A，额定电感：11.2 mH，相数：3 相	1 套

图 1-25　10 kV 高压大功率谐波发生与滤除系统设备

1.1.2.7　能馈电子负载系统设备平台

1. 能馈电子负载系统

传统的 10 kV 接地故障试验平台，在模拟各类接地故障的同时，会给电网侧系统带来一定谐波等危害，同时真型平台中高压 SVG，也会产生一定的谐波、无功。这些含有污染的电能，将会通过电源端，直接输送到电网，对电网造成污染。

本真型平台引入能馈式电子负载，将电能进行相应治理后，再将无污染的绿色电能（功率因数≥0.99），反馈回电网，实现试验平台负荷闭循环功能。大容量动态调控能馈负载系统，还可作为无功补偿装置测试平台，自动化检测各类无功补偿装置性能。通过系统内各单元信息交互，扩展实现三相不平衡检测、谐波检测、无功检测、低电压检测等检测技术，最终形成广泛的电能质量治理装置检测平台。

大容量动态调控能馈负载系统设备电气结构如图 1-26 所示。

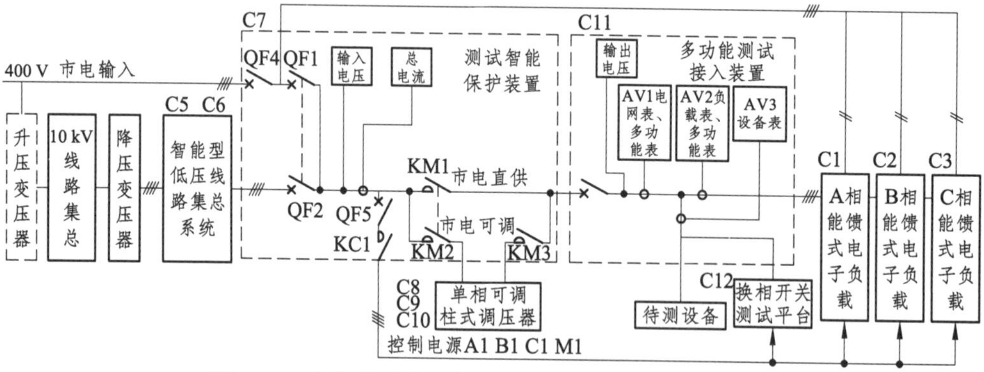

图 1-26　大容量动态调控能馈负载系统设备电气结构

大容量动态调控能馈负载系统设备由测试智能保护装置、多功能测试接入装置、3 台单相可调柱式调压器、3 台基于能馈式的单相电子负载、换相开关测试平台、智能型低压线路集总系统、降压变压器构成，用以实现对试验平台能量闭环、无功补偿装置的评价测试。

测试智能保护装置实现外部低电压电源接入与实验室调压输出、低压直通输出功能，同时具备调压器上电防冲击功能。

多功能测试接入装置的主要功能是电能计量同时具有测试并联待测设备与串口待测设备的接入。

能馈式全控智能型负载是平台的关键设备，由负载换流器和能馈换流器两部分组成，其本质是采用大功率电子器件 IGBT 构成输入、输出 PWM 换流器的背靠背结构开关电路，用以模拟恒功率、恒电流、恒阻抗等不同负载特性，并将模拟后剩余电能反馈至电网设备。为便于实现配电网、单相负荷、三相平衡负荷以及三相不平衡负荷的模拟，本平台采用由单相桥式换流器构成的全控智能型负载。

换相开关测试平台的主要功能是检测换相开关的功能测试。

智能型低压线路集总系统功能是用以模拟不同长度的 400 V 线缆。

3. 能馈电子负载系统设备清单

能馈电子负载系统设备清单如表 1-8 所示，实物图如图 1-27、1-28 所示。

表 1-8　能馈电子负载系统设备清单

序号	附件名称	规格型号或技术指标
1	单相多柱式隔离调压器（3 台）	单相多柱式隔离调压器为 DC-ZTYQ，输入电压为 220 V，输出电压为 0～280 V 可调输出，相数为 1，连续可调精度小于 2%，谐波畸变率小于 5%，冷却方式为风冷
2	降压变压器	型号 S11-M-250/10，电压 10/0.4；分接范围：10×（1±2×2.5%），绕组联结 Dyn11；额定容量 250 kVA
3	智能型低压线路集总系统	产品型号：DC-DYZG，额定电流 300 A，额定电压 0.4 kV，模拟线缆 YJV-3×120 mm^2+1×95 mm^2，模拟长度直通、50 m、100 m、150 m、200 m 及其组合
4	能馈式全控智能型负载装置（3 台）	额定容量 67/200 kVA（单相/三相）；功率因数 −1.0～1.0 连续可调；谐波输出次数：2～50 次可调；额定电流 288 A；共工作模式（恒电流、恒功率、恒阻抗、混合模式）；输出精度 0.2 级；三相不平衡度 0～100%；馈网功率因数：≥0.99；馈网电流谐波总畸变率≤5%；系统节能效率 95%
5	测试智能保护装置	型号 DC-BHZZ；额定电压 0.4 kV，额定电流 300 A；接线方式：三相五线制；控制电源 220 V
6	多功能测试接入装置	型号 DC-CSSC；额定电压 0.4 kV，额定电流 300 A；接线方式：三相五线制；控制电源 220 V
7	换相开关测试平台	额定工作电压 0.4 kV，额定电流 65 A；阻性 3 路、感性 9 路、容性 3 路

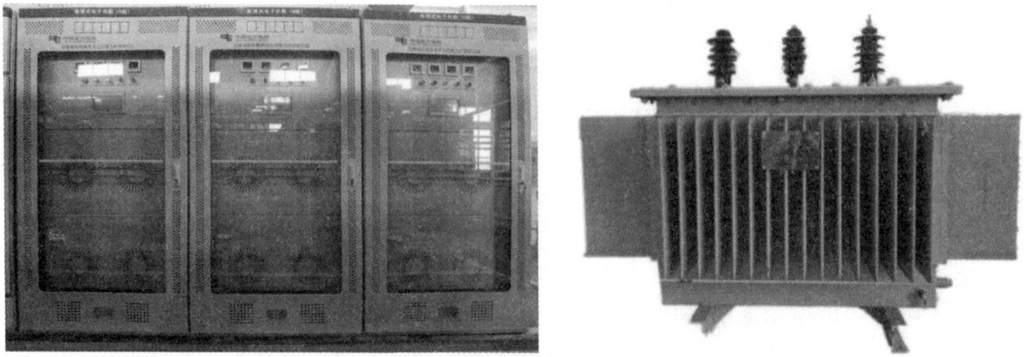

图 1-27　能馈电子负载系统设备（1）

图 1-28　能馈式电子负载系统设备（2）

1.1.2.8　中央控制系统

1. 电子负载后台系统

“大容量动态调控能馈负载系统设备”中央控制台，是整个平台中央控制系统的一部分，用以将整个平台的各种电气设备整合起来，实现试验能量闭循环、无功补偿装置测试评价技术研究。

平台中央控制系统通过 RS-485、光纤等通信方式实现主要设备与主站的通信，从而通过主站软件实现对主要设备的控制、调节及参数监视，包括：智能型低压线路集总柜、能馈式全控智能型负载、换相开关测试平台、多功能测试接入装置，如图 1-29 所示。中央控制系统主站软件功能模块主要有模块类型设置、模块设置、输入信号、显示面板配置、实时监测、数据处理、系统管理、系统设置等几部分，如图 1-30 所示。

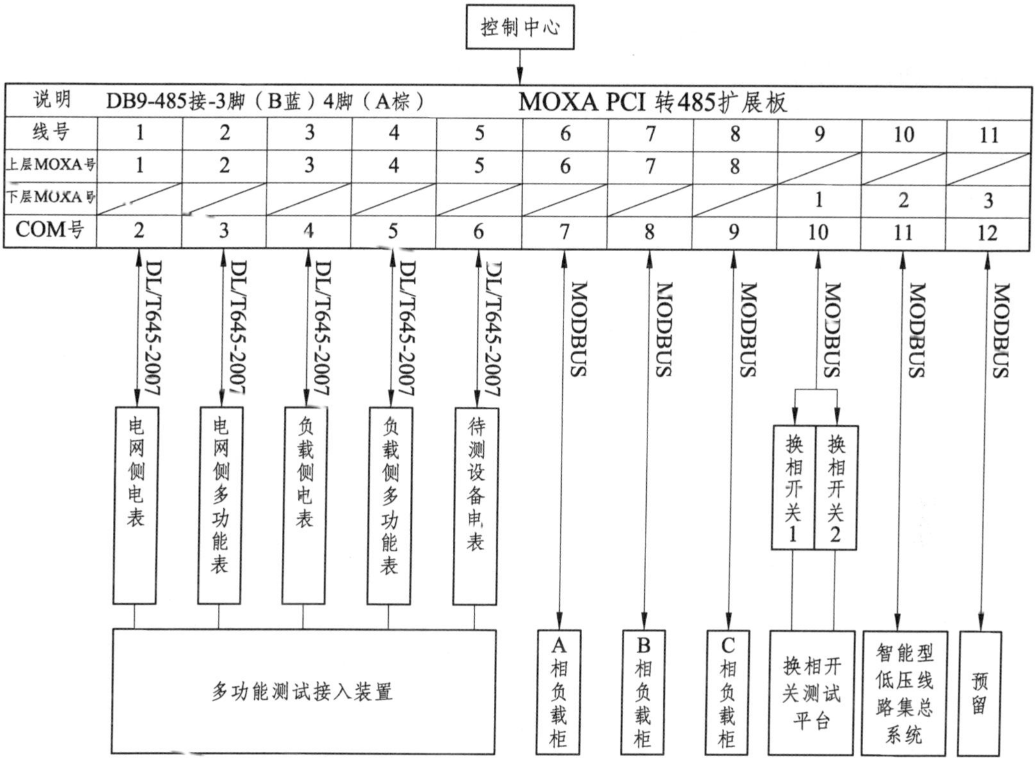

图 1-29　中央控制系统总体架构

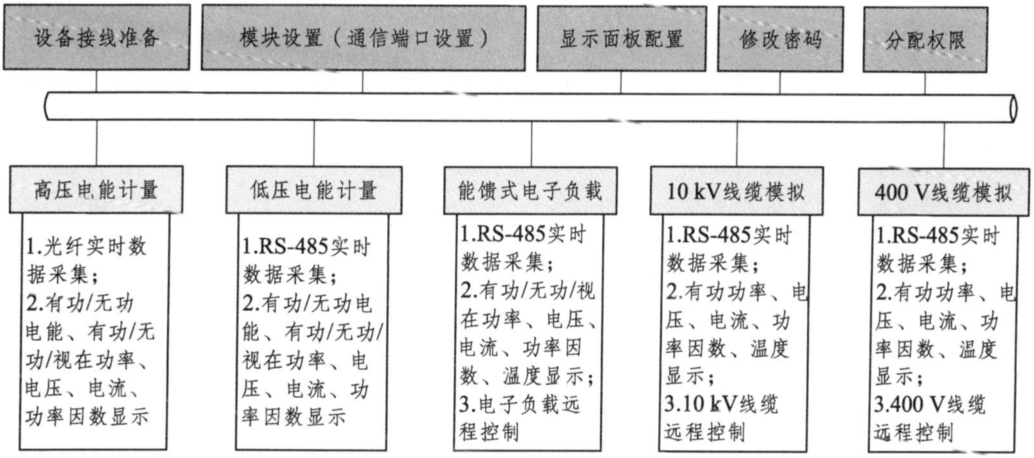

图 1-30　中央控制系统软件功能模块架构

2. 配电网自适应工况故障反演智能控制系统

配电网自动化中央控制系统主要包括：系统软件、设备保护系统、录波系统、视频监控、测控平台等。其中，设备保护系统、视频监控、测控平台均为标准的可视监控系统，系统软件作为中央控制系统的中枢神经，对整个试验平台进行整体控制。该系统软件主要包含实验室视频监控系统、实验数据采集及录波系统、实验安全防护报警系统（五防系统、后台监控系统）、模拟接地控制系统等。系统软件功能结构如图 1-31 所示。

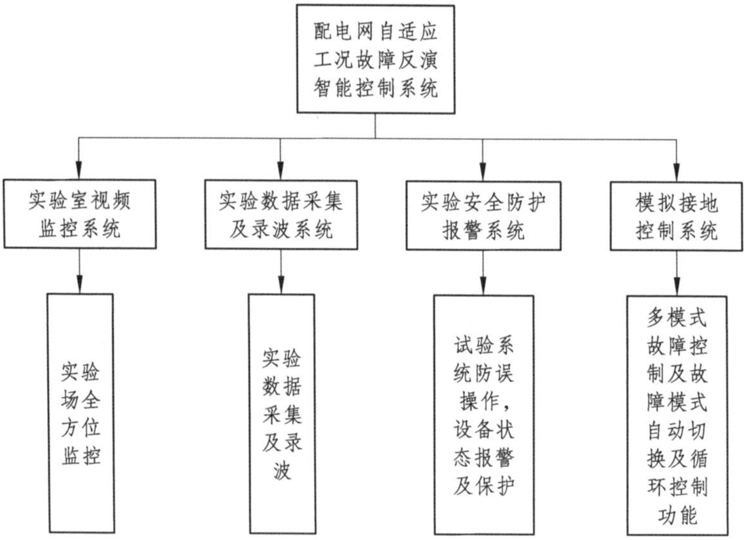

图 1-31　系统软件功能结构

实验室视频监控系统的主要作用是实现整个试验场区的设备状态、试验环境、试验过程等的全方位监控，对试验场进行 24 小时监控。

实验数据采集及录波系统主要对试验场区模拟量信号的采集以及开关量的状态接入启动录波等，用以分析现场设备的运行状态以及系统电压电流的波形数据分析。

实验安全防护报警系统实现模拟配电网综合自动化系统中设备状态报警、设备安全防护、“四遥”功能、监视整个真型平台系统的运行状况等。

模拟接地控制系统主要用以模拟不同工况下的 10 kV 系统单相接地故障，进而开展单相接地故障、中性点补偿技术、10 kV 接地及电弧对人身安全的影响的分析和研究。

3. 中央控制系统设备清单

中央控制系统设备清单如表 1-9 所示，实物图如图 1-32 所示。

表 1-9 中央控制系统设备清单

序号	附件名称	规格型号及参数	数量
1	录波系统	WDGL-VI 故障录波器	1 台
		打印机	1 台
2	视频系统	摄像头 15 只，计算机主机 1 台、计算机显示器 1 台及其他设备	1 套
3	测控平台	电脑主机、显示器、测控装置、通信管理机等	1 套
4	设备保护系统	五防系统	1 套

图 1-32 中央控制系统设备

1.1.3 真型试验平台系统功能

1.1.3.1 平台负荷闭循环功能

实验室在做高压、低压试验时，在高压线路上发出无功功率，可通过电子负载发出大小相等、相反方向的无功功率，进行补偿，将平台负荷闭循环。

能馈式全控智能型负载的功能为：利用电力电子控制技术，通过负载换流器实现对各种负载的模拟，并同时将除全控智能型负载及相关配套设备消耗电能外的其他电能通过逆变器（能馈换流器）反馈至电网。能馈式电子负载系统原理图如图 1-33 所示。

本系统作为负荷闭环功能时，可对 10 kV 系统中性点接地等试验过程中产生的无功、谐波，降压后进行吸收和治理，最终将绿色无污染的电能回馈到 0.4 kV 电网系统。保证试验平台运行时，实现平台负荷的能馈闭循环功能。其负载闭环功能原理图如图 1-34 所示。

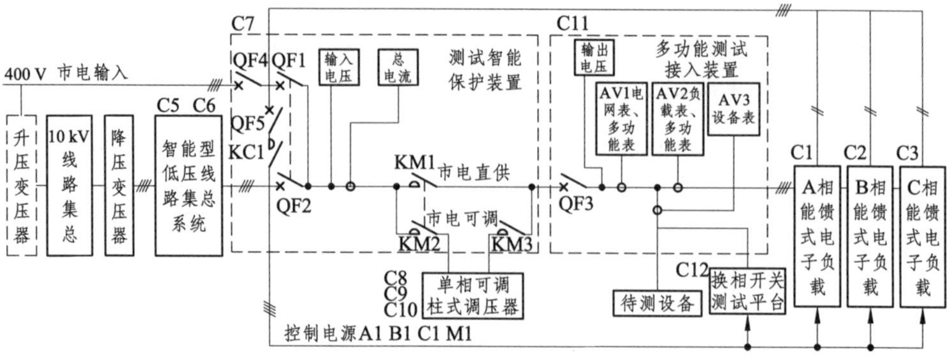

图 1-33　能馈式电子负载系统原理图

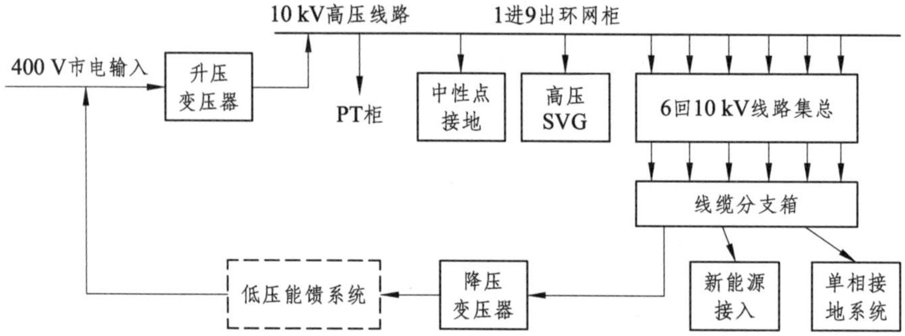

图 1-34　负荷闭环功能原理图

1.1.3.2　弧光接地及中性点补偿对电力电子装置影响测评

利用该 10 kV 试验平台，开展单相接地故障试验，可对弧光接地故障以及中性点补偿对电力电子装置的影响进行测评、验证不同接地故障状态下的故障特征以及消弧线圈的补偿效果。

试验平台主要设备组成为低压进出线柜、升压变、环网柜、高压集总柜、低压能馈系统、中央控制系统、中性点多功能接地系统、SVG、接地智能控制装置、配变等，利用该平台可以开展电力电子装置的测试，例如：在 PT 开口三角可以测试微机消谐装置的性能；零序电流信号接入主控室信号箱内，可以测试不同的选线产品；测试自动跟踪补偿装置的兼容性等。

1.1.3.3　10 kV 接地、380 V/220 V 漏电及电弧人身安全测评

1. 10 kV 接地对人身安全测评

城市配电网电缆化程度越来越高，人群密集，电容电流越来越大，发生人身安全事故的可能性也逐渐增高。基于该试验平台，可以开展在 10 kV 接地人身安全维度的树障、

不同土壤工况时的跨步和接触电压实测，高原弧光的灼伤实证测试技术等方面的研究。

测试环境主要利用平台的 10 km 电缆线路、20 km 电缆线路、10 km 监架空线路、20 km 架空线路、5 km + 5 km 混合线路、10 km + 10 km 混合线路，共 6 路高压集总柜来模拟线路阻抗。10 kV 接地由整个闭环系统的电缆分支箱引出，经接地智能控制装置将各类型接地模块接入地网，开展 10 kV 接地研究。

如图 1-35 所示，单相接地模型可以经电缆分支箱接入不同类型的接地模块和接地工况等，通过不同工况下的接地故障，可在 10 kV 接地人身安全维度的树障、不同土壤工况时的跨步和接触电压实测，高原弧光的灼伤实证测试技术等方面和漏电及电弧保护智能监测装备系统验证、漏电及电弧致动物电击电伤等实证伤害验证测试技术等方面，开展创新性研究，提供系统级的试验环境和优越条件。单相接地故障模型见图 1-36。

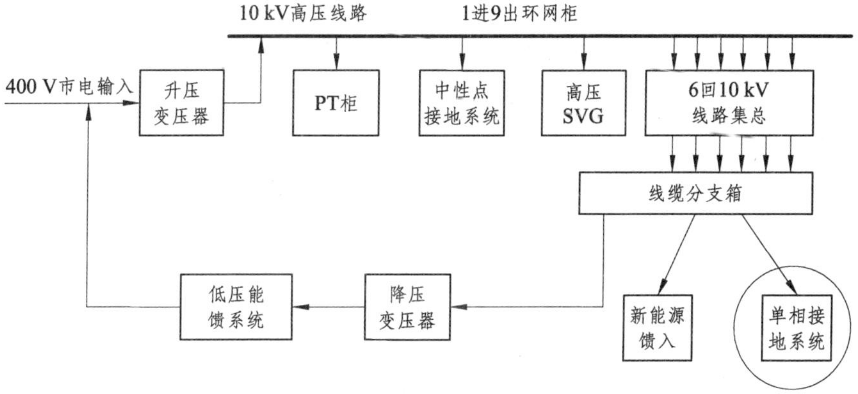

图 1-35　平台闭环系统示意图

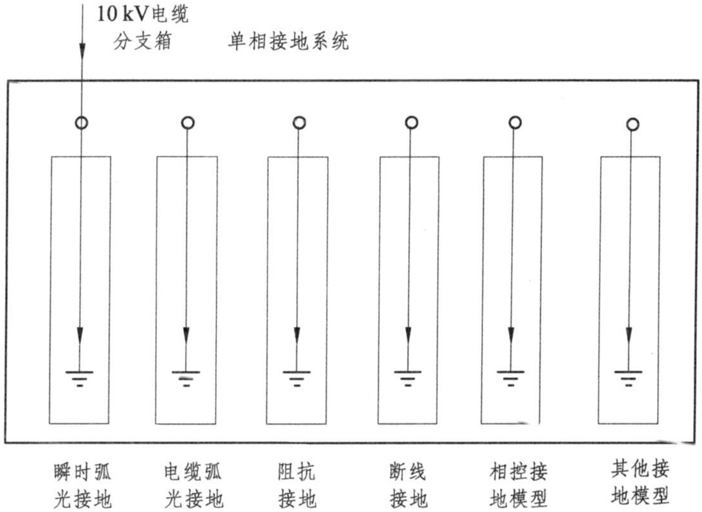

图 1-36　单相接地故障模型

2. 380 V/220 V 漏电及电弧的人身安全测评

现在低压配网中，使用的故障以及漏电等保护研判和动作的主器件就是利用剩余电流动作的保护器，它是农村电网中保护线路及人身财产的一道重要防线。近些年随着集成电路的发展其也逐渐向智能化方向发展。但是其智能化水平还有待加强，特别是南网电力公司对电力物联网的提出及大数据技术在多领域的成熟应用，要求电力故障的分析也应该更加准确并具有一定预判性。

人触电时，人受伤害的程度与通过人身的工频电流的大小、时间、频率有关。

试验证明：人触电时，引起心室颤动不仅与通过人体的电流（I）有关，还与电流的持续时间（t）有关。当电击能量为 50 mA·s 时，一般不会引起心室颤动，但人体通过短时间大电流时（如 500 mA × 0.1 s），仍有引起心室颤动的危险，虽不会致死，但可能使触电者失去知觉，发生二次伤害事故。若电击能量超过 50 mA·s，人就有生命危险。柯宾提出了安全电量 $Q = 30$ mA·s 的定则：“通过人体的电流时间<30 mA·s，人就不会受到伤害”（见图 1-37）。

结合大容量能馈电子负载实验室，可在复杂工况（电子负载给系统带来的有功、无功、功率因数、谐波、不平衡等可自由设置的工况条件）下，模拟发生故障后产生的不同故障现象，可作为特殊工况下故障研究的理想研究平台。

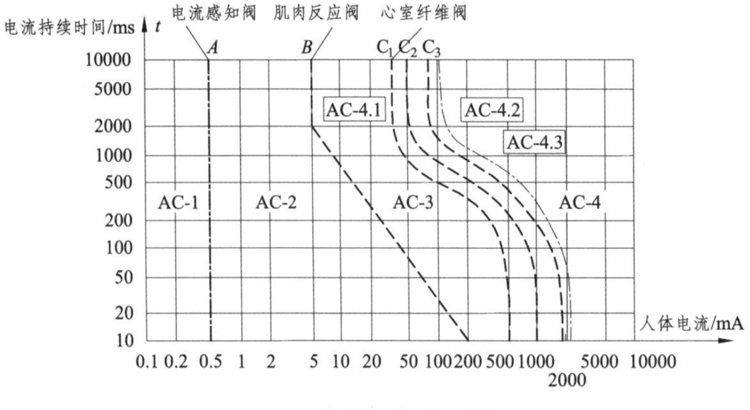

图 1-37　交流电流通过人体的效应分区（50 ~ 100 Hz）

1.1.3.4　10 kV/380 V/220 V 无功及电压治理性能

1. 10 kV 无功及电压治理性能验证

在该 10 kV 真型试验平台系统中，SVG 具有提高配电网功率因数、治理谐波、改善电能质量的作用。本试验平台中的 SVG 采用模块化设计，启动柜采用软启动，可注入 2 ~

15 次谐波电流，损耗 < 0.8%，动态响应时间不大于 30 ms，控制柜采用 DSP + FPGA 组成的控制核心，工业级 PLC，实现整机逻辑控制。星形接法的结构示意图如图 1-38 所示，SVG 一次系统原理图如图 1-39 所示，实物图如图 1-40。

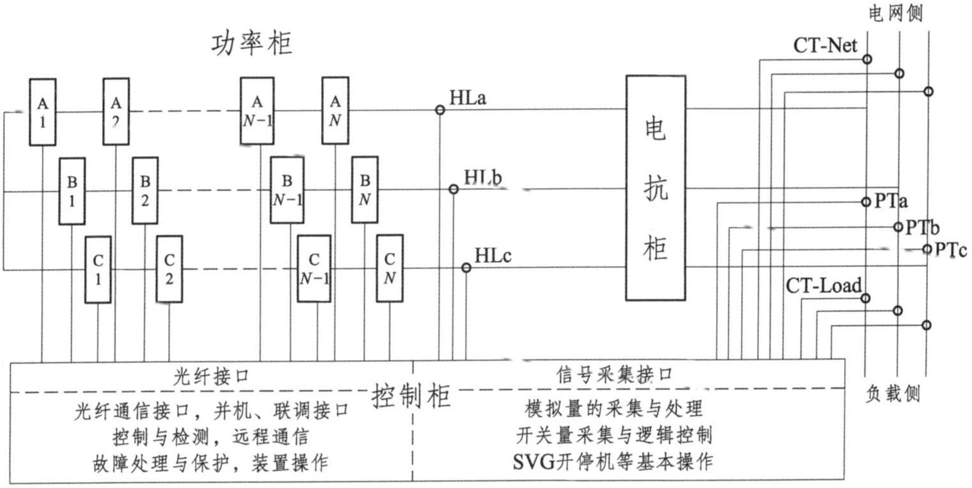

图 1-38　XHSVG 电气结构示意图

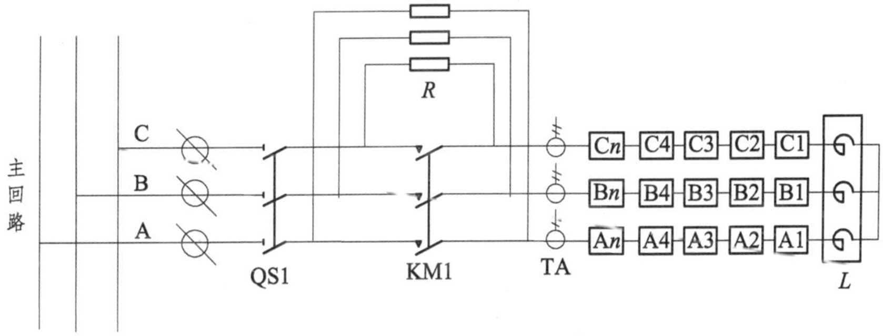

图 1-39　一次系统原理图

图 1-40　10 kV 高压 SVG

该试验平台的 SVG 具有多种运行模式，可以极大地满足现场需求，运行模式主要有：恒装置无功功率模式、恒考核点无功功率模式、恒考核点功率因数模式、恒考核点无功功率模式等。

该系统 SVG 的投入能够有效滤除系统中的高次谐波分量，系统谐波滤除前见图 1-41，滤除后见图 1-42。SVG 还能改善系统电能质量，可以根据实际情况在自动运行状态下发出或吸收无功功率，调节系统电压，见图 1-43。

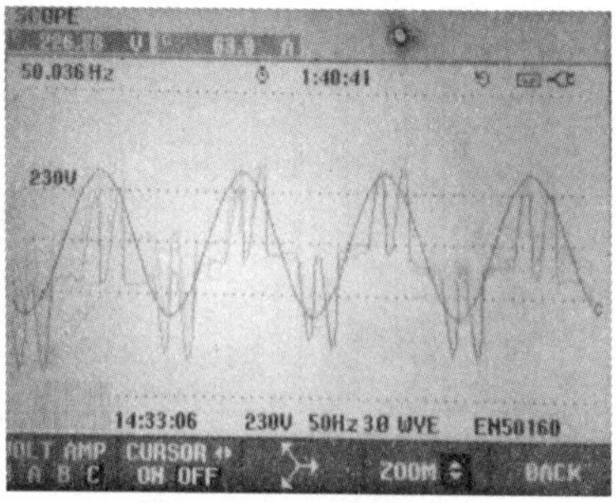

图 1-41　系统谐波滤除前

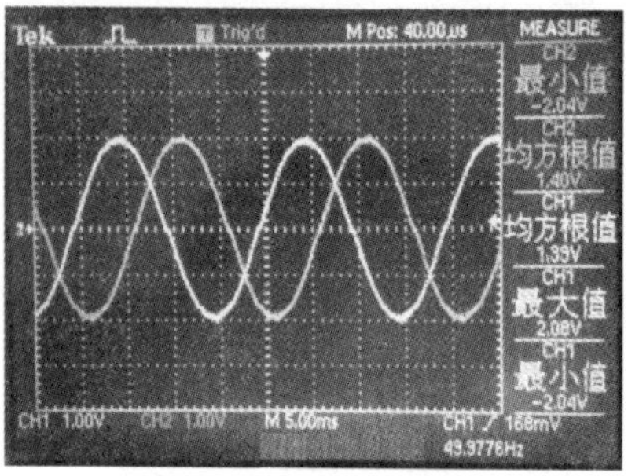

图 1-42　系统谐波消除后

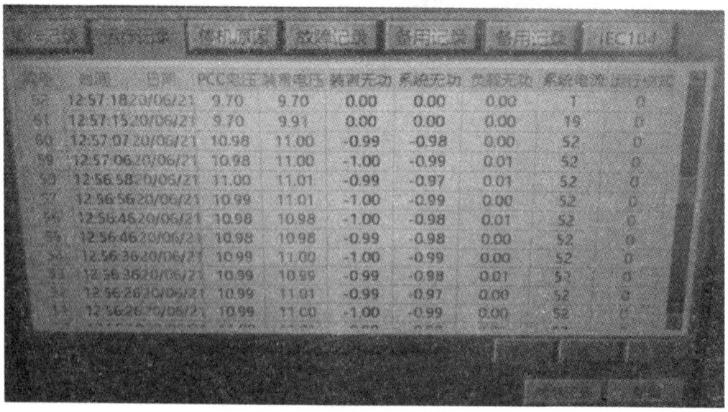

图 1-43　SVG 发出容性无功调节系统电压

SVG 对谐波的滤除效果明显，试验过程中在向系统注入大量谐波的情况下，投入 10 kV 高压 SVG 后电网接入点电流谐波含量维持在 2%以下，而且该装置与普通的无功补偿装置相比具有极高的响应速度，使得电能质量得到有效改善。

2. 380 V/220 V 无功治理性能

1）无功控制试验

本试验平台，可给出单相 0 ~ 67 kvar 可调无功功率，可根据设定值给出任意无功功率，精度为 0.5 级可以用于测试待测设备无功补偿能力。

2）无功调节试验

本试验平台，可提供 0 ~ 288 A 的负载无功电流，可根据实际需求发出任一无功电流值，精度为 0.5 级可以用于测试待测设备无功调节试验。

3. 380 V/220 V 电压治理性能

1）电压控制试验

本试验平台,可通过串接阻抗的方式在待测系统中提供一个 200 ~ 240 V 的电压变化环境，该环境可以用于测试待测设备电压控制试验。

2）末端电压提升试验

本试验平台，可模拟不同运行参数和运行状态下，末端电压的控制和提升，实现电压治理。

通过对测试平台的功能测试情况，尤其对中低压配电网无功补偿模拟实验的测试，可实现测试平台系统的无功补偿及电压治理测试功能，即针对中低压配电网的电能质量治理装置测试情况，均为可在此平台上开展的工作。

1.1.3.5 配电自动化实证测试功能

1. 10 kV 配电网自动化装置验证

真型试验平台真实模拟 10 kV 配电网，整个系统由中央控制系统、低压能馈系统、中性点多功能接地系统设备、高压集总柜、环网柜、高压 SVG、真实架空线路和电缆线路、低压配变等设备构成。模拟线路 6 回，包括 2 回电缆、2 回架空、2 回混合，经电缆分支箱可以外接真实架空线路和电缆线路，户外由 4 组柱上隔离开关来隔离真实电缆线路。

基于搭建的试验平台，可以开展配电自动化系统的研究，模拟电力终端设备与子站的通信、变电站子站与主站之间的通信。

在环网柜处可以加装 DTU 终端设备，完成对开关设备的位置信号、电压、电流、有功功率、无功功率、功率因数、电能量等数据的采集与计算，对开关进行分合闸操作，实现对馈线开关的故障识别、隔离和对非故障区间的恢复供电。

基于该试验平台，可以实现 DTU 与上级站通信，将采集和处理信息向上发送并接受上级站的控制命令，实现与上级站的对时功能，并将其他终端的信息向上转发等。能够监测故障电流、记录过电流时间、过电流最大值，并上报主站。系统主站可以根据各开关 FTU 上报过流故障信息和开关跳闸信息，按照配电网结构耗散拓扑模型，进行故障区域识别、指出故障区域，生成故障隔离命令序列和非故障区域恢复供电命令序列。自动或人机交互下发执行。

利用户外电杆可以在户外馈线开关旁装设开关开关监控装置（FTU），由于柱上开关分散安装，因此，一般一台 FTU 监控一台柱上开关。适用于城市配电网自动化，完成对环网柜、柱上开关等监控、控制和保护以及通信自动化功能。配合配电主站实现配电线路的正常监控和故障识别、隔离和非故障区段恢复供电。系统主站可以根据各开关FTU上报过流故障信息和开关跳闸信息，按照配电网结构耗散拓扑模型，进行故障区域识别、指出故障区域，生成故障隔离命令序列和非故障区域恢复供电命令序列。自动或人机交互下发执行。

试验平台共有升压变 1 台、降压变 1 台、配变 1 台、柱上台变 2 台。变压器的运行工况可以通过配电终端设备（TTU）进行监视并记录，根据低压侧的三相电压、电流采样值，每隔 1 ~ 2 min 计算一次电压有效值、电流有效值、有功功率、无功功率、功率因数、有功电能、无功电能等运行参数，记录并保存一段时间内典型日上述数组的整点值，配电主站通过通信系统定时读取 TTU 测量值及历史记录，及时发现变压器过负荷及停电等运行问题，根据记录数据，统计分析电压合格率，供电可靠性及负荷特性，并为负荷预测、配电网规划及事故分析提供基础数据。

该 10 kV 真型试验平台为配电网自动化提供了实证测试的环境，并可以利用该环境验证配电网电力自动化设备的性能指标等。

2. 大容量调控能馈负载系统自动化验证

基于该平台，在 400 V 大容量动态调控能馈负载系统，能馈式电子负载系统下，设备根据电压或者功率因数判据检测出低压无功补偿设备的无功补偿，实现检测低压三相调压装置及单相调压装置的调压功能、实现检测三相不平衡治理装置的三相不平衡调节度。

模拟用电现场的实际情况，快速检测调压调相设备、滤波设备的各项电气性能，包括电压、电流、有功功率、无功功率、功率因数、分组投切、缺相保护、过压保护、欠压保护、谐波测量及保护、谐波治理和动作延长时间等，并能自动生成报表。

1.1.3.6 新能源馈入实证测试功能

基于 10 kV 真型试验平台，可以在 6 回 10 kV 出线中间开断处（电缆分支箱），末端的随机接入的配变低压台区，接入小型光伏、模拟风机、充电桩、储能等器件，开展相关模拟真实工况的中低压网络级测试，实现对新能源产品及设备的功能性测试和研究。

1.1.3.7 无功补偿装置测试评价功能

利用大容量动态调控能馈负载系统设备，可提供 200 kVA 容量内，任意有功、无功功率，任意功率因数，亦可按恒电流模式输出恒定负载电流与角度，同时还可提供 2 ~ 50 次谐波，谐波电流可设。还可以模拟固定阻值负载。利用以上环境，可为无功补偿装置提供复杂多变的工况，以验证无功补偿装置的性能，并对其进行评价。

本实验平台，可提供 0 ~ 288 A 的负载无功电流，可根据实际需求发出任一无功电流值，精度为 0.5 级，可用于测试待测设备补偿无功电流的能力。

测试平台具有无功补偿的检测功能，可收集检测的实时数据，对测试设备的性能评价分析，给出参考性建议和评估，实现平台对电能质量治理装置的功能测试。测试平台具有自动化数据保存、导出功能，实现测试报告的编辑、保存和导出。

本系统可通过低压出线柜或 10 kV 降压后的低压进入检测系统。待测产品可通过多功能测试接入装置接入检测系统，可进行低压电能质量治理装置的性能检测。其评价功能原理图如图 1-44 所示。

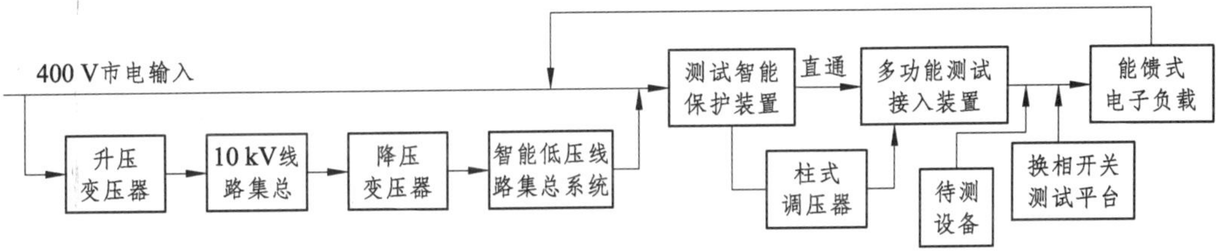

图 1-44 无功补偿装置测试评价功能原理图

1.1.3.8 低压台区涉电安全测试评价功能

在新能源馈入维度，可在 6 回 10 kV 出线中间开断处及末端的随机接入的配变低压台区接入小型光伏、模拟风机、充电桩、储能等器件，开展相关模拟真实工况的中低压网络级测试。配变低压台区见图 1-45。低压配变台区系统示意图如图 1-46 所示。

图 1-45 低压配变台区

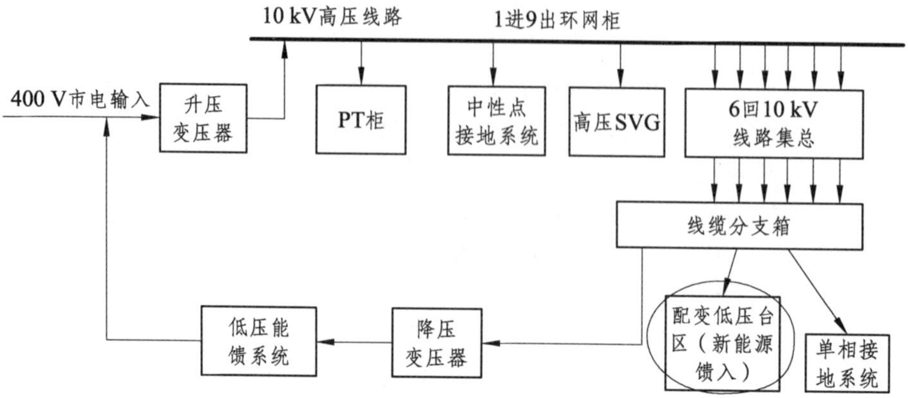

图 1-46　低压配变台区系统示意图

1.1.3.9　故障定位功能验证

故障定位、隔离与恢复供电是配网自动化系统的关键功能，可通过缩小故障停电范围、加快故障处理速度、减少故障停电时间等，提高配电网供电可靠性。

10 kV 真型试验平台，可以利用不同线路模型、补偿装置、接地模型等开展小电流接地故障定位问题的研究。当前主要的定位技术研究就是基于 DA 系统实现区段定位，也就是利用线路上安装的馈线终端单元 FTU 作为检测点，检测接地故障并与主站通信，由主站确定故障点所在的线路区段。

信号注入定位，利用试验平台搭建的试验环境，通过电缆分支箱将 400 m 真实架空线路和 4 km 电缆线路接入系统，真实线路见图 1-47。

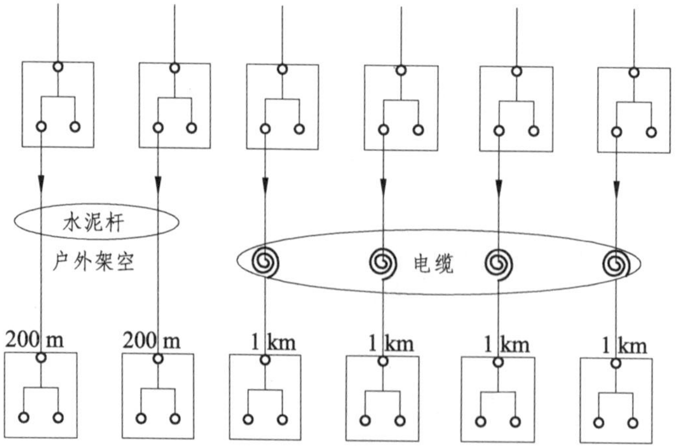

图 1-47　真实线路

在接地故障发生后，利用信号注入装置通过母线 PT 向系统内注入特定频率的电流信号。注入信号会沿着故障线路故障相经接地点注入大地，用信号探测器检测到有注入信号流过的线路即为故障线路。然后手持信号探测器沿故障线路查找，根据注入信号在故障线路上的分布即可确定故障点的位置。为了减小工频信号对测量的干扰，注入信号频率位于工频倍频与谐波频率之间，一般取 220 Hz。对于中性点不接地和经消弧线圈接地的系统均适用，且不要求线路上装设零序电流互感器。

中电阻故障定位，利用中性点多功能接地系统，在中性点增加一个中值电阻。中电阻原理图见图 1-48。接地故障发生后，在系统中性点与地之间投入一中值电阻，产生一个附加的工频故障电流，该电流会沿着故障线路经接地故障点流入大地。故障线路故障点上游可以检测到此故障电流，而故障点下游和非故障线路检测不到此故障电流。通过检测此工频电流的分布就可以实现接地故障的选线和定位。

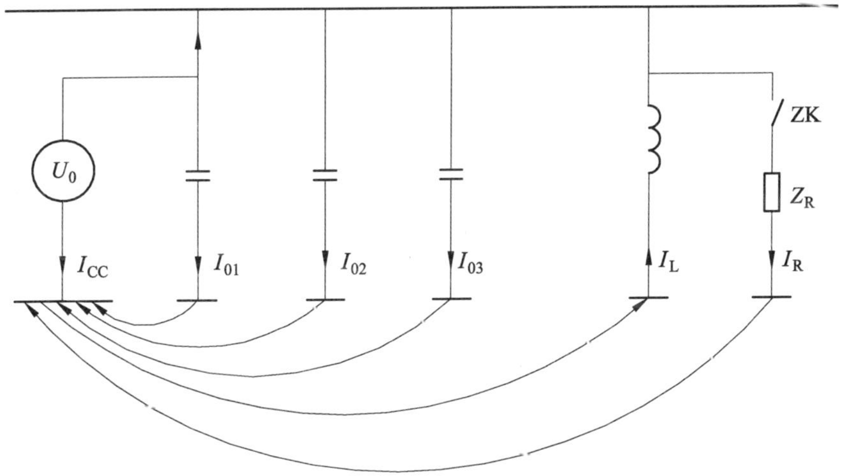

图 1-48　中电阻原理图

阻抗法定位，通过计算故障回路阻抗值确定测量点到故障点的距离，是一种故障测距方法。假定线路参数不变，则在某个测量点处计算出的故障回路阻抗与测量点到故障点之间的距离成正比，故障时测量点的阻抗值与线路的单位阻抗值之比就是测量点到故障点的距离。借助试验平台可以利用高压集总柜的不同参数配置模拟不同线路阻抗、利用低压能馈负载输出不同的负荷电流等来分析各种因素对故障定位的影响。

行波法利用故障产生的行波信号实现故障测距。根据行波理论，线路上发生任何故障，都会产生向线路两端传播的暂态行波信号，因此，在理论上可以利用测量到的行波信号实现各种类型故障的测距。利用行波进行故障测距的方法包括单端法和双端法。单端法通过测量故障产生的行波在故障点与母线之间往返一次的时间计算故障距离，具有很高的准确性。双端法利用故障行波到达线路两端的时间差来计算故障距离，需要在故障线路两端装设检测装置和两端时间的精确同步，并且需要两端装置交换数据的数据通道。

1.1.3.10 新设备挂网安全测试

高原中性点非有效接地真型试验平台能够真实模拟 10 kV 配电网，可为中性点接地方式效果、接地故障分析还原、产品性能考核、配电自动化验证新能源馈入测试等方面，提供系统级试验环境和优越条件，可有效支撑配用电生产实际。

1. 10 kV 系统中性点设备挂网测试

基于该平台，可在 10 kV 系统中性点经消弧全补偿接地方式下开展功能测试。包括弧光接地试验、高阻接地试验等，可验证消弧全补偿的补偿效果、验证 10 kV 接地人身安全维度等。中性点经消弧全补偿接地方式作为补偿设备，挂网运行时接在接地变中性点，接地变接于 10 kV 一条出线柜，以实现系统电容电流的全补偿。中性点经消弧全补偿接地系统图见图 1-49。

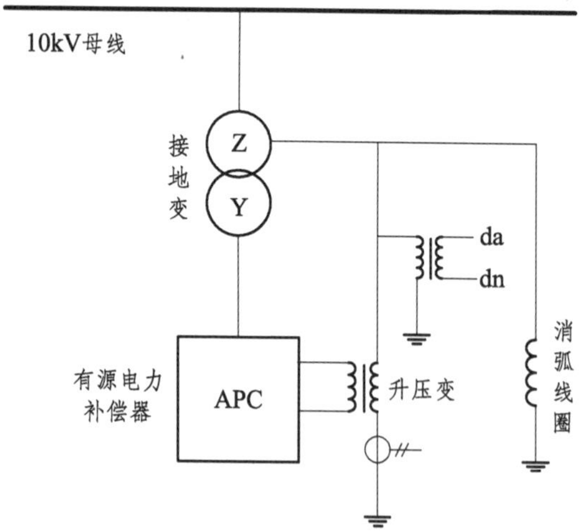

图 1-49 中性点经消弧全补偿接地系统图

2. 低压配电线路设备挂网测试

1）保护功能试验

目前常用的低压配网线路补偿设备保护功能试验，多是以弱电信号模拟装置运行过程中的故障状态，再判断装置二次回路接收到模拟的故障信息后是否及时启动保护。本试验平台主要通过模拟实际电网的运行状态，对被检测设备进行检测，并进行重复多次验证性试验。

2）补偿响应时间试验

（1）无功补偿和三相不平衡补偿装置响应时间试验。

响应时间分为两类：一是电力电子变流技术低压线路补偿装置从补偿对象开始突变到装置输出达到目标值的稳态输出量 90%所需要的时间，见图 1-50；二是采用开关投切技术低压线路补偿装置从补偿对象开始突变到装置输出补偿对象时的时间间隔。

补偿响应时间试验试验方法如下：

① 试验负载为试验电流源模拟的恒功率阻感负载；

② 试验时，开启试验电流源，设置装置为自动无功补偿模式；

③ 调节试验电流源，使其输出的感性功率为装置额定容量；

④ 在试验期间，用测试仪器分别测量测点 2 和测点 3 的电压、电流波形；

⑤ 按照上述响应时间的定义，根据记录的数据分析，电力电子变流技术装置的补偿响应时间不大于 20 ms，开关投切技术低压线路补偿装置补偿响应时间最小时间不大于 60 s；

⑥ 多次重复试验，记录试验数据。

（2）电压补偿装置补偿响应时间试验。

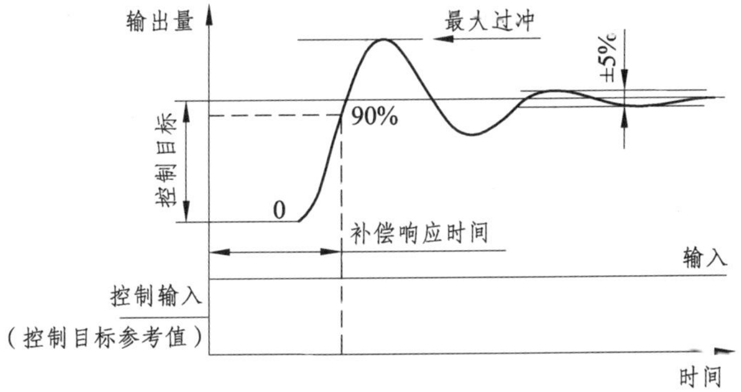

图 1-50　补偿响应时间示意图

补偿响应时间试验按以下步骤进行：

① 参考试验电路见图 1-51，试验负载为试验电流源模拟的恒功率阻感负载，负载容量不超过装置的额定补偿容量；

② 试验时，开启试验电压源和试验电流源（全控型电子负载），设置装置为电压补偿装置模式；

③ 根据试验环境情况，在被试电压补偿装置接入点与试验电压源间串入电抗器或模拟系统线路阻抗器，使试验电流源的工作电压处于电压补偿装置补偿范围；

④ 在试验期间，用测试仪器分别测量测点 1 和测点 2 的电压、电流波形；

⑤ 按照上述响应时间的定义，根据记录的数据分析，电力电子变流技术装置的补偿响应时间不大于 20 ms，开关投切技术低压线路补偿装置的补偿响应最小时间不大于 60 s；

⑥ 多次重复试验，记录试验数据。

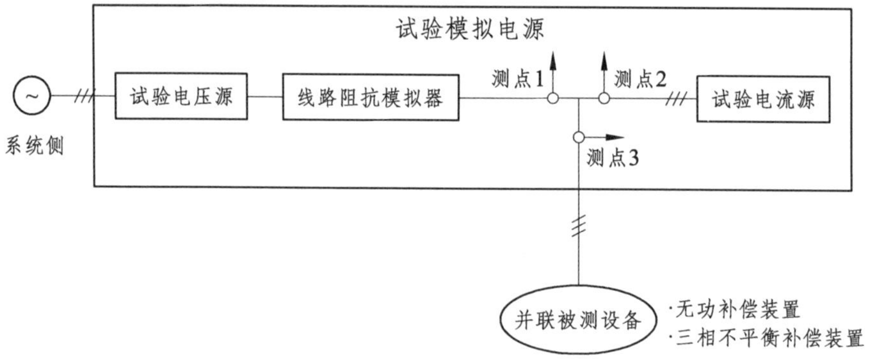

图 1-51　并联接入检测框图

3）补偿能力试验

（1）不平衡补偿能力试验。

具有三相不平衡补偿功能的装置需进行此项试验，不平衡补偿能力试验方法如下：

① 参考试验电路见图 1-51，试验负载为试验电流源模拟的三相不平衡负载；

② 试验时，开启负载，装置设置为不平衡补偿模式；

③ 调节试验电流源，使其输出的不平衡电流分别为装置额定补偿容量的 50%、75%、100%三种工况；

④ 测定每种工况下测点 1 和测点 2 的电流；

⑤ 利用电力电子变流技术补偿三相不平衡电流的装置在额定补偿容量范围内（补偿需量不低于额定补偿容量的 50%），补偿后的三相电流不平衡补偿率不低于 90%；

⑥ 利用开关投切电容补偿三相不平衡电流的装置在额定补偿范围内，补偿后的三

相电流不平衡度低于15%。

（2）无功补偿能力试验方法如下：

① 参考电路见图1-51，试验负载为试验电流源模拟的无功负载；

② 试验时，开启负载，装置设置为无功补偿模式；

③ 调节试验电流源，使其输出的无功功率在装置额定无功功率50% ~ 100%之间（以装置的级差进行设置）；

（3）谐波补偿能力试验方法如下：

① 参考试验电路见图1-52，试验负载为谐波负载；

② 试验时，应保证负载处于工作状态，装置设置为谐波补偿模式；

③ 调节试验电流源，使其输出的谐波电流分别为装置额定容量的50%、75%、100%三种工况，且负载的谐波频次应至少包括3、5、7、11、13次。

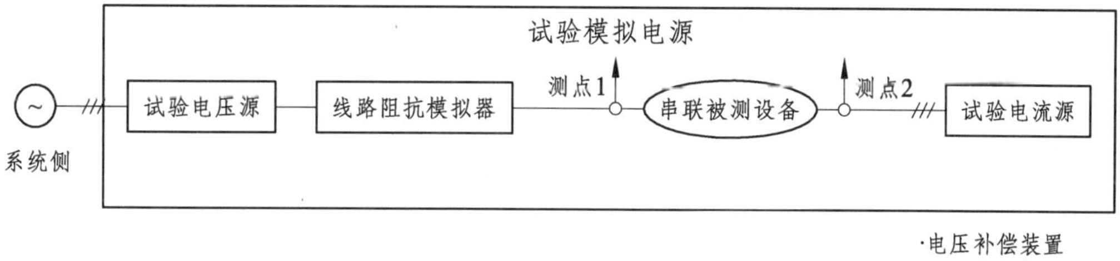

图1-52　串联接入检测框图

4）电压补偿误差试验

补偿率，即在低压线路（三相或单相）上接入电压补偿装置，对应同一低压相序，装置的电压补偿误差按下式计算：

$$E_u = \left|\frac{U_g - (1+\lambda)U_s}{\lambda U_g}\right| \times 100\% \quad (1\text{-}1)$$

式中　U_g——补偿后负载的电压测量值；

U_s——补偿后网侧的电压测量值；

λ——额定补偿电压的百分比，升压为正值，降压为负值。

电压补偿装置需要做电压补偿误差试验，试验方法如下：

① 试验负载为试验电流源模拟的恒功率阻感负载，负载容量不超过装置的额定补偿容量；

② 试验时，应保证试验电压源和试验电流源都处于工作状态，装置设置为电压补偿模式；

③ 根据试验环境情况，在被试电压补偿装置接入点与试验电压源间串入电抗器或

模拟系统线路阻抗器，使试验电流源的工作电压处于被试电压补偿装置补偿范围内；

④ 在试验期间，用测试仪器分别测量测点 1 和测点 2 的电压、电流波形；

⑤ 按照电压补偿误差的定义，根据记录的数据分析，根据式（1-1）计算电压补偿误差使之不大于 5%。

5）损耗试验

（1）并联损耗试验。

电力电子变流技术的低压无功补偿装置、低压三相不平衡补偿装置损耗试验方法如下：

① 参考试验电路见图 1-51，试验负载为试验电流源模拟的恒功率负载；

② 试验时，应保证负载处于工作状态，装置设置为无功补偿模式；

③ 调节试验电流源，使其输出的无功功率分别为装置额定容性无功功率和额定感性无功功率，各稳定运行 1 h；

④ 测定每种工况下测点 3 的有功功率，计算装置在两种工况下的有功功率平均值，其值不大于额定容量的 3%。

（2）串联电压补偿装置损耗试验

试验方法如下：

① 参考试验电路见图 1-52，试验负载为试验电流源模拟的恒功率阻感负载，负载容量为装置的额定补偿容量的 95%~100%；

② 试验时，应保证试验电压源和试验电流源都处于工作状态，装置设置为电压补偿模式；

③ 根据试验环境情况，在被试电压补偿装置接入点与试验电压源间串入电抗器或模拟系统线路阻抗器，使试验电流源的工作电压处于被试电压补偿装置的补偿范围，稳定运行 1 h；

④ 在试验期间，用测试仪器分别测量测点 1 和测点 2 的有功功率，计算装置两点的有功功率平均值 P_1 和 P_2。P_1 与 P_2 的差值应小于额定容量 3%。

1.1.4 基于真型平台系统的应用

1.1.4.1 配网行波故障预警与定位装置测试

配网行波故障预警与定位装置具备隐患预警，故障精确定位，分布式选线和故障原因辨识等功能，为进一步了解该项技术的实用性，昆明供电局西山分局委托云南电网有限公司电力科学研究针对“配网行波故障预警与定位装置”开展测试，测试装置在配电线路故障精确定位方面的效果，模拟不同类型的接地故障，开展相关实验测试，评价装置的实际测试效果。

1. 终端主要参数

配网行波故障预警与定位装置测试终端主要参数如表 1-10 所示。配网行波故障预警与定位装置如图 1-53 所示。

表 1-10　终端主要参数

主要参数	
主要功能	隐患预警，故障精确定位，分布式选线，故障原因辨识
适用电压等级	6～35 kV
GPS 同步精度	100 ns
电压测量精度	3%
电流测量精度	0.1～100 A：±0.5 A；100～600 A：±1%
工频采样频率	12.8 kHz
行波采样频率	2 MHz
通信方式	2G/3G/4G
自取电运行	≥2.5 A 可全功能工作
防护等级	IP66
工作温度	－40～85°C

图 1-53　配网行波故障预警与定位装置

2. 试验平台构成

云南电科院配网实验室(见图 1-54)内的中低压配网真型平台，户外具有 2 回 × 200 m

真型架空线路（含三相台架变、单相台架变）和 4 回 × 1 km 真型电缆线路，通过串并联可实现真实 400 m 架空 + 4 km 电缆线路工况；室内具有六组模拟电缆和架空线路的集总参数柜，通过串并联可实现等效 45 km 电缆 + 45 km 架空线路模拟。平台还有接地故障模拟试验装置，可实现 0 ~ 80 kΩ电阻接地故障工况。

图 1-54　云南电科院配网实验室

云南电科院配网实验室内的中低压配网真型平台通过选择各条线路中投切电容的容量可以设定回路中产生零序电流的大小，以实现对被测装置故障判断的应用效果的判断。根据设计经验，1 km 架空线等效参数为：$R = 0.2688\ \Omega$，$L = 0.8992\ \text{mH}$，$C = 0.0123\ \mu\text{F}$。

选择纯架空线路为故障线路，将 10 kV 架空线路 I 回（三相 200 m）、II 回（三相 200 m）串联，形成 400 m 三相纯架空线路，进行线路故障模拟测试。

3. 试验记录及分析

1）试验工况

由于实验条件限制，集中参数通过电感电容耦合产生电压电流突变，无波过程，行波传输与实际线路存在差别，高频响应特性与实际电力系统难以达到一致，集中参数不能模拟，则选择 400 m 纯架空线路进行行波故障精确定位。

将 10 kV 架空线路 I 回（三相 200 m）、II 回（三相 200 m）串联，形成 400 m 三相纯架空线路，其中 I 回线中部 T 接有 200 kVA 三相台架变、II 回线中部 T 接有 20 kVA 单相变；在 II 回架空线路尾端空载；在 I 回线路尾端 T 接接地故障支路，故障类型分别为：金属性接地、低阻接地、高阻接地、弧光接地。接线示意图如图 1-55 所示。

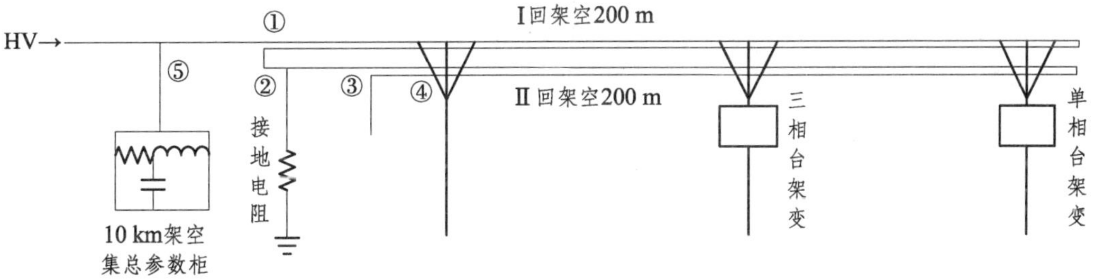

图 1-55　400 m 架空真型线路接线示意图

2）试验过程

故障查找：设置故障点（在 I 回线路尾端 T 接接地故障支路，即距离 I 回线路首段 200 m 处设置故障点）。故障支路前端（图 1-55 中①处）及后端（图 1-55 中④处）安装终端，分别检测电压电流及行波信息，判断故障区间及故障点精确位置。终端安装试验图如图 1-56 所示。

图 1-56　终端安装试验图

3）故障持续时间模拟

按故障持续时间与类型，可将故障划分为瞬时性接地故障与永久性接地故障。根据实际应用需求，本次测试以永久性接地故障为主，永久性接地故障持续时间大约 2 s。

根据上述，测试下列实验项目，如表 1-11 所示。

表 1-11　测试实验项目

序号	零序电容电流	线路类型	接地性质	中性点工作方式
1	16 A	400 m 架空	C 相，金属性接地	不接地
2	16 A	400 m 架空	C 相，55 Ω接地	不接地
3	16 A	400 m 架空	C 相，2 kΩ	不接地
4	16 A	400 m 架空	C 相，弧光接地	不接地
5	16 A	400 m 架空	C 相，金属性接地	消弧线圈接地
6	16 A	400 m 架空	C 相，55 Ω接地	消弧线圈接地
7	16 A	400 m 架空	C 相，2 kΩ	消弧线圈接地
8	16 A	400 m 架空	C 相，弧光接地	消弧线圈接地

4. 试验结论

总结试验情况，可以得出以下结论：

（1）该终端适应范围较广，在 400 m 架空线路范围内、各类接地故障工况均能正常反映。

（2）本次人工模拟单相接地故障共 8 次测试，选相与精确定位结果符合预期。

终端检测效果总结如表 1-12 所示。

表 1-12　终端检测效果总结

序号	零序电容电流	线路类型	接地性质	中性点工作方式	故障查找效果
1	16 A	400 m 架空	C 相，金属性接地	不接地	成功识别位置
2	16 A	400 m 架空	C 相，55 Ω接地	不接地	成功识别位置
3	16 A	400 m 架空	C 相，2 kΩ	不接地	成功识别位置
4	16 A	400 m 架空	C 相，弧光接地	不接地	成功识别位置
5	16 A	400 m 架空	C 相，金属性接地	消弧线圈接地	成功识别位置
6	16 A	400 m 架空	C 相，55 Ω接地	消弧线圈接地	成功识别位置
7	16 A	400 m 架空	C 相，2 kΩ	消弧线圈接地	成功识别位置
8	16 A	400 m 架空	C 相，弧光接地	消弧线圈接地	成功识别位置

5. 故障定位及波形部分记录

1）设备铭牌

厂家：武汉 PX 科技有限公司；型号：配网行波故障预警与定位装置。

2）试验项目

试验日期：2021-01-18—2021-01-19，温度：24.7 °C，湿度：57%*RH*。

（1）中性点不接地系统试验结果，见表 1-13。

表 1-13　中性点不接地系统试验结果

a. 试验项目 1：金属性接地试验

中性点接地方式	故障性质	接地故障模拟点	故障相	故障发生时刻	试验结果		结论
					自动输出结果	手动输出结果	
不接地	金属性接地	400 m 真实线路中间，距首段 200 m	C 相	2021-01-18 14：11：16	误差 8 m	误差 8 m	符合预期

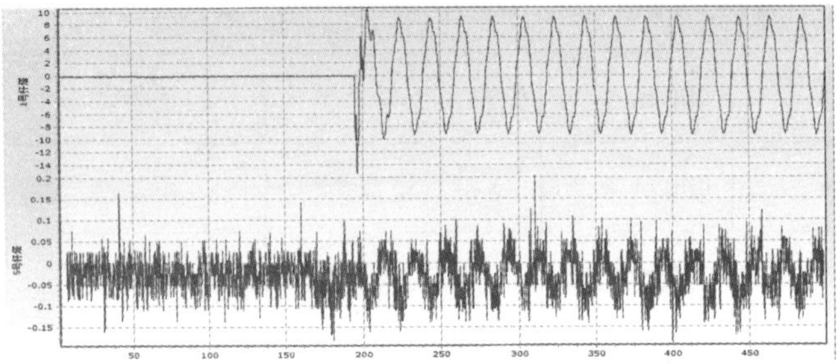

故障线路终端上下游零序电流波形

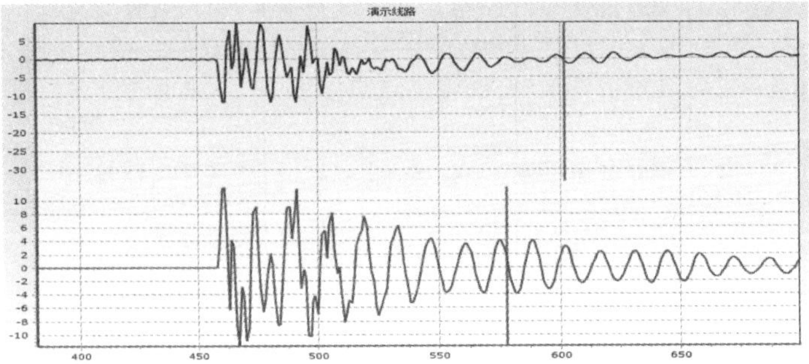

故障线路终端上下游行波电流波形

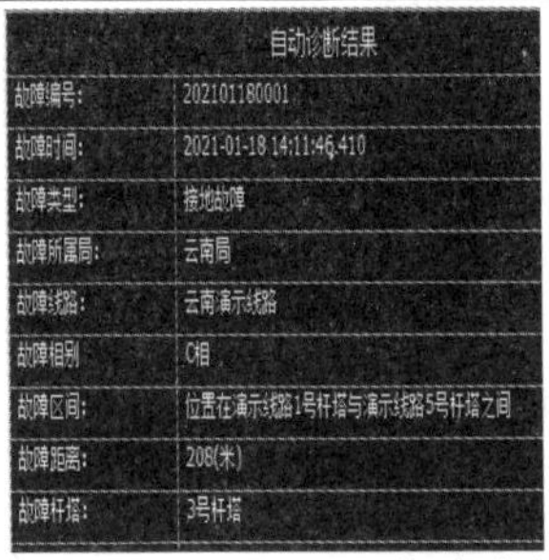

自动诊断结果	
故障编号：	202101180001
故障时间：	2021-01-18 14:11:46.410
故障类型：	接地故障
故障所属局：	云南局
故障线路：	云南演示线路
故障相别	C相
故障区间：	位置在演示线路1号杆塔与演示线路5号杆塔之间
故障距离：	208(米)
故障杆塔：	3号杆塔

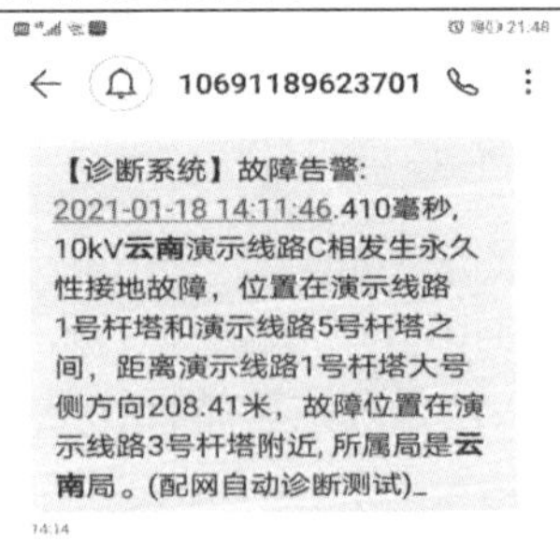

故障诊断自动输出结果

续表

b. 试验项目 2：低阻（55 Ω）接地试验							
中性点接地方式	故障性质	接地故障模拟点	故障相	故障发生时刻	试验结果		结论
					自动输出结果	手动输出结果	
不接地	55 Ω接地	400 m 真实线路中间，距首段 200 m	C 相	2021-01-19 11：07：16	误差 36 m	误差 14 m	符合预期

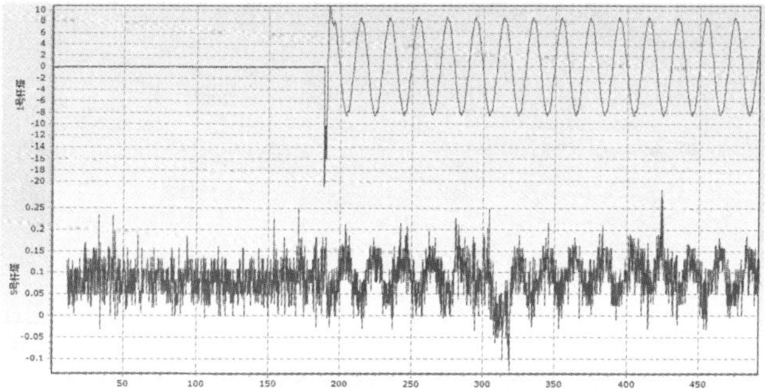

故障线路终端上下游零序电流波形

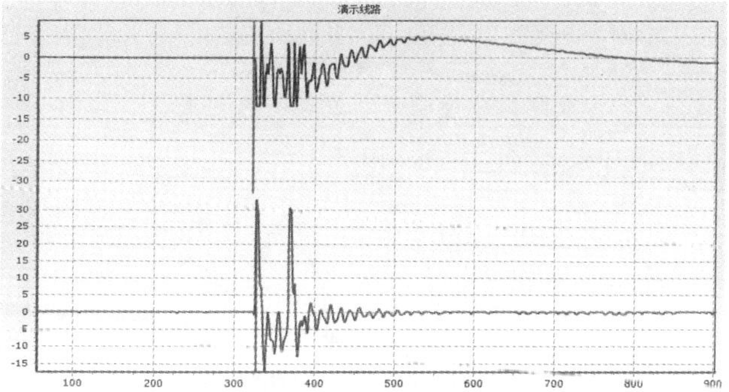

故障线路终端上下游行波电流波形

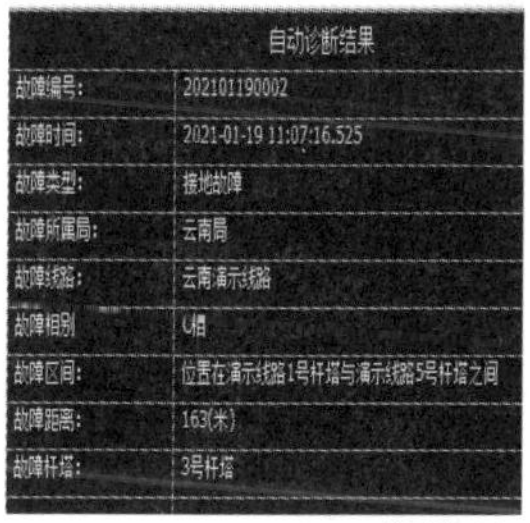

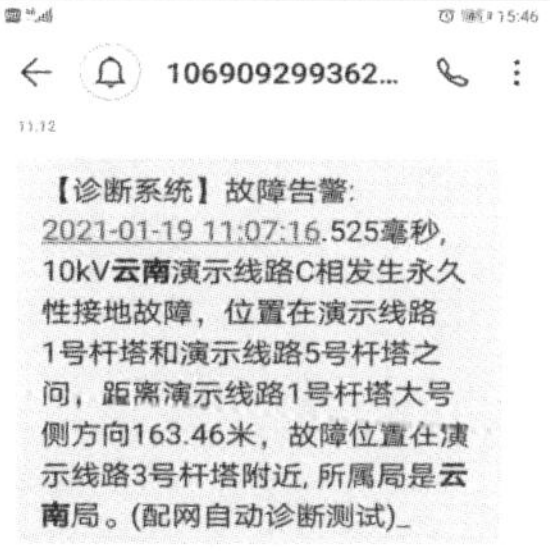

故障诊断自动输出结果

续表

<table>
<tr><td colspan="8">c.试验项目 3：高阻（2000 Ω）接地试验</td></tr>
<tr><td rowspan="2">中性点接地方式</td><td rowspan="2">故障性质</td><td rowspan="2">接地故障模拟点</td><td rowspan="2">故障相</td><td rowspan="2">故障发生时刻</td><td colspan="2">试验结果</td><td rowspan="2">结论</td></tr>
<tr><td>自动输出结果</td><td>手动输出结果</td></tr>
<tr><td>不接地</td><td>2000 Ω接地</td><td>400 m 真实线路中间，距首段 200 m</td><td>C 相</td><td>2021-01-18 16：17：09</td><td>无</td><td>误差 29 m</td><td>符合预期</td></tr>
<tr><td colspan="8">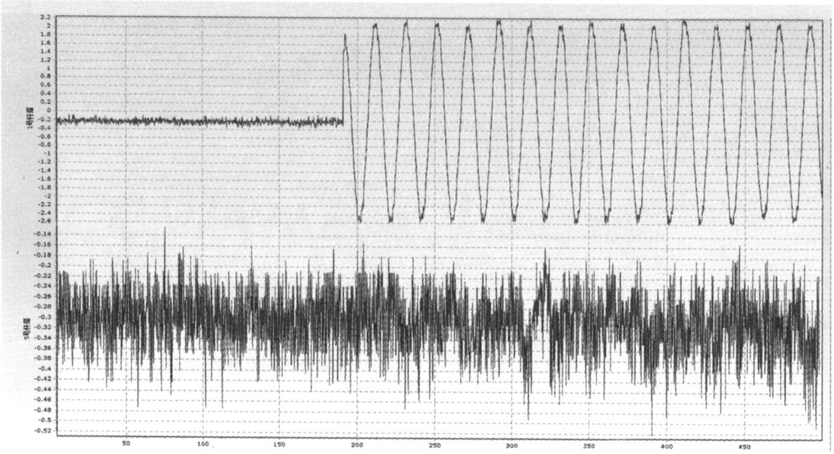
故障线路终端上下游零序电流波形</td></tr>
<tr><td colspan="8">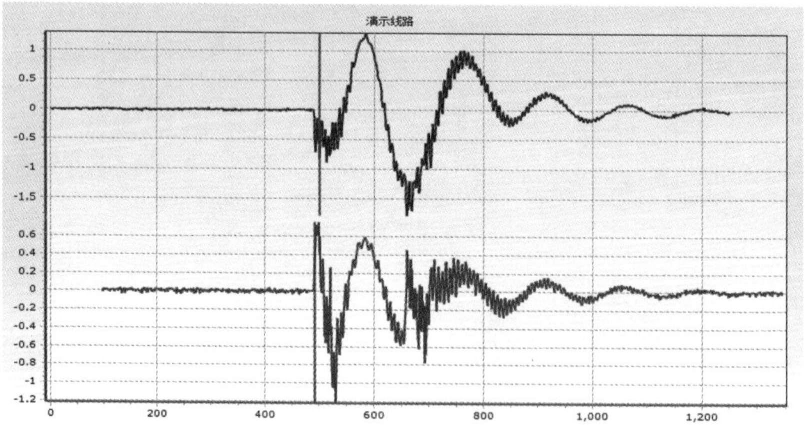

故障线路终端上下游行波电流波形</td></tr>
<tr><td colspan="8">无自动诊断结果</td></tr>
</table>

续表

d. 试验项目 4：稳定弧光接地试验							
中性点接地方式	故障性质	接地故障模拟点	故障相	故障发生时刻	试验结果		结论
					自动输出结果	手动输出结果	
不接地	稳定弧光接地	400 m 真实线路中间，距首段 200 m	C 相	2021-01-19 15：57：41	误差 4 m	误差 0 m	符合预期

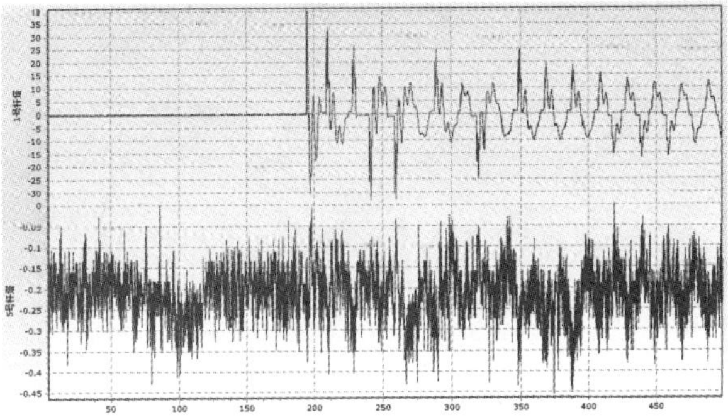

故障线路终端上下游零序电流波形

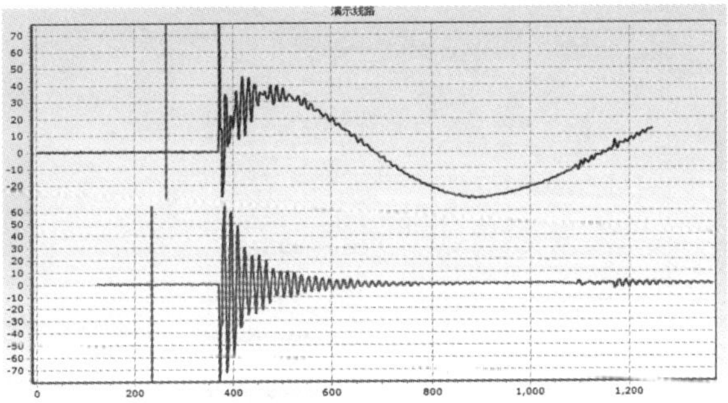

故障线路终端上下游行波电流波形

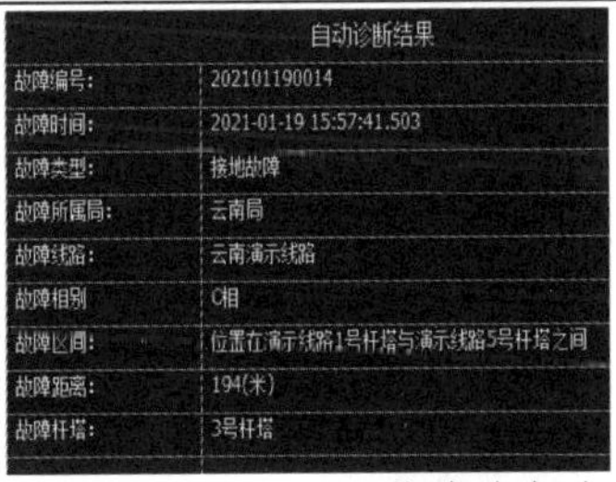

自动诊断结果	
故障编号:	202101190014
故障时间:	2021-01-19 15:57:41.503
故障类型:	接地故障
故障所属局:	云南局
故障线路:	云南演示线路
故障相别	C相
故障区间:	位置在演示线路1号杆塔与演示线路5号杆塔之间
故障距离:	194(米)
故障杆塔:	3号杆塔

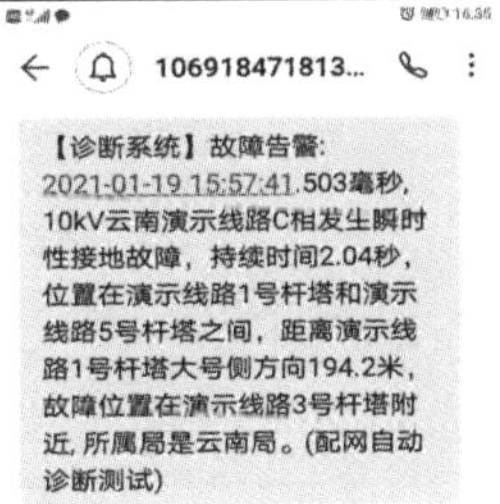

故障诊断自动输出结果

（2）中性点经消弧线圈接地系统试验，见表 1-14。

<table>
<tr><td colspan="8">a. 试验项目 1：金属性接地试验</td></tr>
<tr><td rowspan="2">中性点接地方式</td><td rowspan="2">故障性质</td><td rowspan="2">接地故障模拟点</td><td rowspan="2">故障相</td><td rowspan="2">故障发生时刻</td><td colspan="2">试验结果</td><td rowspan="2">结论</td></tr>
<tr><td>自动输出结果</td><td>手动输出结果</td></tr>
<tr><td>消弧线圈接地</td><td>金属性接地</td><td>400 m 真实线路中间，距首段 200 m</td><td>C 相</td><td>2021-01-18 15：16：43</td><td>误差 32 m</td><td>误差 8 m</td><td>符合预期</td></tr>
<tr><td colspan="8">
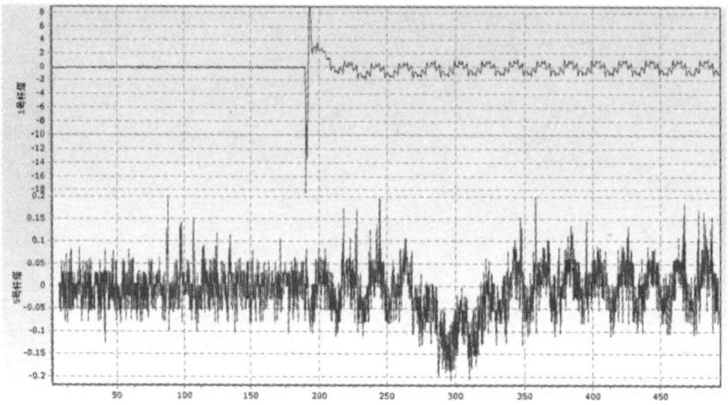

故障线路终端上下游零序电流波形
</td></tr>
<tr><td colspan="8">
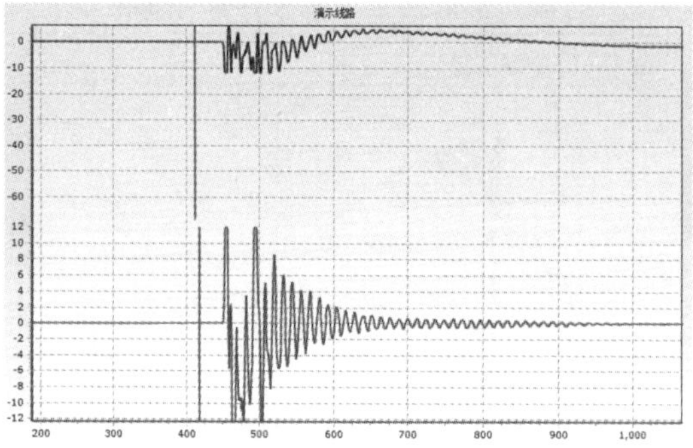

故障线路终端上下游行波电流波形
</td></tr>
<tr><td colspan="8">

自动诊断结果
故障编号: 202101180009
故障时间: 2021-01-18 15:16:43.595
故障类型: 接地故障
故障所属局: 云南局
故障线路: 云南演示线路
故障相别: C相
故障区间: 位置在演示线路1号杆塔与演示线路5号杆塔之间
故障距离: 168(米)
故障杆塔: 3号杆塔

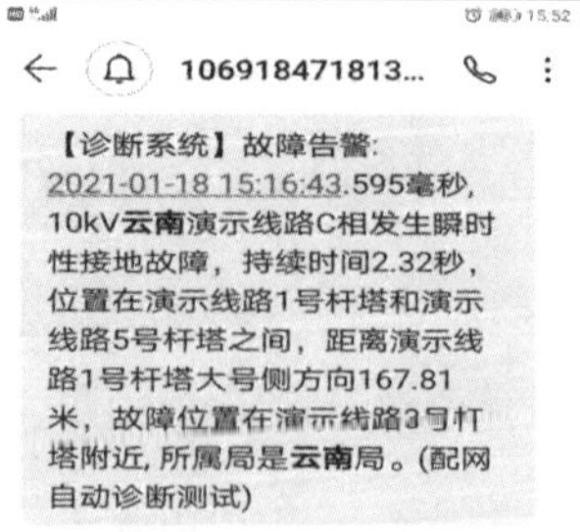

106918471813...

【诊断系统】故障告警: 2021-01-18 15:16:43.595毫秒, 10kV云南演示线路C相发生瞬时性接地故障，持续时间2.32秒，位置在演示线路1号杆塔和演示线路5号杆塔之间，距离演示线路1号杆塔大号侧方向167.81米，故障位置在演示线路3号杆塔附近，所属局是云南局。(配网自动诊断测试)

故障诊断自动输出结果
</td></tr>
</table>

续表

<table>
<tr><td colspan="8">b. 试验项目 2：低阻（55 Ω）接地试验</td></tr>
<tr><td rowspan="2">中性点接地方式</td><td rowspan="2">故障性质</td><td rowspan="2">接地故障模拟点</td><td rowspan="2">故障相</td><td rowspan="2">故障发生时刻</td><td colspan="2">试验结果</td><td rowspan="2">结论</td></tr>
<tr><td>自动输出结果</td><td>手动输出结果</td></tr>
<tr><td>消弧线圈接地</td><td>55 Ω接地</td><td>400 m 真实线路中间，距首段 200 m</td><td>C 相</td><td>2021-01-19 12：52：17</td><td>误差 17 m</td><td>误差 15 m</td><td>符合预期</td></tr>
<tr><td colspan="8">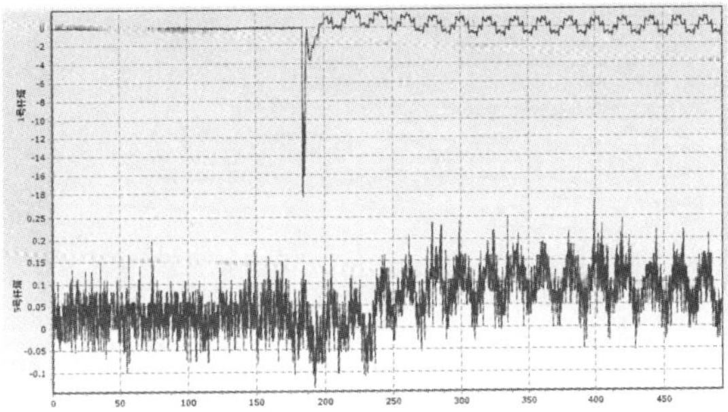
故障线路终端上下游零序电流波形</td></tr>
<tr><td colspan="8">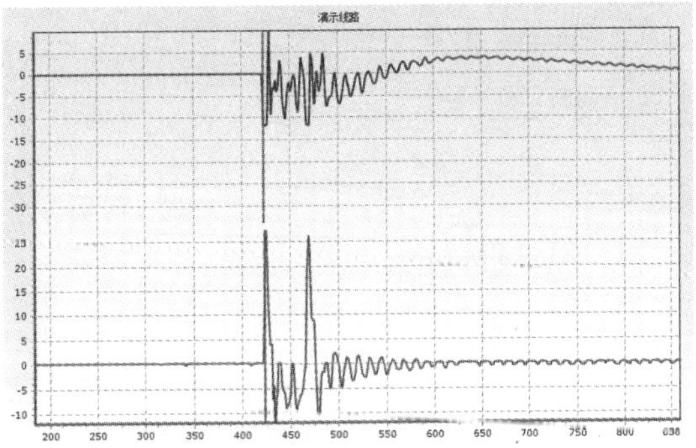

故障线路终端上下游行波电流波形</td></tr>
<tr><td colspan="8">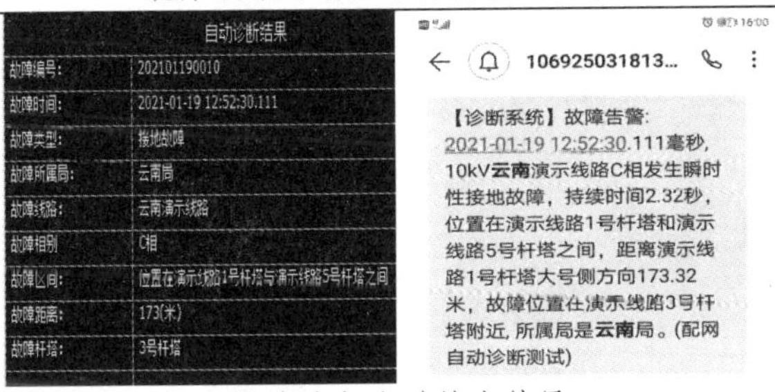

故障诊断自动输出结果</td></tr>
</table>

续表

c. 试验项目 3：高阻（2000 Ω）接地试验							
中性点接地方式	故障性质	接地故障模拟点	故障相	故障发生时刻	试验结果		结论
					自动输出结果	手动输出结果	
消弧线圈接地	2000 Ω接地	400 m 真实线路中间，距首段 200 m	C 相	2021-01-19 15：28：47	误差 48 m	误差 14 m	符合预期

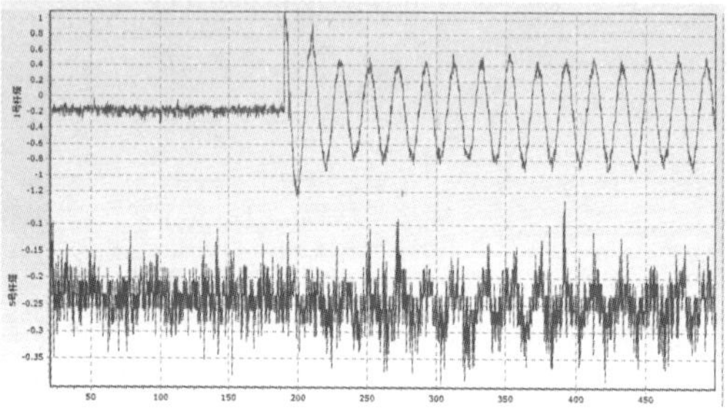

故障线路终端上下游零序电流波形

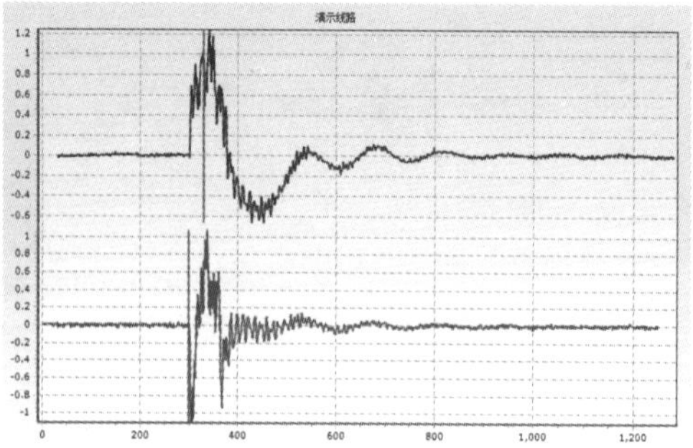

故障线路终端上下游行波电流波形

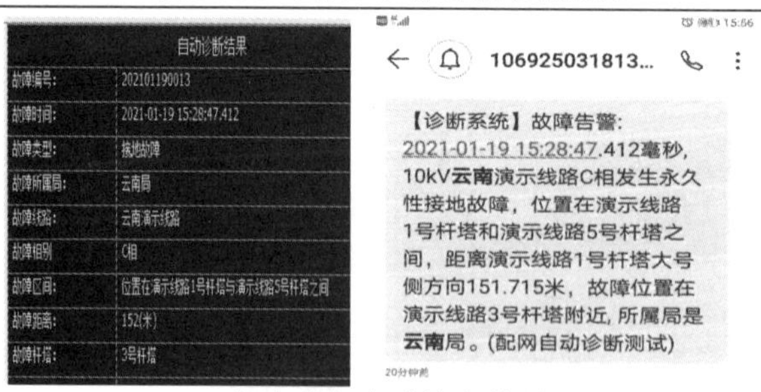

故障诊断自动输出结果

续表

d. 试验项目 4：稳定弧光接地试验							
中性点接地方式	故障性质	接地故障模拟点	故障相	故障发生时刻	试验结果		结论
					自动输出结果	手动输出结果	
消弧线圈接地	稳定弧光接地	400 m 真实线路中间，距首段 200 m	C 相	2021-01-19 16：31：01	误差 44 m	误差 14 m	符合预期

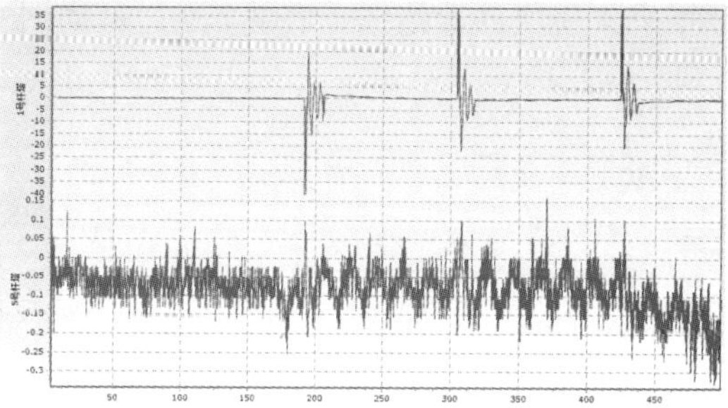

故障线路终端上下游零序电流波形

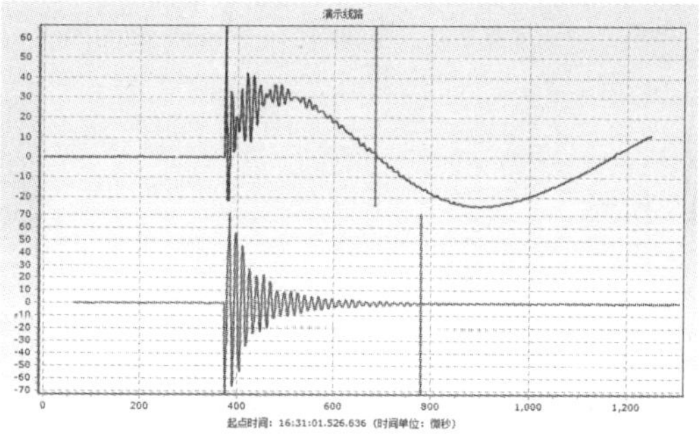

故障线路终端上下游行波电流波形

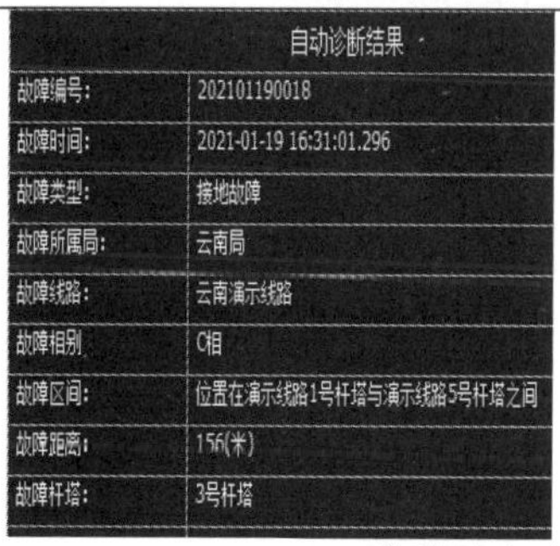

自动诊断结果	
故障编号:	202101190018
故障时间:	2021-01-19 16:31:01.296
故障类型:	接地故障
故障所属局:	云南局
故障线路:	云南演示线路
故障相别	C相
故障区间:	位置在演示线路1号杆塔与演示线路5号杆塔之间
故障距离:	156(米)
故障杆塔:	3号杆塔

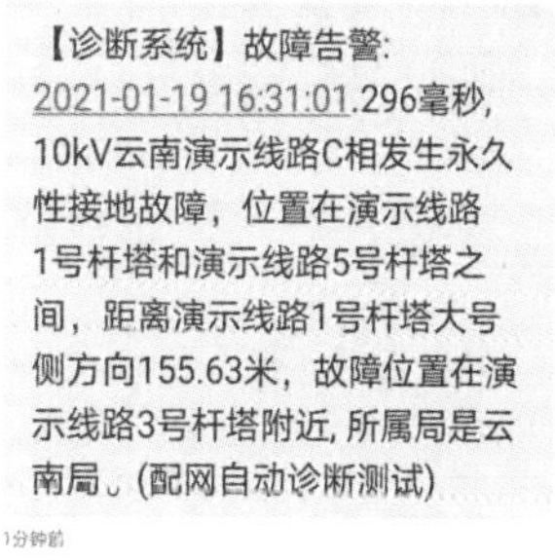

【诊断系统】故障告警：2021-01-19 16:31:01.296毫秒，10kV云南演示线路C相发生永久性接地故障，位置在演示线路1号杆塔和演示线路5号杆塔之间，距离演示线路1号杆塔大号侧方向155.63米，故障位置在演示线路3号杆塔附近，所属局是云南局。(配网自动诊断测试)

1分钟前

故障诊断自动输出结果

1.1.4.2 智能绝缘子监测装置成品测试

通过对智能绝缘子测试结果的分析，能得到对产品功能和质量的评价，而分析产品测试的过程可为以后制定测试计划提供参考。评估测试执行和测试计划是否符合，分析产品存在的缺陷，为修复和预防 BUG 提供建议。智能绝缘子外形如图 1-57 所示。

1. 结构原理

如图 1-58 所示，数据采集模块内置绝缘子底部，通过移动网络传输数据，传感绝缘子采用电容分压传输原理，高压电容 150 pF、低压电容 840 nF。每相一只。

图 1-57 智能绝缘子

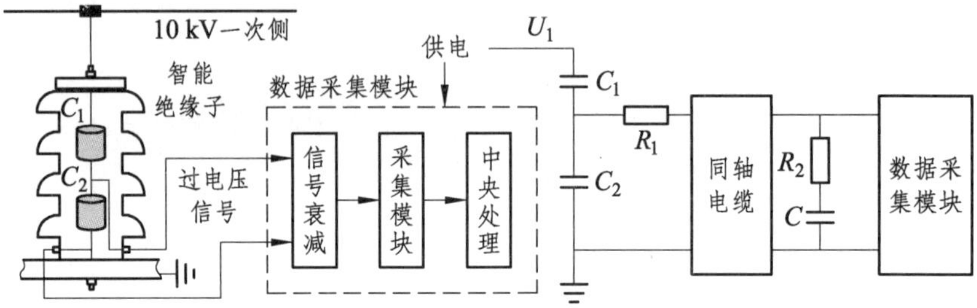

图 1-58 结构原理图

2. 测试环境

测试环境如表 1-15 所示。

表 1-15 测试环境

	序号	设备名称	型号	校准日期	备注
硬件环境	1	10 kV 升压变压器	S11-M10/10	2020-09-08	
	2	50 kV 工频耐压装置	TS-50/5	2020-07-13	
	3	示波器	RIGOL MSO1104	2020-09-08	
	4	雷电冲击电压发生器	HMCJ-300 Kv/25 kJ	2020-10-15	
	5	万用表	优利德	2020-06-15	
软件环境	序号	软件名称	版本号	类型	备注
	1	主程序	V1.12	嵌入式程序	装置主程序

3. 测试数据统计分析

1）性能测试

如图 1-59 所示，30 °C 时的分压比作为基准分压比，随着温度的变化分压比波动很小，最大变化约 2‰。新型智能绝缘子在功能实现上具有良好的温度稳定性。

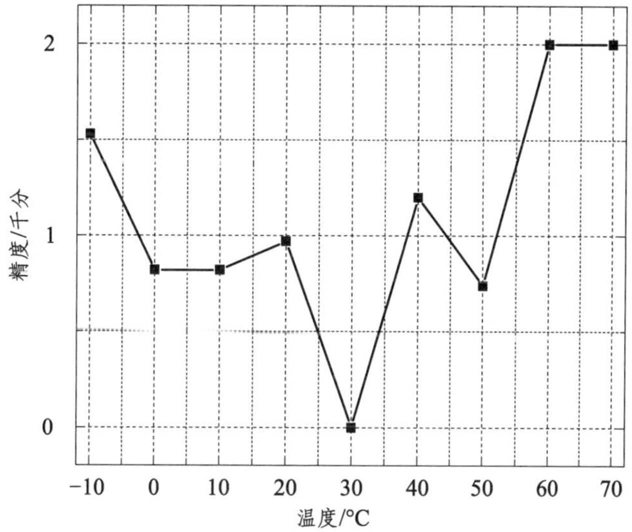

图 1-59 智能绝缘子分压比精度随温度的变化

2）采集测试

（1）异常触发，如表 1-16 所示。

表 1-16 异常触发

项目	第一次	第二次	第三次
信号源相电压	5700 V（正常值）	6300 V（1.1 倍正常值）	5100 V（0.9 倍正常值）
装置触发情况	未触发	触发采集	触发采集

（2）高频响应测试，如图 1-60 所示。

（3）过电压波形采集。

① 单相接地。三相三只同时接入测量，B 相电压突变为零，非故障相 A、C 相电压突然上升为线电压，如图 1-65 所示。

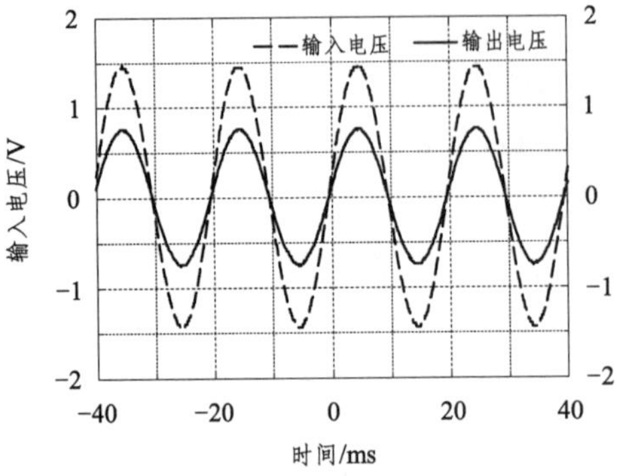

(a) 50 Hz 正弦波响应

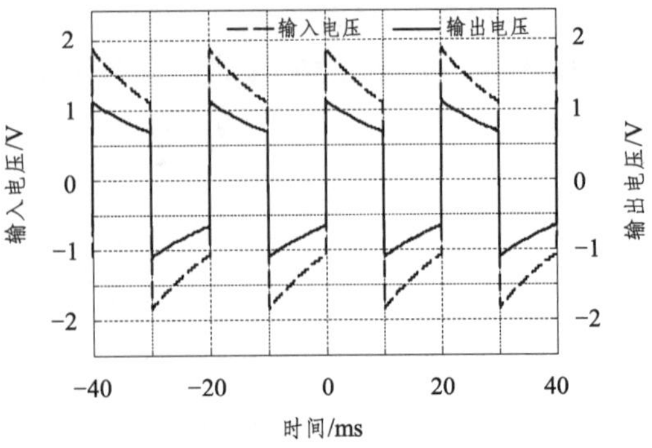

(b) 50 Hz 方波响应

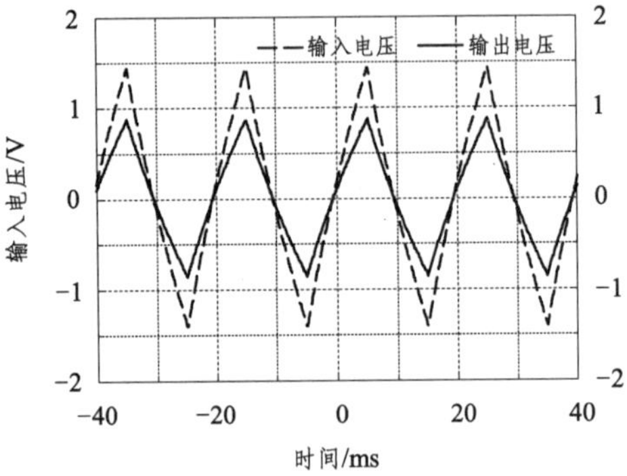

(c) 50 Hz 三角波响应

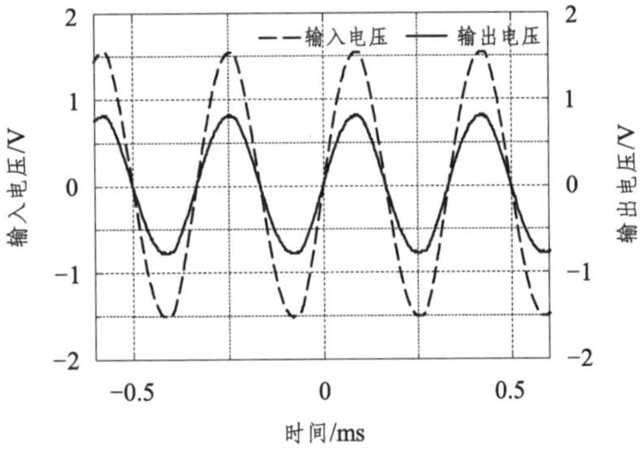

(d) 3 kHz 正弦波响应

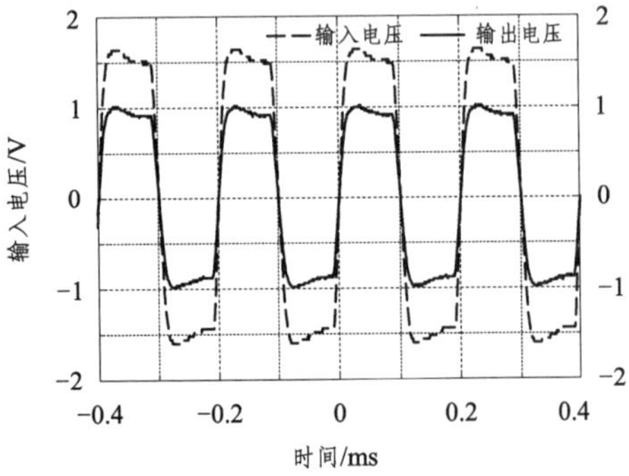

(e) 3 kHz 方波响应

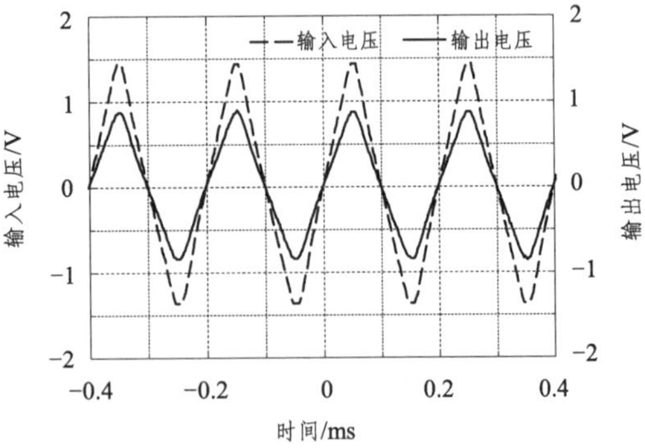

(f) 3 kHz 三角波响应

图 1-60　高频响应测试

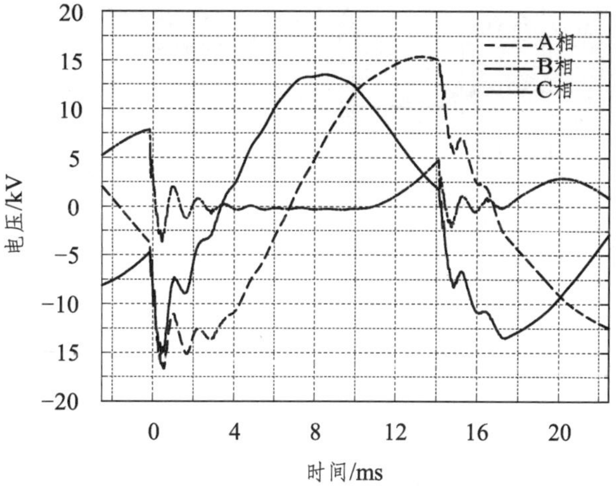

图 1-61　单相接地过电压波形采集

② 操作过电压。两条曲线分别为设备采集和示波器采集，因设备不同，采样点数不同，数据格式不同等原因导致纵坐标不一致，如图 1-62 所示。

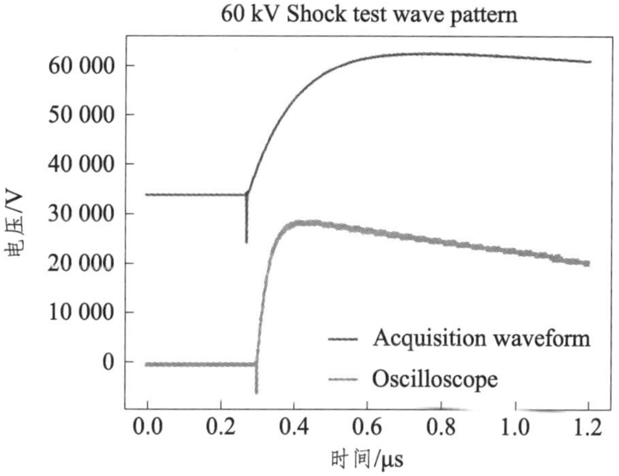

图 1-62　60 kV 操作过电压波形（实验室数据）

③ 雷电冲击耐压测试波形（1.2/50 μs）。

智能绝缘子监测装置在 60 kV 标准雷电波冲击（1.2/50 μs）下，性能完好，测试通过，实验波形如图 1-63 所示。

④ 实测线路感应雷过电压波形。三相电压波形相似，发生了同时同向的瞬态变化，过电压振荡频率高，陡度大，持续时间约为 1 ms，波头时间为 30 μs，如图 1-64 所示。

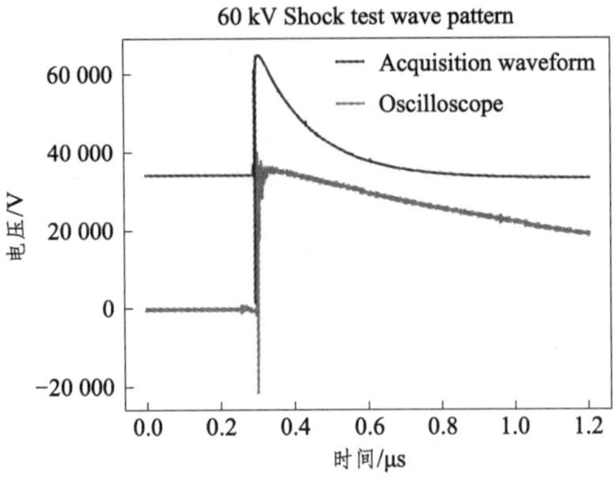

图 1-63　60 kV 雷电冲击过电压波形（实验室数据）

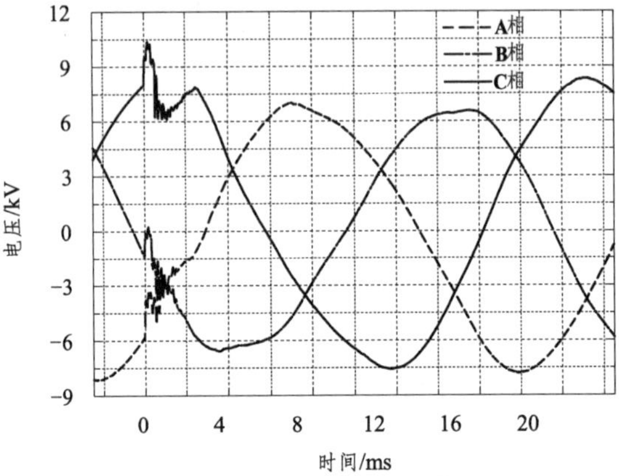

图 1-64　实测线路感应雷过电压波形

（4）设备联调测试。线路运行正常、单相暂态接地和单相完全接地三种工况下传感绝缘子的输出响应反应良好。设备联调测试波形如图 1-65 所示。

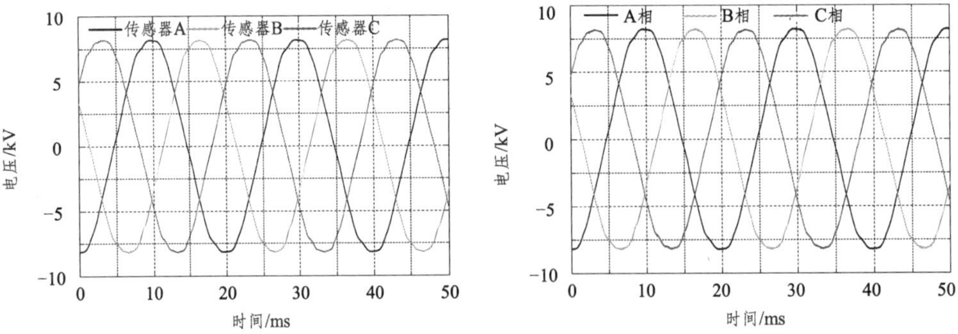

（a）正常运行时三相电压波形

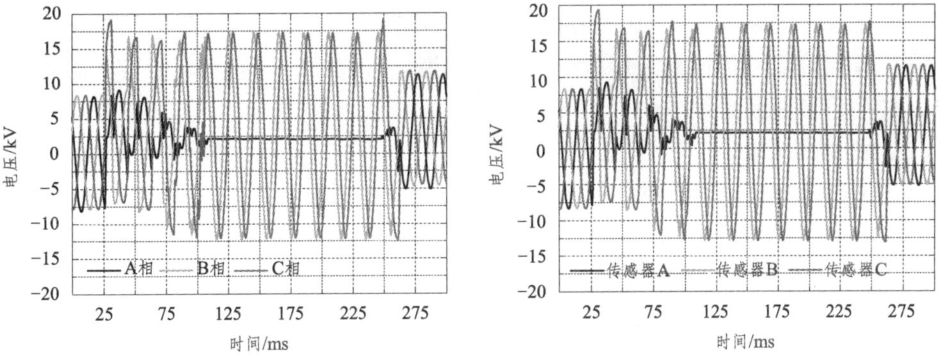

（b）A 相瞬时接地过电压波形

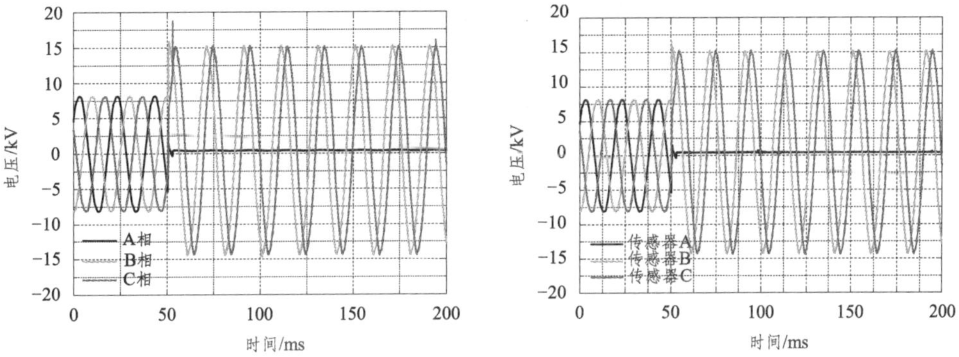

（c）A 相完全接地过电压波形

图 1-65　设备联调测试波形

3）挂网运行情况

真型试验平台上安装了三组智能绝缘子，分别是架空一回线、架空二回线以及室外台区上，如图 1-66 所示。

图 1-66　三组智能绝缘子

智能绝缘子安装完成之后分别进行了传输性能的测试、接地故障的测试。

（1）智能绝缘子传输是采用电信的 NB 通道进行传输，目前安装位置 NB 通道信号微弱，传输信号断断续续。

（2）发生接地故障，传输速率低。假如发生故障的一瞬间发生线路停电的情况，会导致录波文件不能传输至云端。

（3）智能绝缘子后台查看界面，如图 1-67 所示。

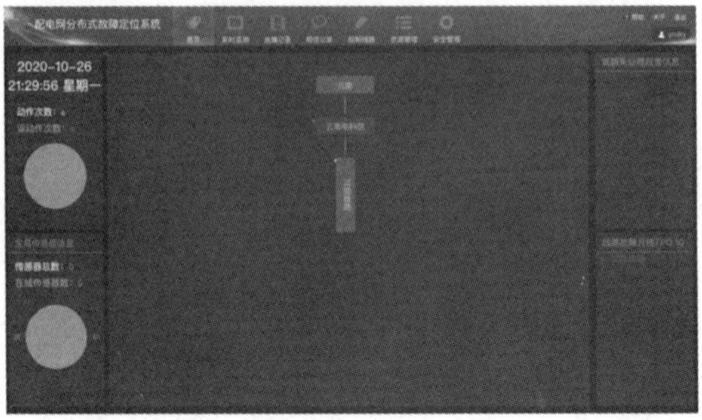

（a）故障定位系统主界面

（b）故障定位系统杆塔界面

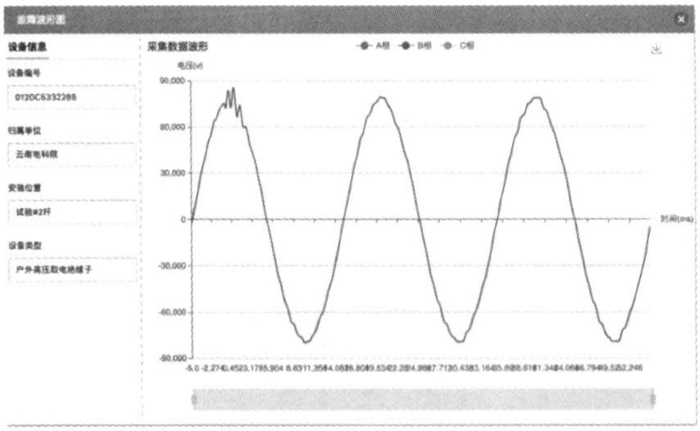

（c）波形查看界面

图 1-67　智能绝缘子后台查看界面

1.1.4.3 暂态录波型配网架空线路不明缺陷监测装置测试

本测试以“暂态录波型配网架空线路不明缺陷监测装置”为对象，在云南电网有限责任公司电力科学研究院配网实验室开展，通过设置接地、弧光等故障类型，测评装置在故障判断、定位方面的实际效果。

1. 测试仪器参数及装置

暂态录波型配网架空线路不明缺陷测试仪器参数如表1-17所示，监测装置如图1-68所示。

表1-17 测试仪器参数

可识别故障类型	相间短路、单相接地、瞬时故障和永久故障
适用电压等级	10～35 kV
工作电流	0～630 A
自取电需求	采集单元：>1 A，汇集单元：>6 A
电池容量	3.6 V，8.5 Ah
适用系统类型	中性点各种接地方式
测量范围及精度	0～100 A：±0.5 A；100～630 A：±0.5%
故障复位方式	来电自动复位、定时自动复位、远程手动复位
采集单元通信方式	通信距离：≤100 m；通信速率：250 kb/s
汇集单元通信方式	无线通信，2G/3G/4G；通信距离：≥100 m；通信速率：250 kb/s

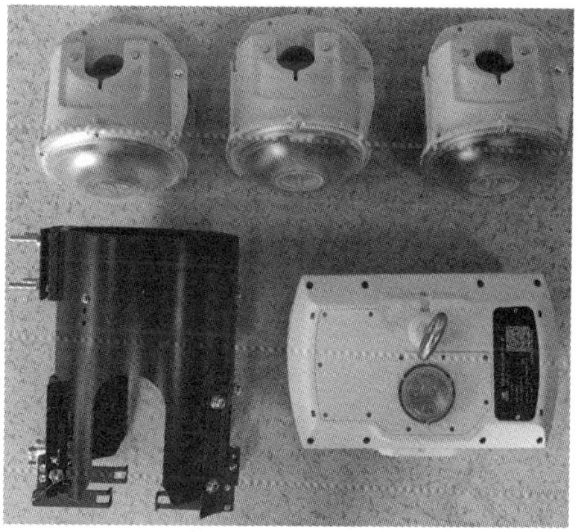

（1个点位包含3个采集单元、1个汇集单元；每套装置包含2个点位单元及1套安装工具）

图1-68 暂态录波型配网架空线路不明缺陷监测装置

2. 测试记录及分析

如图 1-69 所示，10 kV 环网柜输出 10 kV，20 km 架空集总柜 + 400 m 架空线路 + 1 km 电缆线路串联，在架空线路末端经室内变压器接入 0～200 kW 可调负载，使系统形成真实能量流动；在架空线路末端（负荷前端）T 接故障模型支路；故障定位信号采集单元分别在故障前（环网柜后集总柜前，见图 1-69 中①）、故障后（故障支路后电缆前，见图 1-69 中②），分别对线路暂态信号进行监测。

整个回路正常带电 10 kV 运行，为不接地系统，系统具有真实负荷流动。故障类型设置为：金属接地、过渡电阻接地、湿沙土接地、间隙弧光接地。

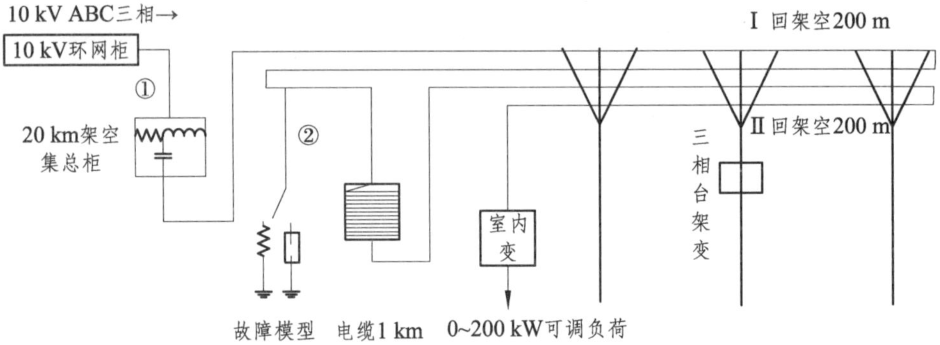

图 1-69　400 m 架空真型 + 1 km 电缆真型 + 20 km 架空集总线路接线示意图

根据设计经验，1 km 架空线等效参数为：$R = 0.2688\ \Omega$，$L = 0.8992$ mH，$C = 0.0123\ \mu F$；1 km 电缆线等效参数为：$R = 0.2530\ \Omega$，$L = 0.3233$ mH，$C = 0.2630\ \mu F$，忽略其他参数仅对比电容，1 km 电缆≈21.4 km 架空线。

3. 测试过程

在故障支路前端及后端安装好采集单元和汇集单元，如图 1-70 所示。

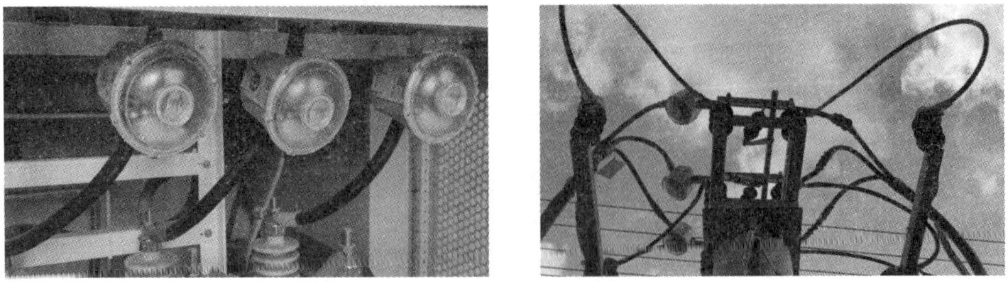

图 1-70　采集单元安装

送电前，故障支路断开，故障模型未接入；
送电后，检查采集单元及汇集单元通信正常；
调节线路总负荷 120 kW/7 A（须大于汇集单元取能所需的最低值 6 A）；
远程遥控投入故障模型，故障投入时间 1 s（系统可保持的最小值）；
获取故障定位装置的报警信息，判断故障类型、故障位置是否与实际一致。

4. 测试记录

测试记录如表 1-18 所示。

表 1-18 测试记录

线路工况	故障模型	故障相	故障类型判断结果	采集单元检测结果		故障定位结果	暂态波形
				故障前	故障后		
400 m 架空真型 + 1 km 电缆真型 + 20 km 架空集总	金属接地	A	A 相瞬时故障	零序电流负脉冲，A 相电场跌落	零序电流正脉冲，A 相电场跌落	定位正确	波形 1
	过渡电阻（低阻 83Ω）接地	A	A 相瞬时故障	零序电流负脉冲，A 相电场跌落	零序电流正脉冲，A 相电场跌落	定位正确	波形 2
	过渡电阻（高阻 1 kΩ）接地	A	A 相瞬时故障	零序电流负脉冲，A 相电场跌落	零序电流正脉冲，A 相电场跌落	定位正确	波形 3
	过渡电阻（高阻 6 kΩ）接地	A	未输出结果	未启动	启动，波形不明显	未输出	波形 4
	间隙弧光直接接地	A	A 相瞬时故障	零序电流正脉冲，A 相电场跌落	零序电流负脉冲，A 相电场跌落	定位正确	波形 5
	间隙弧光经 83 Ω电阻接地	A	A 相瞬时故障	零序电流正脉冲，A 相电场跌落	零序电流负脉冲，A 相电场跌落	定位正确	波形 6
	湿沙土接地	C	C 相瞬时故障	零序电流负脉冲，A 相电场跌落	零序电流正脉冲，A 定位正确相电场跌落	定位正确	波形 7

5. 波 形

1）金属性接地故障

金属性接地故障前端采集波形如图 1-71 所示。

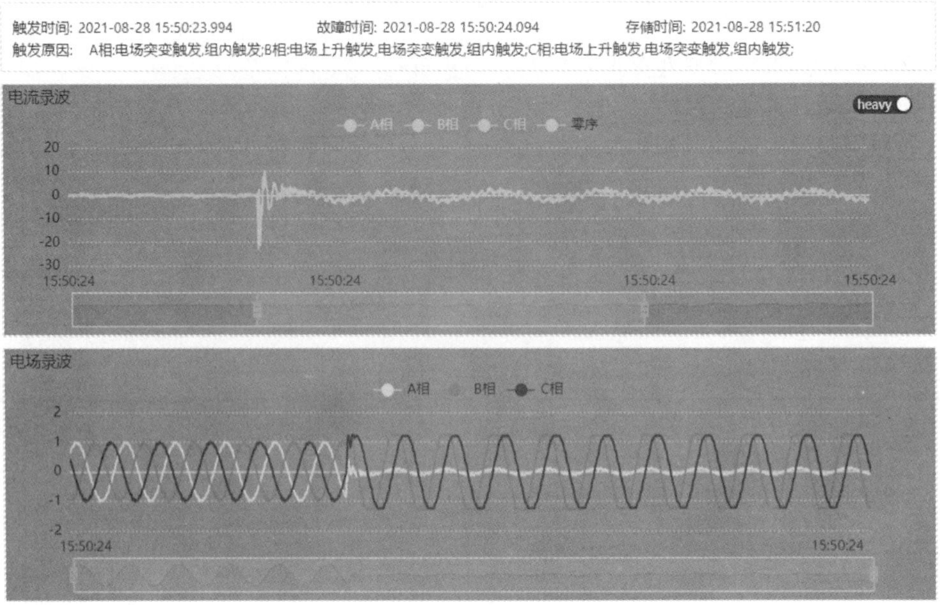

图 1-71　金属性接地故障前端采集波形

金属性接地故障后端采集波形如图 1-72 所示。

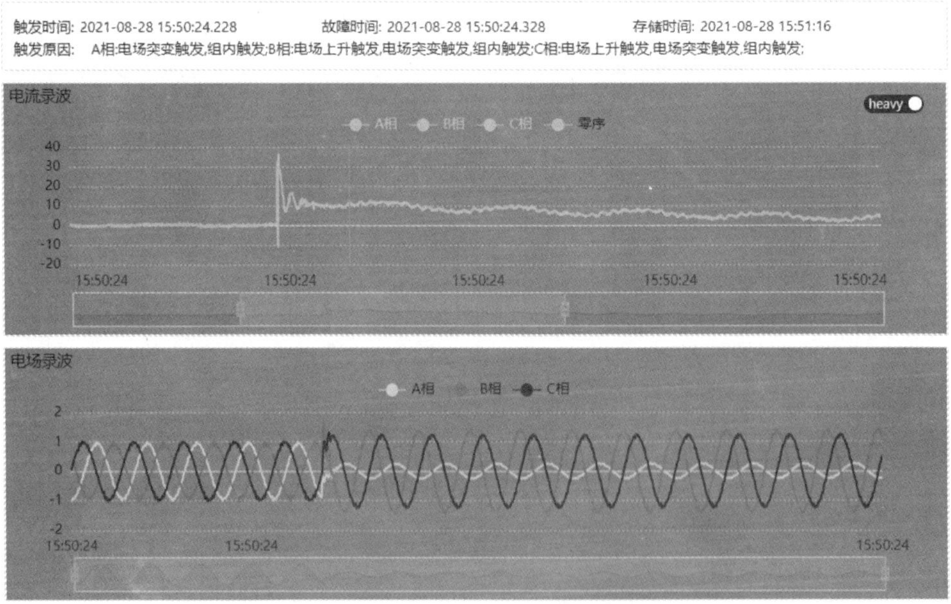

图 1-72　金属性接地故障后端采集波形

2）83 Ω电阻单相接地故障

83 Ω电阻单相接地故障前端采集波形如图 1-73 所示。

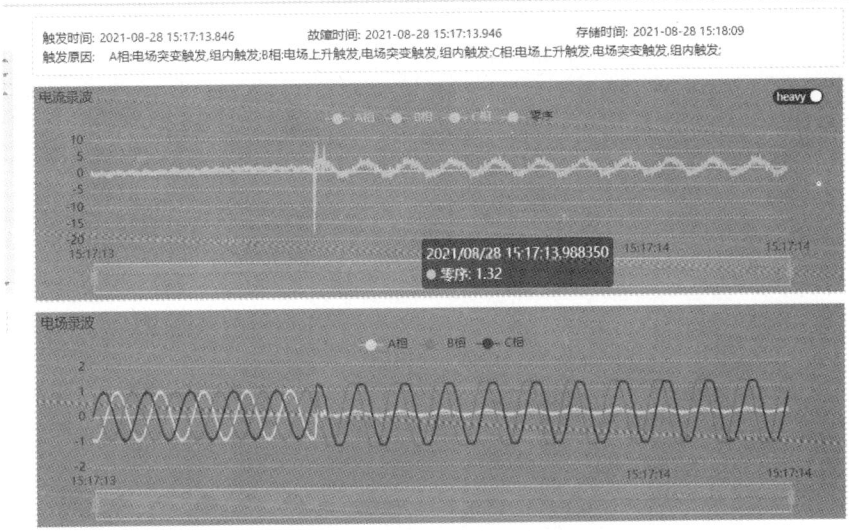

图 1-73　83 Ω电阻单相接地故障前端采集波形

83 Ω电阻单相接地故障后端采集波形如图 1-74 所示。

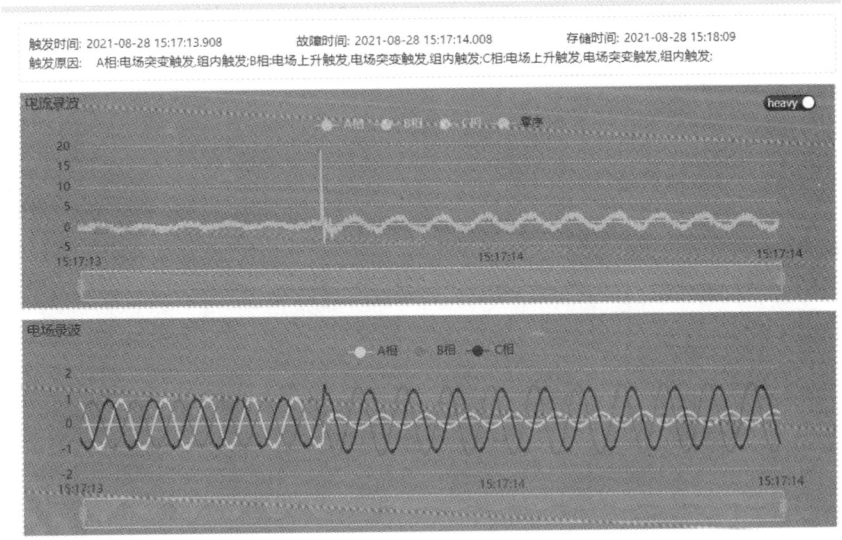

图 1-74　83 Ω电阻单相接地故障后端采集波形

3）1 kΩ电阻单相接地故障

1 kΩ电阻单相接地故障事件信息如图 1-75 所示。

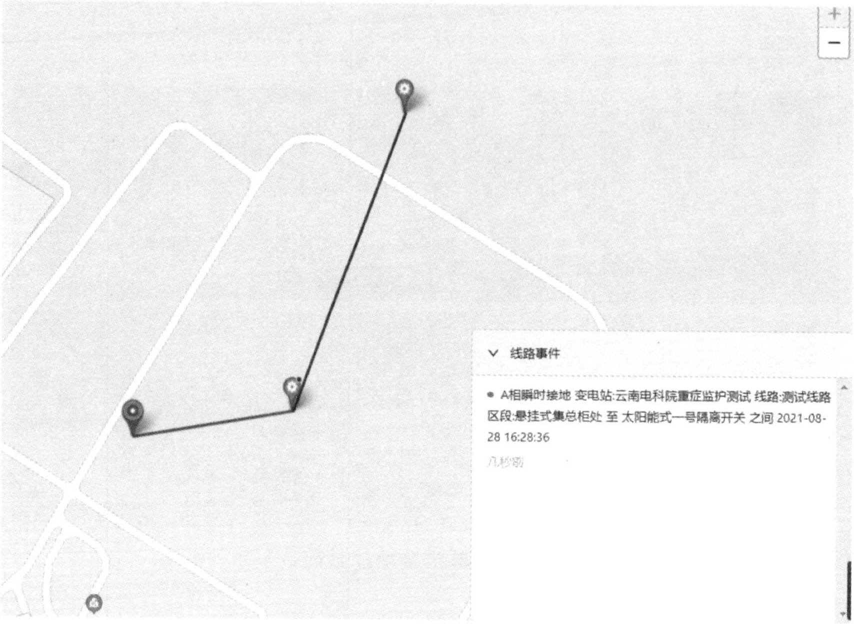

图 1-75　1 kΩ电阻单相接地故障事件信息

1 kΩ电阻单相接地故障前端采集波形如图 1-76 所示。

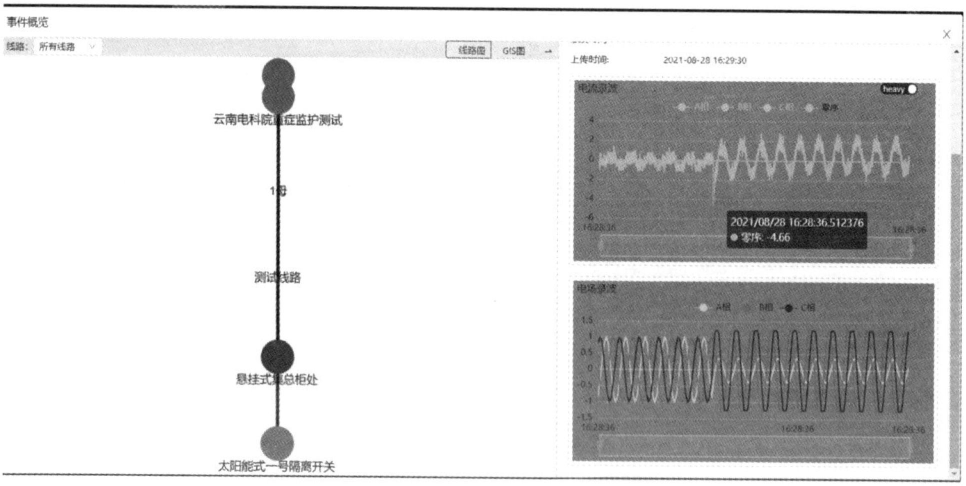

图 1-76　1 kΩ电阻单相接地故障前端采集波形

1 kΩ电阻单相接地故障后端采集波形如图 1-77 所示。

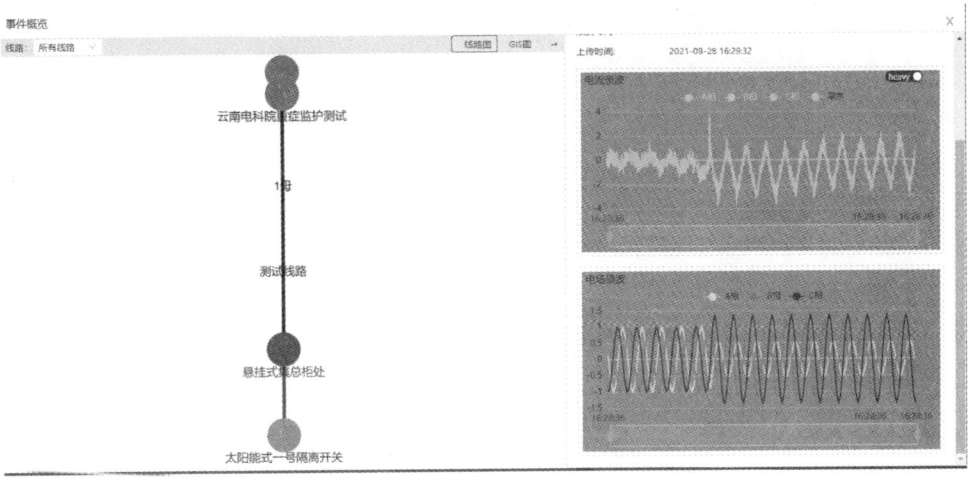

图 1-77 1 kΩ电阻单相接地故障后端采集波形

4）6 kΩ电阻单相接地故障

6 kΩ电阻单相接地故障前端采集波形：未达到触发条件，未启动采集。

6 kΩ电阻单相接地故障后端采集波形如图 1-78 所示。

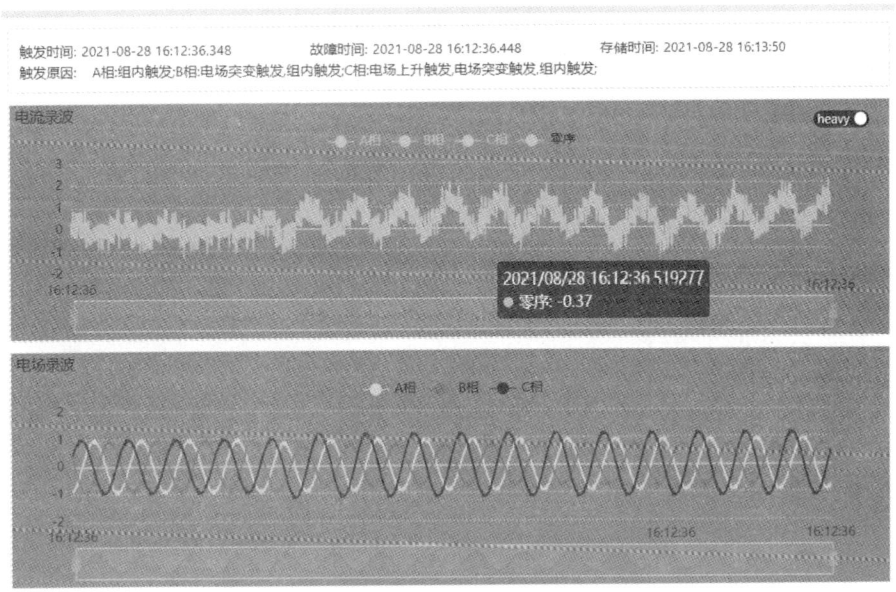

图 1-78 6 kΩ电阻单相接地故障后端采集波形

5）间隙弧光直接接地故障

间隙弧光直接接地故障事件信息如图 1-79 所示。

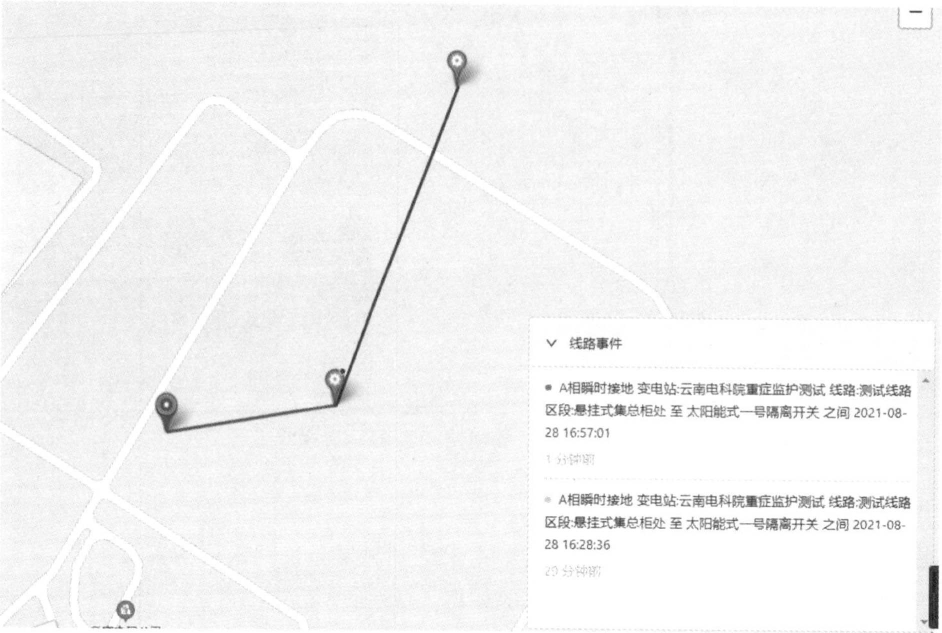

图 1-79　间隙弧光直接接地故障事件信息

间隙弧光直接接地故障前端采集波形如图 1-80 所示。

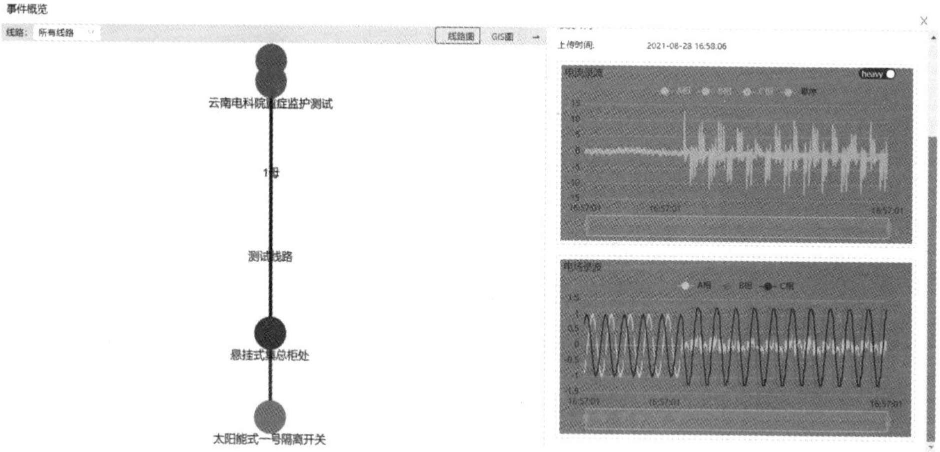

图 1-80　间隙弧光直接接地故障前端采集波形

间隙弧光直接接地故障后端采集波形如图 1-81 所示。

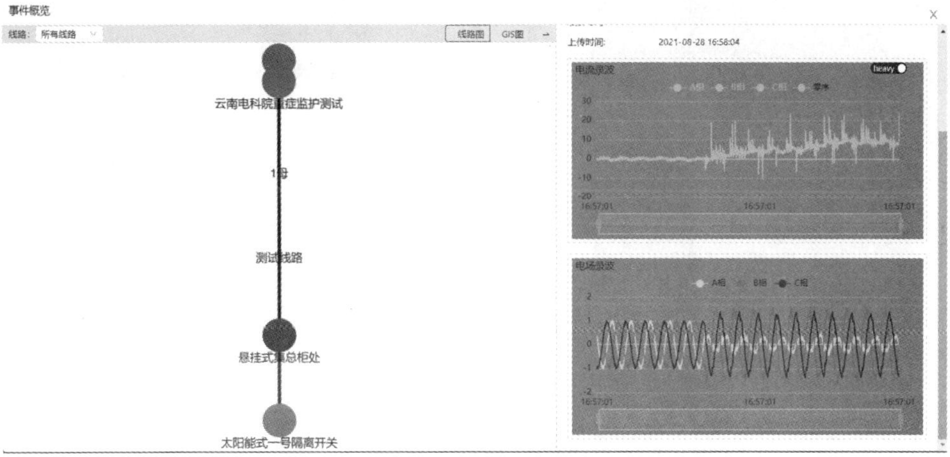

图 1-81 间隙弧光直接接地故障后端采集波形

6）间隙弧光经 83 Ω电阻接地故障

间隙弧光直径 83 Ω电阻接地故障事件信息，如图 1-82 所示。

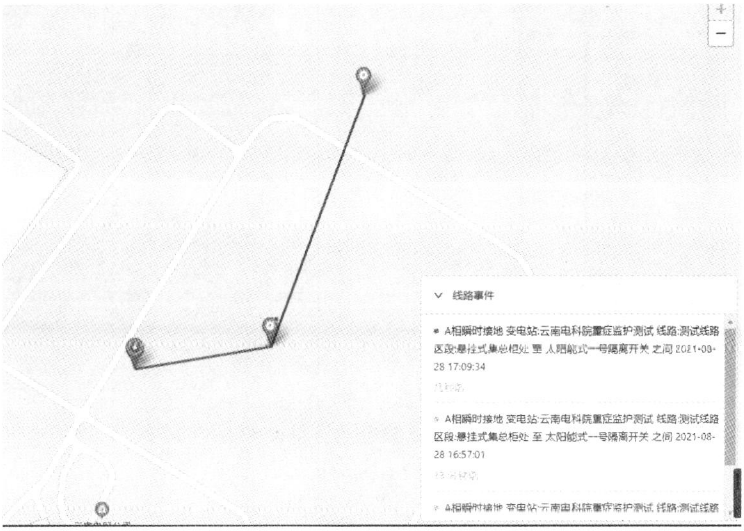

图 1-82 间隙弧光经 83 Ω电阻接地故障事件信息

间隙弧光直径 83 Ω电阻接地故障前端采集波形如图 1-83 所示。

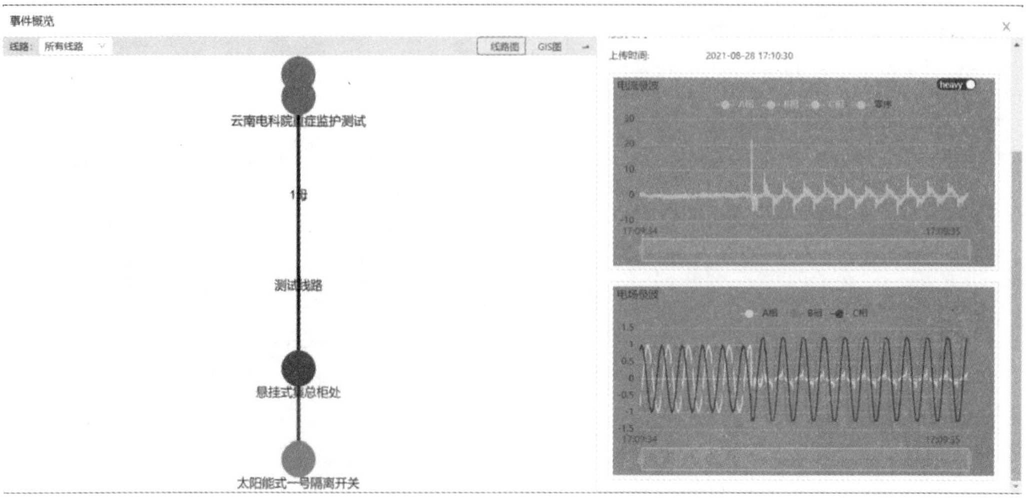

图 1-83　间隙弧光经 83 Ω电阻接地故障前端采集波形

间隙弧光经 83 Ω电阻接地故障后端采集波形如图 1-84 所示。

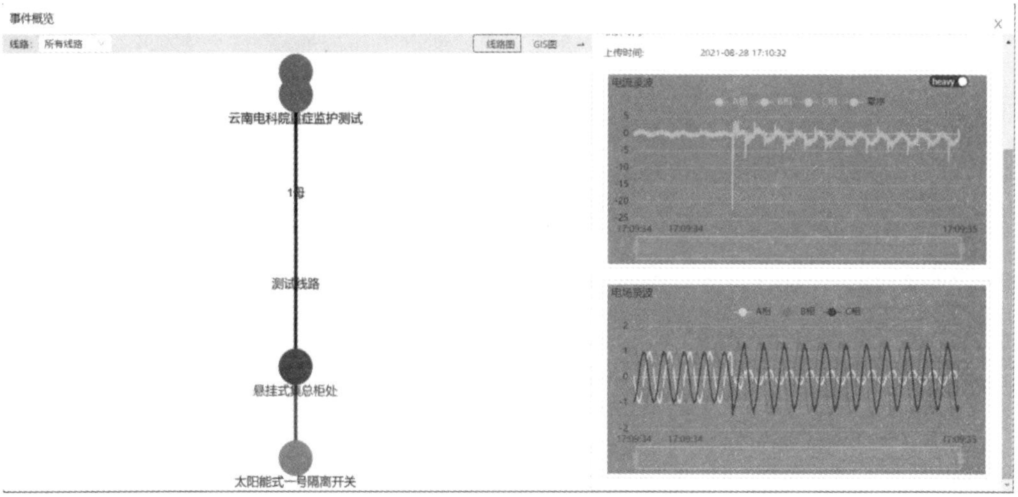

图 1-84　间隙弧光经 83 Ω电阻接地故障后端采集波形

7）湿沙土接地故障

湿沙土接地故障事件信息如图 1-85 所示。

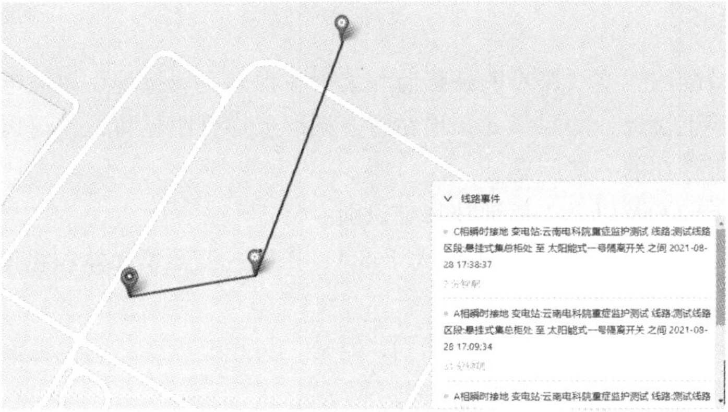

图 1-85　湿沙土接地故障事件信息

湿沙土接地故障前端采集波形如图 1-86 所示。

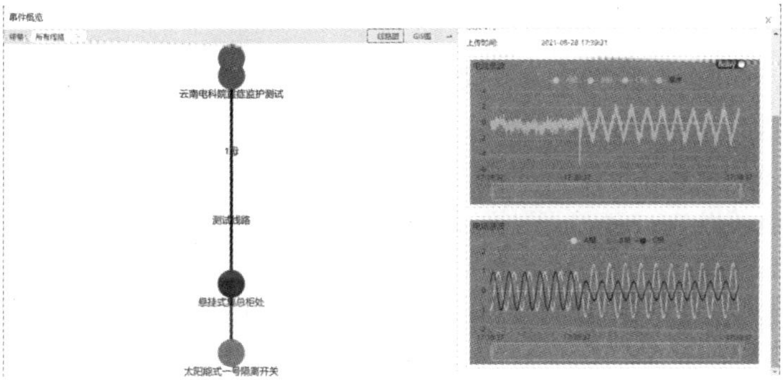

图 1-86　湿沙土接地故障前端采集波形

湿沙土接地故障后端采集波形如图 1-87 所示。

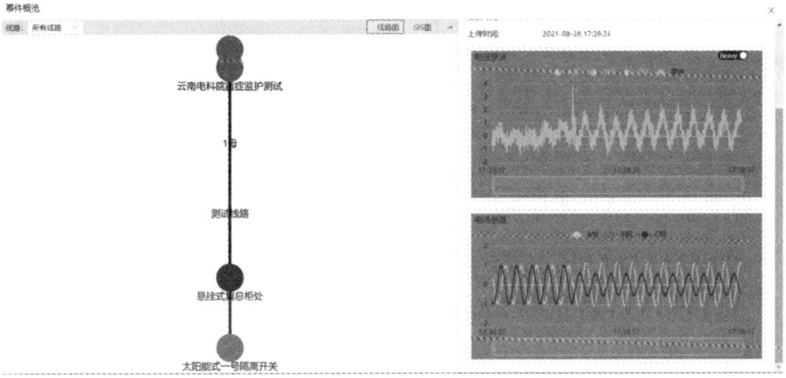

图 1-87　湿沙土接地故障后端采集波形

6. 测试结论

暂态录波型配网架空线路不明缺陷监测装置在识别金属接地、过渡电阻（1 kΩ及以下）接地、湿沙土接地、间隙弧光接地在暂态波形上均有明显特征，可以实现故障的判断和定位。但仍存在的一些问题：

（1）高阻（6 kΩ及以上）接地故障难识别。

（2）CT 式汇集单元自取能需电流大于 6 A，光伏式汇集单元体积重量较大，适用性及便携性不足。

（3）安装需区分电流流向、ABC 相别，但是在实际现场线路的电流流向和相别区分会有困难，且多能源点系统，电流流向也不固定。

（4）采集单元及汇集单元安装和拆卸不是很便利，特别是拆卸还需改进。

（5）后台监测可通过电脑或手机 APP 展现，但配置和展现略微烦琐，可适当简化。

7. 应用建议

（1）建议小规模示范，使用该装置开展架空线路不明故障查找应用。

（2）考虑监测装置的使用周期为 1 个月以内，只能考虑采用全电池供电。

（3）考虑简化装置的安装，尤其是拆卸方式。

（4）安装组数以 2 ~ 3 点（每点三相）为宜。

（5）通过算法优化，应实现不考虑电流流向和相别的无差别安装。

（6）监测系统沿用已有的云端 APP 方式，应适当调整预警及展现方式。

1.2 35 kV 铁磁谐振试验平台

1.2.1 35 kV 铁磁谐振平台设备

35 kV 铁磁谐振平台设备参数如表 1-19 所示。

表 1-19 35 kV 铁磁谐振平台设备参数

名称	规格	数量	备注
远控控制台	—	1	
接地试验控制箱	—	1	
35 kV 过渡电阻箱	5 ~ 2000 Ω	1	
380 V 低压电源箱	—	1	

续表

名称	规格	数量	备注
低压零序阻抗试验变压器	0.4 kV/10 kV/35 kV 550 kVA	1	
电压互感器		3	
并联电容器	0.05 μF/0.2 μF/0.4 μF/1 μF	18	每组各6只
便携式录波仪	—	1	

1.2.2 35 kV 铁磁谐振平台原理

35 kV 铁磁谐振平台原理如图 1-88 所示。

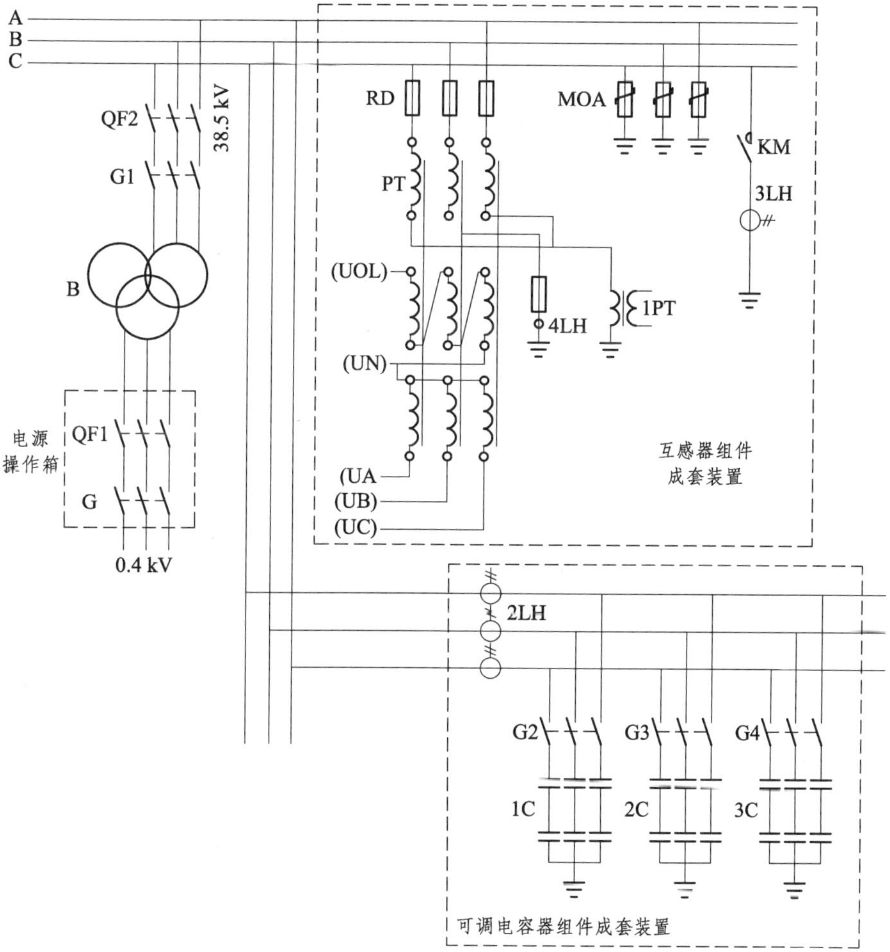

图 1-88 35 kV 铁磁谐振平台原理图

1.2.3　35 kV 铁磁谐振试验应用

1.3.3.1　试验用电压互感器

试验用电压互感器组为干式全绝缘电磁式电压互感器，其主要参数如表 1-20 所示。

表 1-20　试验用电压互感器主要参数

型号	JDZX9-35BG	电压比	$(35/\sqrt{3})$kV/$(0.1/\sqrt{3})$kV/$(0.1/\sqrt{3})$kV/(0.1/3)kV
额定输出	50/50/100 VA	准确级	0.2/0.5/3P
最大输出	400 VA	一次绕组直流电阻	2.6 ~ 2.8 kΩ

1.3.3.2　JDZX9-35BG 电压互感器组下的铁磁谐振试验

在不同的接地电容条件下进行试验。其中试验波形中，U_a、U_b、U_c、$3U_0$ 分别为三相电压和零序电压。

1）接地电容 0.05 μF

如图 1-89 所示，接地电容为 0.05 μF 时，当单相接地（A 相发生单相接地）恢复时，发生了稳定的分频铁磁谐振。谐振周期约为 40 ms，谐振频率约为 25 Hz。可见，在接地电容为 0.05 μF 时，该 PT 易发生分频铁磁谐振。

重复试验 10 次，接地消失时激发 1/2 分频谐振 6 次，概率为 60%；合闸瞬间激发 1/6 分频谐振 3 次，概率为 30%，合闸瞬间激发 1/2 分频谐振 1 次，概率为 10%。

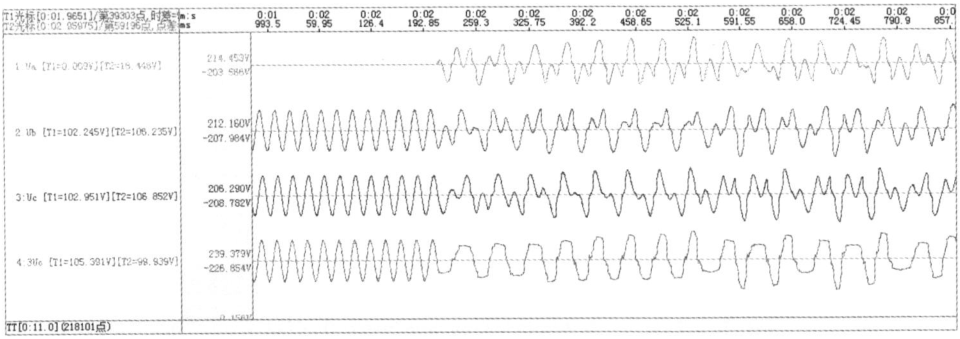

图 1-89　接地电容为 0.05 μF 的试验波形

2）接地电容 0.1 μF

如图 1-90 所示，接地电容为 0.1 μF 时，当单相接地（A 相发生单相接地）恢复时，发生了稳定的分频铁磁谐振。谐振周期约 40.25 ms，谐振频率约为 24.84 Hz。可见在接地电容为 0.1 μF 时，该 PT 易发生分频铁磁谐振。

重复试验 10 次，接地消失时激发 1/2 分频谐振 8 次，概率为 80%，发生低频振荡后消失 2 次；另有 1 次合闸时激发 1/4 分频谐振，概率为 10%。

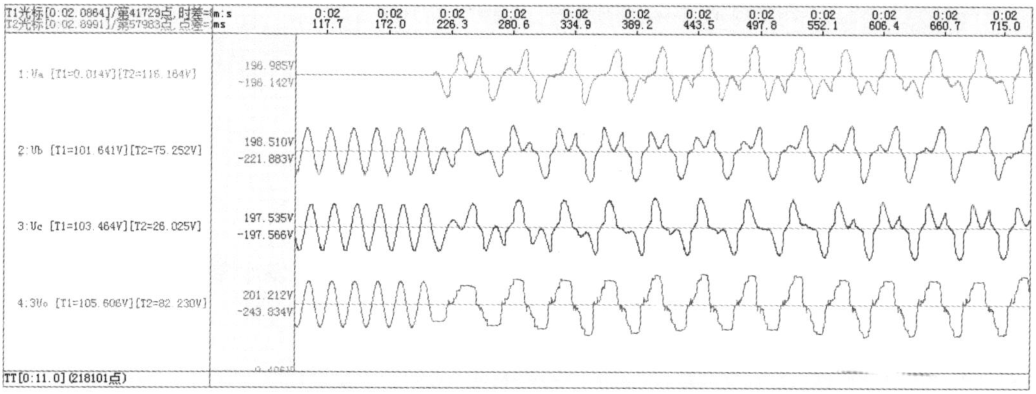

图 1-90　接地电容为 0.1 μF 时的试验波形

3）接地电容为 0.2 μF

如图 1-91 所示，接地电容为 0.2 μF 时，当单相接地（A 相发生单相接地）恢复时，发生了稳定的分频铁磁谐振。谐振周期约为 79.9 ms，谐振频率约为 12.51 Hz。可见在接地电容为 0.2 μF 时，该 PT 易发生分频铁磁谐振。

重复试验 10 次，接地消失时激发 1/4 分频谐振 7 次，概率为 70%；激发 1/6 分频谐振 1 次，概率为 10%，其他 2 次未发生谐振，另有 2 次在合闸时激发 1/6 分频谐振。

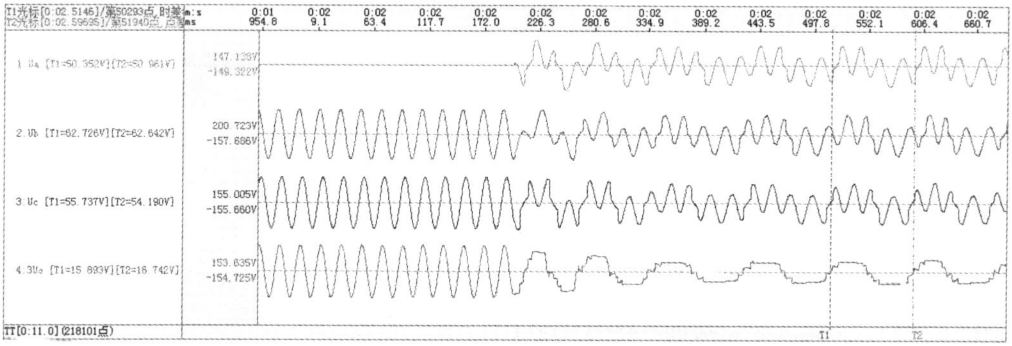

图 1-91　接地电容为 0.2 μF 时的试验波形

合闸瞬间谐振波形如图 1-92 所示。

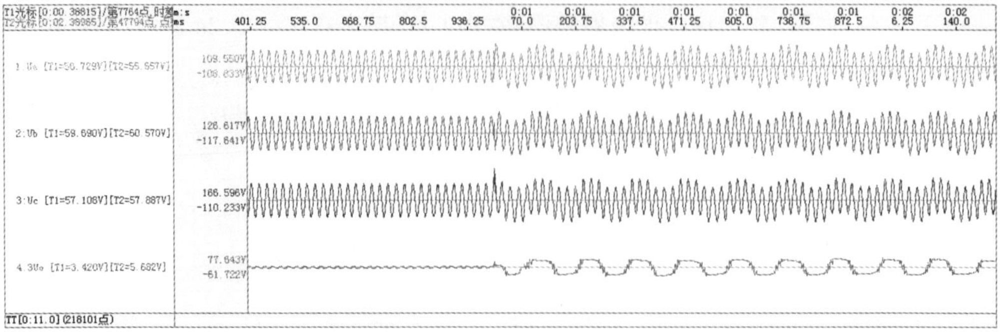

图 1-92　合闸瞬间谐振波形

4）接地电容为 0.3 μF

如图 1-93 所示，接地电容为 0.3 μF 时，当单相接地（A 相发生单相接地）恢复时，发生了稳定的分频铁磁谐振。谐振周期约为 87.4 ms，谐振频率约为 11.44 Hz。可见在接地电容为 0.3 μF 时，该 PT 易发生分频铁磁谐振。

重复试验 10 次，接地消失时激发 1/4 分频谐振 8 次，概率为 80%，其他 2 次未发生谐振。

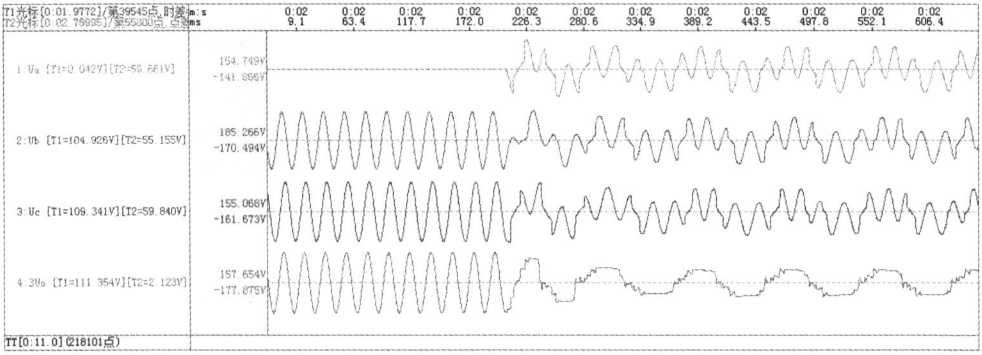

图 1-93　接地电容为 0.3 μF 时的试验波形

1.3.3.3　JDZX9-35BG 互感器组下的 XHXQ-BH/35 饱和型微机消谐装置消谐试验

试验波形中，U_a、U_b、U_c、$3U_0$ 分别为录波仪中采集的系统三相电压和零序电压。U_0 和 I_0 分别为消谐装置采集的零序电压和 PT 中性点电流。

1）接地电容 0.1 μF

如图 1-94 所示，在 XHXQ-BH/35 饱和型微机消谐装置存在时，没有发生铁磁谐振，三相电压和零序电压在接地恢复后很快恢复正常状态。

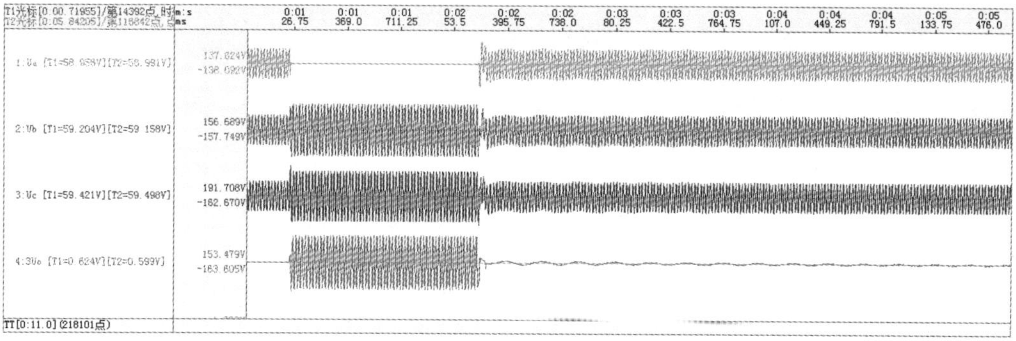

图 1-94　接地电容 0.1 μF 时的 XHXQ-BH/35 饱和型微机消谐装置消谐试验波形

接地消失时消谐装置动作波形如图 1-95 所示。

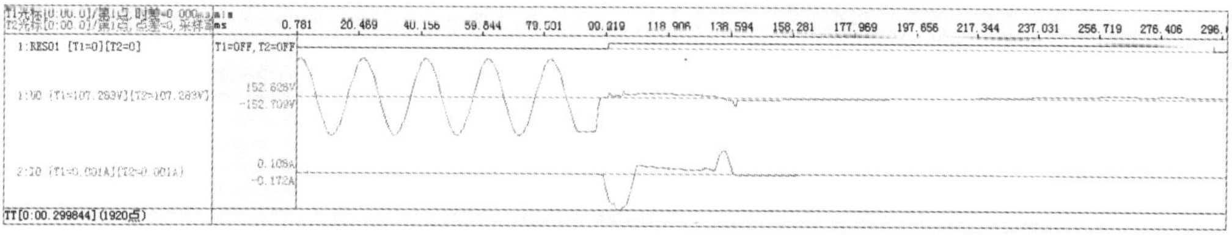

图 1-95　接地电容 0.1 μF 时消谐装置动作波形

2）接地电容 0.2 μF

如图 1-96 所示，在 XHXQ-BH/35 饱和型微机消谐装置存在时，没有发生铁磁谐振，三相电压和零序电压在接地恢复后很快恢复正常状态。

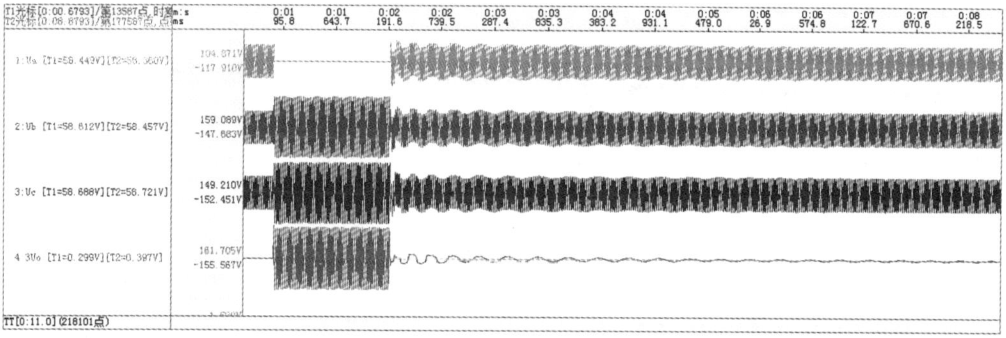

图 1-96　接地电容 0.2 μF 时的 XHXQ-BH/35 饱和型微机消谐装置消谐试验波形

接地消失时消谐装置动作波形如图 1-97 所示。

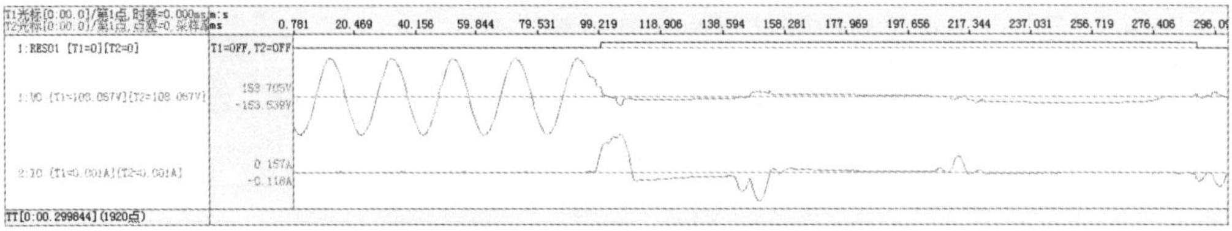

图 1-97　接地电容 0.2 μF 时消谐装置动作波形

3）接地电容为 0.3 μF

如图 1-98 所示，在 XHXQ-BH/35 饱和型微机消谐装置存在时，没有发生铁磁谐振，三相电压和零序电压在接地恢复后很快恢复正常状态。

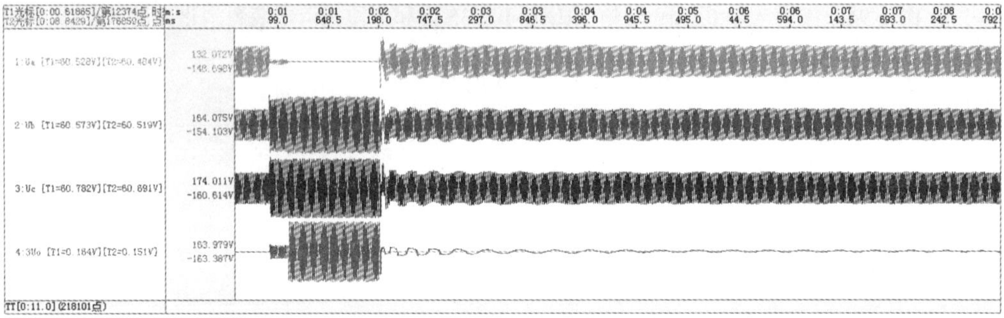

图 1-98　接地电容为 0.3 μF 时的 XHXQ-BH/35 饱和型微机消谐装置消谐试验波形

接地发生时消谐装置动作波形如图 1-99 所示。接地消失时消谐装置动作波形如图 1-100 所示。

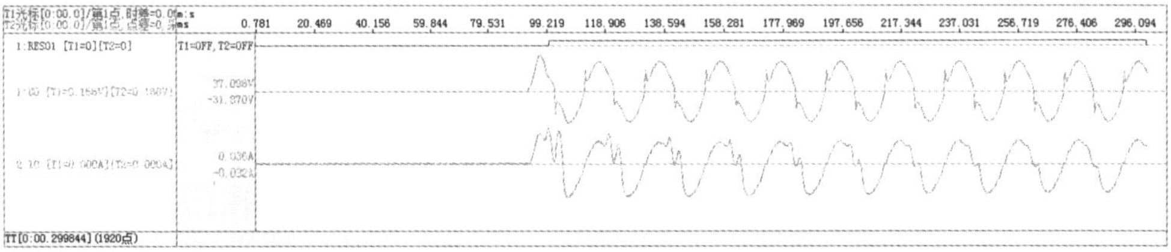

图 1-99　接地电容为 0.3 μF，接地发生时消谐装置动作波形

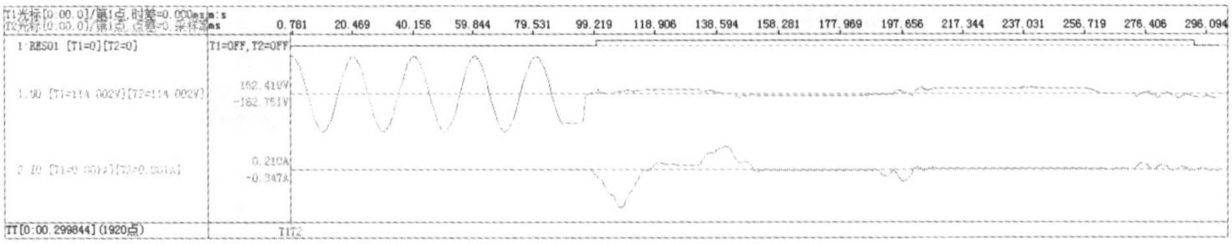

图 1-100　接地电容为 0.3 μF，接地消失时消谐装置动作波形

在 XHXQ-BH/35 饱和型微机消谐装置存在时，没有发生铁磁谐振，三相电压和零序电压在接地恢复后很快恢复正常状态。在单相接地发生、互感器励磁涌流较大时，微机消谐装置也会动作一次，对励磁涌流有一定抑制作用。

1.3.3.4 测试结论

对于微机消谐采用最新型的 XHXQ-BH/35 饱和型微机消谐装置作为试品，开展了消谐有效性验证试验。根据试验结果，得出以下结论：

（1）XHXQ-BH/35 饱和型微机消谐装置动作准确，响应速度快，可以有效消除铁磁谐振。

（2）在单相接地发生、互感器励磁涌流较大时，电压互感器励磁饱和导致微机消谐装置会动作一次，对励磁涌流有一定抑制作用。该动作期间相电压无明显变化，但零序电压输出明显拉低。

第 2 章

10 kV 架空线路品控检测技术

云南地处高原、山地纵横，电网跨越山区、河谷、森林等地，10 kV 配网以架空线路为主，架空线路中裸导线占比高，针式绝缘子用量大，避雷器以直连无间隙设备保护用为主，线路的杆塔以环形混凝土电杆为主。本章节涉及的架空线路检测包括：绝缘子、避雷器、导线、杆塔共 4 类配网设备。为推进云南电网公司物资品控检测成效，降低线路物资在运行中的故障率和缺陷率，以云南电网绝缘子、避雷器、导线、杆塔 4 类设备运维数据为基础，进行年度运行缺陷及故障分析，同时开展结构、关键工序与检测关联分析，最后结合该物资到货抽检情况综合分析，提出中压架空线路所涉及的 4 种品类物资质量提升措施。从源头把关，保证中压架空线路品控检测质量，提出优化建议，选型优质设备以降低因设备质量带来的缺陷及故障。

2.1 绝缘子品控检测

2.1.1 绝缘子运行缺陷及故障分析

1. 缺陷情况

根据云南电网 2020 年 1 月至今配网缺陷月报情况，绝缘子共发生重大缺陷 918 起。具体情况如表 2-1 所示。

表 2-1 2020 年 1 月至今中压绝缘子重大缺陷统计表

缺陷数量	缺陷类型		
	破损	导线松脱	污秽
918	750	85	78

2. 故障情况

根据云南电网2020年1月至今配网故障月报情况，绝缘子共发生1475起故障。具体情况如表2-2所示。

表2-2 2020年1月至今绝缘子故障统计表

故障数量/例	故障类型		
	雷击击穿/例	导线脱落/例	闪络/例
1475	1351	113	11

中压绝缘子运行中由于天气气候变化造成的突发性故障较多，主要表现的问题是雷击导致的击穿、破损，绑扎线松动导致的导线松动或脱落，以及雷击或污秽导致的闪络情况。

3. 原因分析

绝缘子缺陷和故障在配电线路中问题突出，而在输电线路中并非主要问题，因此，后续分析内容主要针对配电线路绝缘子。

配电绝缘子缺陷和故障具有较强的关联性，品控工作主要关注雷电击穿或闪络、绝缘子破损两种现象，其他运维管理类的问题此处不做深入探讨。

1）雷击击穿或闪络

云南电网所属区域地形环境气候条件复杂，雷电活动剧烈，大部分地区属于中雷区及以上，感应雷水平较强，因此线路耐雷电水平直接影响其绝缘水平。雷击击穿或闪络在云南电网10 kV配网绝缘子中故障和缺陷占比最高，主要原因有：

（1）云南电网10 kV配网线路高低压绝缘子混用，特别是一些运行时间较长的线路，将低压用绝缘子安装在10 kV线路上，拉低了线路绝缘水平，雷击发生时，在这些薄弱杆段发生击穿或闪络。

（2）云南电网10 kV配网线路大量使用可击穿型绝缘子，特别是直线杆的针式绝缘子，其内绝缘较为薄弱，在雷击时容易直接击穿绝缘子内绝缘。

（3）供应商供货的部分绝缘子产品质量存在问题，绝缘子抗雷电冲击能力差，雷电冲击击穿试验不合格，导致绝缘子在线路上频繁雷击击穿或者破损。绝缘子工频击穿电压不合格，使可击穿型绝缘子达不到设计的击穿电压水平，在雷击时，发生内绝缘击穿放电，主要原因有原料材质和配比不好、绝缘件的厚度不足、绝缘件存在孔隙或杂质等。绝缘件性能较差，生产中主要是原料材质和配比不好、碾磨筛浆粗糙、除铁不足、抽真空不足等，使绝缘件存在孔隙或绝缘性能差。

2）绝缘子破损

云南电网由于特殊的地理条件和气候条件，配网中存在大档距以及恶劣气候的情况，特殊杆段对绝缘子的机械性能要求较高。运行中绝缘子破损情况较多，主要有悬式绝缘子破裂、柱式和瓷横担绝缘子断裂、针式绝缘子弯曲等。

排除特别极端天气的影响，造成绝缘子破损的主要原因是绝缘子机械性能较差。生产中的主要原因有生产企业配置绝缘件的原料配比不好、原料材质不好、坯制不规整、绝缘件的烧制温度不足、金属附件强度不足、胶装水泥强度不足、胶装工艺不足等，使得部分绝缘子的机械性能试验不合格。

2.1.2 绝缘子结构、关键工序与检测项目关联分析

云南电网配网用的中低压绝缘子主要有瓷悬式绝缘子、瓷针式绝缘子、瓷柱式绝缘子（瓷横担绝缘子）和蝶式绝缘子。

1. 绝缘子结构

1）瓷悬式绝缘子

图 2-1 瓷悬式绝缘子

瓷悬式绝缘子（见图 2-1）组成部件有绝缘件、铁帽和钢脚，结构较为简单直观，内绝缘较为薄弱，属于可击穿型绝缘子。

云南电网 10 kV 配网中瓷悬式绝缘子常用型号有 XP-70 和 XP-40 两种，主要参数见表 2-3。

表 2-3 瓷悬式绝缘子主要参数

型号	额定机电破坏负荷/kN	工频击穿电压/kV	爬电距离/mm
XP-70	70	110	320
XP-40	40	90	200

XP-70 型绝缘子用于线路耐张杆，起线路绝缘和张力作用，XP-40 型绝缘子用于 10 kV 杆塔拉线和低压线路耐张杆。但目前云南电网部分 10 kV 线路使用了 XP-40 型绝缘子用于线路的耐张段，导致主线路的雷电击穿电压、闪络电压以及机电破坏拉力值均不足，影响线路安全稳定运行。

由于悬式绝缘子承受线路导线张力，当绝缘子老化后或其本身机电破坏负荷能力偏小时，在大档距或大风情况下易出现绝缘子破损的情况。生产中此类破损故障情况

较为多发，表现为绝缘子已无绝缘，但外观仍完好，给运行增加了故障率，加大了维护人员的查找工作量。

2）瓷针式绝缘子

云南电网 10 kV 配网使用的瓷针式绝缘子型号有 P-10、P-15、P-20 型三种，其主要组成部件有绝缘件和钢脚，内绝缘较为薄弱，属于可击穿型绝缘子。各型号瓷针式绝缘子如图 2-2 所示。

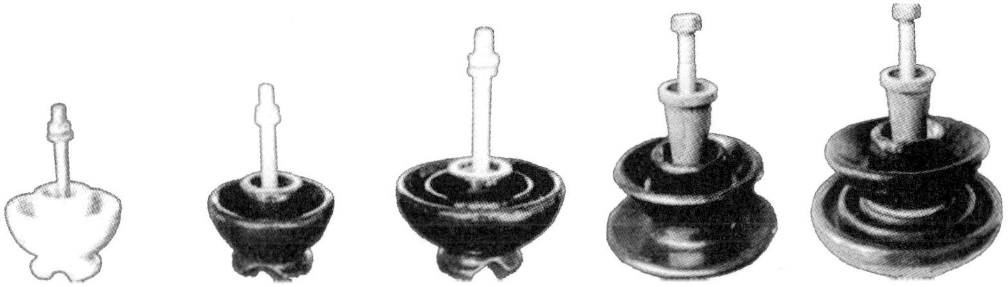

（a）P-6T （b）P-10T （c）P-15T （d）P-20T （a）P-35

图 2-2 各型号瓷针式绝缘子

瓷针式绝缘子主要参数见表 2-4。

表 2-4 瓷针式绝缘子主要参数

型号	工频干闪络/kV	工频湿闪络/kV	工频击穿电压/kV	爬电距离/mm	雷电冲击耐受电压/kV
P-10	60	32	95	195	75
P-15	75	45	130	280	95
P-20	86	57	140	370	125

瓷针式绝缘子主要用于 10 kV 配网线路直线杆，起支撑固定导线的作用，受力较小，现阶段云南电网 10 kV 配网直线杆和台架变大量使用针式绝缘子。

P-10 型针式绝缘子由于爬电距离较小，工频击穿电压较低，耐雷电能力较弱，使用中经常性发生雷击闪络、雷击击穿的情况，不适用于雷电水平较强的云南电网。《云南电网公司 20 kV 及以下配电网装备技术导则》中明确规定：P-10 型针式绝缘子仅用于低压系统。但云南电网大部分 10 kV 配电线路的分支线、直线杆跳线、台架变 P-10 型针式绝缘子存量巨大，线路绝缘水平较低。

P-15 型针式绝缘子耐雷电水平相对较强，但由于其属于可击穿结构，仅提高击穿电压仍不能满足中雷及以上区域的耐雷水平，雷击击穿和闪络故障情况仍频发。

总的来说，针式绝缘子内绝缘薄弱，容易发生内部击穿，运维中难以发现，继续使用则会爆碎，导线失去支撑容易断线，云网新增已明确不再使用。

3）瓷柱式和瓷横担绝缘子

瓷柱式和瓷横担绝缘子绝缘强度较高，内绝缘不可击穿，防雷能力较强，机械负荷稍低，主要用于受机械力较小的直线杆和台架变。其外形如图 2-3、2-4 所示。瓷柱式绝缘子主要参数如表 2-5 所示。

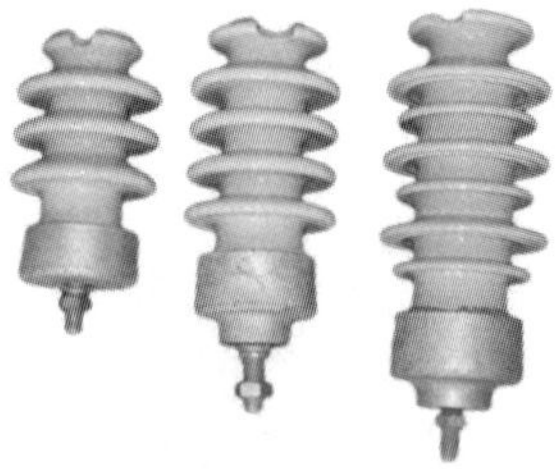

图 2-3　瓷柱式绝缘子

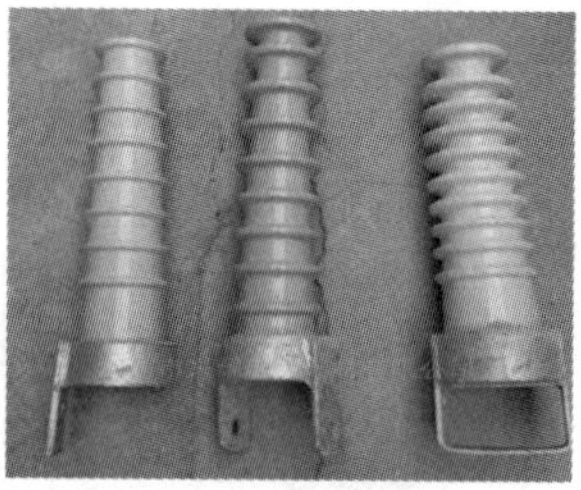

图 2-4　瓷横担绝缘子

表 2-5　瓷柱式绝缘子主要参数

型号	雷电冲击耐受电压/kV	工频湿闪络/kV	最小弯曲破坏负荷/kN	爬电距离/mm
PS-15（R5ET105L）	105	40	5	360
R12.5ET125 N	125	50	12.5	400
RA2.5ET185L	185	50	2.5	380

瓷柱式和瓷横担绝缘子雷电冲击耐受电压和爬电距离比云南电网目前大量使用的瓷针式绝缘子更高，且其结构为不可击穿型，不会发生内绝缘击穿，从而提高了线路雷击击穿水平和闪络水平。

4）蝶式绝缘子

低压配网使用的绝缘子以蝶式绝缘子为主，主要型号包括 ED-1、ED-2 和 ED-3 型，与不同线径搭配使用，起固定导线和绝缘的作用。蝶式绝缘子外形如图 2-5 所示，其主要参数如表 2-6 所示。

图 2-5　蝶式绝缘子

表 2-6 蝶式绝缘子主要参数

型号	弯曲破坏负荷/kN	工频湿闪络电压/kV	工频干闪络电压/kV
ED-1	12	10	22
ED-2	10	9	18
ED-3	8	7	16

蝶式绝缘子由于用在低压 400 V 配电线路上，电压等级低，绝缘水平要求不高，主要是承受线路导线的张力，因此，弯曲破坏负荷是蝶式绝缘子最重要的参数。

2. 关键环节及检测关联分析

如表 2-7 所示，从绝缘子品控抽检标准对制造关键工序的质量控制来看，标准侧重于机械性能检测，电气性能考验不足，瓷柱式绝缘子和蝶式绝缘子无电气检测项目，瓷针式有击穿耐受试验，瓷悬式绝缘子有击穿耐受和机电破坏负荷试验，但均缺少雷电冲击试验。

表 2-7 绝缘子制造关键环节及分析

关键环节	常见缺陷	关联生产故障/缺陷	检测项目	存在的不足
原料、配方	采用劣质原料、配方不佳、原料预处理工艺（除铁、颗粒和杂质，原料搅拌均匀）不佳	破损、击穿	机电破坏、机械破坏、弯曲破坏、击穿耐受、雷电冲击	侧重机械试验，电气性能考验不足
制坯	模具老化、胶装工艺差或强度不足（水泥标号低于标准要求）、内部存在杂质	破损	机电破坏、机械破坏、弯曲破坏、温度循环	
烧制	烧制温度或保温时间不足	破损	机电破坏、机械破坏、弯曲破坏、孔隙性	

2.1.3 绝缘子检测标准问题及检测项目分析

绝缘子品控检测主要包括中压和低压绝缘子两大类，其中，中压类绝缘子主要为瓷材料的针式绝缘子、盘形悬式绝缘子和杵式绝缘子，还有部分用于 35 kV 及以上的高压类玻璃材料盘形悬式绝缘子和复合材料绝缘子。低压类绝缘子主要为瓷材料蝶式绝缘子。

2.1.3.1 品控检测情况

2015—2020 年，共计检测绝缘子 13723 只，其中不合格 1158 只，不合格率 8.44%，绝缘子整体检测不合格率较高。各年度检测情况如表 2-8 所示。

表 2-8　2015—2020 年绝缘子检测情况

年份	2015	2016	2017	2018	2019	2020
检测数量	1030	1160	4826	2531	2446	1730
不合格数量	237	255	304	151	78	133
不合格率	23.01%	15.04%	6.30%	5.97%	3.19%	7.69%

2020 年绝缘子检测不合格率有回升情况，各类型绝缘子检测情况如表 2-9 所示。

表 2-9　2020 年绝缘子检测情况

绝缘子类型	总数量/只	总量占比	不合格数量/只	不合格率
瓷悬式绝缘子	588	34.0%	84	14.3%
瓷柱式绝缘子	199	11.5%	12	4.5%
瓷针式绝缘子	360	20.8%	24	7.7%
蝶式绝缘子	286	16.5%	13	4.5%
玻璃悬式绝缘子	290	16.8%	0	0%
复合绝缘子	7	0.4%	0	0%
总计	1730	/	133	7.69%

2020 年检出的所有不合格绝缘子均为中低压瓷绝缘子。由于此产品生产企业众多、规模不一、生产能力参差不齐，生产工艺较为落后，生产过程全人工控制，使得产品质量参差不齐。

从表 2-10 可以看出，2020 年检出的绝缘子不合格项目主要集中在机械性能方面，与运行中绝缘子破损较多情况有效对应起来。另因电气性能考验不足，抽检结果尚无相关不合格项。

表 2-10　2020 年绝缘子不合格项目及原因

绝缘子类别	不合格项目	性能	不合格原因	不合格数量
瓷悬式绝缘子	尺寸检查	外观结构	坯制模具老化，胶装工艺差	36
	偏差检查		坯制模具老化、胶装工艺差	12
	机电破坏负荷试验	机械性能	原料材质不合格或原料配比不合格、烧制工艺不合格、胶装工艺不合格	84
瓷柱式绝缘子	机械破坏负荷试验	机械性能	原料材质不合格或原料配比不合格、烧制工艺不合格	12
瓷针式绝缘子	温度循环试验	材料性能	内部存在杂质	24
蝶式绝缘子	弯曲破坏负荷试验	机械性能	原料材质不合格或原料配比不合格、烧制工艺不合格	13

2.1.3.2　检测项目及不足

结合设备运行情况、制造工艺、品控抽检情况，对品控检测项目分析如表 2-11 所示。

表 2-11　各类瓷绝缘子检测项目及存在的不足

绝缘子	检测项目	反映生产缺陷	存在的不足
瓷悬式绝缘子	尺寸检查、偏差检查	烧缺、堆釉等制造缺陷	缺少雷电冲击试验
	锁紧销试验	锁紧销因强度不足脱落	
	温度循环试验	内部杂质、大颗粒导致损坏	
	机电破坏负荷试验	机械强度不足损坏、零值绝缘子	
	工频击穿耐受试验	绝缘不良导致击穿放电	
	锌层试验	锈蚀	
	孔隙性试验	材质、绝缘件密度	
瓷针式绝缘子	尺寸检查	烧缺、堆釉等制造缺陷，运行中爬距不足闪络	
	温度循环试验	内部杂质、大颗粒导致损坏	
	机械破坏负荷试验	机械强度不足损坏	
	击穿耐受试验	绝缘不良导致击穿放电	
	孔隙性试验	材质、绝缘件密度	
	镀层试验	锈蚀	

续表

绝缘子	检测项目	反映生产缺陷	存在的不足
瓷柱式绝缘子（瓷横担绝缘子）	尺寸检查	烧缺、堆釉等制造缺陷，爬距不足闪络	缺少工频电压试验、雷电冲击试验
	温度循环试验	内部杂质、大颗粒导致损坏	
	机械破坏负荷试验	机械强度不足损坏	
	孔隙性试验	材质、绝缘件密度	
	镀层试验	锈蚀	
蝶式绝缘子	尺寸检查	烧缺、堆釉等制造缺陷，爬距不足闪络	
	形状和位置偏差检查	受力不均损坏	
	温度循环试验	内部杂质、大颗粒导致损坏	
	弯曲破坏负荷试验	机械强度不足导致损坏	
	孔隙性试验	材质、绝缘件密度	

2.1.3.3 优化建议

1. 标　准

针对现场中低压瓷绝缘子雷电击穿频发，而抽检标准中无相应检测项，建议在瓷悬式、瓷针式、瓷柱式（瓷横担）和蝶式绝缘子抽检标准中增加雷电冲击试验，考核绝缘子雷电冲击击穿电压及50%闪络电压。另外，工频电压试验也是考验绝缘子绝缘性能的重要项目，而瓷柱式（瓷横担）绝缘子、蝶式绝缘子抽检标准中未要求开展，建议补充。雷电冲击试验和工频电压试验的相关要求，可参考《标称电压高于1000 V的架空线路绝缘子 第1部分 交流系统用瓷或玻璃绝缘子元件——定义、试验方法和判定准则》（GB 1001.1—2003）实施。

2. 其　他

（1）鉴于品控抽检不合格项与运行故障情况、制造关键工艺一致性高，建议在保持当前抽检力度的基础上，将检测重心向不合格率高的品类倾斜，对暂未检出不合格项的主网用玻璃绝缘子、复合绝缘子等，建议保持厂家和品类的基本覆盖；

（2）建议不再抽检针式绝缘子，调整为对推荐用量较大的瓷柱式绝缘子、瓷横担绝缘子及瓷悬式绝缘子的加大抽检：

实验室品控收样物资中，针式绝缘子占比较大，特别是 P-10 型和 P-15 型。根据云南电网有限公司云电生〔2019〕77 号《关于开展 10 kV 配网跌落式熔断器针式绝缘子和防雷整治工作的通知》中相关规定：直线杆绝缘子应选用瓷柱式绝缘子（典型型号 R12.5ET125 及以上），雷击特别严重且机械负荷要求不高区段直线杆宜选用瓷横担绝缘子（典型型号 SC-185 及以上）；耐张杆应选用盘形瓷绝缘子，每串的安装数量不少于 2 片，对于强雷区可根据实际运行经验增加绝缘子片数；新建中压线路不得使用针式绝缘子；中雷区及以上改建中压线路不得使用针式绝缘子；少雷区及以下按运行经验判定不易遭受雷击的 10 kV 配网改建线路，可使用 P-15 及以上针式绝缘子；0.4 kV 低压配网线路可使用满足技术标准要求的针式绝缘子。结合文件精神，为提高云南电网 10 kV 配网防雷能力，10 kV 配网线路正在淘汰针式绝缘子，故提出本条建议。

2.1.4 绝缘子品控检测设备及参数简介

2.1.4.1 尺寸检查、偏差检查设备及参数

（1）尺寸检查、偏差检查设备照片，如图 2-6 所示。

图 2-6 专用锁扣拉伸装置、游标卡尺、大量程百分表、塞尺

（2）绝缘子尺寸检查、偏差检查设备参数如表 2-12 所示。

表 2-12　绝缘子尺寸检查、偏差检查设备参数

设备名称	规格型号	主要参数	生产厂家	其他备注
专用锁扣拉伸装置	T-PY	外形尺寸：1050 mm×1000 mm×1550 mm 测力范围：1～5000 N 测力精度：小于 0.8% 可记录测力分值 结构高度测量范围：≥400 mm 适用于瓷、玻璃盘式绝缘子轴向和径内偏差测量	武汉华电众力电力科技有限公司	
游标卡尺	0～500 mm	测量范围：0～500 mm	武汉华电众力电力科技有限公司	
大量程百分表	0～25 mm	测量范围：0～25 mm	武汉华电众力电力科技有限公司	
游标卡尺	0～150 mm	测量范围：0～150 mm	得力集团有限公司	
塞尺	FGS-23	测量范围：0.02～1.00 mm		

2.1.4.2　机械（电）破坏负荷试验设备及参数

（1）机电破坏负荷试验设备照片，如图 2-7～2-12 所示。

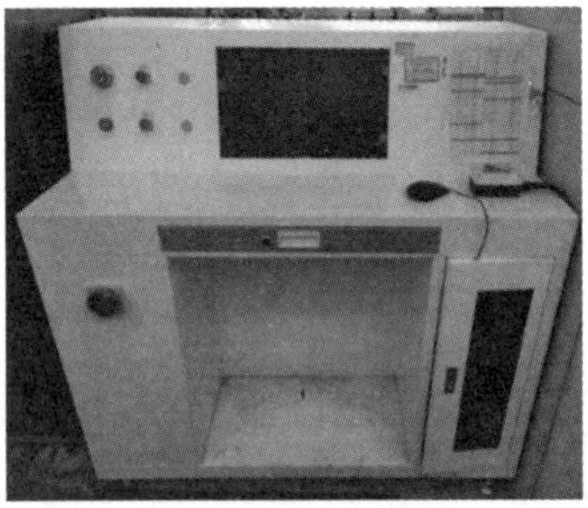

图 2-7　绝缘子专用拉伸试验机控制台

图 2-9　拉弯机控制台

图 2-8　绝缘子专用拉伸试验机

图 2-10 拉弯机

图 2-11 试验变压器控制箱

图 2-12 试验变压器

（2）机电破坏负荷实验设备参数如表 2-13 所示。

表 2-13 机电破坏负荷实验设备参数

设备名称	规格型号	主要参数	生产厂家	其他备注
绝缘子专用拉伸试验机控制台	WLW-1000	额定试验力：1000 kN 最大有效高度：1125 mm 油缸行程：300 mm 调节行程：800 mm 功率：6 kW 连接螺纹尺寸：M56Z×4	河北普信电子科技有限公司	
绝缘子专用拉伸试验机	拉力机 WLW-1000	额定拉力值 1000 kN，偏差值 ±1% 测量精度：1% 最大有效高度：1125 mm 油缸行程：300 mm 调节行程：800 mm	河北普信电子科技有限公司	
拉弯机控制台	QHLW-2-100	额定拉伸力值 100 kN，偏差值 ±1% 额定弯曲力值 20 kN，偏差值 ±1% 最大空间：1200 mm 弯曲行程：200 mm 弯曲、升降最大速度 500 mm/min	淄博千恒自动化工程有限公司	

续表

设备名称	规格型号	主要参数	生产厂家	其他备注
拉弯机	QHLW-2-100	额定拉伸力值 100 kN，偏差值±1% 额定弯曲力值 20 kN，偏差值±1% 最大空间：1200 mm 弯曲行程：200 mm 弯曲、升降最大速度 500 mm/min	淄博千恒自动化工程有限公司	
控制箱	TNDG-100/50	额定容量：100 kVA 输出电压：380 V 输出电压：400 V 输入电流：263 A 输出电流：250 A	成都三和伟业电力设备有限公司	
试验变压器	YD-50/250	额定容量：50 kVA 初级电压：0.4 kV 次级电压：250 kV 初级电流：0.25 A 次级电流：0.2 A 额定变比：1∶1000	成都三和伟业电力设备有限公司	

2.1.4.3　工频击穿耐受试验设备及参数

（1）工频击穿耐受试验设备照片，如图 2-13、2-14 所示。

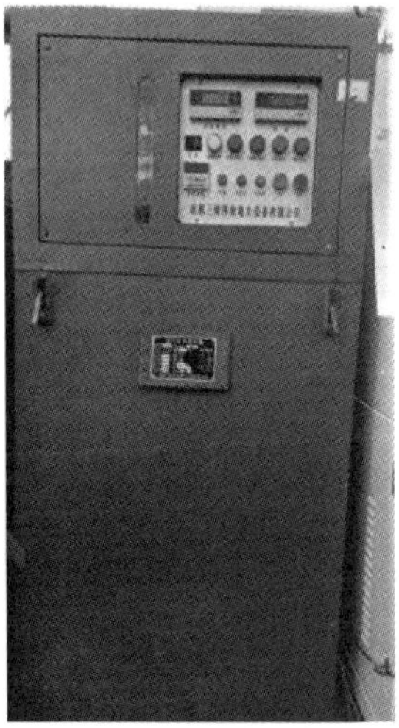

图 2-13　试验变压器控制箱

图 2-14　试验变压器

（2）工频击穿耐受试验设备参数如表 2-14 所示。

表 2-14　工频击穿耐受试验设备参数

设备名称	规格型号	主要参数	生产厂家	其他备注
试验变压器控制箱	TNDG-100/50	额定容量：100 kVA 输出电压：380 V 输出电压：400 V 输入电流：263 A 输出电流：250 A	成都三和伟业电力设备有限公司	
试验变压器	YD-50/250	额定容量：50 kVA 初级电压：0.4 kV 次级电压：250 kV 初级电流：0.25 A 次级电流：0.2 A 额定变比：1∶1000	成都三和伟业电力设备有限公司	

2.1.4.4　雷电冲击试验设备及参数

（1）雷电冲击试验仪照片，如图 2-15、2-16 所示。

图 2-15　冲击电压发生器

图 2-16　弱阻尼电容分压器

（2）雷电冲击试验设备参数如表 2-15 所示。

表 2-15 雷电冲击试验设备参数

设备名称	规格型号	主要参数	生产厂家	其他备注
冲击电压发生器	CJDY-300/22.5 kJ	单相 冲击电容电容量 0.5 μF 1 级电压：±100 kV 充电变压器容量：3 kVA 冲击能量 22.5 J	江苏盛华电气有限公司	
弱阻尼电容分压器	RZF300-0.0003	额定电压：300 kV 高压臂：300 pF 低压臂：0.4 μF 分压比：1430/1	江苏盛华电气有限公司	

2.1.4.5 温度循环试验设备及参数

（1）温度循环试验设备如图 2-17 所示。

图 2-17 复合绝缘子水煮试验槽及控制箱

（2）温度循环试验设备参数如表 2-16 所示。

表 2-16 温度循环试验设备参数

设备名称	规格型号	主要参数	生产厂家	其他备注
控制箱	DQY-2C	额定绝缘电压：690 V 额定冲击耐受电压：6 kV	四川科能信通科技有限公司	
水煮槽	DQY-2C	额定电压：380 V 加热器功率：20 kW 试验空间：L6000 mm×W450 mm×H450 mm	四川科能信通科技有限公司	

2.2 避雷器品控检测

2.2.1 避雷器运行缺陷及故障分析

1. 缺陷情况

根据云南电网 2020 年 1 月至今配网缺陷月报情况，避雷器共发生重大缺陷 290 例。具体情况如表 2-17 所示。

表 2-17 2020 年 1 月至今避雷器重大缺陷统计表

缺陷数量/例	缺陷类型		
	损伤/例	污秽/例	脱离器脱离/例
290	210	64	16

避雷器运行中的重大缺陷表现为三类：损伤、污秽、脱离器脱离。

避雷器损伤是指避雷器因雷击等原因导致外结构破坏，仍带电运行的现象。目前，10 kV 中压架空线路上绝大部分设备保护（台架变、柱开、架空电缆交接处）使用常规无间隙氧化锌避雷器，该类型避雷器长期并联在线路上，无有效检测手段判别其性能，故障后无法与系统脱离。避雷器外套表面严重污秽后在复合外套表面产生爬电闪络或产生局部放电，加速复合外套的老化，影响整个避雷器的使用寿命。

脱离器脱离主要表现为带脱离器的避雷器运行中自行脱落，是避雷器故障后为防止事故进一步扩大，自动退出运行，便于维护人员及时发现故障点进行维护和更换的一种装置。现场运行中主要有避雷器故障后的正确脱离和避雷器无故障时非正确脱离两种情况。

2. 运行故障情况

根据云南电网 2020 年 1 月至今配网故障月报情况，避雷器共发生 939 例故障，故障类型全部为击穿。具体情况如表 2-18 所示。

表 2-18 2020 年 1 月至今避雷器故障统计表

故障类型	击穿/例
故障数量	939

避雷器在 10 kV 中压架空配网线路中故障形式主要表现为击穿，击穿故障原因有

雷击击穿、设备老化后击穿。运行中避雷器雷击击穿故障最多，占比约为 73%。主要原因：云南全省属于强雷区，以架空为主的配网线路防感应雷过电压的措施主要采取避雷器释放能量的方式，雷击后频繁动作导致避雷器性能下降，加之避雷器本身产品质量参差不齐，以及避雷器杆塔接地以山石土壤为主，接地网接地电阻普遍偏高导致泄流不畅等，造成避雷器雷击故障率居高不下。

另外，通过其他渠道发现多例跌落式避雷器在脱离器未动作而跌落的现象，原因均为软连接地线压接端子断裂，如图 2-18、2-19 所示。压接端子断裂可能由施工工艺、长期受力金属疲劳和产品质量不佳造成。

图 2-18　压接端子断裂

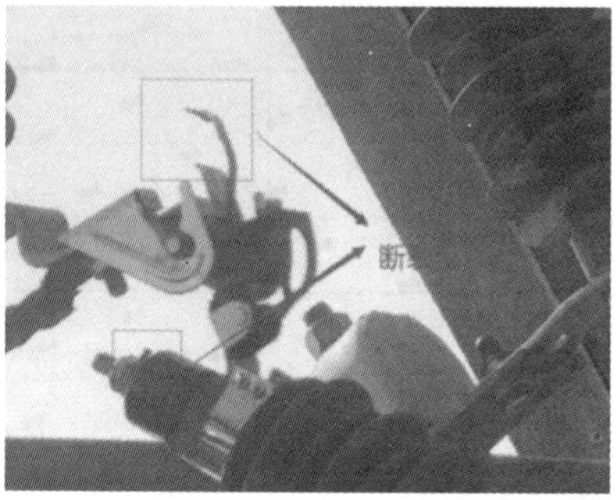

图 2-19　断裂位置

3. 近两年避雷器典型故障案例

1）避雷器老化受潮导致击穿

案例 1：35 kV 哈德变 10 kV 爬别线单相接地故障跳闸，巡视发现西哈东村公变高压侧 B 相避雷器本体击穿，该配变使用的是无间隙氧化锌避雷器。

如图 2-20 所示，避雷器破口处竖直平整，为较明显的受力“撑开”，故障原因为运行时间较长后合模缝密封不严导致避雷器受潮引起内部炸裂撕裂。

图 2-20　无间隙氧化锌避雷器击穿

案例 2：35 kV 哈德变 10 kV 老边线单相接地故障跳闸，巡视发现腊姑普马村公变高压侧 C 相避雷器本体被击穿，该配变使用的是无间隙氧化锌避雷器。原因同样为合模缝处密封不严导致避雷器受潮引起内部炸裂撕裂，照片如图 2-21 所示。

图 2-21　台变无间隙氧化锌避雷器击穿

2）避雷器阀片老化导致击穿

案例：35 kV 半坡变 10 kV 坝溜线单相接地故障跳闸，巡视发现牛托洛河公变 B 相避雷器本体击穿，该批次无间隙氧化锌避雷器已投运 10 年左右，运行年限较久，避雷器氧化锌阀片运行老化后导致烧毁，照片如图 2-22 所示。

图 2-22　无间隙氧化锌避雷器氧化锌阀片烧毁

由于配网避雷器无法进行定检预试，不能及时发现避雷器性能缺陷，而常规无间隙避雷器老化故障后无法与系统隔离，导致线路跳闸。

3）脱离式避雷器脱离器故障

普洱墨江供电局 2021 年 1 月、2 月连续发生三例脱离式避雷器故障。

案例 1：10 kV 泗南江乡政府线西岐支线 0 号杆 A01 断路器跳闸，经核实巴嘎公用变高压避雷器雷击击穿，该配变使用的是带脱离器的无间隙氧化锌避雷器，如图 2-23 所示。

图 2-23　高压避雷器击穿

C 相避雷器本体击穿，外护套有黑色烧焦的黑痕以及明显熔融变形，脱离器动作；B 相避雷器外护套破裂，脱离器未动作，表面有黑色放电点，脱离器拒动；A 相避雷器本体无明显放电痕迹，脱离器动作，脱离器可能存在误动情况。三相中两相避雷器的脱离器存在拒动或误动情况，脱离器性能不可靠。

案例 2：10 kV 雅邑线曼所支线 26 号杆曼所公用变 C 相熔断器掉落，经检查发现曼所公用变 C 相避雷器击穿，该配变使用的是带脱离器的无间隙氧化锌避雷器。故障情况如图 2-24 所示。

图 2-24　带脱离器的无间隙氧化锌避雷器击穿

脱离器安装于支架的上方，安装方式错误，C 相避雷器击穿但脱离器未动作；

案例 3：10 kV 泗南江乡政府线上腊直支线智能断路器跳闸，发现上腊直避雷器 C 相击穿，避雷器本体碎裂散落，该配变使用的是带脱离器的无间隙氧化锌避雷器，如图 2-25 所示。

图 2-25　带脱离器的无间隙氧化锌避雷器烧熔

C 相避雷器本体击穿是造成本次故障跳闸的原因，C 相避雷器整只炸碎，导线悬空，C 相避雷器的脱离器拒动。

脱离器能将故障状态的避雷器从系统中分离出来，防止电网持续性接地故障。脱离器动作后会出现清晰明显的标示方便排查。几例故障暴露出带脱离器式避雷器在实际使用中存在较严重的安装问题和拒动误动问题，脱离器脱离性能不可靠。

4. 小　结

综合运行中缺陷和故障情况，10 kV 中压配电线路避雷器存在的问题包括因雷击造成的击穿和损伤、老化造成的击穿、受潮造成的击穿以及脱离器误动或拒动等。

跌落式避雷器出现多例因软连接地线压接端子断裂，导致脱离器未动作避雷器跌落的现象，压接端子断裂与施工质量、金属疲劳和制造质量等相关，品控主要关注制造质量方面。

避雷器运行中发现的重大缺陷数量远小于故障数量，可见避雷器的缺陷问题较为隐蔽，运行中不能用肉眼直观判别，因此运行中避雷器性能和质量的检测较为重要。

2.2.2　避雷器结构、关键环节与检测项目关联分析

1. 避雷器结构原理

氧化锌避雷器核心元件为氧化锌压敏电阻片，其利用氧化锌良好的非线性伏安特

性，在正常工作电压时呈现高阻状态，流过避雷器的电流极小（几微安）；当遭受过电压作用时，电阻急剧下降，使避雷器处于导通状态，泄放过电压能量，有效的限制过电压对设备的损害；当过电压消失后，它又恢复到高阻状态。

目前云网 10 kV 线路使用的避雷器主要包括 6 种类型：普通配电型（HY5 WS-17/50）、普通站用型（HY5 WZ-17/45）、普通线路型（HY5 WX-17/50）、带脱离器配电型（主要是跌落式避雷器 HY5 WS-17/50-TR）、串联间隙线路型（HY5CX-17/50）。

1）普通型避雷器

普通型避雷器包含普通配电型、普通站用型和普通线路型。目前，云网 10 kV 普通配电型避雷器使用量最大，其额定电压 17 kV，雷电冲击残压 50 kV，主要安装于设备区（台架变、柱开、架空电缆交接处）用于设备保护。普通站用型避雷器主要安装于变电内，用于设备保护用，其雷电冲击残压为 45 kV，对于保护设备雷击过电压性能较好，其外形如图 2-26 所示。普通线路型避雷器安装于 10 kV 配网线路上，用于线路防雷。该三种普通类型结构避雷器主要由连接螺栓、氧化锌阀片、复合外护套组成，结构较为简单。同时，该结构避雷器由于长期并联在线路上，无有效检测手段判别其性能，存在带缺陷运行直至损坏的问题，影响线路供电状态，已逐渐不适用于供电要求高的配网线路。

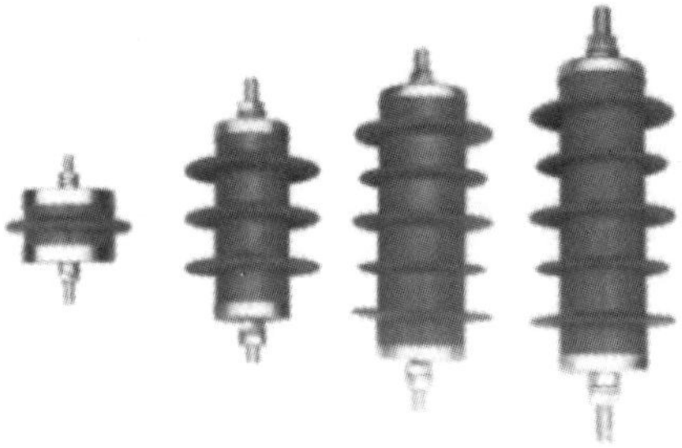

图 2-26　普通型避雷器

2）带脱离器配电型避雷器

如图 2-27 所示带脱离器的无间隙氧化锌避雷器主要由连接螺栓、氧化锌阀片、复合外护套、脱离器几部分组成，跌落式避雷器还配置跌落装置（见图 2-28）。由于增加了脱离器（跌落装置），在避雷器故障后可自动脱离，退出运行状态，给维护人员提供明显信号，便于现场运维和故障设备切除，建议推广使用，特别是跌落式避雷器。

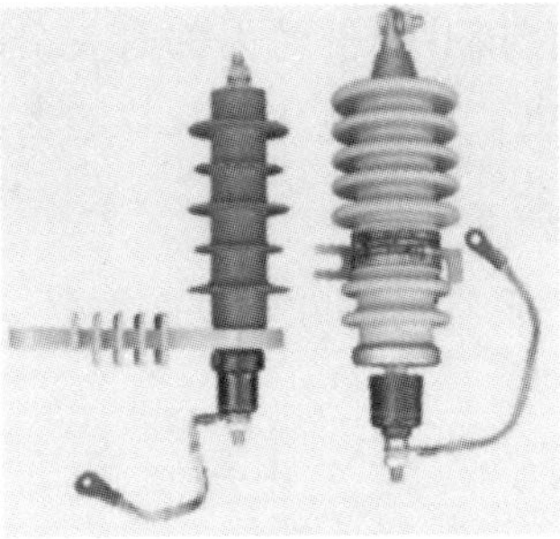

图 2-27 接地线脱离

图 2-28 跌落式避雷器

3）串联间隙线路型避雷器

串联间隙线路型避雷器主要由连接螺栓、氧化锌阀片、复合外套、串联间隙几部分组成，如图 2-29 所示。避雷器在系统正常运行时，避雷器本体由于间隙承担了电压，不存在工频泄漏电流，在系统过电压情况下，串联间隙击穿，避雷器动作，过电压消失后间隙切断工频续流，系统恢复正常。该型产品适用于对于避雷器灵敏度要求不高的线路上，不能用于设备区保护。由于正常运行时避雷器不续流，能有效延缓避雷器氧化锌阀片的老化。

图 2-29 串联间隙线路型避雷器

2. 关键环节及存在的问题

1）氧化锌阀片

到货的氧化锌避雷器均为一体结构，因此生产企业的制造质量是产品质量最重要的保证。氧化锌阀片是氧化锌避雷器最核心的部件，其性能关系到整只避雷器性能的优劣，其质量工艺不良会导致避雷器运行中的击穿和损伤。

氧化锌阀片质量工艺存在的主要问题如下：

（1）阀片入厂质量检测缺失。大部分生产企业的氧化锌阀片均为外购件，存在入厂质量检测步骤缺失的情况，导致整只避雷器性能不可控。

（2）抗雷击或大电流冲击性能不足。个别企业使用劣质氧化锌电阻片，电阻片中不添加贵重元素金属，使用旧产品回收电阻片或使用 2 级残次电阻片等，普通的试验无法发现问题，试验参数一切正常，但避雷器在大电流冲击下发生击穿爆炸或正常使用时无端损坏。

（3）泄流能力不足。存在部分企业采购的氧化锌阀片直径不足，造成避雷器泄流能力不足，雷击时发生击穿爆炸。

（4）绝缘性能不良。部分企业生产工艺问题使阀片叠装时内部封入杂质或压紧弹簧压紧力不足导致内部存在间隙时会产生局部放电，造成氧化锌阀片的老化加速。

2）外护套

外护套是保护氧化锌阀片的重要部件，其工艺质量不良可导致避雷器运行中受潮、加速阀片老化或导致绝缘降低等。

外护套质量工艺存在的主要问题如下：

（1）抗老化性能差。使用劣质的硅橡胶是外护套抗老化性能差的主要原因。

（2）密封不良。① 部分制造商生产时不做整体硫化而改用产品套装，或硫化温度偏低、硫化时间较短；② 部分制造商生产密封技术不完善；③ 设备长期运行，外护套自然老化，也会影响密封性能。

（3）绝缘水平低。① 采用介电强度较低的劣质材料；② 使用塑料筒或热缩管替代正规绝缘筒来包裹氧化锌阀片，造成避雷器内部存在闪络通道，在过电压下导致避雷器击穿；③ 在运行中，设备老化和密封不良也会降低绝缘性能。

3）脱离器

避雷器的脱离器，是在避雷器出现异常时，利用工频短路电流让脱离器动作，使脱离器接地端自动脱开，避雷器元件退出运行，防止事故进一步扩大并易于维护人员及时发现并进行维护和更换。

脱离器存在的主要问题如下：

（1）不重视脱离器生产质量控制。大部分生产企业的质量控制主要集中于避雷器本体性能，对于脱离器部分并未开展性能检测。

（2）脱离器形式影响可靠性。云网现普遍采用热熔式脱离器（TR），依靠避雷器性能下降后增大的阻性电流持续加热电阻，使升高的温度熔化合金片后，脱离器在弹簧弹力作用下脱离，当合金片性能与弹簧不稳定时，就会出现较大的偏差，存在误脱离或拒脱离的情况，影响避雷器的可靠性。热爆式脱离器去除了低熔点合金片以及弹簧，改用特殊设计的填充火药的热爆管，对于温度的响应更加敏感且性能更加可靠。《交流电力系统金属氧化物避雷器用脱离器使用导则》（DL/T 1294—2013）中明确表示热熔式脱离器由于灵敏度低、动作分散性更大等原因使用量已很少，主要用于矿山、煤矿等容易发生气体爆炸的场所。

4）跌落装置

跌落装置是跌落式避雷器本体故障时，使避雷器脱离运行系统的一种装置，其质量不佳，可导致跌落式避雷器操作卡涩、跌落可靠性降低。

跌落装置存在的主要问题：一是软连接电线压接端子断裂，导致避雷器无故障跌落；二是触头、支架等金属部件采用易锈蚀的金属材料，锈蚀后导致操作卡涩、跌落不畅。

5）串联间隙

串联间隙的主要作用是在系统出现过电压时，串联间隙击穿，避雷器动作，过电压消失后间隙切断工频续流，系统恢复正常。

串联间隙存在的主要问题是动作不可靠，原因为间隙结构或距离设计不合理，且未通过型式试验验证其放电电压性能。

3. 小　结

结合避雷器结构原理、制造工艺，总结其存在的主要问题，如表 2-19 所示。

表 2-19　避雷器制造关键环节及常见问题

关键环节	常见问题	原因分析
阀片	阀片入厂质量检测缺失	大部分生产企业的氧化锌阀片均为外购件，存在入厂质量检测步骤缺失情况，导致整只避雷器性能不可控
	抗雷击或大电流冲击能力不足	不法企业使用劣质氧化锌电阻片，电阻片中不添加贵重元素金属，使用旧产品回收电阻片或使用 2 级残次电阻片等，普通的试验无法发现问题，试验参数一切正常，但避雷器在大电流冲击下发生击穿爆炸或正常使用时无端损坏
	泄流能力不足	存在部分企业采购的氧化锌阀片直径不足，造成避雷器泄流能力不足，雷击时发生击穿爆炸
	绝缘性能不良	部分企业生产工艺问题使内部封入杂质或压紧弹簧压紧力不足导致内部存在间隙时会产生局部放电，造成氧化锌阀片的老化加速
外护套	抗老化性能差	使用便宜的橡胶替代硅橡胶，或使用劣质的硅橡胶是外护套抗老化性能差的主要原因
	密封不良	① 部分制造商生产时不做整体硫化而改用产品套装，或硫化温度偏低、硫化时间较短；② 部分制造商生产密封技术不完善
	绝缘水平低	① 采用介电强度较低的劣质材料；②使用塑料筒或热缩管替代正规绝缘筒来包裹氧化锌阀片，造成避雷器内部存在闪络通道，在过电压下导致避雷器击穿
脱离器	脱离可靠性不足	① 不重视脱离器生产质量控制，缺少相关检测环节；② 热熔式脱离器受合金片和弹簧性能影响，可靠性较热爆式低
跌落装置	软连接地线接线端子断裂	① 接线端子厚度等尺寸不满足要求；② 机械强度不满足要求
	金属件锈蚀	采用铁质易锈蚀材料
串联间隙	间隙动作可靠性不足	① 间隙配置不合理，工频耐受电压下误动或雷电冲击放电电压下拒动；② 续流遮断能力不足，过电压消失后，持续燃弧

2.2.3 避雷器检测标准问题及检测项目分析

1. 品控工作情况

1）第三方委托检测

2019—2020 年，共抽检避雷器 64 只，不合格 1 只，不合格率 1.7%。委托检测情况如表 2-20 和 2-21 所示。

表 2-20 第三方抽检整体情况

避雷器类型	抽检数量/只	不合格数量/只	不合格项目
普通型	36	1	局部放电试验
带脱离器	19	0	/
串联间隙	9	0	/

表 2-21 第三方检测项目及不合格情况

序号	试验项目	不合格数量
1	绝缘电阻试验	0
2	直流参考电压试验	0
3	0.75 倍直流参考电压下漏电流试验	0
4	持续电流试验	0
5	工频参考电压试验	0
6	局部放电试验	1
7	密封试验	0

第三方抽检项目均为检查密封受潮情况和氧化锌阀片基本性能的低电压小电流试验，常规的试验合格率较高。结合生产运行中缺陷和故障情况，避雷器主要问题包括雷击击穿或损伤、设备老化击穿、受潮击穿、绝缘外套严重污秽、脱离器动作不可靠、跌落式避雷器软连接地线压接端子断裂等几种，现有品控检测项目无法与生产中的问题对应起来，无法有效反馈生产中出现的问题。品控抽检试验没有考核氧化锌阀片通流能力、雷电残压、脱离器性能、跌落装置质量的试验，无法准确考核避雷器综合性能。

2）云南电科院专项抽检

云南电科院曾对临沧局4个主要避雷器供货厂家总共76只避雷器的标称性能进行测评，被试避雷器包括48只普通型避雷器、16只串联间隙避雷器、12只带脱离器避雷器,测试项目为标准雷电冲击残压试验和标称放电电流下20次雷电冲击电流耐受试验，两个项目各有14只不合格，两个项目均合格50只，综合不合格率34.2%。具体抽检情况如表2-22所示。

表2-22 电科院专项抽检情况

避雷器型式	抽检数量/只	雷电冲击残压试验		标称放电电流下20次雷电冲击电流耐受试验	
		不合格/只	不合格率	不合格/只	不合格率
普通型	48	14	29%	8	17%
串联间隙	16	0	0%	5	31%
带脱离器	12	0	0%	1	8%

3）小　结

避雷器抽检情况小结如表2-23所示。

表2-23 避雷器抽检情况小结

检测方式	检测数量/只	不合格数量/只	不合格率	不合格项
第三方委托抽检	64	1	1.7%	局部放电试验1只
电科院专项抽检	76	26	34.2%	雷电冲击残压14只，雷电冲击电流耐受14只

（1）对比第三方检测和电科院自主检测情况，第三方主要按照抽检标准开展常规检测项目，未覆盖部分能反映产品质量的特殊试验项目，故不合格率低，第三方的检测覆盖面需要优化。

（2）从电科院抽检结果来看，不合格项集中在雷电冲击残压试验等试验项目，与现场故障情况、制造过程的关键环节一致性较好，项目针对性强。

（3）从抽检数量来看，第三方2年共抽检64只，整体抽检数量偏少。

（4）抽检项目未包含串联间隙、脱离器、跌落装置相关性能的检测。

2. 抽检项目及不足

抽检标准中要求检测项目包括绝缘电阻试验、直流参考电压试验、0.75 倍直流参考电压下漏电流试验、持续电流试验、工频参考电压试验、局部放电试验、密封试验，主要为常规检测项目，未覆盖部分反映设备质量的特殊检测项目，如表 2-24 所示。

表 2-24　第三方抽检未覆盖项目

检测对象	未覆盖项目	项目意义
整体检测	8/20 μs 雷电冲击残压试验、4/10 μs 大电流冲击试验	针对氧化锌阀片性能和制造工艺，以及现场雷电击穿损坏、老化击穿损坏
外护套	老化试验、耐漏电起痕试验	针对外护套性能和制造工艺，以及受潮击穿问题
脱离器	长持续时间冲击电流耐受试验、型式试验核查	检查脱离器动作可靠性，型式试验核查项目：长持续时间冲击电流耐受试验、动作负荷试验和安秒曲线试验
跌落装置	金属件材质核查，压接端子外观及尺寸检查、拉力试验、直流电阻试验。	针对金属件锈蚀导致操动机构卡涩、跌落不畅的问题； 针对软连接地线接线端子断裂导致避雷器无故障跌落的问题
串联间隙	间隙工频耐受电压、雷电冲击放电电压试验	核查间隙放电电压性能
	配套柱式绝缘子试验	按照柱式绝缘子开展检测，保障其机械、绝缘性能

3. 优化建议

（1）针对运行中避雷器雷击击穿或损伤较多情况，分析可能存在的原因是避雷器氧化锌阀片质量存在问题或整体性能存在问题，可以通过避雷器的雷电冲击试验进行检测。

建议在品控检测环节增加氧化锌阀片的耐雷电冲击性能的检测，结合现有《中国南方电网有限责任公司 10 kV 避雷器到货抽检标准》《交流无间隙金属氧化物避雷器》（GB 11032—2020）和《额定电压 52 kV 及以下带串联间隙避雷器》（GB　T 28182—2011），修编 10 kV 避雷器到货抽检标准，增加检测避雷器 8/20 μs 雷电冲击残压试验、4/10 μs 大电流冲击试验，并将此部分试验缺陷定级为 A 级。

每批次供货避雷器，均要求供应商提供该型号产品的型式试验报告，提供该批次产品的氧化锌阀片元件和绝缘包装材料，要求氧化锌阀片的直径不小于 32 mm，到货后保留对到货抽检成品的解剖比较权利，并视供货量的大小进行解剖比较。

（2）针对避雷器运行后易老化或受潮击穿的情况，分析可能存在的原因是避雷器外护套为非硅橡胶材质，或者生产过程工艺控制不到位，内部存在局部放电情况。

避雷器的 1000 h 老化试验能较好地反映硅橡胶质量。反映避雷器的整体抗老化能力，硅橡胶的耐漏电起痕能力也能反映硅橡胶质量和性能。因此，建议供应商在供货时，同时提供同型号避雷器的老化试验和耐漏电起痕试验的型式试验报告；物资到货抽检时，同时开展密封性试验和局部放电试验检测。

（3）针对避雷器运行中脱离器的误动或拒动问题，分析可能存在的原因是生产企业未开展脱离器性能的试验，缺少生产部分的质量控制，以及现目前云网使用的热熔式脱离器性能不太稳定，性能不如热爆式脱离器。

建议云南电网将物资采购的热熔式结构更换为性能更优越的热爆式机构脱离器，同时要求供应商提供脱离器的型式试验报告，核查报告中脱离器相关型式试验项目检测情况，包括长持续时间冲击电流耐受试验、动作负荷试验、安秒曲线试验等，并在到货抽检标准中增加脱离器的检测，主要是长持续时间冲击电流耐受试验。

（4）对于跌落式无间隙避雷器，除无间隙避雷器性能按上述（1）、（2）点检测外，还需核查跌落装置金属部件的材质，并对软连接地线压接端子开展外观及尺寸检查、拉力试验、直流电阻试验。

（5）对于串联间隙避雷器，为保证串联间隙动作可靠性，应开展工频耐受电压试验和雷电冲击放电电压试验。同时，要求供应商提供型式试验报告，核查间隙续流遮断试验情况，并核查所送样品与型式试验样品尺寸、结构的一致性。

2.2.4 避雷器品控检测设备及主要参数

1. 持续电流试验检测设备及参数简介

（1）持续电流试验检测设备照片，如图 2-30 ~ 2-32 所示。

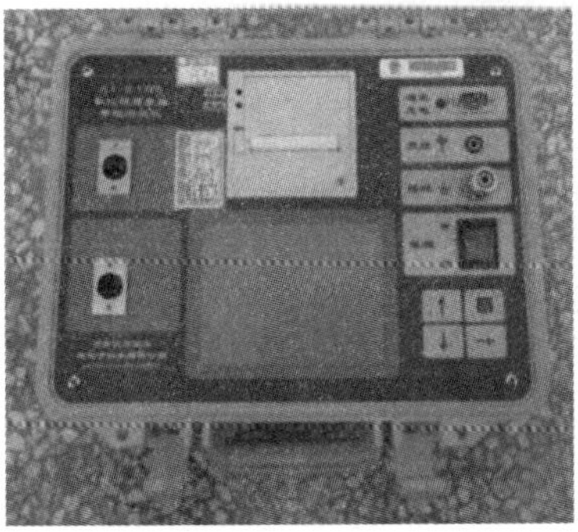

图 2-30 避雷器带电测试仪

图 2-31 控制箱

图 2-32 试验变压器

（2）持续电流试验设备参数如表 2-25 所示。

表 2-25 持续电流试验设备参数

设备名称	规格型号	主要参数	生产厂家	其他备注
避雷器带电测试仪	AI-6106	充电电压：AC200 V/50 Hz 电流准确度：±（读数×5%+5 μA） 电压准确度：±（读数×5%+5 V）	济南泛华仪器设备有限公司	
控制箱	XC20/220	额定容量：20 kVA 输出电压 0～250 V		
试验变压器	SY-100	额定容量：20 kVA 输入电压 0～250 V 输出电压 100 kV		

2. 密封试验检测设备及参数简介

（1）温度循环试验设备如图 2-33、2-34 所示。

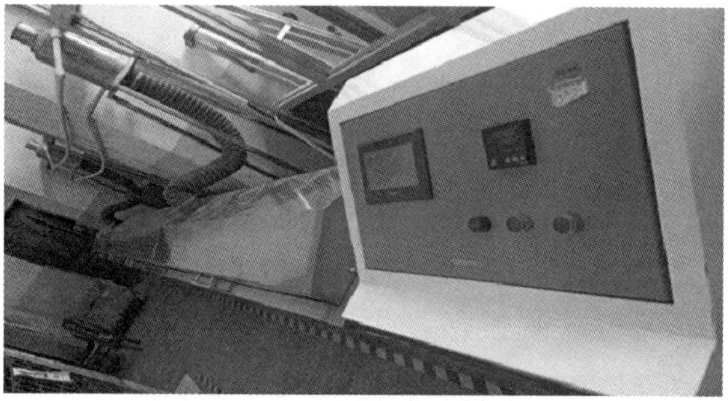

图 2-33 复合绝缘子水煮试验槽及控制箱

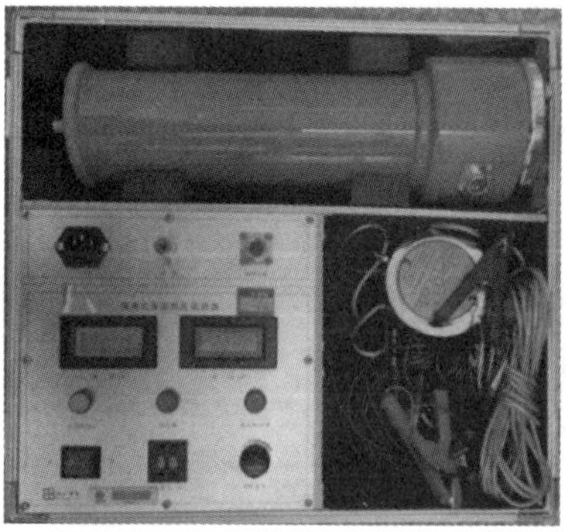

图 2-34 直流高压试验器

（2）温度循环试验设备参数如表 2-26 所示。

表 2-26 温度循环试验设备参数

设备名称	规格型号	主要参数	生产厂家	其他备注
控制箱	DQY-2C	额定绝缘电压：690 V 额定冲击耐受电压:6 kV	四川科能信通科技有限公司	
水煮槽	DQY-2C	额定电压：380 V 加热器功率：20 kW 试验空间：L6000 mm×W450 mm×H450 mm	四川科能信通科技有限公司	
直流高压试验器	ZGS-Q80/2	输出电压：80 kV 输出电流：2 mA 电压测量误差×1%±1 个字 电流测量误差×1%±1 个字 0.75 切换误差≤0.1% 波纹系数≤0.5%	苏州华电电气股份有限公司	

3. 4/10 μs 大电流冲击试验检测设备及参数简介（脱离器试验适用）

（1）多种波形冲击大电流发生器试验仪如图 2-35 所示。

图 2-35 多种波形冲击大电流发生器

（2）4/10 μs 大电流冲击试验设备参数如表 2-27 所示。

表 2-27　4/10 μs 大电流冲击试验设备参数

设备名称	规格型号	主要参数	生产厂家	其他备注
多种波形冲击大电流发生器	MICTS4/10 μs 100/2 kA	额定工作电压：900 kV 4/10 μs 输出电流：100 kA 2 ms 输出电流：2 kA	西安交大电力电子专用设备研究所有限公司	

4. 串联间隙试验检测设备及参数简介

（1）串联间隙试验的检测设备如图 2-36、2-37 所示。

图 2-36　控制箱

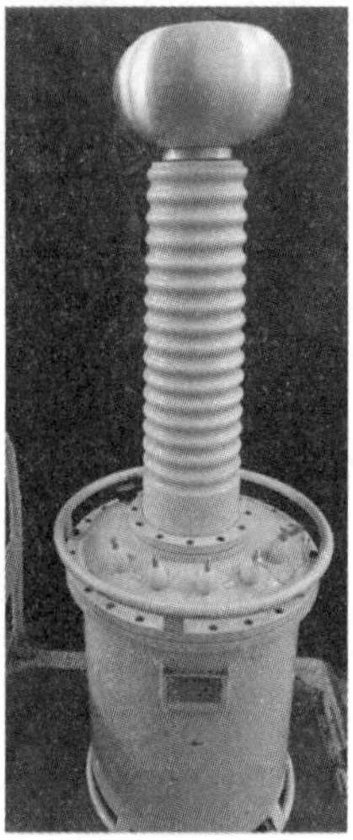

图 2-37　试验变压器

（2）串联间隙实验设备参数如表 2-28 所示。

表 2-28　串联间隙实验设备参数

设备名称	规格型号	主要参数	生产厂家	其他备注
控制箱	XC20/220	额定容量 20 kVA 输出电压 0～250 V		
试验变压器	SY-100	额定容量 20 kVA 输入电压 0～250 V 输出电压 100 kV		

2.3 架空裸导线品控检测

2.3.1 架空裸导线运行缺陷及故障分析

1. 缺陷情况

2020 年 1 月至 2021 年 2 月，云网中、低压线路缺陷分析月报共录入导线缺陷 26669 例，主要缺陷为安全距离不足（线地安全距离不足、线房安全距离不足、线树安全距离不足）占 64%，其次为导线断线、断股占 9.63%，导线锈蚀占 7.28%。如图 2-38 所示。

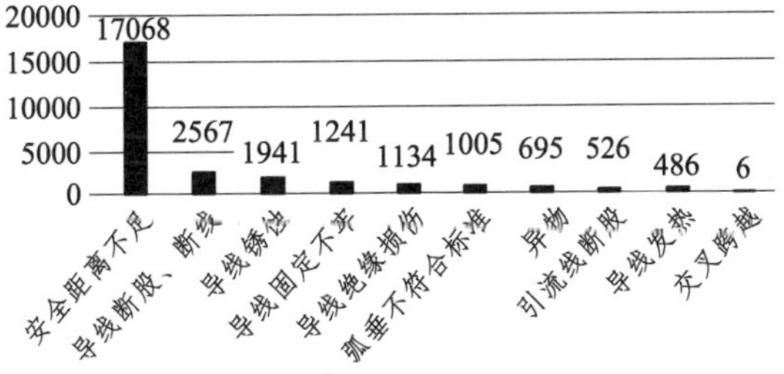

图 2-38 导线缺陷类型分布图

2020 年 1 月至 2021 年 2 月，云网中、低压线路故障分析月报共录入导线故障 10175 例，主要故障为短路、接地 51%，断线、断股 35%，烧断、烧毁 10%，导线风偏放电 4%。

导线短路、接地故障的原因主要为树障占 42.45%，其次为异物（漂浮物、广告牌）占 12.48%，自然气候（冰雪灾害、大风大雨）10.57%，动物原因占 9.88%，人为破坏占 8.55%。

导线断线、断股故障的原因主要为设备老化占 43.59%，其次为雷击占 11.90%，自然气候（冰雪灾害、大风大雨）12.93%，树障占 9.94%，交通车辆破坏占 5.94%。

导线烧断、烧毁故障的原因主要为低压设备故障占 84.37%，其次为配合低压设备抢修停电占 5.94%、设备老化占 4.10%。

导线风偏放电故障的原因主要为大风大雨（强对流天气）占 46.90%，其次为树障占 10.03%、施工安装原因占 8.26%、异物（漂浮物、广告牌）占 8.26%、外部施工影响占 7.67%。

2. 云网配网导线缺陷、故障分析

1）导线断线、断股分析

云网中、低压线路缺陷分析月报和故障分析月报中，导线的断线（见图 2-39）、

断股均占较高的比例。从其成因分析，主要有制造缺陷、安装缺陷及长时间运行的老化缺陷。

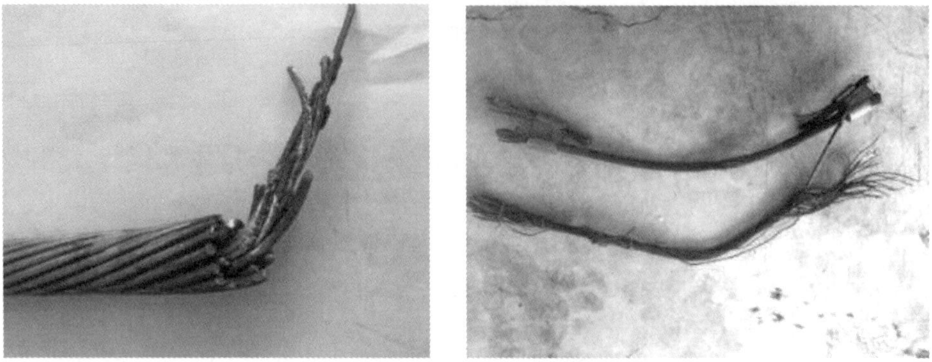

图 2-39　导线断线实物图

（1）制造缺陷：制造过程中因原材料管理、工艺控制等原因导致导线存在机械性能或电气性能方面的缺陷。从近几年的品控检测情况看，出现过 4 例导线整体拉断力不合格的情况。

（2）安装缺陷：安装过程中导线与导线之间的接续、导线与塔的连接点，容易因安装因素，如耐张线夹压接不合格导致导线存在损伤，在长时间运行过程中，受强对流天气、风振等因素导致断裂失效。

（3）长时间运行老化缺陷。

疲劳：当风速在一定范围内变化时，导线的振动频率和旋涡频率都维持在一定范围，这种现象导致导线在垂直平面内发生谐振，形成上下有规律的波浪状往复运动，即微风振动。微风振动沿输电线分布着上下弯曲的振动波形，产生循环交变的动弯应力，因此会导致导、地线的疲劳断股。

蠕变：应力影响下固体材料缓慢永久性的移动或者变形的趋势。蠕变常常随着温度升高而加剧。导线在运行过程中受到由输送电流所产生的热作用，长时间的运行会导致导线变形，致使其强度受到影响。

腐蚀：导线在长时间运行中，大气中的 NaCl、$MgCl_2$、$CaCl_2$、硫化物等盐类溶解于水膜中，形成电解液薄层，通过外层铝股线的缝隙进入内层铝绞线的表面，在内层铝股线的缝隙处形成薄液膜，腐蚀介质溶解于电解液膜中并与材料发生反应形成腐蚀产物。反应生成的腐蚀产物大部分无法通过缝隙排出去而沉积下来。随着时间的延长，表面生成的腐蚀产物膜增厚，当腐蚀产物膜形成到一定厚度后，水膜不断形成与蒸发导致膜层中应力的产生，同时膜层和基体相比将产生体积变化也会在膜层与基体的界面产生应力，最终使膜层发生开裂，出现了龟裂状的腐蚀表面。铝股线表面腐蚀产物的裂纹极大地影响其在潮湿大气中的耐蚀性，为 H_2O、CO_2 以及盐向金属表面扩散提供了通道，使腐蚀介质很容易沿着裂缝渗入基体并与基体发生反应。在裂纹处水蒸气容易凝聚，大气中腐蚀性气体、盐粒也容易在此处吸附溶解，腐蚀不断向基体内部深入，使得铝股线表面局部腐蚀严重。在振动和线张力影响下，可能发生局部区域钝化膜破坏，在 Cl^- 和腐蚀介质共同作用下，铝基体为阳极，腐蚀产物为阴极，构成小孔腐蚀。在铝线表面就会形成大阴极小阳极的“活化-钝化”原电池，在微小阳极区域产生较大的腐蚀电流，加速铝线腐蚀，造成铝线表面出现麻点。蚀坑周围因腐蚀电流而得到阴极保护，阻抑了蚀坑周围金属的腐蚀，使腐蚀向纵深方向发展。这些区域也可能成为疲劳源区。腐蚀产物随着振动发生粘连、碾碎、剥落，裂纹扩展。

2）导线锈蚀分析

2020 年 1 月至 2021 年 2 月导线缺陷概况统计，因导线锈蚀占 7.28%。

镀锌钢绞线架空地线腐蚀、安装地线时镀锌层的破坏、镀锌层的工艺缺陷、焊接质量不良等均可造成地线腐蚀，如图 2-40 所示。热镀锌技术是输变电线路钢结构普遍采用的防止大气腐蚀的方法，该方法主要是利用阴极保护的原理，以电位较低的锌作为牺牲阳极，防止或减缓钢结构的腐蚀。热镀锌防腐蚀性能主要取决于所处大气环境的侵蚀性调查显示，国内输变电线路钢结构热镀锌的首次防腐蚀维护时间集中在 20 年以内，之后的防腐蚀维护间隔为 3～11 年，平均为 5.5 年。在工业污染区及沿海地区，首次防腐蚀维护时间一般低于 10 年。在高湿度、高污染地区，采用单一的热镀锌技术可能难以满足钢结构的防腐蚀要求。

图 2-40　镀锌钢绞线锈蚀

2.3.2 架空裸导线结构原理、关键环节与检测关联分析

1. 架空导线介绍

架空导线：是架空电力线路的主要组成部件，其作用是传输电流，输送电功率。由于架设在杆塔上面，导线要承受自重及风、雪、冰等外加荷载，同时还会受到周围空气所含化学物质的侵蚀。因此，必须具有导电性能好、机械强度高、质量轻、价格低、耐腐蚀性强等特性。220 kV 及以上线路由于输送容量大，同时为了减少电晕损失和电晕干扰而采用相分裂导线，即每相采用两根及以上的导线。采用分裂导线能输送较大的电能，而且电能损耗少，有较好的防振性能。由于我国铝的资源比铜丰富，加之铝和铜的价格差别较大，故云南电网采用的架空导线几乎为 JL/G1 A 型钢芯铝绞线和 JL/LB20 A 型铝包钢芯铝绞线。

2. 结构原理及关键环节

镀锌钢绞线通常指用于承力索、拉线、加强芯等，也可以作为架空输电的地线、公路两边的阻拦索或建筑结构中的结构索，如图 2-41 所示。制造过程分为单丝制造、镀锌处理、绞线制造，制作单丝时采用（冷）拉丝技术，根据产品的不同材料可以是高碳钢盘条、不锈钢盘条或中低碳钢盘条，在单丝上进行镀锌处理。绞线制造过程中采用绞线机将多根钢丝绞合成产品。

图 2-41 镀锌钢绞线实物图

铝包钢绞线是一种将铝连续均匀包覆在钢芯上的双金属线，它兼有导电性能好，耐腐蚀，高频传输性能好以及钢的强度高等优点。铝包钢绞线是将铝包钢线作加强芯和铝线绞合在一起的绞线，与普通钢芯铝绞线相比，导体重量更轻，载流量提高，电力损耗减少，使用寿命长，而且不增加任何架设费用。钢绞线原理及型号含义如图 2-42 所示。铝包钢绞线可作为地线使用，优点是可以有效分担与其一同架设的 OPGW 的单相短路电流，同时在超高压线路上还具有降低工频电压、减少潜供电流、减轻对通信线的干扰和危险影响等诸多优点。此外与常规的镀锌钢绞线相比具有抗腐蚀特性，故特别适用于海边、工业污染腐蚀特别严重的地区。

铝包钢绞线的生产工艺分为单丝制造、铝层包覆、绞线制造，如图 2-43 所示。

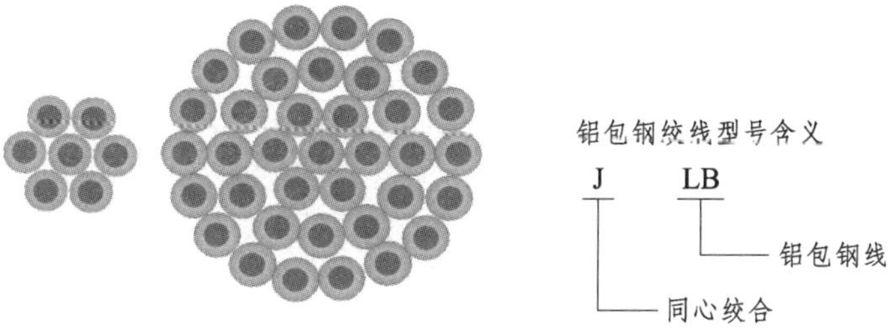

（a）　　（b）

图 2-42　铝包钢绞线原理及型号含义

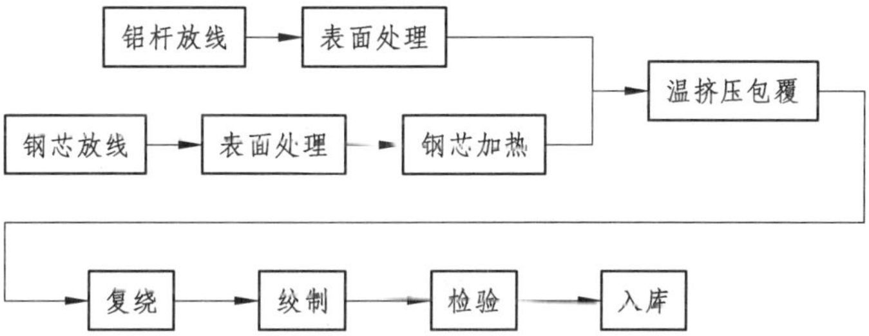

图 2-43　铝包钢绞线生产工艺流程

钢芯铝绞线是由铝线和钢线绞合而成的，它内部是钢“芯”，外部是用铝线通过绞合方式缠绕在钢芯周围，如图 2-44 所示。钢芯主要起增加强度的作用，铝绞线主要起传送电能的作用。钢芯铝绞线具有结构简单、架设与维护方便、线路造价低、传输容量大、利于跨越江河和山谷等特殊地理条件敷设的优点，且具有良好的导电性能和足够的机械强度、抗拉强度大、塔杆距离可放大等特点。钢芯铝绞线的型号分为：JL/GIA、JL/G2 A、JL/G3 A、JL1/G1 A、JL1/G2 A、JL1/G3 A、JL2/GIA、JL2/G2 A、JL2/G3 A、

JL3/G1 A、JL3/G2 A、JL3/G3 A。目前云网使用较多的是 JL/G1 A 型。钢芯铝绞线生产工艺流程如图 2-45 所示。

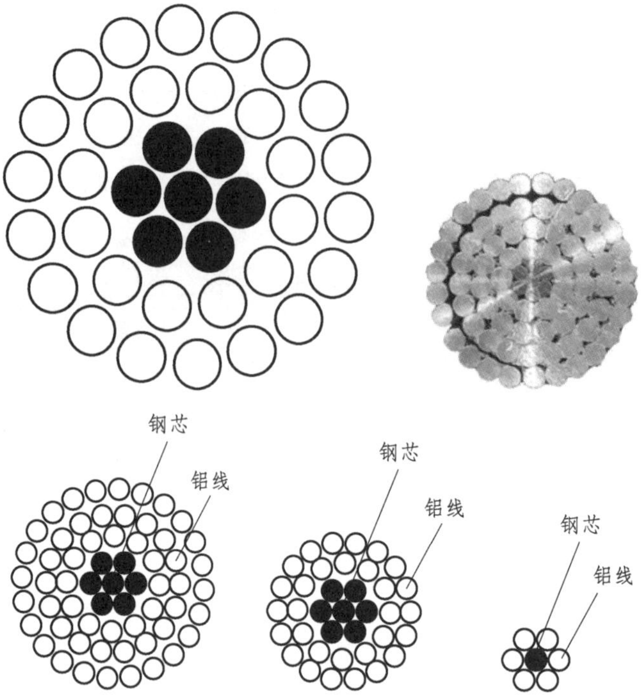

图 2-44　钢芯铝绞线原理图及实物图

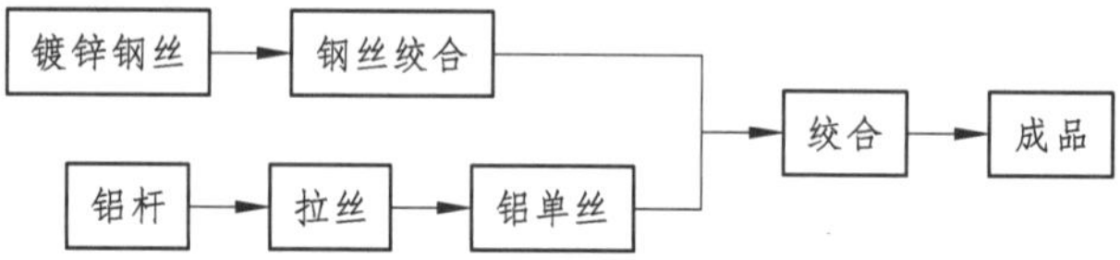

图 2-45　钢芯铝绞线生产工艺流程

铝包钢芯铝绞线是由铝包钢丝做加强芯和硬铝线绞合组成的架空导线，如图 2-46 所示。相比钢芯铝绞线，其电导率、线重都得到了明显改善。在相同截面积情况下，铝包钢芯铝绞线的电导率比钢芯铝绞线提高 5% ~ 8%；在重量方面，铝包钢芯铝绞线比钢芯铝绞线降低 5% ~ 6%。因普通强度镀锌钢线强度大多略低于铝包钢线，故用铝包钢线替代镀锌钢线作为加强芯，可使导线的强度增加 2% ~ 4 %。这样在敷设重量轻、强度大的铝包钢线时可增加杆距或减少弧垂。钢芯铝绞线的型号分为：JL/LB14、JL1/LB14、JL2/LB14、JL3/LB14、JL/LB20 A、JL1/LB20 A、JL2/LB20 A、JL3/LB20 A。目前云网使用较多的是 JL/LB20 A 型。

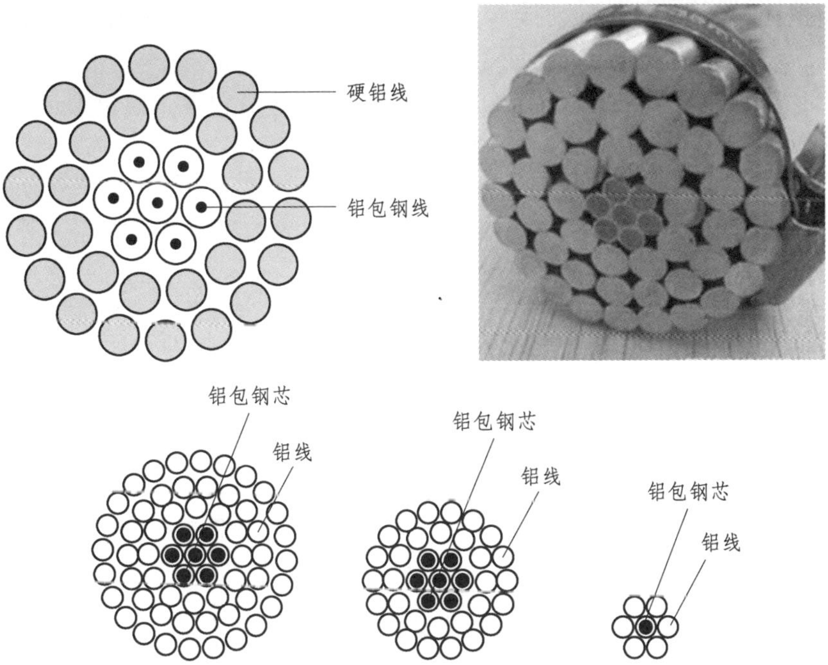

图 2-46 铝包钢芯铝绞线原理图及实物图

3. 生产、安装等易产生的问题

1）生产制造中的问题

（1）钢线、铝线拉丝表面质量、直径偏差及力学性能不理想。

（2）绞制过程一个重要的环节是内应力的消除，在各轴上的单丝张力要均匀一致，预变形、后矫直处理都需严格按工艺规程进行，否则会出现散股、起灯笼、挤扁、划伤等问题。

（3）导线表面油污。这种现象主要是在拉丝工序中产生的。

（4）导线表面划伤。由于拉丝设备和拉丝模具或绞线设备和绞线并线模存在着金属尖锐物，在拉丝或导线绞合时，就容易产生表面划伤。这种缺陷一是影响导线表面质量；二是在导线运行时，由于导体的不平滑而产生电晕。

（5）导线划痕。导线连续的划痕是产生电晕最常见的原因，而电晕是电力系统中最重要的电能损耗原因之一。

（6）导线松散和蛇行弯。

（7）原材料铝杆的缺陷带来的质量问题。例如，轧机熔炉温度过低，会引起铝杆内有气泡；若炉内炉渣清除不彻底，会在铝杆内产生砂眼；若轧机模具表面不光滑，会使铝杆产生飞边；熔铝时加入的添加剂不合理，会造成导体强度或电性能不符合要求。

（8）钢芯和铝杆经表面处理后，进入连续挤压机进行包覆，铝包钢盘条表面出现铝刺或疙瘩或者表面存在露钢现象。

2）安装施工中的问题

（1）放线导致导线松散和蛇行弯。

（2）运输、放线、安装过程中导致的机械损伤。

（3）导线散股或起灯笼，一般是由于压接造成。

4. 小　结

结合生产、安装施工中可能存在的质量问题，检测中应重点关注以下内容：

（1）导线的外观形态及表面质量；外观不应存在起隆、松散、变形、缺股等异常；表面不应有肉眼可见的缺陷，如明显的压痕以及与良好商品不相称的任何缺陷。

（2）导线绞合质量：导线切断时，各线端应保持在原位或容易用手复位。

（3）节径比是绞线的一个重要参数，它的大小同绞线的质量和绞线过程有很重要的关系。节距比小，绞线就比较柔软，绞合紧密，生产效率低。同时由于绞入率增加，材料消耗增大，绞线单位重量也增大，降低了导线的导电率。当节距比倍数过大时，制造和使用时容易松股，使绞合不紧密。

（4）铝线（铝合金线）和钢线拉丝后，线丝、导线直径及力学性能，同时应重点关注铝线电导率，钢线的锌层质量。

（5）应重点关注导线整体强检测项目。

2.3.3　架空裸导线检测标准问题及检测项目分析

1. 2015—2020 年的导、地线检测情况

2015—2020 年导、地线到货质量检测共抽检了 6 个类别 623 个样品，不合格 18 件，合格率为 97.59%，如表 2-29 所示。

表 2-29　2015—2020 年导、地线到货质量检测共抽检情况

年份	钢芯铝绞线	铝包钢绞线	镀锌钢绞线	铝包钢芯铝绞线	钢芯铝合金绞线	耐热铝合金线	总数
2015 年	157	49	3	1	6	5	221
2015 年不合格	1	3	0	0	0	0	4
2016 年	60	9	4	3	0	0	76
2016 年不合格	1	0	1	0	0	0	2
2017 年	47	21	14	27	2	0	111
2017 年不合格	0	0	3	3	0	0	6
2018 年	14	15	6	65	1	1	102
2018 年不合格	0	0	0	5	0	0	5
2019 年	18	13	8	17	1	1	58
2019 年不合格	1	0	0	0	0	0	1
2020 年	14	7	14	18	2	0	55
2020 年不合格	0	0	0	0	0	0	0
合计	310	114	49	131	12	7	623
不合格数	3	3	4	8	0	0	18
合格率	99.03%	97.37%	91.84%	93.89%	100.00%	100.00%	97.59%

2. 导、地线检测不合格原因分析

从 2015 年至 2020 年导、地线到货质量检测共抽检情况看，钢芯铝合金绞线、耐热铝合金线本身抽检数量较少，不合格主要集中在铝包钢绞线、镀锌钢绞线、铝包钢芯铝绞线。

具体的不合格项目，主要是拉断力不合格、节径比不合格、卷绕不合格、结构尺寸不合格等。其中，拉断力不合格 4 件，均为铝包钢芯铝绞线；节径比不合格 9 件，钢芯铝绞线、铝包钢芯铝绞线、镀锌钢绞线均有分布；铝线卷绕不合格 2 件，均为铝包钢芯铝绞线；结构尺寸（单丝直径、导线截面积、导线直径）、单位重量不合格 3 件，均为铝包钢绞线。

1）拉断力不合格分析

拉断力不合格均为铝包钢芯铝绞线，断力试验不合格的最主要原因是两种线材在

绞合成缆后在延伸率上极不匹配，即铝线延伸率偏小，铝包钢线加强芯延伸率偏大。在常规分步绞合成缆生产工艺中并未针对铝包钢线和铝线这两种弹性模量差异很大的线材采用特殊的工艺控制，铝包钢线加强芯的放线张力偏小，成缆后较为松弛，没有达到初伸长，从而导致铝包钢线在综合拉断力试验中铝线断线时未达到1%伸长应力。

由于铝包钢线和铝线是两种刚性完全不同的材料，因此在绞制过程中，铝包钢线加强芯需要采用具有退扭功能的笼绞、管绞机器生产，再将铝包钢线加强芯作为缆芯在框绞机上绞合所需要的铝线。在生产中，必须注意控制这两种线材在生产时初伸长的匹配，即在铝包钢线加强芯上要施加合适张力，避免出现铝线和铝包钢线伸长率不匹配的情况，绞制过程中应均匀控制各盘铝单丝的绞线张力，保证其在合适的范围内，以避免产品出现蛇弯、松股，导线放线施工时出现“灯笼”等缺陷，以及在拉断力试验时出现因绞合张力不同而导致铝层不同时断裂的情况。

2）结构尺寸——节径比不合格分析

节径比不合格的主要原因是生产过程中的绞制环节，设备没有调整到规定的工艺参数。

3）结构尺寸——单丝直径、导线截面积、导线直径不合格分析

单丝直径直接影响到导线截面及导线直径的检测结果。而单丝直径不合格的直接原因为单丝制造工序里参数设置不符合要求，成品出厂检验未按照要求进行，导致不合格品流出。

4）铝线卷绕不合格分析

铝单线的卷绕不合格主要表现为卷绕试验过程中铝线断裂，原因为铝单线塑性不达标，呈脆性。影响该性能的主要生产环节为拉丝、成品热处理。成品热处理也就是导体退火，由于相关国家标准没有出台，所以对于退火温度和时间全由经验来确定，前期小样试制，合格后成批进炉，虽然前面讲到没有退火的标准，但退火也要遵循三个原则：退火温度、退火时间、装盘量。

3. 品控检测关键项目

1）品控关键项目

结合导线缺陷概况统计，运行中导线缺陷主要为：断线、断股、锈蚀、发热等。这些缺陷的产生与生产制造、现场安装以及运行环境都有着密切的关系，品控检测作为电网物资入网的关键把控环节，基于以上可能的缺陷，应重点关注的检测项目如表2-30所示。

表 2-30 各类型导线检测项目表

序号 类别	钢芯铝绞线	铝包钢绞线	镀锌钢绞线	铝包钢芯铝绞线	钢芯铝合金绞线	耐热铝合金绞线
1	铝线直径	铝包钢线直径	钢线直径	铝线直径	铝线直径	铝线直径
2	钢线直径	导线直径	导线直径	钢线直径	钢线直径	钢线直径
3	导线直径	节径比	节径比	导线直径	导线直径	导线直径
4	节径比	表面质量	表面质量	节径比	节径比	节径比
5	表面质量	绞合质量	绞合质量	表面质量	表面质量	表面质量
6	绞合质量	导线拉断力	导线拉断力	绞合质量	绞合质量	绞合质量
7	导线拉断力	铝包钢线力学性能	钢线力学性能和锌层	导线拉断力	导线拉断力	导线拉断力
8	镀锌钢丝锌层和力学性能	—	—	钢线力学性能	镀锌钢丝锌层和力学性能	镀锌钢丝锌层和力学性能
9	铝单线力学性能和电阻率	—	—	铝单线力学性能和电阻率	铝合金单线力学性能和电阻率	铝合金单线力学性能和电阻率

2）品控检测重点关注项目

（1）节径比：绞线中每层的任何一根单线，都是按一定的绞制角度环绕一中心线作螺旋状绞捻的。在绞线轴线方向的一个完整的螺旋线间距 h，叫作“节距长度”。节距长度 h 与绞线外径 D 之比，称为“节径比”。节径比的大小，关系到绞线的紧密程度、绞线重量和绞线电阻的大小。节径比越大导线绞合越松，导线容易造成散股，节径比越小导线绞合越紧，外界浸蚀性的汽水及尘埃渗入导线内层就越难，但节径比不能无限减小。节径比对铝线伸长率的补偿作用。钢芯铝绞线在拉应力作用下，钢芯和铝线都会同时伸长，由于铝线的伸长率，总是远远小于钢芯的伸长率，在这种情况下如果铝线的伸长得不到适当的正补偿，则铝线将首先被拉断，无数实际运行工况的事例证明，钢芯还在弹性伸长的过程中，铝线早已被拉断了，这就造成导线的抗拉能力大大下降。

（2）导线拉断力：导线因其杆塔之间跨距较长，在使用中需承担其自身重量带来的载荷，大风大雨强对流天气及冰雪天气，还受到额外的载荷。因此，其导线拉断力是否符合要求是一项重要指标。单一绞线（铝绞线、铝合金绞线、镀锌钢绞线和铝包钢绞线）的额定拉断力（RTS）应为所有单线最小拉断力的总和；对于铝（铝合金）绞线，如铝（铝合金）单线的总股数为 91 股及以上时，导线额定拉断力应以所有单线最小拉断力的总和的95%计算；对于镀锌钢绞线和铝包钢绞线，如单线的总股数为61股及以上时，导线额定拉断力应以所有单线最小拉断力的总和的95%计算。钢或铝包钢芯铝（铝合金）绞线的额定拉断力（RTS）应为铝（铝合金）部分的拉断力与对应铝（铝合金）部分在断裂负荷下钢或铝包钢部分伸长时的拉力的总和。为规范及实用起见，钢或铝包钢部分的拉断力偏安全地规定为：按250 mm标距，1%伸长时的应力来确定。如铝(铝合金)单线的绞层数为4层时，导线额定拉断力应以计算值乘以95%。

（3）铝单线电导率：导线的主要作用还是传输电力，铝单线的电阻率直接影响到导线的电气性能，运行时导线发热程度。

（4）镀锌钢丝锌层质量：镀锌防腐主要是通过附着在钢丝基体表面的锌层的隔离和氧化，来抵御大气环境对基体材质的腐蚀。镀锌质量是镀锌钢丝保证防腐效果和时间的重要测量指标。

（5）钢丝（镀锌钢丝&铝包钢丝）、铝单线力学性能：抗拉强度及断后伸长率，直接影响导线的整体抗拉强度。扭转试验和卷绕试验则是检验导线在拉丝和热处理环节是否存在硬化、脆化缺陷，若单丝存在脆化现场，在实际使用过程受风振等外力作用容易导致导线断线。

（6）绞合质量：切断时，各线端应保持在原位或容易用手复位。该性能关系到现场施工切断时是否容易松散的问题。

（7）铝单线直径：该项目直接影响到导线截面积、单线抗拉强度、电导率的测定。

（8）钢丝直径：该项目直接影响到导线截面积、钢丝抗拉强度的测定。镀锌钢丝还影响到镀锌层的测定。

（9）表面质量：主要检测表面是否存在肉眼可见的缺陷，如影响力学性能、电气性能的压痕、划伤等。

4. 检测项目优化建议

1）增加20 kV及以下铝包钢芯铝绞线数量

根据《云南电网公司关于印发20 kV及以下配电网装备技术导则及设备品类优化清单的通知》20 kV及以下导线优化后为铝包钢芯铝绞线，结合2015—2020年导线抽检结果来看，该类合格率低于其他类型导线，建议增加铝包钢芯铝绞线的抽检数量。

2）扩充新型导、地线产品检测

扩充新型导、地线产品检测，如：OPGW光缆、碳纤维导线等新型导线。

2.3.4 架空裸导线品控检测设备及主要参数

1. 外观、结构尺寸、单位重量检查项目检测设备及参数简介

（1）外观、结构尺寸、单位重量检查项目检测设备如图 2-47、2-48 所示。

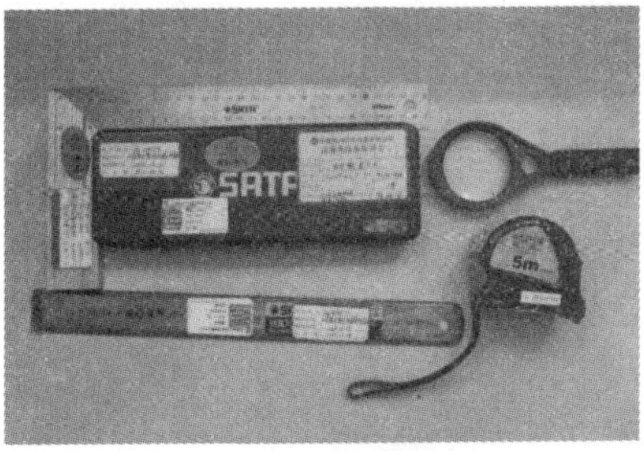

图 2-47 尺寸测量类工具

图 2-48 电子天平

（2）尺寸、单位重量检查设备参数如表 2-31 所示。

表 2-31 尺寸、单位重量检查设备参数

设备名称	规格型号	主要参数	生产厂家	其他备注
放大镜	20 倍	20 倍	世达	/
钢板尺	300 mm	量程 0～300 mm	世达	/
钢卷尺	5 m	量程 0～5 m	世达	/
直角尺	300 mm	量程 0～300 mm	世达	/
游标卡尺	150 mm	量程 0～150 mm	世达	/
电子天平	BT457 A5	量程 0～5000 g，0.1 g	深圳市博途电子科技有限公司	/

2. 镀锌层重量检测设备及参数简介

（1）镀锌层重量检测设备如图 2-49 所示。

图 2-49 分析天平

（2）镀锌层重量检测设备参数如表 2-32 所示。

表 2-32　镀锌层重量检测设备参数

设备名称	规格型号	主要参数	生产厂家	其他备注
分析天平	AR224CN	量程：0.01～220 g，0.0001 g	奥豪斯仪器（常州）有限公司	/

3. 导线整体及单线力学性能试验检测设备及参数简介

（1）导线整体及单线力学性能试验检测设备如图 2-50～2-54 所示。

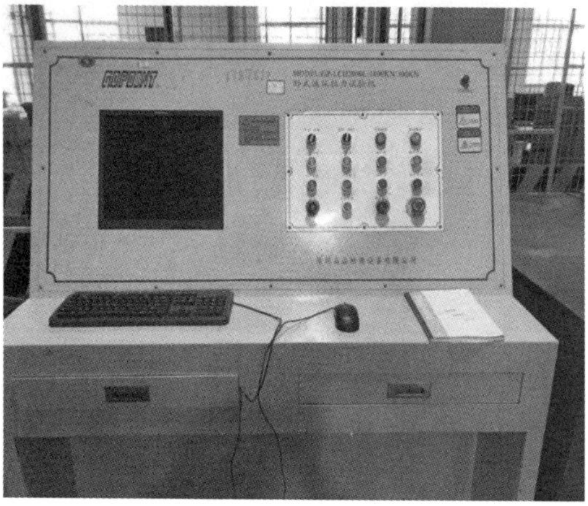

图 2-50　GP-LCH2000L/0-1000 kN 电脑控制电液伺服卧式拉力试验机

图 2-51　E45.105/0-100 kN 微机控制电子万能试验机

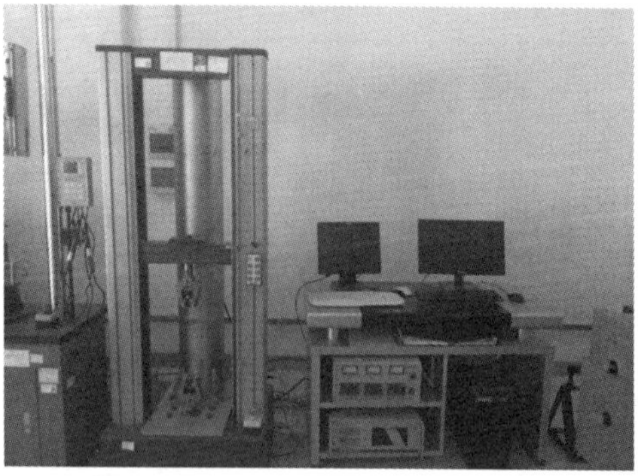

图 2-52　CMT4104 微机控制电子万能试验机

图 2-53　QJ212-50 kN 微机控制电子万能试验机

图 2-54　QJNZ-6 线材缠绕电子式扭转试验机

（2）导线整体及单线力学性能试验检查设备参数如表 2-33 所示。

表 2-33　导线整体及单线力学性能试验检查设备参数

设备名称	规格型号	主要参数	生产厂家	其他备注
电脑控制电液伺服卧式拉力试验机	GP-LCH2000L	量程：0～1000 kN	深圳高品检测设备有限公司	/
微机控制电子万能试验机	E45.105	量程：0～100 kN	美特斯工业系统（中国）有限公司	/
微机控制电子万能试验机	CMT4104	量程：0～10 kN	美特斯工业系统（中国）有限公司	/
微机控制电子万能试验机	QJ212-50 kN	量程：0～50 kN	上海倾技仪器仪表科技有限公司	/
线材缠绕扭转电子式扭转试验机	QJNZ-6	0～180 r/min	上海倾技仪器仪表科技有限公司	

4. 导线单线电阻率检测设备

（1）导线单线电阻率检测设备如图 2-55 所示。

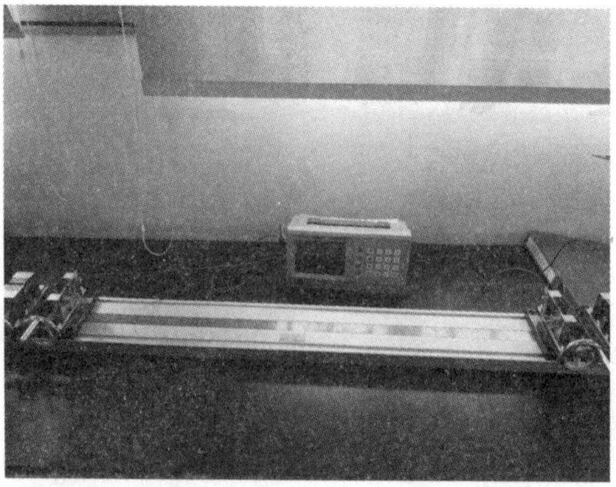

图 2-55　TX-300B/电阻率测试仪

（2）导线单线电阻率检测设备参数如表 2-34 所示。

表 2-34　导线单线电阻率检测设备参数

设备名称	规格型号	主要参数	生产厂家	其他备注
电阻率测试仪	TX-300B	测量范围： 电阻：0.1 μΩ ~ 150 Ω； 电阻率：0.01 μΩ · m ~ 2.5 μΩ · m； 分辨率：0.1 μΩ · m； 精度：±0.25%	厦门天研仪器有限公司	/

5. 化学成分检测设备及参数简介

（1）化学成分检测设备如图 2-56 所示。

图 2-56　TEST/直读光谱仪

（2）化学成分检测设备参数如表 2-35 所示。

表 2-35　化学成分检测设备参数

设备名称	规格型号	主要参数	生产厂家	其他备注
直读光谱仪	TEST	分析波长范围：170 ~ 670 nm	德国 SPECTRO 公司	/

2.4 混凝土电杆品控检测

2.4.1 混凝土电杆运行缺陷及故障分析

1. 缺陷情况

（1）从云南电网的杆塔 2020 年至 2021 年 2 月缺陷信息统计表（见表 2-36）中分析可知，环形混凝土电杆（以下简称“电杆”）运行中出现缺陷的主要类型如下：

① 运维（标志牌缺失或模糊不清、藤蔓攀爬等）；

② 施工（电杆倾斜）；

③ 质量（电杆焊口锈蚀、电杆裂纹）；

④ 接地附属（接地电阻不合格等）。

运维环节出现异常（例如标志牌缺失或模糊不清、藤蔓攀爬等）是导致电杆运行缺陷的主因，其次原因是施工缺陷（电杆倾斜），电杆在长期运行的过程中发生沉降位移导致倾斜。其中关于运行缺陷中的电杆质量的问题如下：

① 电杆焊口锈蚀，其原因可能是电杆的防腐措施不佳，采用焊接工艺制造的钢质法兰盘未进行镀锌防腐处理或锌层厚度不足；

② 电杆裂纹，可能是电杆在外力作用下产生裂纹，使电杆力学性能（抗裂性能）不佳。电杆缺陷统计如表 2-36 所示。

表 2-36　电杆缺陷统计

序号	电杆缺陷类型	次数	百分比
1	运维（标志牌缺失、标示牌模糊不清、藤蔓攀爬、异物，鸟巢、杆塔基础受损、杆塔倾斜、杆塔防撞设施损坏缺失、飘挂物、防撞标志缺失）	4668	61.32%
2	施工（电杆倾斜）	1587	20.85%
3	质量（电杆焊口锈蚀、电杆裂纹）	1325	17.41%
4	接地附属（接地电阻不合格、接地引下线缺失或断裂、拉线防护设施损坏、接地网损伤、接地引下线损伤）	32	0.42%
总计		7612	100%

（2）从云南电网的杆塔2020年至2021年2月故障信息统计表（见表2-37）中分析可知，电杆运行中发生故障的主要类型如下：

① 自然灾害破坏（强对流天气、地震等）；

② 人为破坏（交通车辆破坏、外部施工影响等）；

③ 运维施工；

④ 质量（设备老化等）。

电杆遭到自然灾害破坏是导致电杆运行故障的主因，其次原因是人为破坏，例如遭遇车辆发生交通事故导致意外撞击电杆、外部野蛮施工导致倒杆。除了天灾人祸的因素，电杆的力学性能（承载能力）也可能是造成断杆或倒杆的间接原因。而其中关于运行故障中的电杆质量的问题：设备老化及产品质量不良，可能是电杆在户外环境长期运行中经受日晒雨淋，电杆外观发生风化腐蚀，同时电杆的保护层厚度不足，导致电杆内部钢筋发生锈蚀，加速电杆的老化，影响电杆使用寿命。

表2-37　电杆故障统计

序号	电杆故障类型	次数	百分比
1	自然灾害破坏（强对流天气、基础塌方、泥石流、洪涝、树障、凝冻、地震、雷击、其他自然灾害）	445	49.23%
2	人为破坏（交通车辆破坏、外部施工影响、盗窃、破坏、攀爬塔架）	368	40.71%
3	运维施工（运行管理原因、施工安装原因等）	46	5.09%
4	质量（设备老化、产品质量不良）	45	4.98%
总计		904	100%

2.4.2　混凝土电杆的结构原理、关键环节与检测项目关联分析

环形混凝土电杆是由水泥、集料（砂、碎石或卵石）、水、外加剂、掺合料、钢材（钢筋、架立圈筋、螺旋筋、钢板圈或法兰盘）为原材料制成的钢筋骨架混凝土构件，主要用于电力、通信及接触网架空线路。

1. 电杆分类

电杆产品按外形分为锥形杆（代号为Z）和等径杆（代号为D）；按不同的配筋方

式，可分为钢筋混凝土电杆（代号为 G）、预应力混凝土电杆（代号为 Y）和部分预应力混凝土电杆（代号为 BY）。目前云南电网公司采购招标的电杆种类有：预应力混凝土电杆（普通杆）和部分预应力混凝土电杆（高强杆）。

2. 预应力、部分预应力混凝土电杆的结构原理

预应力混凝土结构是一种在构件受荷前预先对混凝土受拉区施加压应力的结构。其原理是在结构构件受外荷载作用前，预先对外荷载引起拉应力部位的混凝土（受拉区）施加压力造成人为的压应力状态；由此产生的预应力可以抵消外荷载所引起的大部分或全部拉应力，从而使结构构件在使用时的拉应力不大，甚至处于全截面受压状态。预应力混凝土结构可以推迟甚至避免结构构件在外荷载作用下出现裂缝，或抑制裂缝宽度不致过大。

3. 预应力、部分预应力电杆制造工艺关键环节

预应力、部分预应力电杆制造工艺主要是将钢筋骨架在钢模内纵向张拉，然后使混凝土在离心力作用下将多余水分挤出，从而大大提高混凝土的密实性和强度，常见的生产流程：第一步：钢筋骨架成型；第二步：混凝土浇筑；第三步：钢模合模；第四步：张拉钢筋，施加预应力；第五步：离心机离心，混凝土混合料在离心力作用下挤出多余的空气、水分，使混凝土均布、密实 ；第六步：人工蒸养，为了使混凝土加速固化，达到设计强度的70%以上，以缩短脱模周期；第七步：脱去钢模；第八步：电杆梢端封头、端头露筋防腐；第九步：自然养护，利用露天自然条件进行养护，它设备简单，不消耗能源，但养护周期长。

4. 结构原理、关键环节与检测项目关联分析

从电杆运行中的主要缺陷与故障、质量问题出发，根据其结构原理及制造工艺关键环节，我们应重点关注检测项目：防腐措施、力学性能（抗裂性能、承载能力），保护层厚度。

法兰盘属于法兰盘螺栓连接的组装杆重要的预埋件，采用焊接工艺的钢质法兰盘在电杆运行中容易发生锈蚀，所以需要关注法兰盘的防腐措施。法兰盘必须进行镀锌防腐处理，其锌层厚度要符合技术规范书的要求，这样可以有效解决电杆运行缺陷中的电杆焊口锈蚀的问题。

生产制造环节中的“张拉钢筋，施加预应力”“离心机离心”“人工蒸养”，“自然养护”，这四个环节对电杆的力学性能（抗裂性能、承载能力）至关重要。电杆在运行

过程中受外力作用后容易产生裂纹，提升电杆的抗裂性能，也可有效减少运行故障中的电杆裂纹问题，而电杆的承载能力关系到电杆受到自然灾害破坏或者人为破坏时，电杆有效抵抗外力直接冲击，减少断杆或倒杆的事故。

在生产制造环节中的“钢筋骨架成形”，会影响电杆保护层厚度。电杆中的钢筋被混凝土保护而免遭锈蚀，因此保护层厚度会直接影响电杆服役年限与耐久度。严格控制电杆的保护层厚度，可以减缓电杆运行故障中的设备老化问题。

此外，我们还应该考虑在电杆施工安装过程中，电杆埋深是否符合施工要求、地区的地质基础构造是否松软、底拉卡盘、拉线配置是否到位，以上这些因素都有可能会影响后续运行维护中，电杆是否发生倾斜的运行故障。

5. 持续工作推进的思考

在南网公司层面，目前已经落实供应商资格预审及资质能力评价的制度，从源头上控制参与投标供应商的资质能力。同时，对存在业务往来的供应商在登记到退出南方电网公司市场全过程发生的诚信、履约、质量等方面问题实施扣分处理，针对电杆抽检过程中出现不合格情况的供应商，严格执行《南方电网公司供货商扣分条款》。

根据目前电杆合格率逐年提高的情况，应在继续保持目前的一年至少 2 轮抽检力度的基础上，根据供应商的电杆供货计划安排，考虑组织月度常态化的到货抽检，覆盖供货的全部供应商与电杆规格。针对目前抽检的电杆类型均为锥形电杆，考虑是否把可能供货的等径电杆纳入抽检范围。

针对目前抽检都是在供应商精心准备电杆样品的情况下进行，考虑参照其他省公司（例如广东电网公司、海南电网公司）进行不定期的工地电杆抽检，增加抽检的突击性，让厂家提高产品质量危机意识，保障电杆架空线路的可靠运行。

工地抽检的做法可参考：

（1）广东电网公司：每个规格电杆在工地现场随机抽取 10 根电杆样品，考虑现场条件的限制及运输过程中对电杆力学性能的不利影响，其检测项目排除“力学性能”和“混凝土抗压强度”，其他检测项目依然安排在工地进行，其中“纵向钢筋质量”检测项目，钢筋在现场取样后，由检测机构带回实验室进行测试；

（2）海南电网公司：每个规格电杆在工地现场抽取 2 根样品后，运输到附近的电杆厂家进行检测，检测机构只对其中 1 根电杆（除“混凝土抗压强度”外）全项目检测，另外 1 根电杆为备样，其中“纵向钢筋质量”检测项目，钢筋在现场取样后，由检测机构带回实验室进行测试。检测过程中，如果第 1 根样品出现不合格情况，才对另外 1 根电杆备样进行复测。

2.4.3 混凝土电杆检测标准问题及检测项目分析

1. 电杆检测标准及项目对比

目前电杆的国家标准《环形混凝土电杆》（GB/T 4623—2014）型式检验项目为：外观质量、尺寸偏差、力学性能、保护层厚度、混凝土抗压强度。其中外观质量包括：表面裂缝、漏浆、局部碰伤、内外表面露筋、内表面混凝土塌落、蜂窝、麻面、粘皮、接头钢板圈坡口至混凝土端面距离；尺寸偏差包括：杆长、壁厚、外径、杆段弯曲度、端部倾斜、预埋件（预留孔、钢板圈、法兰盘）、钢板圈或法兰盘轴线与杆段轴线。

网公司的电杆检测标准《中国南方电网有限责任公司环形混凝土电杆到货抽检标准》（2018 版）的检测项目在《环形混凝土电杆》（GB/T 4623—2014）的基础上增加检测项目：标志（永久标志、临时标志）、纵向钢筋质量。

云南电网的电杆检测标准《云南电网有限责任公司 2021 年混凝土电杆检测项目及判定规则》的检测项目在《中国南方电网有限责任公司环形混凝土电杆到货抽检标准》（2018 版）的基础上增加了检测项目：防腐措施，主要针对云南电网普遍使用的法兰盘螺栓连接的组装杆的法兰盘、螺栓的锌层质量，同时在检测电杆力学性能的过程中，会测试电杆承载能力的富余量，要求承载力检验弯矩检测到 220%开裂检验弯矩后才会停止试验（国家标准要求承载力检验弯矩测试到 200%开裂检验弯矩即可），使之能覆盖云南电杆生产易发问题、运行问题、检测要点。

2. 从 2015 年至今的电杆检测中出现的不合格项目统计及分析

（1）从表 2-38、图 2-57、图 2-58 可以看到，从 2015 年至 2021 年（截止到 3 月），电杆检测的不合格项目数量和电杆不合格率在整体上呈现下降趋势，其中关键的检测项目：防腐措施、力学性能、保护层厚度的不合格数量也是呈现逐年下降的趋势，这说明经过这几年的多轮电杆抽检，厂家对电杆产品的质量意识也在逐步上升，全省电杆的产品质量在不断进步。

（2）电杆运行中的电杆焊口锈蚀缺陷，反映的是电杆防腐措施不佳，防腐措施不合格在最近 3 年检测过程已经极少出现，目前电杆厂家基本都采购热浸镀锌处理的法兰盘。早些年安装的电杆的钢质法兰盘发生锈蚀属于历史遗留问题，原因是 2014 年 12 月 5 日发布、2015 年 12 月 1 日实施的电杆国家标准《环形混凝土电杆》（GB/T 4623—2014）才规定电杆法兰盘的防腐措施必须采用热浸镀锌处理。

（3）长期运行中的电杆裂纹缺陷以及电杆因自然灾害破坏或人为破坏导致的运行故障，反映的是电杆力学性能（抗裂性能、承载能力）欠佳，在最近 2 年抽检中发现电杆力学性能呈现异常的质量波动，说明目前仍需严抓该检测项目，特别是加强对新中标电杆厂家的品控管理。

（4）电杆在长期运行中发生的设备老化及产品质量不良问题，反映的是电杆的耐久度不足，在近6年抽检中保护层厚度不合格也常有发生，保护层厚度的控制属于生产制作工艺上的难点，需要在检测上持续关注。

表 2-38　电杆检测不合格情况统计

电杆检测不合格情况统计												
年份	电杆检测规格数量	电杆不合格规格数量	电杆不合格率	不合格项目数量								
				总计	外观质量	尺寸偏差	标志	防腐措施	保护层厚度	力学性能	纵向钢筋质量	混凝土抗压强度
2015	145	69	47.6%	340	58	80	101	35	27	29	10	0
2016	191	39	20.4%	258	25	145	33	21	16	17	1	0
2017	150	44	29.3%	212	23	77	33	32	26	15	6	0
2018	116	15	12.9%	50	1	32	3	0	9	4	1	0
2019	158	16	10.1%	94	13	33	32	1	6	5	0	4
2020	149	28	18.8%	85	8	26	17	1	5	14	3	11
2021（截止到3月）	50	2	4.0%	12	2	5	5	0	0	0	0	0
备注：由于同一规格电杆可能存在多个不合格项目，因此不合格项目数量会比不合格项目数量多。												

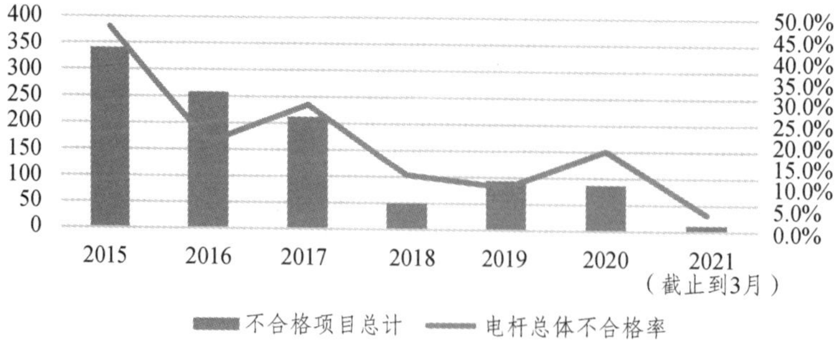

图 2-57　电杆不合格项目及电杆不合格率变化趋势

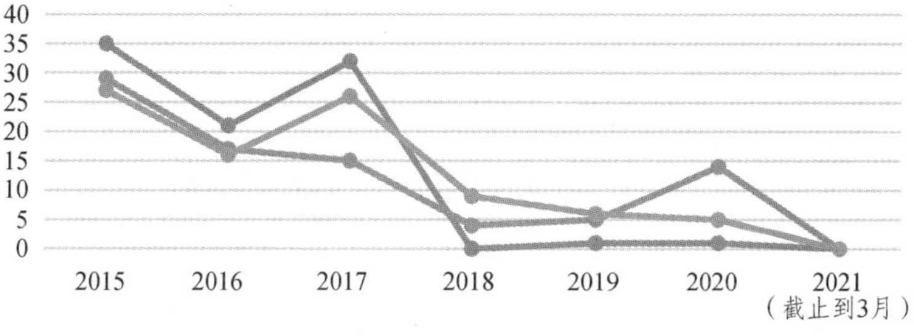

图 2-58　关键检测项目不合格数量变化趋势

2.4.4　混凝土电杆品控检测设备及主要参数

1. 外观质量与尺寸偏差项目检测设备及参数简介

（1）数显卡尺、钢卷尺、钢直角尺如图 2-59 所示。

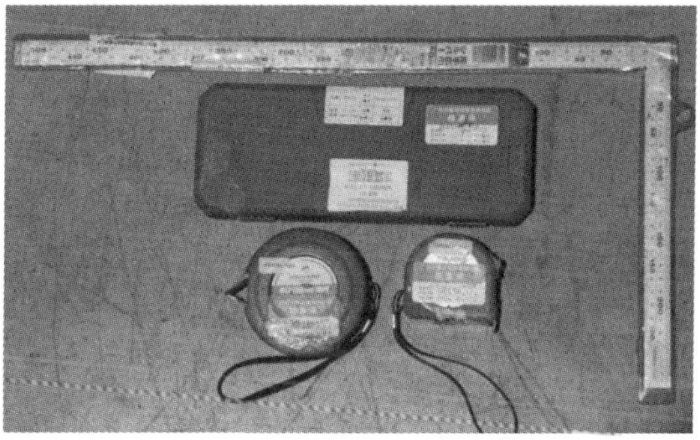

图 2-59　数显卡尺、钢卷尺、钢直角尺

（2）外观质量与尺寸偏差项目检测设备参数如表 2-39 所示。

表 2-39　外观质量与尺寸偏差项目检测设备参数

设备名称	规格型号	主要参数	生产厂家	其他备注
数显卡尺	0 ~ 150 mm/0.01 mm	测量范围：0 ~ 150 mm	桂林广陆数字测控有限公司	/
钢卷尺	20 m	测量范围：0 ~ 20 m	广州飞豹工具有限公司	/
钢卷尺	5 m	测量范围：0 ~ 5 m	Tajima	/
钢直角尺	500 mm × 250 mm	测量范围：0 ~ 500 mm	亲和测定（大连）有限公司（SHINWA）	/

2. 力学性能项目检测设备及参数简介

（1）力学性能项目检测设备如图 2-60、2-61 所示。

图 2-60　电杆荷载挠度测试仪

图 2-61　裂缝宽度观测仪

（2）力学性能项目检测设备参数如表 2-40 所示。

表 2-40　力学性能项目检测设备参数

设备名称	规格型号	主要参数	生产厂家	其他备注
电杆荷载挠度测试仪	MP10-A	拉力：0 ~ 200 kN 挠度：0 ~ 1400 mm 位移：0 ~ 100 mm	上海东子电子科技发展有限公司	/
裂缝宽度观测仪	ZBL-F130	最大允许误差：±0.025 mm 分辨率：0.0125 mm	北京智博联科技股份有限公司	/

3. 纵向钢筋质量、混凝土抗压强度项目检测设备及参数简介

（1）纵向钢筋质量、混凝土抗压强度项目检测设备如图 2-62 ~ 2-64 所示。

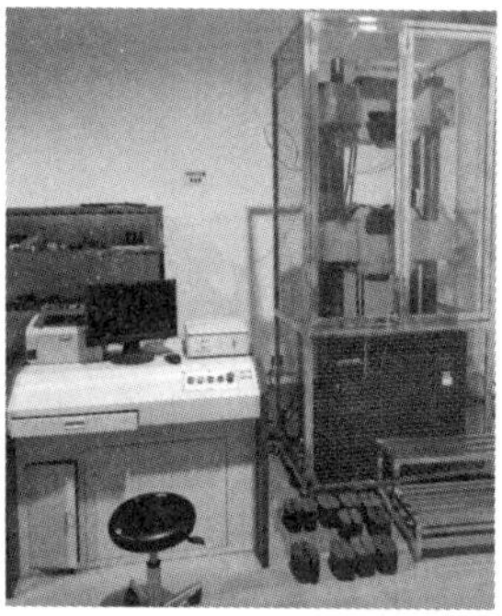

图 2-62　微机控制电液伺服万能试验机

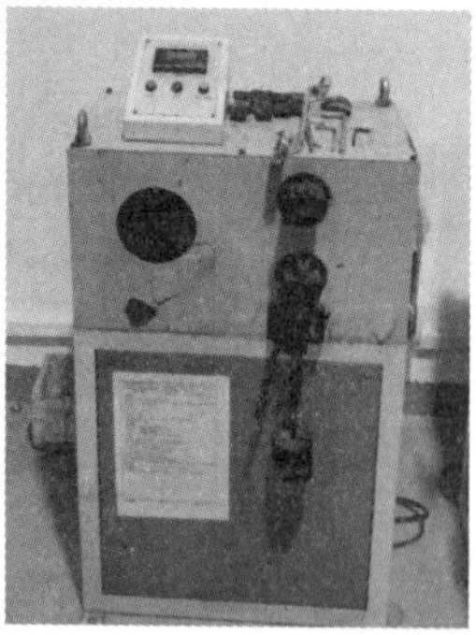

图 2-63　金属线材反复弯曲试验机

图 2-64　钢筋弯曲试验机

（2）纵向钢筋质量、混凝土抗压强度项目检测设备参数如表 2-41 所示。

表 2-41　纵向钢筋质量、混凝土抗压强度项目检测设备参数

设备名称	规格型号	主要参数	生产厂家	其他备注
微机控制电液伺服万能试验机	WAW-1000B	测量范围：0 ~ 1000 kN	武汉鑫华福电气设备有限公司	/
金属线材反复弯曲试验机	JWJ-10	试样直径：ϕ1 ~ 10 mm 弯曲角度：±90°	济南恒思盛大仪器有限公司	/
钢筋弯曲试验机	GW-40B	最大钢筋弯曲直径：ϕ40 mm	济南恒思盛大仪器有限公司	/

2.5 金具品控检测

2.5.1 金具运行缺陷及故障分析

1. 缺陷、故障情况

如表 2-42、2-43 所示，2020 年 1 月至 2021 年 2 月期间，云网中压线路故障分析月报共录入金具故障 1364 例，其中金具断裂 1135 例，金具脱落 228 例。造成金具断裂、脱落故障的影响因素有设备老化、自然气候、产品质量不良、运行管理、施工安装原因和其他原因。其中，设备老化为主要原因。

表 2-42　金具断裂故障责任原因统计

故障责任原因	设备老化	自然气候	产品质量不良	运行管理原因	施工安装原因	其他原因	合计
数量	905	104	55	30	7	34	1135
占比	79.74%	9.16%	4.85%	2.64%	0.62%	3.00%	—

表 2-43　金具脱落故障原因统计

故障责任原因	设备老化	自然气候	施工安装原因	运行管理原因	其他原因	合计
数量	132	38	22	16	20	228
占比	57.89%	16.67%	9.65%	7.02%	8.77%	—

2020 年 1 月至 2021 年 2 月，云网 10 kV 配网缺陷分析月报共录入金具缺陷 4411 例，其中接头发热 42 例、金具锈蚀 2418 例、金具损伤 1951 例。配网金具缺陷主要为金具的锈蚀和损伤，占到了金具缺陷的 99%。如表 2-44 所示。

表 2-44　金具断裂缺陷原因统计

故障责任原因	金具锈蚀	金具损伤	接头发热	合计
数量	2418	1951	42	4411
占比	54.82%	44.23%	0.95%	—

云网金具运行故障和缺陷直接表现为：断裂、脱落、发热、锈蚀、损伤，影响因素为老化、自然气候、产品质量、施工质量。

2. 金具断裂、脱落故障原因分析

1）金具断裂原因

金具断裂是金具实际承载力大于最大承受载，自身强度不满足使用载荷而断裂。按照其成因，可分为设计强度不足，制造缺陷、安装缺陷、锈蚀、磨损、过载、疲劳、金具老化等因素使得金具强度降低。

设计的材质、厚度尺寸不满足使用强度要求，品控检测中直接表现为材质和尺寸检测结果与设计不一致。如：应用要求需要 45#钢、厚度 15 mm，设计为 35#钢、厚度 10 mm。

制造缺陷，如：气孔、夹渣、分层、热处理不当、尺寸偏差等制造缺陷会直接降低产品机械强度，使实际强度达不到设计和实际使用强度要求，导致金具在运行中断裂。

由于安装工艺不当，导致金具受外力冲击破损、变形、安装后受力不均存在应力集中点，以上因素导致金具存在薄弱点，运行中在张力和交变载荷作用下金具将可能在薄弱点断裂。如耐张压接管和接续管在安装中压接载荷过大、压接位置不对导致压接管在运行中断裂，压接载荷过小在运行中导线从压接管中滑脱。

金具在运行中出现腐蚀、磨损、老化是普遍现象，金具产品主要为金属制品，金属材料在大气环境出现腐蚀是不可避免的，只能通过防腐手段缓解腐蚀速度来延长使用寿命，如线路金具在大风、冰载、微风环境下长期处于振动状态，振动中的金具长期受交变载荷作用将出现磨损、疲劳和老化。磨损、腐蚀和疲劳的叠加作用会加剧金具的老化。

2）金具脱落主要原因

金具连接件缺失，在安装过程中连接螺栓、螺帽不完整，运行中螺栓、插销在风载、冷热膨胀交变力作用下脱落。

3）金具发热原因

金具发热主要在导体接头处，根据焦耳-楞次定律 $Q=I^2Rt$ 得知，接头发热主要受电流 I、电阻 R 以及时间 t 三个因素影响。其中，电流 I 取决于系统负荷；时间 t 不受系统影响；电阻 R 受到环境温度、接触压力以及接触面材质等因素影响。电气接头接触电阻的形成原因有氧化膜电阻、接头接触电阻的变化、接头压力因素、热胀冷缩因素、微电池效应、接触面因素。以上原因导致接头有效接触面积减小，通流不畅、局部电阻增大从而出现发热，发热后温度的变化进一步加大接头的变形，变形后加剧了接头的氧化。如此形成恶性循环，最终导致接头发热越来越严重。

4）金具锈蚀原因

金具锈蚀一般体现在钢制品金具上。热镀锌技术是输变电线路钢结构普遍采用的防止大气腐蚀的方法，该方法主要是利用阴极保护的原理，以电位较低的锌作为牺牲阳极，防止或减缓钢结构的腐蚀。制造时的镀锌层缺陷，安装时的镀锌层破坏，运行时的金具间碰撞、磨损导致镀锌层破坏、减薄，均会导致金具本体锈蚀。

5）金具老化原因

金具的老化属于运行缺陷，主要有以下几种表现形式：

（1）金具长时间运行，因运行环境产生腐蚀，致使其机械性能不能满足运行使用要求。

（2）金具的蠕变，应力影响下固体材料缓慢永久性的移动或者变形的趋势。它的发生是低于材料屈服强度的应力长时间作用的结果。蠕变常常随着温度升高而加剧。这种变形的速率与材料性质、加载时间、加载温度和加载结构应力有关。取决于加载应力和它的持续时间，这种变形可能很大，以至于一些部件可能不再发挥它的作用。

（3）运行环境中的风力振动、热胀冷缩等交变载荷的作用下产生疲劳裂纹，导致金具断裂或脱落。

6）金具损伤原因

金具损伤：一般表现为变形、开裂、磨损。

变形、开裂：设计缺陷，制造缺陷，安装缺陷及运行缺陷均会导致金具变形、开裂。

磨损：球窝连接、螺栓连接的金具在运行过程中会因风振等外力原因，导致金具出现磨损，零部件几何尺寸（体积）变小，强度降低。

3. 小　结

（1）金具断裂故障高发，占比最高，品控检测上，重点关注外观尺寸与设计图纸的符合性，金具机械强度是否满足使用强度要求。

（2）金具老化缺陷最为突出，品控检测中重点关注金具材质和制造缺陷的检测。

（3）金具腐蚀缺陷占比第二，品控中加强镀锌层质量检测。

2.5.2　金具结构原理、关键环节与检测项目关联分析

1. 关键环节及品控工作

1）结构原理

电网金具主要分为连接金具、悬垂金具、耐张金具、接续金具、防护金具、接触金具、母线金具 7 个大类。金具品控关键工序检测项目及执行标准如表 2-45 所示。

表 2-45　金具品控关键工序检测项目及执行标准

序号	测试项目	标准要求	依据标准
1	外观检查	满足 GB/T 2314—2008 标准中 3.7 要求及 DL/T 768.1～768.6—2002 标准中相应表面质量要求（除不允许项目外）	《电力金具通用技术条件》（GB/T 2314—2008） 《电力金具制造质量》（DL/T 768.1～768.6—2002）
		GB/T 2314—2008 标准中 3.7 及 DL/T 768.1～768.6—2002 标准中对应的表面质量不允许缺陷项目	
2	尺寸检查	符合厂家技术图纸要求，无图纸时必须满足国家标准要求	《电力金具通用技术条件》（GB/T 2314—2008）、《电力金具 标称破坏载荷系列及连接型式尺寸》（GB/T 2315—2008）、 产品图纸、《电力金具制造质量》（DL/T768.1～768.6—2002）

续表

序号	测试项目		标准要求	依据标准
3	组装		各部件完整，各连接部件应保证在运行中不致松脱，与线路带电检修相关的金具尚应保证安全和便于拆装	《电力金具通用技术条件》（GB/T 2314—2008）3.4
4	热镀锌层	锌层外观	连续的、尽可能均匀、光滑，不允许有返酸黄斑渗出锌层；局部允许有直径小于 0.5 mm 的漏锌斑点存在；连接、接触及有防电晕要求的部位，不允许有凸瘤存在；镀件表面不允许有集中的无锌区、凸瘤和波纹，分散的无锌区、凸瘤和波纹的总面积应符合 DL/T768.7—2012 中 5.3.4 要求	《电力金具制造质量 钢铁件热镀锌层》（DL/T 768.7—2012）
		锌层厚度	单个试品上的锌层厚度的实测值，以及全部试品上的实测平均值达到规定值。 厂家应能提供镀锌制件的基体材料及厚度	
		附着强度	锌层应牢固、均匀地黏附在镀件上，有足够的附着强度，在正常工作条件下应没有剥落和起皮现象。划削试验时刻线构成的方格不与金属分离	
		均匀性	硫酸铜试验方法后无金属铜附着	
5	机械试验	破坏载荷试验	在达到规定的机械损伤载荷，保持 60 s，金具没有出现永久变形，且达到标称破坏载荷保持 60 s，线夹没有出现破坏，则试验通过。具体金具的破坏载荷试验方法参照 GB/T 2317.1 中的表 3	《电力金具试验方法 第 1 部分：机械试验》（GB/T 2317.1—2008）
		握力（滑移）试验（可选）	试验中导线相对金具没有出现滑移现象，并且导线没有出现断股或者破坏，则试验通过。具体金具的握力试验方法参照 GB/T 2317.1 中的表 3	

续表

序号	测试项目	标准要求	依据标准
6	化学成分（可选）	各类金具材料应满足具体国家标准中规定的要求。 金具的材料及防腐要求应能满足GB/T 2314 中 5.1～5.9 要求，以及南网相应输电线路金具技术规范的要求	《电力金具通用技术条件》（GB/T 2314—2008） 悬垂线夹（DL/T 756—2009） 耐张线夹（DL/T 757—2009） 接续金具（DL/T 758—2009） 连接金具（DL/T 759—2009） 间隔棒技术条件和试验方法（DL/T 1098—2016） 防振锤技术条件和试验方法（DL/T 1099—2009） 光纤复合架空地线（OPGW）用预绞式金具技术条件和试验方法（DL/T 766—2013） 《南方电网设备技术规范书 110 kV～500 kV 交流输电线路金具通用部分》

2. 关键工序及检测关联分析

除非标金具（部分变电金具为非标金具）外，南网金具品控抽检项目、检测方法均为国标和电力行业标准，现用品控检测标准是结合运行故障和运行缺陷来看是适用、有效的，金具品控检测中应重点关注以下检查项目对应缺陷检测。

1）外观检查

外观检测是对金具表面缺陷的一个检查，如裂纹、叠层，重要部位（指不允许降低机械载荷的部位）的气孔、砂眼、缩松、渣眼及飞边等，焊缝咬边、夹渣等缺陷。

2）尺寸检查

尺寸作为材料受力截面的基础指标，直接影响到制件整体的受力能力，在制件材质达标的情况下，同机械性能成正比关系。同时，尺寸也直接影响到整体输电结构的安装。

3）热镀锌层

镀锌作为钢铁制件最主要最常用的防腐手段，镀锌防腐主要是通过附着在钢铁基体表面的锌层的隔离和氧化，来抵御大气环境对基体材质的腐蚀。因此，镀锌层厚度是保证防腐效果和时间的第一指标，决定了钢铁结构的服役时间。镀锌按工艺分为电镀和热镀，电镀层因为较薄，耐蚀性较差；热镀锌，也称为热浸镀锌，外表没有冷镀锌细腻光亮、镀层均匀。但锌层厚度方面热镀锌是冷镀锌的几十倍，防腐蚀性能也是电镀锌的几十倍。因此电力金具对镀锌的要求是热镀锌。

热浸镀锌是一个冶金反应过程。从微观角度看，热浸镀锌过程是两个动态平衡：热平衡和锌铁交换平衡，当把钢铁工件浸入 450 °C 左右的熔融锌液时，常温下的工件吸收锌液热量，达到 200 °C 以上时，锌和铁的相互作用逐渐明显，锌渗入铁工件表面。随着工件温度逐渐接近锌液温度，工件表面形成含有不同锌铁比例的合金层，构成锌镀层的分层结构，随着时间延长，镀层中不同的合金层呈现不同的成长速率。从宏观角度看，上述过程表现为工件浸入锌液，锌液面出现沸腾，当锌铁反应逐渐平衡，锌液面逐渐平静。工件被提出锌液面，工件温度逐渐降低至 200 °C 以下时，锌铁反应停止，热镀锌镀层形成，厚度确定。

4）机械试验

机械性能指金属材料在载荷作用下抵抗破坏的性能。机械性能不合格，即制件材料或整体强度不符合标准要求，机械性能是制件发挥承压、承拉性能，能否达到设计结构要求的保障，是金属结构制件的关键性指标，直接影响到线路结构的安全。

5）化学成分

材质成分检测是考察制件所用材料的一大途径，以验证是否符合设计要求。符合设计要求的材料，是保证制件力学性能和结构强度的基础。

2.5.3 金具检测标准及项目优化

1. 2015—2020 年的金具抽检情况

自 2015 年至 2020 年期间，第三方检测机构共完成了 5452 件金具的到货抽检工作，检出 111 件不合格，不合格率 2.0%。

不合格项与抽检数量成正比，主要集中在 2017 年、2018 年，两年来样总数约是 2019 年和 2020 年来样总数的 2 倍。

从图 2-65、表 2-46 可以看出，不合格项目最多的是材质不符，其次为外观尺寸、机械性能、镀锌层厚度，该四项与金具断裂、老化、腐蚀密切相关，应予以重点关注。

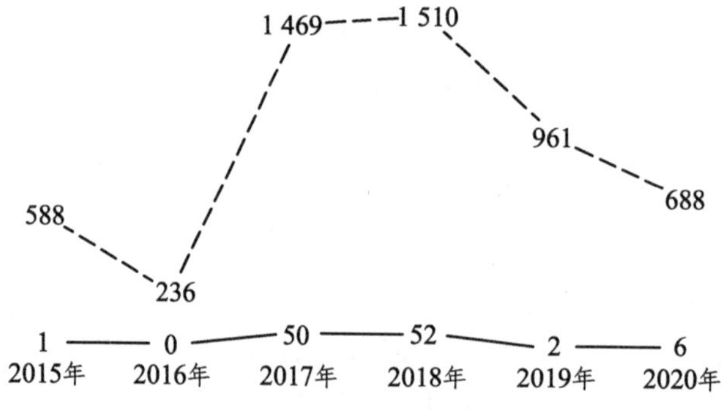

图 2-65　近几年金具采样不及格统计图

表 2-46　近几年云网金具抽检不合格统计

不合格项目	外观	尺寸	镀锌层厚度	机械性能	材质分析	焊缝质量
2015 年	0	0	0	0	1	0
2016 年	0	0	0	0	0	0
2017 年	0	0	3	21	29	0
2018 年	1	27	3	4	18	0
2019 年	0	0	0	0	2	0
2020 年	0	0	0	0	0	6
总计	1	27	6	25	50	6

2. 缺陷数量减少原因

（1）近两年抽检数量明显减少。

（2）材质不符合项减少原因，2018 年后材质分析为可选项目，大量减少铝制件的材质分析项目。

（3）尺寸不合格项目减少原因，2018 年后对检测发现的尺寸不合格，增加了一个图纸和实物是否对应的核实环节，该环节中存在厂家修改图纸来对应产品实际尺寸的风险。

（4）品控抽检工作，对厂家产品质量提升起到了促进效应，产品质量得到提升。

3. 金具抽检不合格项原因分析

根据 2015—2020 年金具抽检及 2021 年配网金具专项抽检的不合格统计，不合格项主要为尺寸不合格、镀锌层厚度不合格、机械性能不合格、材质分析不合格和焊缝质量不合格。

1）尺寸不合格

金具的尺寸不合格与提供图纸不对应有很大关系，建立对抽检样品的图纸审核机制，保障检测单位收到的图纸符合性。

2）镀锌层厚度不合格

影响锌镀层厚度的因素主要有：基体金属成分，钢材的表面粗糙度，钢材中的活性元素硅和磷含量及分布状态，钢材的内应力，工件几何尺寸，热浸镀锌工艺。现行标准都根据钢材厚度划分区段，锌镀层平均厚度以及局部厚度应达到相应厚度，以确定锌镀层的防腐蚀性能。钢材厚度不同的工件，达成热平衡和锌铁交换平衡所需的时间不同，形成的镀层厚度也不同。

近几年云网金具抽检的镀锌层厚度不合格金具均为 Z-7 直角挂板。其工件厚度相对其他铁基金具来说较薄一些，工艺控制不当，容易出现镀锌层厚度不合格。另外，生产厂家未严格按照相关标准规范要求进行抽检工作，没能做好产品的出厂质量检验工作，导致不合格产品出厂是另一个原因。

3）机械性能不合格

影响金具机械性能的因素主要有以下几个：

（1）化学成分：也就是构件的元素配比，有害元素控制不当，容易造成材质脆化，机械性能下降。例如钢铁构件中磷、硫元素是有害杂质元素，磷、硫含量升高会降低其塑性和冲击韧性。

（2）应力集中：由于截面的改变以及孔洞、凹槽、裂纹等原因而使构件内产生应力集中，应力集中越严重，导致的脆性破坏可能性越大。对于铸件由于多种因素，常常会出现气孔、针孔、夹渣、裂纹、凹坑等缺陷，应力集中部位存在这些缺陷时，加剧了构件机械性能不利影响。因此在结构设计中应使截面的构造合理。

（3）硬化影响：由于某种因素的影响而使材料强度提高，塑性、韧性下降，增加脆性的现象称之为硬化现象。因此在构件设计中，要考虑加工硬化带来的不利影响。

（4）焊接影响：焊接时，由于焊缝及其附近的高温区的金属经过高温和冷却的过程，金属内部组织发生了变化，使材料变脆变硬。同时，焊接还会产生焊接缺陷和焊接应力，也是促使材料发生脆性破坏的因素。

（5）铸造缺陷：铸件的注塑工艺也是影响金具机械性能的重要因素，如金属液净化、凝固过程等工艺以及浇注温度、速度等条件控制不当，会导致铸件产生气孔、针孔、夹渣、裂纹、凹坑等缺陷，这些铸造缺陷会明显降低铸件的机械性能。近几年云网金具抽检的机型性能不合格均为 NXJ 型楔形耐张线夹，该金具就是铝铸件。

4）材质成分不合格

对于锻造、冲压成型的工件，材质成分不合格主要来源于原材料，原材料的混用、错用及原料本身不符合要求，是材质成分不合格的主要原因。

对于铸造成型的工件，除了原材料本身的原因，铸造工艺也是一个影响因素。熔炼时各种原材料配置比例不合格，回炉料的成分控制，熔炼炉、金属模等工具是否清理等因素均会导致材质成分不合格。

5）焊缝质量不合格

焊缝质量不合格，即制件的焊缝质量不符合标准要求，包括焊缝外部质量和内部质量。本次发现的为焊缝未焊透缺陷。焊缝内部质量缺陷对制件整体结构的力学性能有严重危害，会诱发变形、裂纹、破坏等。

焊缝缺陷的形成因素较多，如材质、焊接方法、焊接参数、焊条、手法等。目前各焊接技术均较完善，一般多发的原因为未开坡口，或开坡口不到位。

从以上统计分析中得出：云网金具运行故障和缺陷与品控检测是相互关联的，如机械性能不合格、材质分析不合格和焊缝质量不合格将导致金具在运行中断裂，尺寸不合格、镀锌层厚度不合格、材质分析不合格会导致金具在运行中锈蚀、磨损、老化。

4. 检测项目优化建议

1）增加特殊镀层的检测项目

部分承接电气性能的金具，比如铜制件，在工业大气、海洋气候或潮湿的大气环境中很容易氧化发黑或产生铜绿，而锌不能作为电气镀层，会影响导电率、使用寿命。通常会采用镀锡工艺，一是防止铜氧化；二是增加接触面积，降低搭接面的接触电阻，增强导电性，而且金属锡与铜结合层面会形成一种合金，增强了铜排镀层的附着力。

在南方电网公司《关于配网金具履约及质量问题风险提示的函》中也对特殊镀层的检测项目不全进行了提示。对于此类特殊镀层的检测目前暂未开展，建议增加特殊镀层厚度及成分的检测。

2）增加焊缝金具和铸造金具检测项目

部分母线金具和接触金具制造过程中会存在焊接情况，气孔、咬边、夹渣、未焊透、裂纹等焊接缺陷均会对金具的电气性能及机械性能产生影响。部分悬垂金具和楔形线夹为铸造件，气孔、针孔、夹渣、裂纹、凹坑等塑造缺陷会影响铸件的机械性能。因此建议增加焊缝金具和铸造金具的检测项目。

3）扩充新型材料产品

扩充新型材料产品，如复合材料、非金属材料、高分子材料的材质性能检测。

4）调整抽检类别及数量

由于悬垂金具事故频发，建议加大悬垂金具，尤其是 OPGW 光缆悬垂金具的抽检力度，适当扩大配网金具、母线金具数量。

2.5.4 金具品控检测设备及主要参数

1. 外观、尺寸检查项目检测设备及参数

（1）外观、尺寸检查项目检测设备如图 2-66 所示。

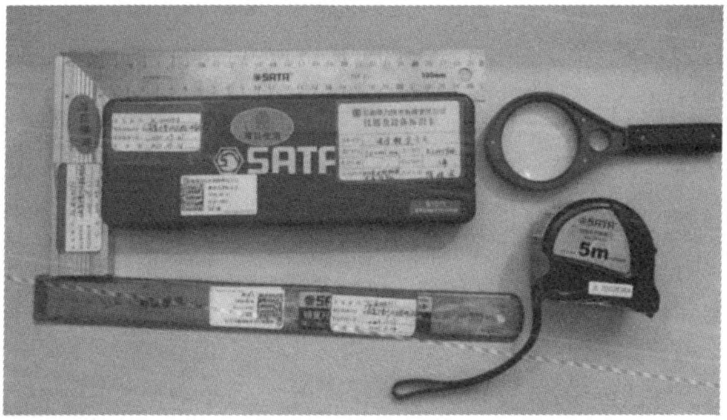

图 2-66 放大镜、钢板尺、钢卷尺、直角尺、游标卡尺

（2）外观、尺寸检查项目检测设备及参数简介如表 2-47 所示。

表 2-47 外观、尺寸检查项目检测设备及参数简介

设备名称	规格型号	主要参数	生产厂家	其他备注
放大镜	20 倍	20 倍	世达	/
钢板尺	300 mm	量程 0 ~ 300 mm	世达	/
钢卷尺	5 m	量程 0 ~ 5 m	世达	/
直角尺	300 mm	量程 0 ~ 300 mm	世达	/
游标卡尺	150 mm	量程 0-150 mm	世达	/

2. 镀锌层质量检测设备及参数简介

（1）镀锌层质量检测设备如图 2-67、2-68 所示。

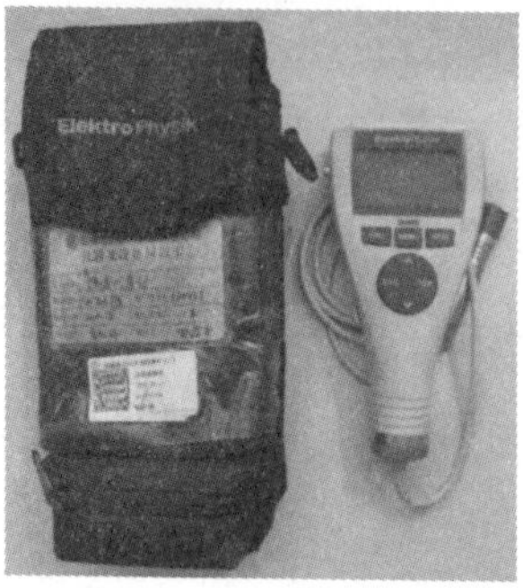

图 2-67　Minitst735-FN1.5 涂层测厚仪

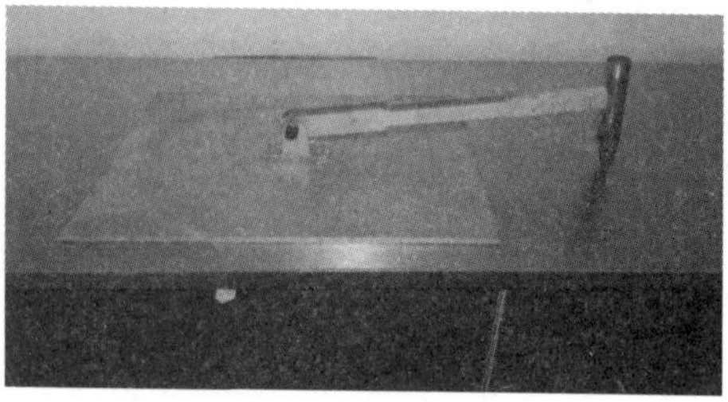

图 2-68　锤击装置

（2）镀锌层质量检测设备及参数如表 2-48 所示。

表 2-48　镀锌层质量检测设备及参数

设备名称	规格型号	主要参数	生产厂家	其他备注
涂层测厚仪	Minitst735-FN1.5	量程：0～1.5 mm	德国 Elektrophysik	/
锤击装置	锤头质量 210 g	锤头中心线至底座面垂直高度：300 mm	自制	/

3. 机械试验检测设备及参数简介

（1）机械试验检测设备如图 2-69～2-76 所示。

图 2-69　MTS ExceedModel E64 1000 kN 拉力试验机

图 2-70　E45.105/0-100 kN 微机控制万能试验机

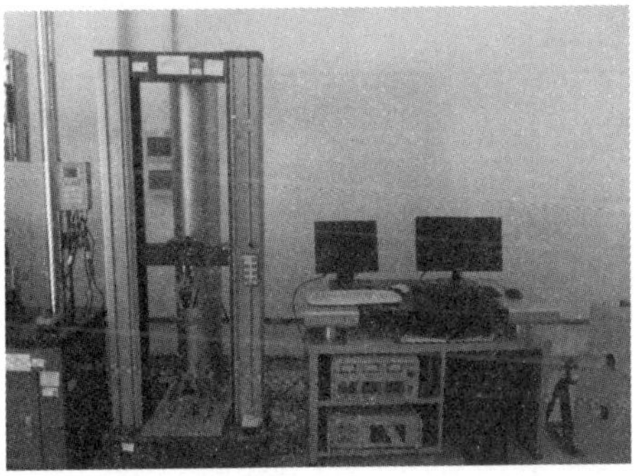

图 2-71　CMT4104 微型高精度金具拉升试验机

图 2-72　QJ212-50 kN 微机控制电子万能试验机

图 2-73　卧式液电脑控制电液伺服卧式拉力试验机

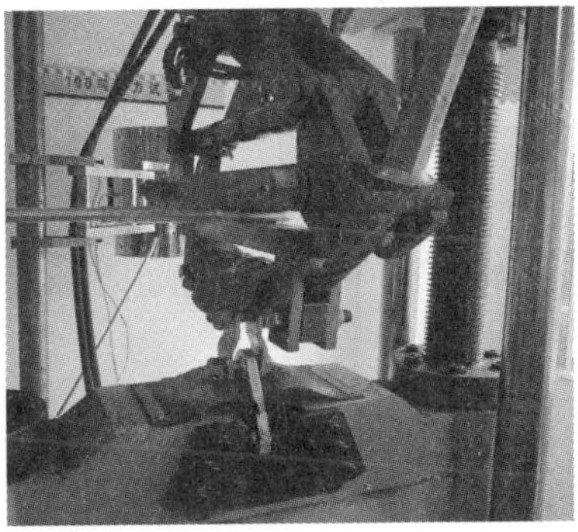

图 2-74　悬垂线夹试验工装

图 2-75　悬垂线夹试验工装

图 2-76　防振垂握力试验工装

（2）机械试验检测设备及参数如表 2-49 所示。

表 2-49　机械试验检测设备及参数

设备名称	规格型号	主要参数	生产厂家	其他备注
微机控制电子万能试验机	E64.106	量程：0～1000 kN	美特斯工业系统（中国）有限公司	/
微机控制电子万能试验机	E45.105	量程：0～100 kN	美特斯工业系统（中国）有限公司	/
微机控制电子万能试验机	CMT4104	量程：0～10 kN	美特斯工业系统（中国）有限公司	/
微机控制电子万能试验机	QJ212-50 kN	量程：0～50 kN	上海倾技仪器仪表科技有限公司	/
卧式液电脑控制电液伺服卧式拉力试验机	GP-LCH2000L	量程：0～1000 kN	深圳高品检测设备有限公司	/

4. 化学成分检测设备及参数简介

（1）化学成分检测设备如图 2-77 所示。

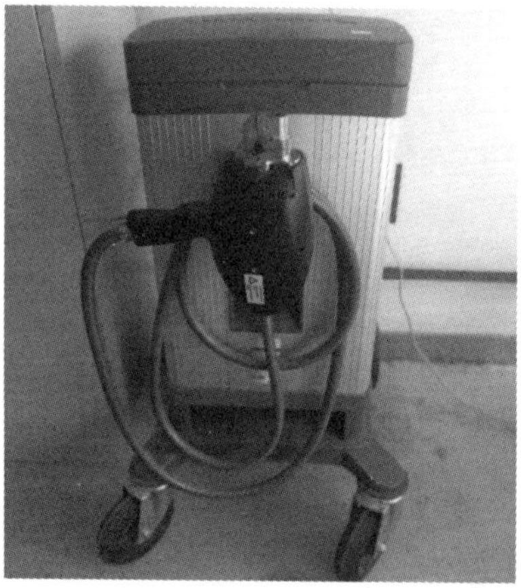

图 2-77　直读光谱仪

（2）化学成分检测设备及参数如表 2-50 所示。

表 2-50　化学成分检测设备及参数

设备名称	规格型号	主要参数	生产厂家	其他备注
直读光谱仪	TEST	分析波长范围：170～670 nm	德国 SPECTRO 公司	/

2.6 塔材类设备品控检测

2.6.1 塔材类设备运行缺陷及故障分析

1. 缺陷、故障情况

分析表 2-51、图 2-78，造成其中缺陷的原因如下：

（1）杆塔倾斜占比 9.74%，主要是地质灾害、地基沉降、施工问题、设计错误、材料缺陷、张力过大等。

（2）组件缺失，主要是安装施工、生产缺漏、复材加工精度等。

（3）螺栓松动，主要是安装施工、垫片使用、振动等。

（4）外物冲击变形，主要是车辆撞击、树木倒压等。

（5）锈蚀占比 85.78%，占比最高，主要是镀层厚度不足、剥落磨损、重腐蚀环境等导致铁塔锈蚀或腐蚀。

表 2-51 塔材类设备 2020 年度运行缺陷故障统计

序号	缺陷类别	数量	危害
1	杆塔倾斜	61	整体结构失稳、变形、倒塌
2	组件缺失	10	整体结构失稳、变形、倒塌
3	螺栓松动	13	整体结构失稳、变形、倒塌
4	外物冲击变形	5	整体结构失稳、断裂、倒塌
5	锈蚀	537	不美观、长时间运行结构破坏、倒塌

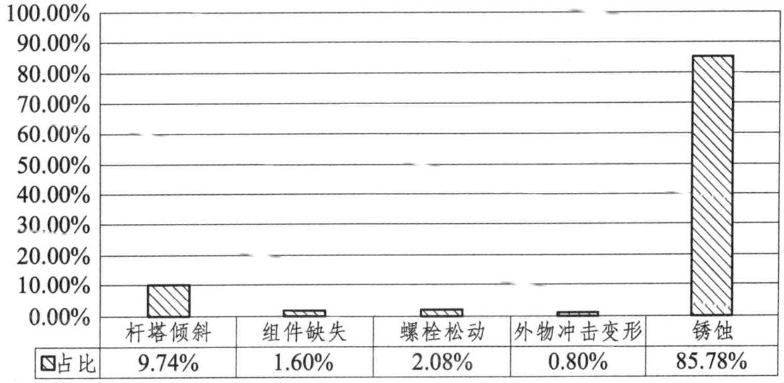

图 2-78 2020 年塔材类运行缺陷统计

实际生产中发现的问题，原因较为复杂，多涉及现场环境、工况条件、外力损伤等，这些问题除施工质量问题以外，都直接指向塔材本身的结构强度和稳定性。只有科学合理的结构设计，符合要求的材质材料，才能达到相应工况的受力要求，甚至承受部分过载和冲击，从而保证杆塔长期稳定地运行。

2. 塔材缺陷原因分析

塔材类设备，在电网组成中主要发挥基础性的结构支撑作用，可能的缺陷故障主要为结构力学缺陷和腐蚀老化缺陷两大类问题。

1）结构力学缺陷典型案例

案例 1：2015 年 07 月 23 日 15 时 45 分 35 kV 德钦中心变 35 kV 阿德 T 线 313 断路器发瞬时电流速断信号跳闸。

2015 年 07 月 23 日 15 时 54 分迪庆供电局输电管理所接到 35 kV 阿德 T 线跳闸通知后立刻组织相关人员对该线路跳闸信息及线路运行情况进行分析，同时派出七个人两辆车对线路展开了故障巡视，2015 年 07 月 23 日 16 时 05 分因突降暴雨无法开展巡视工作，07 月 24 日 07 时 35 分巡视小组继续开展了 35 kV 阿德 T 线线路故障巡视，07 月 24 日 12 时 35 分在巡视到归永坡区段时发现 35 kV 阿德 T 线#45 号塔倒塔。

35 kV 阿德 T 线#45 塔设计导线型号：LGJ-185/30 地线型号：GJ-35，气象区（设计风速）：云南 II 级区，电线覆冰 10 mm，最大风速 30 m/s。据运行人员介绍，7 月 23 日线路附近为雷雨大风天气。

35 kV 阿德 T 线#45 塔为直线猫头塔，海拔为 2360 m，#45 塔位于山顶，#45 塔塔型为 ZMT3。#44，#46 为耐张塔，大号侧档距 746 m，小号侧档距 178 m，呼称高为 18.5 m。经勘测，#45 塔在距离基础 9 m 处的位置被折断，现场状况如图 2-78 所示。

图 2-79　倒塔事故现场

案例 2：罗布-三桃线路罗布侧线路中的 HN2 号塔覆冰倒塔事故，铁塔整体向内角侧倒塌，外角侧 C、D 腿主材被拉断，内角侧 A 腿弯折，B 腿弯折并断开。受拉 C、D 腿主材断口处于腿根部螺栓截面位置，断口整齐（见 D 腿主材破坏照片），属于明显的受拉强度破坏。A 腿主材曾出现过裂纹，于 2018 年 10 月份进行过更换，本次倒塔过程中并未折断。B 腿主材出现了弯曲折断的情况，断口整齐。如图 2-80 所示。

图 2-80　覆冰倒塔

案例 3：2016 年 04 月 29 日 14：45 左右，曲靖市麒麟区突发九级烈风（21.5 m/s）、雷雨天气。14：49，220 kV 翠山变电站 110 kV 翠闲线 183 断路器跳闸、220 kV 沾益变电站 110 kV 沾闲线 174 断路器跳闸、110 kV 闲云庄变电站全站失压。经勘查，110 kV 翠闲线#22（沾闲线#46）塔第 7 号段塔身主材折损导致塔头着地、基础完好；110 kV 翠闲线#23～#24、110 kV 沾闲线#46～#47 塔架空地线断线；110 kV 翠闲线#23（沾闲线#47）直线塔绝缘子串偏移，塔头顺时针偏转。110 kV 翠闲线#21～#24 段与沾闲线#45～#48 段为同塔双回线路，铁塔倾倒现场如图 2-81 所示。

图 2-81　铁塔倾倒状况

结构力学缺陷是基础功能破坏，危害影响大，严重的如倒塔、折断、失稳等。直接原因有：过载、材料以低代高、材料不合格、严重覆冰、施工缺陷等。近年来实际运行中的常见缺陷有：杆塔倾斜、组件缺失、螺栓松动、外物冲击变形等。

2）腐蚀老化缺陷原因

腐蚀老化缺陷，直接导致铁塔外观的破坏，长期腐蚀也将导致母材的损伤，造成结构力学问题，进而危害整体结构安全。直接原因有：镀锌层厚度不足、锌层剥落磨损、重腐蚀环境等，如图 2-82 所示。

图 2-82　线路角钢塔腐蚀

2.6.2 塔材类设备结构原理、关键环节与检测项目关联分析

1. 结构原理

塔材类设备用于输变电线路的架设，对导体系统和金具系统发挥悬挂、承载、耐张拉的支持结构，一般为角钢、钢管组合的桁架结构。其形制因结构及电压等级有所区别，包括角钢塔、铁附件、钢管结构（钢结构、钢管杆、钢管塔）等。使用最广泛的角钢塔，按形状又可以分为酒杯型、猫耳型、上字型、干字型、桶型、门型、伞型等。按用途可以分为：耐张塔、直线塔、转角塔、换位塔等。其基本组件一般均为各种各样塔型均属室内空间排架结构，构件关键由钢板、角钢、钢管，经切断、成型、冲孔后热浸镀锌制成，原材料一般应用 Q235（A3F）、Q345（16Mn）和 Q420 三种，其主材采用内、外包连接，其他杆件之间主要通过连接板和螺栓连接。构件与地面相互连接选用地脚螺栓，靠地脚螺栓受剪应力连接，全部塔由角钢、连接厚钢板和地脚螺栓构成，某些构件如塔脚等由几片厚钢板电焊焊接成一个组成件。

铁附件是电力线路输变电构（附）件的俗称，是根据用户的特殊要求而进行生产的非标准件产品，范围覆盖 10 kV 及以下、35 kV、110 kV、220 kV 输电线路及变电站用构件，以及交通和市政用到的一些非标件。如电力线路中所使用的横担、抱箍及吊杆及变电站所用的接头、爬梯、避雷针、电缆支架等产品。

钢管结构主要部件用钢管，其他部件用钢管或型钢等组成的格构式塔架，如：变电站钢结构、输电线路钢管杆、钢管塔等，是架空输电线路来支持导线和避雷线的支持结构。使导线对地面、地物满足限距要求，并能承受导线、避雷线及本身的荷载及外荷载。在构造连接方面，钢管塔的主材采用法兰连接或相贯连接，斜材与主材之间采用插板连接或相贯连接，钢管塔的法兰和插板连接构造相对较为简洁，虽然增加了焊接工作量，但减少了角钢构件的偏心等对结构承载性能的不利影响，同时增强了连接节点的刚度与致密性，有助于提高结构的整体刚度和稳定性以及抵抗风振动力荷载的能力。钢管结构具有相对技术和经济优势，适合应用于承受大荷载的输电铁塔。

1）输电线路铁塔分类

直线塔：用“Z”表示，直线塔位于线路直线段的中间部分，由于绝缘子串是悬垂式故称悬垂式铁塔。在一条输电线路中，直线塔占了很大的比重，约占全线路铁塔总数的 80%。这种塔只有在安装、事故断线和大风工况下承受着不平衡较大张力。平时只承受导、地线、覆冰、金具、绝缘子串、塔上操作人员（包括工具）和塔的

自重等垂直载荷。直线塔的绝缘子串有单联悬垂、双联悬垂和“V”形悬垂三种。直线塔总体要比同线路的承力塔较高，塔身坡度较小，塔材较小，节点螺栓较少，塔体较轻。

跨越塔：用“K”表示，跨越塔也是直线塔的一种特殊型，这种塔一般都是成对地设立在江、河的两岸或用来跨越较大的沟谷或跨越铁路、公路及其他级别的中小型电力线路。通常用于线路出现较大档距或要求跨越段具有较高的安全度，这种塔比一般直线塔要高得多，一般塔高都在 50 ~ 250 m，构造也比较复杂。塔的质量在 50 ~ 200 t，这种塔的挂线方式和荷载情况与一般直线塔类似，只是荷载量变大了。

耐张塔：是承力塔的一种，该塔在线路中把整个较长的直线段分成若干个小的直线段，起着锚固直线段中塔上导、地线的作用，可以限制线路在本塔前后区段安装和检修紧线的不平衡张力和线路事故断线的影响范围。这种塔的塔身坡度较大，整体高度较矮，部件材料规格较大，节点螺栓用量较多，单塔比直线塔重，绝缘子串呈下斜式，接近水平而不是水平，这种塔在线路中用量较少。

转角塔：用“J”表示，转角塔也是承力塔的一种，转角塔设在线路的转角处。典型设计中按转的大小分 0° ~ 20°、20° ~ 40°、40° ~ 60°、60° ~ 90°角度系列。这种塔除具有与耐张塔相同的特点和作用外，还比耐张塔多了一个侧向永久性张力。

终端塔：“D”表示，终端兼转角塔用 DJ 表示。终端塔也是承力塔的一种，终端塔设立在线路起、止端点处。它除了具有与耐张塔、转角塔相同的特点和作用外，还比耐张塔、转角塔多了一个顺线路方向，向线路侧的单向永久性张力。

换位塔：换位塔用“H”表示，如果线路较长，转角角度较大而点位较多，为了限制电力系统中的不对称电流和电压，需要变换导线的相序（相位）。处于导线相序变换位置处的铁塔称为换位塔，这种塔在 110 kV 以下的中小线路中一般不设立。只有在 220 kV 及其以上的大线路中才设立，但基数并不多，换位方式有单塔换位和双塔换位，500 kV 线路一般是用一个主塔和两个副塔配合实现换位的。

2. 关键工序

铁塔一般都采用角钢、钢板部件制作，用螺栓连接组合而成，只是局部采用少量的焊接件（如接续角钢加强板等），基础座板一般都采用电焊焊接；塔上部件一般都采用热浸镀锌防腐；最后通过不同规格、工艺的主材、腹材、连接件、焊接件、连板通过不同的连接形式组成不同的输电塔形，如图 2-83 所示。

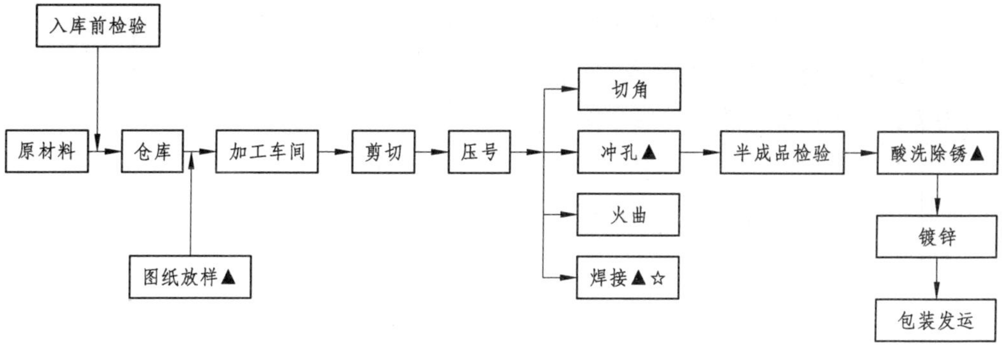

（带☆的工序为特殊控制工序；带▲的工序为重要控制工序）

图 2-83　塔材生产工艺及关键控制环境

3. 生产、施工中易产生的问题

1）生产制造中易产生的问题

（1）加工零件所用钢材的材质、规格、外形不满足要求。如：表面存在裂纹、折叠、夹杂等缺陷；角钢厚度等不符合设计要求；材质以低代高等。

（2）放样错误或不准确。放样是对铁塔设计图纸进行结构尺寸校核和确定后，按照规定的技术术语将每一个部件的尺寸特性在零件图上进行描述，为生产加工提供参照依据。放样错误或不准确导致生产出来的零部件不满足安装使用的要求。

（3）下料工艺不精准。角钢的下料方法有压力切断、齿锯切断、气割切断等。分别对应的设备为压机、锯床、火焰自动/半自动切割机等。不同的下料工艺导致下料精度不同，从而影响切断面质量、垂直度以及关键尺寸等，严重者甚至会出现冷拉角和毛刺等缺陷。

（4）制孔不当。螺栓孔直径、间距、边距应符合设计要求，开孔是角钢塔制造的关键环节，开孔大小、开孔方式、开孔位置的准确否直接影响铁塔的安装及运行安全，端距、轧制边距等小于规定值时，角钢强度将明显减小，导致螺栓孔处开裂。

（5）制弯工艺不当。制弯时须防止出现局部严重明显突缩或曲面缺陷。先制孔后制弯的工件需要注意：一是严防孔形的变化（形变）；二是严防位的变化（位变），形变或位变会导致无法安装。

（6）清根、铲背、切角、开坡口不足影响整体结构刚度或安装间隙。

（7）焊接产生缺陷。零件组合焊接后导致变形、错位，焊缝存在未融合、未焊透、夹渣、焊瘤、飞溅等，无法保证焊接强度。

（8）酸洗、热镀锌工艺不当。锌层表面质量存在有害缺陷，如：起皮、漏镀、积锌、锐点等，锌层厚度、附着性不达标（锌层凸起、剥离）、酸洗过度等问题。

2）施工、安装中易产生的问题

（1）塔材锈蚀、锌层损坏。塔材存放不当塔材锈蚀，如：塔材堆放在雨水、渍水浸泡的地方；施工过程中造成锌层磨损，这些都会严重影响铁塔外观及整体防腐质量。

（2）塔材变形。塔材在运输或搬运过程中，个别塔材由于磕碰或受压变形。

4. 品控检测中重点关注项目

1）品控检测中主要关注点

塔材类产品从复杂程度看，可以分为角钢塔、钢管杆、铁附件 3 个大类，均是由角钢、钢管、钢板等部件组装而成。结合这些零件在生产制造、施工安装中易出现的问题，品控中应重点关注的检测项目为：① 力学性能；② 加工精度；③ 镀锌层质量；④ 焊接质量。

（1）力学性能，即结构受力的能力。取决于制成材料的强度和结构的规格。该项目除了要验证结构所使用的材料是否符合标准要求外，同时应确认结构的基本尺寸，应符合国家要求和设计要求。

如南网在塔材产品的规格尺寸要求上，相较国家标准严格，所要求的尺寸负偏差为正偏差的一半。

（2）加工精度，即角钢、钢板、钢管单体的个体尺寸，如长、宽、孔径、孔边距、孔间距、弯曲角度、切角长度、铲背弧度等。加工精度是保证部件顺利安装的基础，同时是整体结构强度的保障。

（3）镀锌层保护，钢塔材料表面的热浸镀锌保护是目前最稳定有效的防腐手段。保证锌层的厚度，是其耐腐蚀的根本。此外还有附着性、均匀性等指标。

（4）焊接组件焊接质量，主要涉及塔脚、挂点及部分辅助构件等，焊缝质量直接关系结构强度和安全性。

2）差异化的关注点

（1）角钢塔重点关注整体结构强度。

角钢塔类产品的安全核心是，整体结构强度。作为一个复杂的桁架结构，组件有 2000 余件，其结构受力设计，是整体牢固和稳定的基础。

（2）钢管杆重点关注焊接质量。

钢管杆类产品应注意焊接质量问题。钢管杆结构，占地面积小，高度较高，受弯矩较大，大量运用焊接工艺和部件，对焊缝质量有较高要求，特别是安装法兰焊缝和挂点焊缝，面积小，受力大。

（3）铁附件重点关注材质成分和锌层质量。

铁附件类产品，主要用于配网线路、台架变设备的结构支撑。其品类多样、形制丰富，多为中小企业生产制造，所以在零部件加工精度方面问题较多。而且由于原材料质量、镀锌工艺等，镀锌层厚度问题也多发。

2.6.3　塔材类设备检测标准问题及检测项目分析

1. 检测项目和类别

作为输变电系统的基础性结构物资，塔材类产品的生产、管理、检测标准都较成熟，南网现行检测项目基本实现了主要指标的全覆盖。可以进一步提升的有：提高对镀锌层外观的具体要求，以满足优质工程的外观高标准需要。

在检测类别上，由于铁附件产品品类多、形制杂，多为中小厂家生产，质量极不稳定，应加大对铁附件产品的抽检力度。

在抽检方法上，由于铁塔类产品结构复杂、组件多，应提高随机性。同批次产品的性能特征是类似的，宜减少单次抽样数量，但增加不同批次产品的抽检。以实现对厂家持续稳定性的监督。

2. 塔材检测中发现的问题和分析

1）塔材类产品近几年情况统计

2015—2020 年塔材抽检结果统计如表 2-52 所示。

表 2-52　2015—2020 年塔材抽检结果统计

年份 项目	抽检数量/件	不合格数量/件	合格占比/%	不合格项目/件					
				化学成分	机械性能	焊缝质量	规格尺寸	加工精度	锌层质量
2015	2214	2	99.91%	1	1	—	—	—	—
2016	1871	6	99.68%	4	2	—	—	—	—
2017	1661	6	99.64%	1	5	—	—	—	—
2018	1589	10	99.37%	1	1	8	—	—	—
2019	3445	2	99.94%	—	2	—	—	—	—
2020	1611	44	97.27%	—	4	—	16	7	34
合计	12391	70	99.43%	7	15	8	16	7	34

2）近年塔材类产品质量综合分析

根据表 2-52 统计，2015—2020 年塔材类产品到货质量检测共抽检了 12 391 件样品，共发现 70 件样品的不合格情况，不合格项目 87 项，样品合格率 99.4%。主要不合格项为：16 件规格尺寸不合格（占比 18.39%），15 件机械性能不合格（占比 17.24%），7 件加工精度不合格（占比 8.05%），34 件锌层厚度不合格（占比 39.04%），7 件化学成分不合格（占比 8.05%），焊缝质量不合格 8 件（占比 9.20%）。

（1）规格尺寸、加工精度不合格项。

规格尺寸不合格项，即制件材料的规格尺寸偏差超标，一般均为负偏差超差。如板材厚度，角钢肢厚、肢宽，是材料受力截面的基础指标，直接影响到制件整体的受力能力，在制件材质达标的情况下，同机械性能成正比关系。

加工精度不合格项，即制件材料的加工尺寸偏差超标，如孔形、孔径、孔定位、切角、制弯等加工尺寸精度，是原材料成型后能否顺利安装和结构整体化的保证，直接影响到现场施工和整体结构安全。

基于以上统计数据分析，规格尺寸及加工精度不合格占比约 26.4%，占比相对较高，且多发于塔材类产品（主要是铁附件）中。

（2）镀锌层厚度不合格项。

镀锌层厚度不合格项，即热浸镀锌层厚度不符合标准要求，作为钢铁制件最主要最常用的防腐手段，镀锌防腐主要是通过附着在钢铁基体表面的锌层的隔离和氧化，来抵御大气环境对基体材质的腐蚀。因此，镀锌层厚度是保证防腐效果和时间的第一指标，决定了钢铁结构的服役时间。

基于以上统计数据分析，锌层厚度不合格占比约 39.04%，占比最高。结合 2020 年度运行缺陷故障统计，锈蚀类运行缺陷占比最高，达到 85.78%。说明实际应用到铁塔上的塔材锌层质量不容乐观。其不仅影响美观，而且严重影响了运行。铁塔或钢结构的耐腐蚀性能和服役水平一方面取决于镀层厚度，另外一方面也取决于封闭涂层的锌含量。因为部分大型结构件（如钢管杆）由于条件限制，不能整体进行热浸镀锌，而采用其他的热喷涂防腐技术，从而会导致其内部喷锌厚度无法保证，同时也会出现外层封闭涂料含锌量不能满足要求，从而会降低其防腐性能。

（3）化学成分、机械性能不合格项。

化学成分、机械性能不合格项，即制件材料的材质成分、机械性能不符合标准要求。化学成分会直接影响零件的机械性能，而机械性能又是化学成分、热处理工艺、加工工艺等的综合表征。机械性能是制件发挥承压、承拉性能，能否达到设计结构要求的保障，是金属结构制件的关键性指标，其直接会影响角钢塔综合力学性能，进而直接影响到线路结构的安全。

基于以上统计数据分析，化学成分、机械性能不合格占比约 25.3%。该不合格项一般由于材料质量不合格、加工热处理失当、结构设计有误而发生，一般多发的原因为材料错用、以低代高。

（4）焊缝质量不合格项。

焊缝质量不合格项。即焊缝外观、尺寸或内部质量不符合标准要求，标准要求焊缝外观无裂纹、焊瘤、气孔、夹渣飞溅等；焊缝尺寸、直线度及焊缝余高在偏差范围；焊缝内部质量满足标准对一、二级焊缝的质量要求。输电线路角钢塔是支撑电网高压及特高压线路的重要组成部件，以螺栓连接为主，少数部位采用焊接如塔脚及挂点等，焊接部位的焊缝强度直接影响着挂线运行后整基铁塔的稳定性。

基于以上统计数据分析，焊缝质量不合格占比约 9.20%，占比相对较低。该不合格项主要集中于钢管杆类产品，一般由于焊工水平差异、焊接操作不规范、焊接工艺不满足要求等造成。

3）不同类别塔材抽检结果统计分析

不同类别塔材抽检结果统计如表 2-53 所示。

表 2-53 不同类别塔材抽检结果统计

序号项目	塔材类别	不合格项目数	不合格项占比	不合格项目/件					
				化学成分	机械性能	焊缝质量	规格尺寸	加工精度	锌层厚度
1	铁附件	58	66.67%	4	8	—	16	6	24
2	钢管结构	19	21.84%	—	—	8	—	1	10
3	角钢塔	10	11.49%	3	7	—	—	—	—

4）不同类别塔材不合格项占比分析

结合表 2-53 数据可以看出，塔材类产品不合格占比：铁附件 > 钢管结构 > 角钢塔，铁附件不合格占比最高，达到 66.67%，其不合格项主要集中于锌层厚度（占比 41.37%）、规格尺寸（占比 27.58%）和机械性能、化学成分（占比 20.68%）。锌层厚度不合格占比最高。

钢管结构不合格占比为 21.84%，主要为锌层厚度（占比 52.63%）、焊缝质量不合格（占比 42.1%）。钢管结构抽检数量相比角钢、铁附件较低，而其结构主要又主要为焊接连接，焊缝质量至关重要；此外，其主管较大，很多情况下无法进行热浸镀锌导致其锌层质量较差，而其常用于承受大荷载的输电铁塔，锌层质量严重影响其服役年限。

角钢塔类塔材不合格占比 11.49%，主要集中在材质本身力学性能及材质不满足要求。

3. 品控检测成效

通过持续的成体系的品控抽检，近年塔材类产品到货质量检测共抽检了 12 391 件样品，共发现 70 件样品的不合格情况，严格管控了塔材类不合格产品应用到输电线路工程中，避免了因塔材质量造成运行故障。比较直观的近年来发生的倒塔事故均是由于施工、地基等原因发生的，未发现直接的材料质量问题、结构设计问题造成的事故。

生产中多发的故障和缺陷，也多是由于外力损伤和破坏，因结构本身质量劣化造成的事故破坏已少见。

但是镀锌层质量方面却依然多发。主要原因是之前未发现的较薄的镀层问题，经过若干年运行后，发生腐蚀，从而暴露出来。另外一方面，镀锌层厚度控制存在技术不稳定性，且由于环保问题，性能突出的助镀剂被抛弃，新的环保产品却性能不稳定，这是厂家需要持续改进提升的。

4. 品控检测项目优化建议

1）优化抽检方式

针对锈蚀类运行缺陷占比最高（达到 85.78%）及近 6 年抽检统计锌层厚度不合格占比最高（约 39.04%）的问题，运行数年后铁塔锈蚀或腐蚀与锌层厚度、锌层附着性和锌层均匀性等因素均有直接关系，建议将塔材锌层质量由送货抽检改为到货抽检（到施工现场进行抽检），提高对不同批次塔材锌层质量的抽检覆盖面；

2）调整抽检类别

目前存在铁附件抽检不合格率占比最高，未对塔材地脚螺进行抽检，建议扩充铁附件和地脚螺栓的检测比例。

3）优化检测项目

焊缝质量抽检比例较低，不合格率高，建议加大对钢结构、钢管杆等焊接件的焊缝质量抽检。

2.6.4 塔材类设备品控检测设备及主要参数

1. 钢材外形尺寸、零部件加工精度项目检测设备及参数简介

（1）钢材外形尺寸、零部件加工精度项目检测设备如图 2-84、2-85 所示。

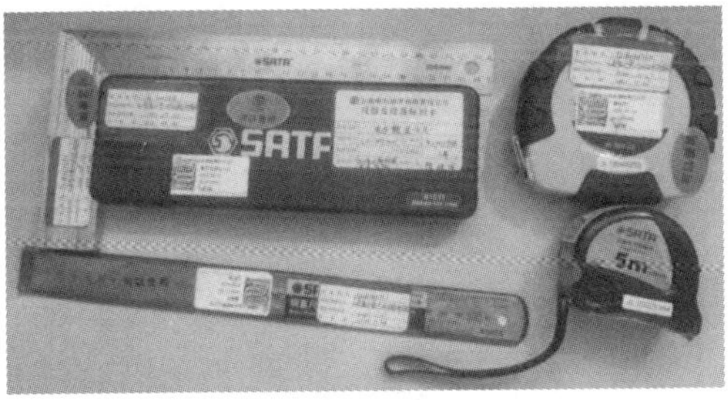

图 2-84 量具

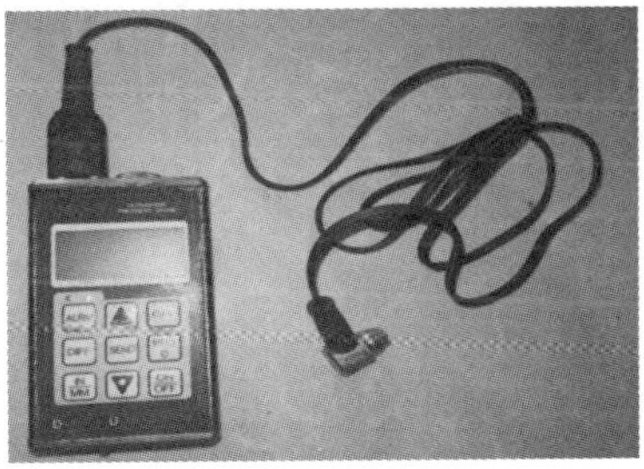

图 2-85 MX-5 超声波测厚仪

（2）钢材外形尺寸、零部件加工精度项目检测设备及参数如表 2-54 所示。

表 2-54 钢材外形尺寸、零部件加工精度项目检测设备及参数

设备名称	规格型号	主要参数	生产厂家	其他备注
钢板尺	300 mm	量程 0～300 mm	世达	/
钢卷尺	5 m	量程 0～5 m	世达	/
直角尺	300 mm	量程 0～300 mm	世达	/
游标卡尺	150 mm	量程 0～150 mm	世达	/
钢卷尺	30 m	量程 0～30 m	世达	/
超声波测厚仪	MX-5	量程 0～200 mm	美国 DAKOTA	/

2. 锌层质量项目检测设备及参数简介

（1）锌层质量项目检测设备如图 2-86、2-87 所示。

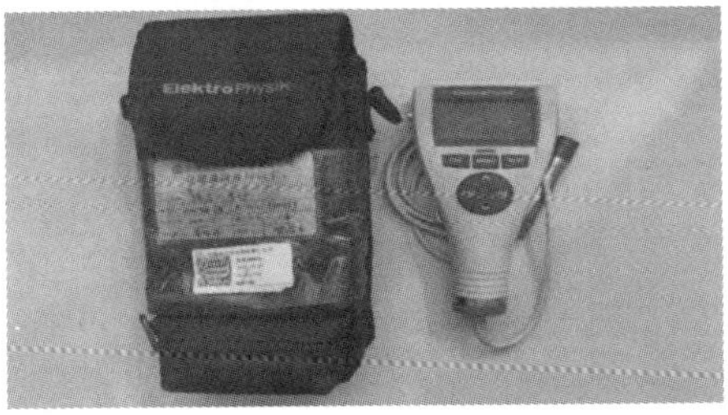

图 2-86 Minitst735-FN1.5 涂层测厚仪

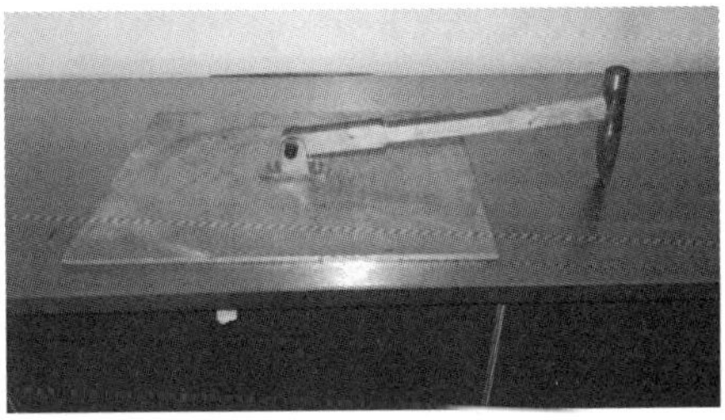

图 2-87 锤击装置

（2）锌层质量项目检测设备参数如表 2-55 所示。

表 2-55　锌层质量项目检测设备参数

设备名称	规格型号	主要参数	生产厂家	其他备注
涂层测厚仪	Minitst735-FN1.5	量程：0～1.5 mm	德国 Elektrophysik	/
锤击装置	锤头质量：210 g	锤头中心线至底座面垂直高度：300 mm	自制	/

3. 焊接质量项目检测设备及参数简介

（1）焊接质量项目检测设备如图 2-88、2-89 所示。

图 2-88　焊接检验尺

图 2-89　超声波探伤仪

（2）焊接质量项目检测设备参数如表 2-56 所示。

表 2-56　焊接质量项目检测设备参数

设备名称	规格型号	主要参数	生产厂家	其他备注
超声波探伤仪	EPOCH 4PLUS	测量范围 0～500 mm	奥林巴斯	/
焊接检验尺	HJC40 型	0～40 mm	华工刃量具厂	/

4. 钢材机械性能及化学成分项目检测设备及参数简介

（1）钢材机械性能及化学成分项目检测设备如图 2-90～2-92 所示。

图 2-90　E45.105/0-100 kN 微机控制万能试验机

图 2-91　MTS ExceedModel E64 1000 kN 拉力试验机

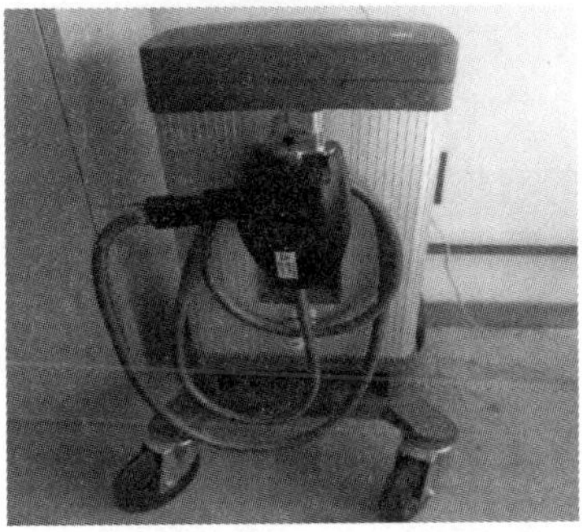

图 2-92　TEST 直读光谱仪

（2）机械性能及化学成分项目检测参数如表 2-57 所示。

表 2-57　机械性能及化学成分项目检测参数

设备名称	规格型号	主要参数	生产厂家	其他备注
微机控制电子万能试验机	E64.106	量程：0～1000 kN	美特斯工业系统（中国）有限公司	/
微机控制电子万能试验机	E45.105	量程：0～100 kN	美特斯工业系统（中国）有限公司	/
直读光谱仪	TEST	分析波长范围：170～670 nm	德国 SPECTRO 公司	/

2.7 电力光缆品控检测

2.7.1 运行缺陷及故障分析

在近两年云南电网的缺陷月报、年报中并未有电力光缆类产品故障的报告，可以看出在严格的质量控制下，电力光缆的产品稳定性基本得到了保障。但我们还是要对施工和使用中可能出现的问题提高警惕。下面从我们了解到的几个案例出发，分析电力电缆在使用当中可能出现的问题。

1. ADSS 光缆电腐蚀

某省某地供电局反馈，一段 ADSS 光缆在运营中出现断裂掉落。经过调查，此光缆整段长度在 1 km 左右，共敷设四个杆塔，分别为 26、27、28 和 29 号塔，此次断缆位置为 26 号塔耐张线夹位置，光缆型号及档距信息无法查证，光缆投运年限预计 20 年。

通过对事故光缆进行查及试验验证，发现：

（1）光缆断点处有明显的腐蚀痕迹，腐蚀最严重的位置为距耐张线夹外绞丝末端 5 cm 左右，此位置耐张线夹的内绞丝的材料腐蚀严重且光缆芳纶纱颜色变成暗黄色，同时光缆护套断点与腐蚀最严重点基本重合，见图 2-93。

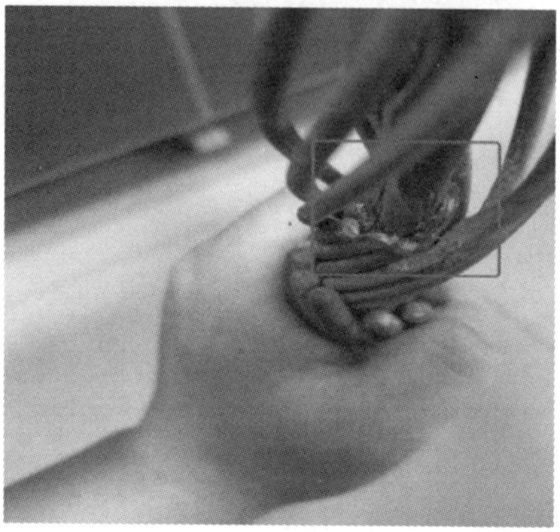

图 2-93　光缆腐蚀

（2）通过抗拉强度试验测试此光缆破断力值 45.4 kN，并根据此破断力值进行拉伸试验，试验结果满足此破断力值下的拉伸试验要求。根据此光缆的抗拉强度测试结果对应南网结构 600 m 档距光缆。同时截取光缆护套进行密度、抗拉强度及燃烧试验，试验结果可初步判断该光缆使用的护套材料为耐电痕材料。

光缆电腐蚀原因分析：

（1）空间电场腐蚀：光缆架设在高压线路导线附近，周围空间存在电场，光缆对导线和地线之间的电容耦合使光缆处于一个空间电位的位置，天气为雾、露或下小雨时，潮湿的污秽在光缆外护套表面形成一个电阻层。在空间电位的作用下，护套表面对铁塔上的光缆接地金具之间流有电波，电流发热造成水分蒸发，使光缆外护套表面形成小段的干燥地带，阻断了电流，光干燥带的电位差达到一定高度时，便发生放电形成电弧，这就是干带电弧。它产生的热可以使交联聚合物逐步失去结合力而形成腐蚀，护套会熔成洞。

（2）环境和施工安装对电腐蚀的影响：如果光缆安装在沿海盐雾较大或是污闪区，耐张金具末端与光缆表面易形成电腐蚀。通常 ADSS 光缆的防震金具采用了防震鞭，在盐雾较大或是污闪区环境下，防震鞭与耐张线夹的内层预绞丝易形成感应电势，如防震鞭安装距离距耐张线夹的内层预绞丝较近容易形成，则会加剧电腐蚀。

光缆在施工过程中划伤光缆表皮，护套损伤部分在强电场的情况下，电腐蚀容易加剧。同时，交叉跨越时需保证跨越的最小净距，避免相互接触的磨损或者太近而增强光缆周围的电场。

光缆断裂分析：

通过光缆断力面照片可以看出光缆在断点处芳纶纱变成暗黄色且耐张线夹的材料腐蚀严重，说明此处护套被腐蚀破损已有一段时间，内部芳纶一旦暴露在外界其强度等性能将极大降低，在长时间的腐蚀和张力变化情况下，最终导致光缆断裂。

建议改善措施：

（1）根据线路杆塔周围的电场强度的情况，确定合适的光缆挂点。在无具体场强数据的情况下，施工方也可根据施工经验架挂。对于 35 kV 及以下的线路，电位小于 12 kV/m，则挂点距导线 1 m 以上；110 kV 及以下线路，挂点距导线距离为 2.5 m 以上；220 kV 线路挂点距离导线 3.5 m 以上。

（2）增加防震鞭与耐张线夹的距离，可考虑增加至 0.5 ~ 1 m 的距离，在沿海地区要考虑 1.5 m 以上。

（3）可以考虑使用防电晕线圈以有效降低金具与光缆表面的电场，减少漏电流；还可以更改防震金具，将防震鞭更改为防震锤，防震锤对光缆外表皮的电腐蚀较防震鞭的要安全得多。

（4）光缆在施工过程中应注意对光缆表皮的保护，尽量不要损伤光缆外护套。

2. OPGW 光缆盐雾腐蚀

某省某地市供电局通信专业人员每月一次定检测试发现，其某条线路 48 芯 OPGW 光缆 6 芯空余纤芯故障。过后经过停电组织检修，经现场人员判断，定位故障点为距接头盒线路约 38 m 处。输电专业人员登塔检查发现光缆引下线有一处疑似故障点，外观有灼伤痕迹，后期更换光缆后，对原缆故障点样品进行检查发现，已取下引下线夹的 50 m 光缆样本中，原线夹夹持的 20 余处地方，都存在大量白色粉末，存在外层铝包钢被腐蚀镂空、中间包裹纤芯的外层钢管外露的现象，如图 2-94 所示。

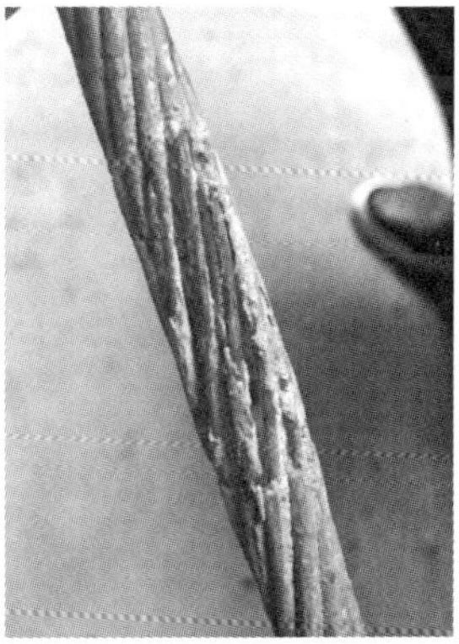

图 2-94 OPGW 光缆铝包钢被腐蚀镂空

经过专业分析及试验测试，对上述严重腐蚀的原因形成初步结论如下：

经对腐蚀衍生物白色粉末进行检测鉴别，粉末中固体大部分为氧化铝（Al_2O_3）。该塔线路是离海最近的一个直线塔，该线路区域为辖区内“污闪区”之一，雨水中携带大量盐分和其他物质，降雨后雨水汇聚在引下线夹内无法瞬时排出，整个引下线夹内部形成化学反应，而海风吹过又会造成引下线夹微小振荡和盐分堆积，加速了内部的化学反应，对光缆外层造成严重腐蚀。不断腐蚀产生的氧化铝粉末膨胀挤压含有光纤的不锈钢管，以至于影响到内部纤芯的正常运行。

建议改善措施：

（1）可采用油拉拔的铝包钢丝原材料。传统铝包钢拉制工艺使用的是拉丝粉，目前国内使用的拉丝粉为钙钠合剂，拉制完成后铝包钢表面有残存的碱成分，遇水形成碱水，铝遇碱水起化学反应。OPGW 生产采用油拉拔的铝包钢单丝，表面更光滑，附有一层油膜，可减缓铝包钢被腐蚀速率。

（2）在 OPGW 生产时涂抹防腐油脂，防腐油脂可有效地阻止腐蚀介质渗入铝线与钢芯之间，也可阻隔铝线、铝包钢线与铁质等异种金属间的直接接触。

（3）引下线夹可采用带橡胶垫的绝缘型引下线夹，避免线夹与光缆表面铝包钢异种金属间的直接接触。引下线及线夹安装接触位喷涂油漆、环氧树脂等高分子材料进行表面喷涂防护。

从现场返回样品可见，表面喷涂油漆的铝包钢线，去除油漆后表面铝层完整几乎未受腐蚀，如图 2-95 所示，黑色部分为油漆，剥除油漆后铝包钢线表面银白色铝层完好。

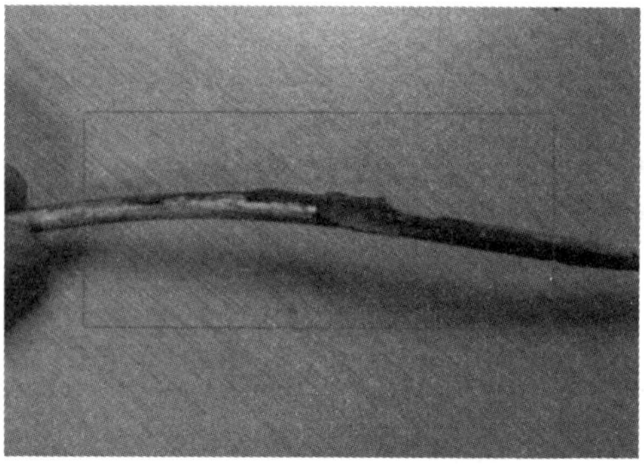

图 2-95　喷涂油漆的铝包钢线

从以上两个案例可以看出，光缆的防腐蚀能力和抗拉、扭转等机械性能测试已经成为质控中需要注意的关键环节。

2.7.2　结构原理、关键环节与检测项目关联分析

1. 关键风险点分析

结合案例从产品结构来进行分析，电力光缆常见的风险点主要存在于护套、光纤、

钢带、松套、芳纶纤维和铝包钢这几个位置。

（1）护套。室内光缆一般采用聚氯乙烯或阻燃聚氯乙烯，外观应光滑、光亮、柔韧、易剥离。质量差的光缆外皮光洁度不好，容易和里面的芳纶粘连。室外光缆的聚乙烯护套应采用优质黑色聚乙烯，光缆外皮光滑、光亮、厚度均匀、无小气泡。劣质光缆外皮一般是用回收材料生产的，这样可以节约很多成本，这种光缆外皮并不光滑，因为原材料中有很多杂质，制成的光缆外皮有很多很小的凹坑，长时间就会开裂、泛水。

（2）光纤，普通光缆生产企业一般采用金属 A 级纤芯，一些价格低廉的劣质光缆一般采用 C、D 级光纤和不明走私光纤，光纤来源复杂，出厂时间长，经常感觉有潮湿变色，而多模光纤往往与单模光纤混在一起，而一般小型工厂缺乏必要的检测设备，无法判断光纤的质量。由于肉眼无法分辨这种光纤，施工中常见的问题有：带宽很窄，传输距离短；厚度不均匀，不能与尾部纤维连接；光纤缺乏弹性，当圆盘光纤弯曲时会断裂。

（3）钢带：常规生产企业使用双面刷防锈漆纵向包扎纹钢带，劣质光缆使用普通铁皮，通常只有一面进行防锈处理。

（4）松套。安装在松套中的光缆应采用 PBT 材料，这样的套管强度高，不变形，抗老化。劣质光缆一般用聚氯乙烯做套管，这样套管外径很细，用手一捏就扁了。

（5）芳纶纤维：又称凯夫拉尔，是一种高强度化学纤维，目前在军事工业中使用最多，军用头盔、防弹背心就是这种材料生产的。目前，世界上只有杜邦和荷兰的阿克苏能生产。室内光缆和电力架空光缆是使用芳纶纤维纱线进行加固的部件，因为芳纶纤维的成本较高，劣质的室内光缆一般做外径很细，所以可以少用几根芳纶纤维来节约成本。这种光缆有螺纹时很容易断裂。ADSS 光缆因为是根据跨度、每秒风速来确定使用芳纶光缆，一般不敢偷工减料。根据历年来实验室对各种型号光缆产品的检测情况来看，常见的质量缺陷可以从产品检测项目和产品结构两方面来进行分析。

（6）铝包钢：作为 OPGW 光缆的主要承力材料，铝包钢有稳定的性能和很好的抗腐蚀性能，其性能的好坏决定了 OPGW 光缆使用寿命的长短。

2. 重点关注项目

针对这些风险点，我们必须关注的项目主要有光缆机械性能检测和材料性能检测。

（1）拉伸性能。首先在制造工艺方面，光缆制造时光纤的余长设计不合理或控制不到位。余长过小，拉伸时光纤易受力；余长过大，光纤在缆中有微弯，从而造成光纤的应变过大或附加衰减超差。其次加强钢丝过细，受力达不到要求，也会造成应变过大或附加衰减超差。最后二次被覆套管的几何尺寸偏小，造成附加衰减超差。

（2）冲击性能。光缆钢带、护套的材料质量不好或厚度不够，不能提供足够的支撑强度。纵包钢带不圆整，在受冲击时无法有效地将冲力分解。二次被覆套管的几何尺寸较小，无法承受冲击力。

（3）反复弯曲性能。考察的是光缆弯曲后的残余附加衰减，主要考究的是制造工艺的问题。除此以外，如果二次被覆套管的几何尺寸较小，妨碍了光纤在松套管内的活动，也会造成附加衰减超标。

（4）扭转试验。考察护层在扭转中是否会发生扭力无法消除等问题，从而影响光缆的残余附加衰减。

（5）抗拉强度测试。考察光缆的断裂强度是否满足技术要求规定的抗拉强度的要求。

（6）应力应变。考察光缆在承受了不同力值后，光缆是否出现断裂等目力可视的损伤。此试验也可验证光缆抗疲劳能力

（7）盐雾试验。将 OPGW 光缆置于规定 pH 值和浓度的盐雾环境内，模拟光缆可能经历的盐雾环境，考察光缆的抗腐蚀能力，但此试验需要时间 1000 h，试验时间过长。

（8）外护套热老化前的拉伸强度和断裂伸率。光缆在实际运行过程中受到自然环境的影响，实际的运行张力在不断变化，此测试考察光缆护套材料在实际运行过程中性能的稳定性。

（9）耐环境应力开裂。将护套材料置于活性溶液中，在规定温度下观察护套材料是否会开裂，此测试也可验证护套材料的可靠性。

2.7.3　检测标准问题及检测项目分析

目前南网要求的检测项目中已经覆盖了上述要点项目（底色为加阴影项目），具体项目见表 2-58。但是在实际的检测中因为送样样品长度的限制，压扁、冲击、反复弯曲等项目（加阴影处项目）无法开展测试。这些机械性能项目的普遍样品长度要求为至少 50 m，衰减系数、波长附加衰减、衰减不均匀性、色散等项目更是要求样品达到 1 km 才能测试。但实际送样的样品长度一般为 20 m。后续的检测中，为了保证光缆产品在后续使用中可以连续稳定地传输信号，送检单位应按要求送检管道光缆和 ADSS 光缆样品，覆盖所有的测试项目，以求暴露出更多的问题，保证产品质量的持续稳定。同时 OPGW 光缆本身自重较重，送检 1 km 样品运费较高，其抗拉的保护性优于其他产品，针对这些特性，结合我们了解的一些案例，后续我们应该增加 OPGW 光缆的盐雾试验及耐电痕试验，送检样品的长度也至少达到 50 m 为宜。

表 2-58 光缆抽检试验项目表

管道光缆抽检项目	ADSS 光缆抽检项目	OPGW 光缆抽检项目
光缆结构完整性及外观	光缆结构完整性及外观	OPGW 各层绞合节距
光纤、松套管识别色谱	光纤、松套管识别色谱	OPGW 外径
光缆结构尺寸-护套厚度	光缆结构尺寸-内垫层和外护套厚度	光纤模场直径和尺寸参数
光缆长度	光缆长度	截止波长
光纤模场直径和尺寸参数	光纤模场直径和尺寸参数	衰减系数（样品需 1 km）
截止波长	截止波长	衰减点不连续性（样品需 1 km）
衰减系数（样品需 1 km）	衰减系数（样品需 1 km）	色散（样品需 1 km）
波长附加衰减（样品需 1 km）	衰减不均匀性（样品需 1 km）	OPGW 长度检查
衰减不均匀性（样品需 1 km）	波长附加衰减（样品需 1 km）	抗拉性能
色散（样品需 1 km）	色散（样品需 1km）	应力应变性能
外护套热老化前的拉伸强度和断裂伸率	外护套热老化前的拉伸强度和断裂伸率	雷击性能
热收缩率	聚乙烯套耐环境应力开裂	滴流性能
聚乙烯套耐环境应力开裂	应力应变	渗水性能
拉伸	拉断	/
压扁（样品需 50 m）	压扁（样品需 50 m）	/
冲击（样品需 50 m）	冲击（样品需 50 m）	/
反复弯曲（样品需 50 m）	反复弯曲（样品需 50 m）	/
扭转（样品需 50 m）	扭转（样品需 50 m）	/
温度循环	过滑轮	/
滴流	温度循环	/
渗水性能	热老化	/
阻燃性	渗水	/
烟密度	滴流	/
腐蚀性	/	/

2019—2020 年，我实验室共检测云南电网电力光缆产品 35 批次，其中合格批次 34 批，不合格批次 1 批，如表 2-59 所示。

有一批次不合格，出现原因为按技术规范书要求如果长度计量误差出现负误差，则认为不合格。实际测试结果误差为 – 10.0‰，记为不合格。

表 2-59　2019—2020 年光缆检测批次表

序号	送样地市	产品名称	型号	抽检单号	到样时间	检测结果
1	迪庆供电局	OPGW 光缆	24 芯 OPGW 80 mm^2	201903DQ（OPGW）001	2019-3-26	合格
2	迪庆供电局	OPGW 光缆	24 芯 OPGW 100 mm^2	201903DQ（OPGW）002	2019-3-26	合格
3	昆明供电局	ADSS 光缆	ADSS-48B1-400 AT	KG-2019-GL-03-18	2019-3-25	合格
4	昆明供电局	ADSS 光缆	ADSS-36B1-AT-200M	KG-2019-GL-04-01	2019-4-14	合格
5	昭通供电局	OPGW 光缆	OPGW-48B1-80[87；45.3]	ZTJ-201904-光缆-002-80 mm^2	2019-5-5	合格
6	昭通供电局	OPGW 光缆	OPGW-36B1-55[65；21.4]	ZTJ-201904-光缆-003-50 mm^2	2019-5-5	合格
7	昭通供电局	OPGW 光缆	OPGW-48B1-80[87；45.3]	ZTJ-201904-光缆-004-80 mm^2	2019-5-5	合格
8	昭通供电局	ADSS 光缆	ADSS-36B1-AT-600	ZTJ-201904-光缆-001-36 芯 600	2019-5-5	合格
9	昆明供电局	OPGW 光缆	OPGW-24B1-55[64.00；20.6]	201906-KMJ-光缆-001	2019-6-26	合格
10	昆明供电局	OPGW 光缆	OPGW-48B1-120[96.00；126.9]	201906-KMJ-光缆-002	2019-6-26	合格
11	保山供电局	OPGW 光缆	OPGW-48B1-80（RTS：87）	王家山 1220 kv 接入系统工程 OPGW 光缆 001	2019-6-26	合格
12	建设分公司	OPGW 光缆	24 芯架空地线复合光缆（OPGW）（RTS：155.8）	201906-JSFGS-OPGW 光缆-01	2019-6-26	合格
13	西双版纳供电局	管道光缆	24 芯非金属管道光缆（GYFTY）	201906-BNJ-光缆-01	2019-7-2	不合格
14	丽江供电局	ADSS 光缆	AT36B-A6	201906-LJJ-043	2019-7-2	合格
15	丽江供电局	ADSS 光缆	AT36B-A12	201906-LJJ-044	2019-7-2	合格
16	临沧供电局	OPGW 光缆	OPGW-24B1-95[90；87.7]	201906-LCJ-OPGW 光缆-034	2019-7-18	合格
17	西双版纳供电局	ADSS 光缆	24 芯 1000 自承式光缆（ADSS），AT	201908-BNJ-调度-GL-01	2019-9-25	合格
18	建设分公司	OPGW 光缆	OPGW-120-36	201909-SZTF-OPGW-001	2019-10-11	合格
19	建设分公司	OPGW 光缆	OPGW-150-48	201909-SZTF-OPGW-002	2019-10-11	合格
20	德宏供电局	管道光缆	GYFTY63-48B1	201909-DH-光缆-001	2019-10-11	合格
21	红河供电局	ADSS 光缆	ADSS-A12-48B1-AT	201909-HH-ADSS 光缆-001	2019-10-11	合格

续表

序号	送样地市	产品名称	型号	抽检单号	到样时间	检测结果
22	红河供电局	ADSS 光缆	ADSS-A8-48B1-AT	201909-HH-ADSS 光缆-002	2019-10-11	合格
23	玉溪供电局	ADSS 光缆	ADSS-24B-AT	201910-YXJ-江苏通光光缆-非金属防鼠光缆-001	2019-10-29	合格
24	建设分公司	OPGW 光缆	OPGW-36B1-130[155;110.9]	201911-SYPXMB-光缆-01	2019-12-6	合格
25	建设分公司	OPGW 光缆	OPGW-48B1-155[96.6;271]	201912-NLJCLZ-光缆-01(48 芯)	2019-12-6	合格
26	建设分公司	OPGW 光缆	OPGW-36B1 130[80.2;187.1]	201912-NLJCLZ-光缆-02(36 芯)	2019-12-6	合格
27	昭通供电局局	ADSS 光缆	TF0 ADSS AT 48.1.3 20 kN	(201911-ZTJ-光缆-001)	2020-3-13	合格
28	昭通供电局局	ADSS 光缆	TF0 ADSS AT 24B1.3 20 kN	(201911-ZTJ-光缆-003-24 芯 800)	2020-3-13	合格
29	昭通供电局局	ADSS 光缆	TF0 ADSS AT 24B1.3 13 kN	(201911-ZTJ-光缆-002-24 芯 600)	2020-3-13	合格
30	昆明供电局	OPGW 光缆	OPGW-24B-AT	(202005-KMJ-光缆-001)	2020-5-27	合格
31	临沧供电局	OPGW 光缆	OPGWOPGW-36B1-55	202007-LCJ-OPGW 光缆-002	2020-7-21	合格
32	临沧供电局	OPGW 光缆	OPGWOPGW-48B1-80	202007-LCJ-OPGW 光缆-003	2020-7-21	合格
33	文山供电局	管道光缆	GYFTZY63-48B1.3	202007-WS-光缆-001	2020-7-30	合格
34	西双版纳供电局	OPGW 光缆	/	202010-BNJ-玉磨-OPGWG1-002	2020-9-21	合格
35	西双版纳供电局	OPGW 光缆	/	202010-BNJ-玉磨-OPGWG1-001	2020-9-21	合格

发现的长度不合格项目有效地对各供货商企图在长度上做文章的想法给予警示，特别是在原材料价格持续走高的当下，更应该在长度甚至产品重量上把好关，防止厂家为了节约成本以次充好，给设备的使用带来风险。

2.7.4 持续工作推进的思考

通信光缆是全程全网，因此通信系统不允许在任何一点出现问题，如果其中一条光纤有一点故障，则整个通信被中断。所以说通信光缆是整个通信系统的主要组成部分，而电力光缆相较于仅有通信功能的通信光缆对可以承受环境影响有着更加苛刻的要求。

随着信息技术的不断发展，电力光缆的采购与用量也会日益增加，采购电力光缆资金成本不断下降，导致通信光缆的质量管控压力也急剧增加。由于市场竞争激烈，部分供应商为了获取市场份额而降低成本，如降低原材料的使用品质、减少生产工序、降低生产工艺水平等。因此，电力光缆不合格的现象也不可避免会出现增长，这时候电力光缆的检测就显得尤为重要。

只有持续地进行高质量的检测，不断优化检测项目才能对设备的使用带来持续保障。其中光学性能（衰减系数、波长附加衰减、衰减不均匀性、色散）和机械性能（压扁、冲击、反复弯曲、扭转）都非常有必要进行测试，前者影响的是信号传输的质量，后者体现的是使用过程当中的可靠性，非常符合实际使用的需求，也是该类产品最需要关注的指标，建议增加送样长度进行测试。除此以外，在后续的检测项目中，可以增加耐腐蚀类项目的检测，结合实际使用情况甚至增加标准中未要求的项目，如盐雾腐蚀、耐电痕等项目。同时，结合过往测试结果，可以酌情减少在实际使用中一直未发现问题的项目。结合实际需求来优化项目，才能达到事半功倍的效果。

2.7.5 光缆类品控检测设备及主要参数

1. 色散、应力应变性能、波长附加衰减、压扁、冲击、反复弯曲、扭转、过滑轮项目检测设备及参数简介

（1）色散、应力应变性能、波长附加衰减、压扁、冲击、反复弯曲、扭转、过滑轮项目检测设备如图 2-96 所示。

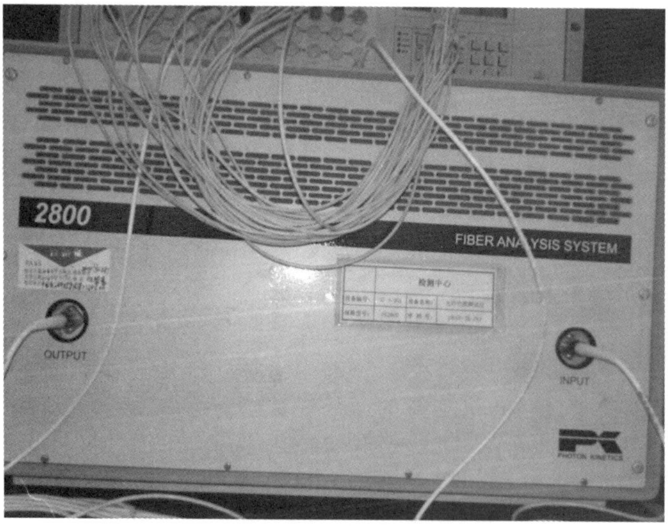

图 2-96 色散、应力应变性能、波长附加衰减、压扁、冲击、反复弯曲、扭转、过滑轮项目检测设备

（2）设备主要参数如表 2-60 所示。

表 2-60 设备主要参数

设备名称	规格型号	主要参数	生产厂家	其他备注
光纤色散应变测试仪	PK2800	零色散波长：1238 ~ 1362 nm，1428 ~ 1632 nm 零色散斜率：0.0004 ps/(nm · km) 1310 nm 色散系数：0.02 ps/(nm · km) 1550 nm 色散系数：0.50 ps/(nm · km)	美国 PK 公司（Photon Kinetics, Inc.）	

2. 拉伸项目检测设备及参数简介

（1）拉伸项目检测设备如图 2-97 所示。

（2）拉伸项目检测设备主要参数如表 2-61 所示。

表 2-61 拉伸项目检测设备主要参数

设备名称	规格型号	主要参数	生产厂家	其他备注
光缆拉伸试验机（光缆机械性能试验机）	GLS-X	负荷：0 ~ 30 kN 精度：0.4%	布来得	

3. 压扁项目检测设备及参数简介

（1）压扁项目检测设备如图 2-98 所示。

图 2-97 拉伸项目检测设备

图 2-98 压扁项目检测设备

（2）压扁项目检测设备主要参数如表 2-62 所示。

表 2-62　压扁项目检测设备主要参数

设备名称	规格型号	主要参数	生产厂家	其他备注
光缆压扁试验机(光缆机械性能试验机)	GYB-X	负荷：0 ~ 10 kN 精度：0.4%	布来得	

4. 冲击项目检测设备及参数简介

（1）冲击项目检测设备如图 2-99 所示。

（2）冲击项目检测设备主要参数如表 2-63 所示。

表 2-63　冲击项目检测设备主要参数

设备名称	规格型号	主要参数	生产厂家	其他备注
光缆冲击试验机（光缆综合试验机）	GCJ-X	0 ~ 99 cm/min （50 ~ 1000）g ± 1 g	布来得	

5. 反复弯曲项目检测设备及参数简介

（1）反复弯曲项目检测设备如图 2-100 所示。

图 2-99　冲击项目检测设备

图 2-100　反复弯曲项目检测设备

（2）反复弯曲项目检测设备主要参数如表 2-64 所示。

表 2-64　反复弯曲项目检测设备主要参数

设备名称	规格型号	主要参数	生产厂家	其他备注
光缆弯曲试验机	GWQ-X	弯曲负载：150 N，250 N； 弯曲速率：10 次/min、20 次/min、30 次/min 位移精度：0.02 mm 速度精度：0.2%	布来得	

6. 扭转项目检测设备及参数简介

（1）扭转项目检测设备如图 2-101 所示。

图 2-101　扭曲项目检测设备

（2）扭曲项目检测设备主要参数如表 2-65 所示。

表 2-65　扭曲项目检测设备主要参数

设备名称	规格型号	主要参数	生产厂家	其他备注
光缆扭转试验机	GNZ-X	扭转速率：10 次/min、20 次/min、30 次/min； 扭转角度：±90°、±180°、±360° 扭转角度误差：0.01°	布来得	

7. 渗水项目检测设备及参数简介

（1）渗水项目检测设备如图 2-102 所示。

图 2-102　渗水项目检测设备

（2）渗水项目检测设备主要参数如表 2-66 所示。

表 2-66 渗水项目检测设备主要参数

设备名称	规格型号	主要参数	生产厂家	其他备注
渗水试验装置	/	1 m	/	

8. 光缆结构尺寸-内垫层和外护套厚度、光缆结构尺寸-护套厚度项目检测设备及参数简介

（1）光缆结构尺寸-内垫层和外护套厚度项目检测设备如图 2-103 所示。

图 2-103 光缆结构尺寸-内垫层和外护套厚度项目检测设备

（2）光缆结构尺寸-内垫层和外护套厚度项目检测设备主要参数如表 2-67 所示。

表 2-67 光缆结构尺寸-内垫层和外护套厚度项目检测设备主要参数

设备名称	规格型号	主要参数	生产厂家	其他备注
电缆截面投影仪	DTT-A	纵向测量范围：0 ~ 25 mm 横向测量范围：0 ~ 13 mm 测量鼓分度值：0.001 mm	无锡光学仪器制造厂	

9. OPGW 外径项目检测设备及参数简介

（1）OPGW 外径项目检测设备如图 2-104 所示。

（2）OPGW 外径项目检测设备主要参数如表 2-68 所示。

表 2-68 OPGW 外径项目检测设备主要参数

设备名称	规格型号	主要参数	生产厂家	其他备注
数显卡尺	0 ~ 200/0.01 mm	精度：0.01 mm 量程：200 mm	广陆电子	

10. 拉断、外护套热老化前的拉伸强度和断裂伸率项目检测设备及参数简介

（1）拉断、外护套热老化前的拉伸强度和断裂伸率项目检测设备如图 2-105 所示。

图 2-104 OPGW 外径项目检测设备

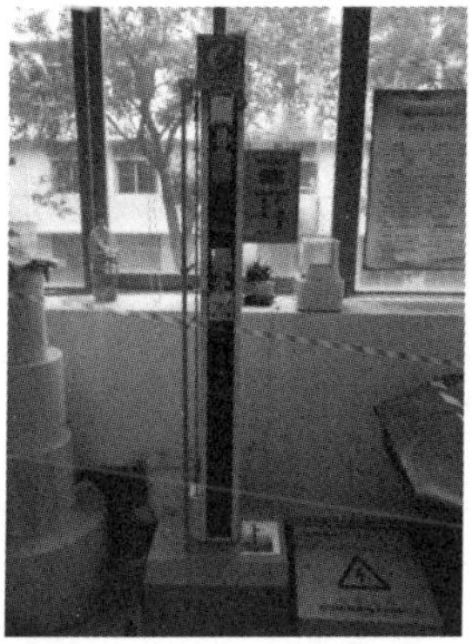

图 2-105 拉断、外护套热老化前的拉伸强度和断裂伸率项目检测设备

（2）拉断、外护套热老化前的拉伸强度和断裂伸率设备主要参数如表 2-69 所示。

表 2-69 拉断、外护套热老化前的拉伸强度和断裂伸率设备主要参数

设备名称	规格型号	主要参数	生产厂家	其他备注
拉力试验机	2000 N	测量范围：0 ~ 2000 N； 最大行程：920 mm； 荷重分解度：1/1000； 测试速度：25 ~ 500 mm/min，可调位移分解度 0.01 mm	MYTECH	/

11. 阻燃性项目检测设备及参数简介

（1）阻燃性项目检测设备如图 2-106 所示。

图 2-106　阻燃性项目检测设备

（2）阻燃性设备主要参数如表 2-70 所示。

表 2-70　阻燃性设备主要参数

设备名称	规格型号	主要参数	生产厂家	其他备注
单根电线电缆垂直燃烧试验机（垂直燃烧仪）	ZY6014B	喷火口直径：（9.0±0.01）mm 喷灯的标称功率：500 W	东莞中诺（台湾）质检仪器设备有限公司	

12. 截止波长项目检测设备及参数简介

（1）截止波长项目检测设备如图 2-107 所示。

图 2-107　截止波长项目检测设备

（2）截止波长检测设备主要参数如表 2-71 所示。

表 2-71　截止波长检测设备主要参数

设备名称	规格型号	主要参数	生产厂家	其他备注
光纤特性测试仪（光纤综合测试仪）	PK-2200	0.05 dB/RMS	赛克力	/

13. 滴流性能项目检测设备及参数简介

（1）滴流性能项目检测设备如图 2-108 所示。

图 2-108　滴流性能项目检测设备

（2）滴流性能检测设备主要参数如表 2-72 所示。

表 2-72　滴流性能检测设备主要参数

设备名称	规格型号	主要参数	生产厂家	其他备注
高低温交变试验箱（步入式气候箱）	BHT7016F	温度范围：－60～＋85 °C 湿度范围：（25～98）%RH ±2 °C	爱斯佩克	/

第3章

电缆、开关品控检测技术

云南电网电缆使用情况一般从站内馈线开关出口至围墙内杆塔一段，采用几十上百米电缆敷设；城市区域变电站围墙外围，电缆沟会有密集的多回电缆出线；市中心的重要交通道口电缆沟、城市综合管廊内会有密集的多回电缆通过。一般电缆应用都属于城区“1 h”供电区，其会连接户外开关站、户内开闭所、箱变、配电室及电缆分接箱等。局部跨越道路、村镇供电处等，会采用电缆穿越方式，及电缆引接台架变方式。目前存在电缆运行年限长，运行条件差的问题。而 10 kV 配网开关设备主要包括柱上开关和地面室内外箱柜两大类。柱上开关包括：跌落式熔断器、柱上断路器、柱上负荷开关和柱上隔离开关。地面室内外箱柜主要包括：户外开关站、户内开闭所、户内配电室、户外箱变、电缆分接箱等；其中，以充气环网柜为主要组件的户外开关站在地面室内外箱柜中占比较高，在各供电局配网中属于核心资产。本章节中主要讲柱上断路器、地面箱柜设备的检测技术，跌落式熔断器在别的章节展示。为促进云网物资品控检测更加精准、更有成效，降低中压电缆、开关在运行中的故障率和缺陷率，保障电网的安全稳定运行，以云网中压电缆、开关故障、缺陷情况为参考，结合中压电缆、开关的关键部件与品控检测情况分析，提出中压电缆、开关品控检测的质量提升措施。

3.1 电缆类设备品控检测

3.1.1 电缆运行缺陷及故障分析

3.1.1.1 故障及缺陷情况

截至目前，云南电网 10 kV 配网（10 kV 及 35 kV）电缆共计约 19450 km。根据统计，2020 年全年云南电网中压电缆共发生故障缺陷 573 起。根据故障统计，2020 年中压电缆故障及缺陷部位主要为：电缆本体（57.8%）、电缆中间接头（8.9%）及电缆中端头（33.3%），主要表现为击穿、烧毁和主绝缘受损等，详情见表 3-1。

表 3-1 电缆故障及缺陷表象

故障缺陷情况		故障及缺陷表象							
故障缺陷位置		主绝缘受损	击穿、烧毁	电缆本体过热	接头过热	电缆终端老化	电缆终端头污秽放电	合计	占比
故障及缺陷数量（起）	电缆本体	184	140	3	4	/	/	331	57.8%
	电缆中间头	3	48	/	/	/	/	51	8.9%
	电缆终端头	/	175	/	/	9	7	191	33.3%
合计		187	363	3	4	9	7	573	100%
占比		32.6%	63.4%	0.5%	0.7%	1.6%	1.2%	100%	/

3.1.1.2 中压电缆故障缺陷原因分析（不包含附件）

根据故障缺陷统计分析，中压电缆故障缺陷表象主要分为3类：击穿（19.5%）、烧毁（22.7%）及主绝缘破损（57.7%）；中压电缆故障原因主要有以下几类：设备老化（40.6%）、外部施工影响（41.6%）、运行管理原因（4.2%）、自然环境（3.6%）、产品质量不良（2.3%）、外力异物破坏（7.7%）等。详情见表3-2。

表 3-2 2020年云南电网中压电缆故障原因统计

统计	故障缺陷原因							
故障缺陷表象	设备老化	外部施工影响	运维原因	自然环境（雷雨大风等）	产品质量不良	外力、异物破坏	合计	占比
击穿	29	25	0	2	2	2	60	19.5%
烧毁	41	12	12	2	1	2	70	22.7%
主绝缘破损	55	91	1	7	4	20	178	57.7%
电缆本体过热	0	0	0	0	0	0	0	0
接头过热	3	0	0	0	0	0	3	0.1%
合计	125	128	13	11	7	24	308	100%
占比	40.6%	41.6%	4.2%	3.6%	2.3%	7.7%	100%	/

1. 中压电缆绝缘老化引起故障原因

电缆老化是中压电缆的常见现象，可分为自然老化和异常老化。电缆绝缘老化指因电场、温度、机械力、周围环境等因素的长期作用使其在运行过程中质量逐渐下降、结构逐渐损坏的现象，其老化程度决定了该电缆是否能够持续安全稳定运行及确保城市的安全供电。

在电缆的老化故障中电缆的自然老化现象是无法避免的，电缆的自然老化只与电缆材料的老化性能成正比关系。同时，电缆绝缘的老化故障也是一个逐渐积累的过程，很难从技术层面对其进行把控，无法确定造成的危害及损失。因此，绝缘材料的耐老化性能应该得到应有的把控。从品控角度来看，对电缆的自然老化引发故障的品控，应重点关注其绝缘老化后机械性能、绝缘热延伸、绝缘热收缩。

由电缆绝缘非正常老化造成的电缆老化故障中，主要原因为绝缘厚度不均、导体屏蔽及绝缘屏蔽损伤或粗糙等。绝缘厚度不均会导致电缆电场畸形，使绝缘在某一点处承受较大的电场强度，加快绝缘老化导致击穿，导体及绝缘屏蔽损伤导致绝缘直接暴露在较高的电场中，加快绝缘层老化击穿；屏蔽层粗糙在电缆长期运行的过程中容易引发尖端放电，进而在绝缘中形成电树，加速电缆老化。同时雷击、受潮、过载、运行环境恶劣同样也会加速绝缘老化，造成电缆的老化故障。从品控角度来看，应重点关注绝缘厚度。

2. 外部施工（挖断）引起故障原因

外部施工导致中压故障主要原因为城市政策导向，土地开发工程项目及城中村改造项目较多，电缆敷设在地下在施工中不容易被发现导致挖断；施工人员基数庞大，技术水平参差不齐，对电缆敷设的标志没有认知，施工过程中造成电缆被挖断；电缆抗外力破坏性能较差，在遭受外力时没有一定的抗破坏能力，造成电缆挖断故障，主要表象为铠装层薄弱。从品控角度来看，应主要关注电缆的铠装层性能检测。

3. 自然环境（雷雨大风）引起故障原因

自然环境（雷雨大风）导致中压电缆故障共计 11 起，占比 4.2%，其中，雷击是主要因素，出现 6 起（占比 55%）。云南全省属于强雷区，敷设在地下的中压电缆附近遭受雷击，将在落雷点与中压电缆之间产生较大电位差，击穿电缆。

4. 产品质量不良引起故障原因

产品质量不良导致中压电缆故障主要包括内部缺陷、制造工艺问题、产品质量问题等。通常产品质量不良多在有外部诱因的情况下爆发，比如发生瞬时短路时，短路电流流经金属屏蔽，当金属屏蔽尺寸不达标，电缆金属屏蔽将被烧毁严重时将发生电缆击穿；金属屏蔽绕包工艺不良，使绝缘屏蔽受损，加速绝缘老化击穿；外护套材料性能不达标，在电缆运行过程中容易老化，电缆外护层保护性能降低，电缆绝缘暴露在空气中容易受潮导致击穿。因此，从品控角度来看，对于中压电缆产品质量不良的品控，应主要关注其生产关键环节的工艺控制及原始材料的性能。

5. 外力异物破坏引起故障原因

受中压电缆试验环境影响，中压电缆施工中，拖动安装可能会使电缆受到外力破坏，例如外护套划伤，电缆本体受到挤压等。因此，中压电缆应具有一定的抗外破能力。从品控角度看，应重点考察电缆的铠装结构是否达标。

3.1.2 电缆结构原理、关键环节与检测项目关联分析

1. 交联聚乙烯绝缘铠装电力电缆

中压交联聚乙烯绝缘铠装电力电缆在圆形导体外有内屏蔽层、交联聚乙烯绝缘层和外屏蔽层。外面还有保护带、铜线屏蔽、铜带和塑料带保护层；三个缆芯中间有一圆形填芯，连同填料扭绞成缆后，外面再加护套、铠装等保护层。典型结构如图 3-1 所示。

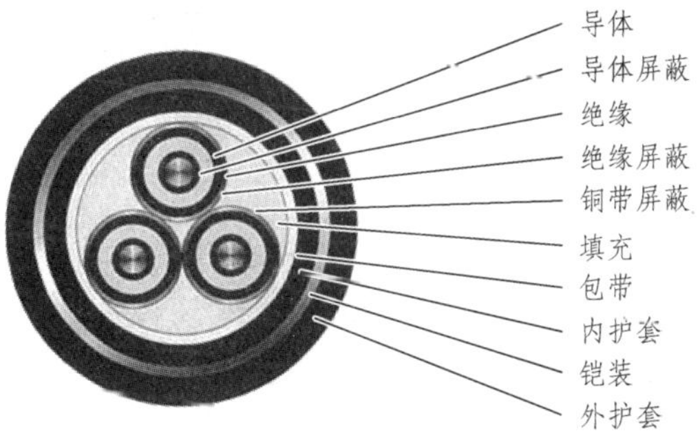

图 3-1　电力电缆结构图

1）导电线芯

导体线芯是电流的载体，通常用铜、铝来作电线电缆的导体原材料。在生产过程

中，企业生产圆铜线采用的原材料（铜线坯）的工艺不好，含氧量高，脆性就大，拉线易断线，并且会导致铜的电导率变小，导体电阻变大。导体电阻变大将增大电力系统损耗，引发关联故障。

2）绝缘层

绝缘层的结构主要包括挤包、绕包等类型。电缆绝缘厚度应从满足电气绝缘性能、机械力的破坏情况和工艺上允许的最小厚度这三个方面来考虑。电缆绝缘层应长期稳定。且应具有一定的机械强度和柔软性。

3）屏蔽层

电力电缆的屏蔽包括导体屏蔽、绝缘庠蔽和金属屏蔽。导体屏蔽（内半导电屏蔽）由挤包的半导电料或在导体上先包半导电带再挤包半导电料组成。绝缘屏蔽（外半导电屏蔽）是直接挤包在每根绝缘线芯外表面并与绝缘线芯紧密结合或可剥离的非金属半导电层。

额定电压大于 0.6/1 kV 的电缆应有金属屏蔽层。金属屏蔽层应包覆在每根绝缘线芯或缆芯的外面。金属屏蔽应由一根或多根金属带，金属编织，金属丝的同心层或金属丝与金属带的组合结构组成。

4）电缆护层

护层的结构类型以及性能要求是随着电缆的使用环境、使用条件和用户要求的不同而不同的。例如，对偶尔出现的机械力、外部水汽以及有害气体侵入而进行的一般性密封保护的一般护层；对敷设在地下、水中、竖井内经常会承受较大机械外力或电缆自重的，必须有金属铠装层的护层结构；具有阻燃、耐火、防白蚁、防鼠咬、防鸟啄等特殊要求的，可通过在外护套材料中加入各种化学制剂，或在外护层结构上增加必要的材料构件的特种护层结构。

5）铠装层

电缆铠装常用的钢带和钢丝材料都是由低碳钢冷轧制成。为防止腐蚀，铠装钢带、钢丝必须有防蚀措施，多采用镀锌、涂塑等处理，其结构尺寸与铠装前的电缆直径有关，可计算或查有关标准。

2. 关键结构部件与检测项目相关联

缺陷故障与检测项目关联如表 3-3 所示。

表 3-3 缺陷故障与检测项目关联

序号	测试项目	组部件	主要缺陷	关联故障
1	导体单丝根数	线芯	企业生产圆铜线采用的原材料（铜线坯）的工艺不好，含氧量高，脆性就大，拉线易断线，并且会导致铜的电导率变小，导体电阻变大，引发关联故障	本体过热，加速老化、击穿
2	导体直径			
3	导体电阻（20 °C）			
4	导体屏蔽厚度	屏蔽层	导体屏蔽和绝缘屏蔽损伤或粗糙、与导体连接不紧密	引发局放，加速老化，严重时击穿
5	导体屏蔽电阻率			
6	绝缘屏蔽厚度			
7	绝缘蔽电阻率			
8	金属屏蔽厚度和搭盖率		尺寸错误使用，搭盖率不达标	短路故障时，电缆本体击穿烧毁
9	绝缘最薄点的厚度	绝缘层	绝缘层厚度不达标、绝缘厚度不均	击穿、烧毁
10	绝缘平均厚度			
11	绝缘偏心度			引发局放，加速老化，严重时击穿
12	绝缘热延伸试验		绝缘老化强度不达标	抗外力破坏能力差、耐击穿和耐老化能力受影响
13	绝缘热收缩试验			
14	绝缘老化前机械性能			
15	绝缘老化后机械性能			
16	护套平均厚度	护套层	护套厚度不达标，护套老化强度不达标	抗外破能力差、导致本体绝缘击穿
17	护套最薄点厚度			
18	非金属护套老化前机械性能			
19	非金属护套老化后机械性能			
20	ST2 型 PVC 护套失重试验			
21	PVC 护套抗开裂试验			
22	金属铠装厚度	铠装层	铠装层厚度不达标、铠装尺寸错误使用	安装施工挤压导致本体绝缘受损
23	电缆不圆度	电缆本体	/	/

其他问题：

（1）根据 2020 年故障统计情况，中压电缆绝缘击穿故障较多，但目前检测项目中没有电气绝缘强度验证。

（2）绝缘和屏蔽材料内部缺陷无法通过常规手段检出，如分绝缘中是否含有气泡、杂质。

（3）部分中压电缆存在供货产品与型式产品的不对应、实际制造产品与产品型号不一致的问题。

3.1.3　电缆检测标准问题及检测项目分析

1. 品控工作情况

2020 年至今，公司共完成了 47 根 10 kV 电力电缆试验到货抽检工作，检出 4 根不合格，如表 3-4 所示。

表 3-4　中压电缆不合格率统计

年份	抽检数量	不合格数	不合格率	不合格项
2020	38	1	2.6%	ST2 型 PVC 护套失重试验、绝缘老化后机械性能
2021 年 1～4 月	9	3	30%	金属屏蔽尺寸测量、绝缘偏心度、绝缘平均厚度
共计	47	4	8.5%	/

从统计结果可以看出，不合格项目主要出现在绝缘尺寸测量、金属屏蔽尺寸测量、绝缘及护套老化性能，而这些项目也与电缆的关键性能及故障原因密切相关，应予以重点关注。

2. 检测项目及不足及优化建议

根据 2020 年故障及缺陷分析情况，结合目前已有的检测项目，发现在评估电缆的耐电强度、绝缘内部缺陷方面存在检测空白，建议加入。针对 2021 年品控检测不合格率较高问题，建议适当增加抽检比例，尤其是供货量大的批次，如表 3-5 所示。

表 3-5 电缆抽检情况

序号	检测组部件	考核内容	存在问题	检测项目	优化建议
1	绝缘层	耐电压强度	4 h 电压试验对产品电气性能方面有较严格的考察，但未开展 4 h 电压试验	4 h 电压试验	建议列为必检项
3	绝缘结构	绝缘结构	缺少检测绝缘材料内部结构的试验项目	吸水试验	建议列为可检项

3. 其 他

（1）为提高电缆产品质量，建议对中标企业质量管埋体系运行情况、生产条件、产品检验能力等进行现场确认。

（2）增加抽检数量及取样长度（应符合国标中的要求进行取样）举例 10 kV 交联电力电缆抽检试验样品数量如下：2 km<电缆长度≤10 km，抽样数量 1 根；10 km <电缆长度≤20 km，抽样数量 2 根；20 km<电缆长度≤30 km，抽样数量 3 根，其余类推。

（3）可定期邀请生产企业召开质量风险预警会，充分向厂家告知云网品控工作的要点，使生产企业警醒并加强对生产过程中的薄弱点、关键点的控制力度。

（4）在故障频发类电缆及故障率较高生产企业可以增加抽检力度，对用于故障频发线路电缆增加抽检项目。

3.1.4 电缆品控检测设备及主要参数

1. 绝缘厚度、护套厚度、绝缘偏心度、屏蔽层厚度、内衬层项目检测设备及参数简介

（1）绝缘厚度、护套厚度、绝缘偏心度、屏蔽层厚度、内衬层项目检测设备如图 3-2 所示。

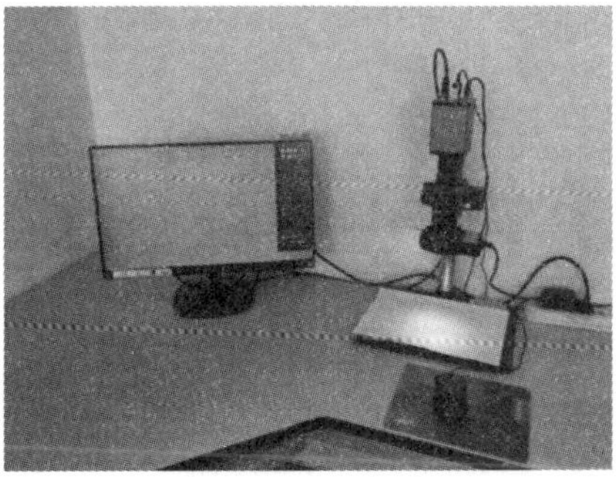

（a）

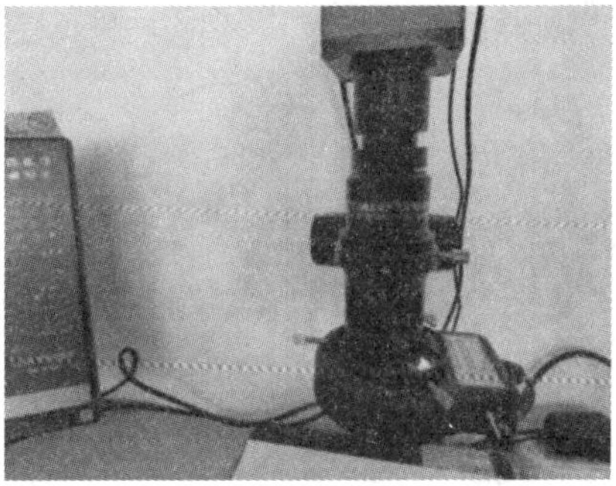

（b）

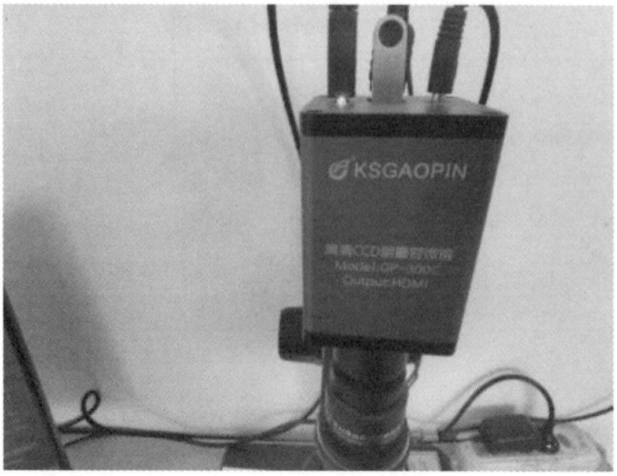

（c）

图 3-2　绝缘厚度、护套厚度、绝缘偏心度、屏蔽层厚度、内衬层项目检测设备

（2）绝缘厚度、护套厚度、绝缘偏心度、屏蔽层厚度、内衬层项目检测设备参数如表 3-6 所示。

表 3-6　绝缘厚度、护套厚度、绝缘偏心度、屏蔽层厚度、内衬层项目检测设备参数

设备名称	规格型号	主要参数	生产厂家	其他备注
测量显微镜	GP-300C	光学放大倍数：0.7～5 倍可调； 帧率：60 帧/秒； 分辨率：1 920×1 080； 测量精度：0.002～0.005 mm	昆山高品精度仪器有限公司	

2. 导体电阻项目检测设备及参数简介

（1）导体电阻项目检测设备如图 3-3 所示。

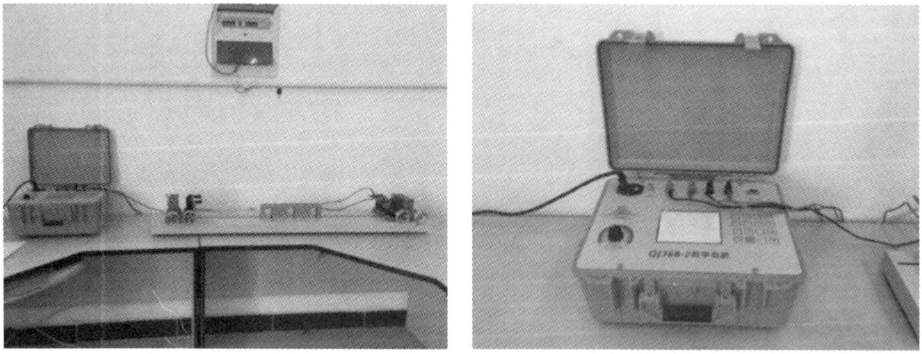

（a）　（b）

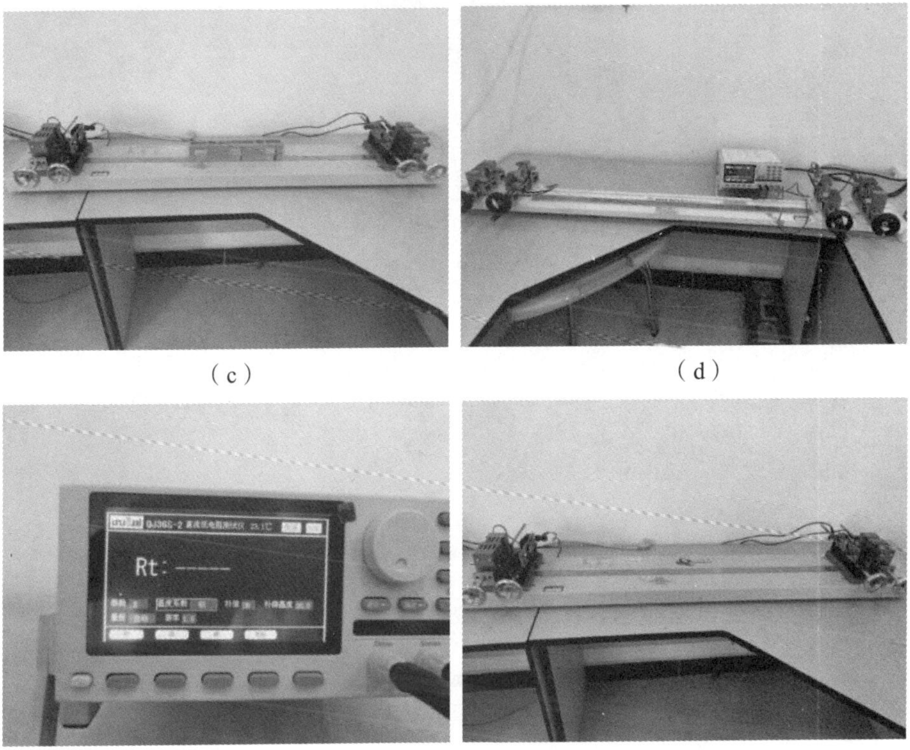

（c）　（d）　（e）　（f）

图 3-3　导体电阻项目检测设备

（2）导体电阻项目检测设备参数如表 3-7 所示。

表 3-7　导体电阻项目检测设备参数

设备名称	规格型号	主要参数	生产厂家	其他备注
QJ36B-2 数字电桥	/	测量范围：0～2000 Ω； 最小分辨率：0.01 μΩ； 准确度：0.05%； 标称条件：10～30 °C	东莞中诺（台湾）质检仪器设备有限公司	
YN62112 电桥夹具	/	最大测量：1200 mm	苏州宇诺仪器有限公司	
QJ36S-2 数字直流低电阻测试仪	/	标称条件：10～30 °C； 测量范围：0.01 μΩ～300 Ω； 基本准确度：0.03%	上海双特电工仪器有限公司	

3. 屏蔽电阻率试验项目检测设备及参数简介

（1）屏蔽电阻率试验项目检测设备如图 3-4 所示。

（a）

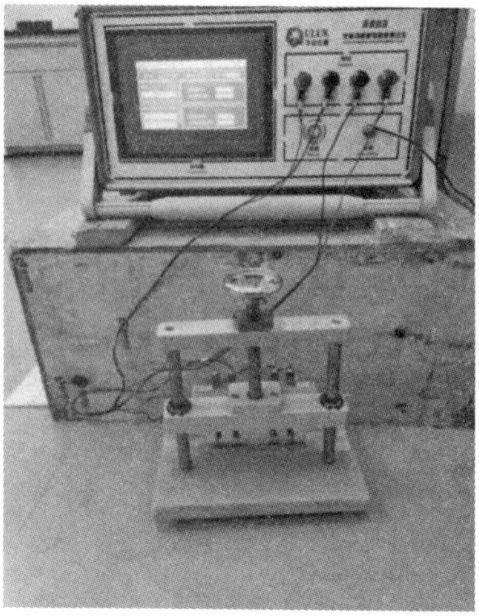

（b）

图 3-4　屏蔽电阻率试验项目检测设备

（2）屏蔽电阻率试验项目检测设备参数如表 3-8 所示。

表 3-8　屏蔽电阻率试验项目检测设备参数

设备名称	规格型号	主要参数	生产厂家	其他备注
电缆半导电屏蔽层测试仪	BDDZ	测量量程：200 Ω，2 kΩ，20 kΩ，200 kΩ，2MΩ	苏州宇诺仪器有限公司	/

4. 成品电压试验、绝缘线芯电压试验项目检测设备及参数简介

（1）成品电压试验、绝缘线芯电压试验项目检测设备如图 3-5 所示。

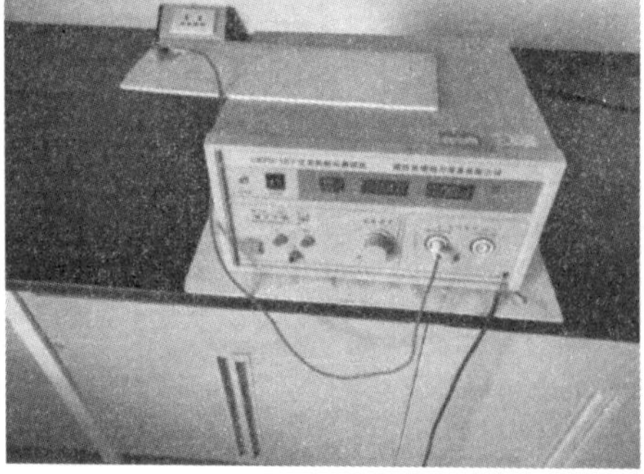

（a）

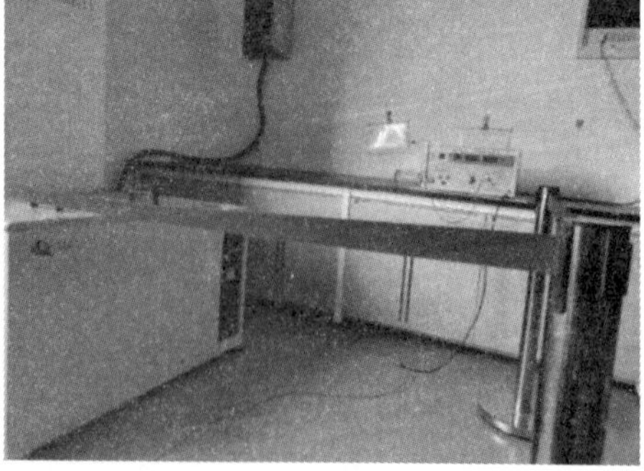

（b）

图 3-5　成品电压试验、绝缘线芯电压试验项目检测设备

（2）成品电压试验、绝缘线芯电压试验设备参数如表 3-9 所示。

表 3-9 成品电压试验、绝缘线芯电压试验设备参数

设备名称	规格型号	主要参数	生产厂家	其他备注
交直流耐压仪	YD-2672C	电压范围：0～5 kV	武汉常瑞电力设备有限公司	
电线电缆测试水槽	ZY6002-240L	水箱尺寸： L805 mm×W505 mm×H550 mm 温度范围：常温～98 °C； 温度稳定性：<1.5 °C；	东莞中诺（台湾）质检仪器设备有限公司	

5. 绝缘电阻试验项目检测设备及参数简介

（1）绝缘电阻试验项目检测设备如图 3-6 所示。

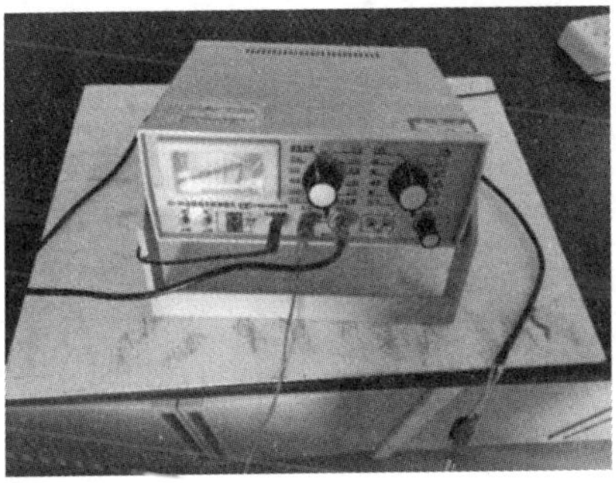

（a）

（b）

图 3-6 绝缘电阻试验项目检测设备

（2）绝缘电阻试验项目检测设备参数如表 3-10 所示。

表 3-10 绝缘电阻试验项目检测设备参数

设备名称	规格型号	主要参数	生产厂家	其他备注
高绝缘电阻测试仪	ZC-90	测量范围：10^5～10^{13} Ω； 额定电压（V）：100 V、250 V、500 V、1000 V； 测量定时：1～7 min； 外形尺寸：L280 mm×W240 mm×H105 mm； 质量：3 kg	上海强佳电气有限公司	
电线电缆测试水槽	ZY6002-240L	水箱尺寸：L805 mm×W505 mm×H550 mm 温度范围：常温～98 °C； 温度稳定性：<1.5 °C	东莞中诺（台湾）质检仪器设备有限公司	

3.2 电缆附件品控检测

3.2.1 电缆附件故障及缺陷概况

1. 故障及缺陷概况

截至目前，云南电网 10 kV 配网（10 kV 及 35 kV）电缆附件共计约 10 万支。根据统计，2020 年全年云南电网中压电缆附件共发生故障缺陷 242 起。根据故障统计，2020 年中压电缆附件故障及缺陷主要为：电缆中间接头 51 起，占比 21.1%；电缆中端头 191 起，占比 78.9%。主要表现为击穿、烧毁和主绝缘受损等，详情见表 3-11。

表 3-11 电缆附件故障、缺陷统计

故障缺陷情况		故障及缺陷表象			
故障缺陷		主绝缘受损	击穿、烧毁	合计	占比
故障及缺陷数量/起	电缆中间头	3	48	51	21.1%
	电缆终端头	/	190	191	78.9%
合计		3	223	242	100%
占比		1.2%	98.2%	100%	/

2. 中压电缆附件故障缺陷原因分析

1）故障缺陷原因

根据故障缺陷统计分析，中压电缆故障缺陷表象主要分为两类：击穿、烧毁（98.2%）；主绝缘破损（1.2%）。中压电缆附件故障原因主要有以下几类：设备老化（71.7%）、施工安装（10.2%）、运行管理原因（5.4%）、自然环境（8.3%）、产品质量不良（4.4%）等，详情见表 3-12。

表 3-12 2020 年云南电网中压电缆故障原因统计

统计	故障缺陷原因						
故障缺陷表象	设备老化	施工安装	运维原因	雷击	产品质量不良	合计	占比
击穿、烧毁	147	18	11	17	9	202	19.5%
主绝缘破损	0	3	0	0	0	3	22.7%
合计	147	21	11	17	9	205	100%
占比	71.7%	10.2%	5.4%	8.3%	4.4%	100%	/

2）附件老化原因分析

电缆老化是中压电缆的常见现象，可分为自然老化和异常老化。电缆附件老化指因电场、温度、周围环境等因素的长期作用使其在运行过程中质量逐渐下降、结构逐渐损坏的现象，其老化程度决定了该电缆附件是否能够持续安全稳定运行及确保城市的安全供电。

在电缆附件的老化故障中电缆的自然老化现象是无法避免的。电缆附件的自然老化程度只与电缆附件原材料的绝缘性能强弱有关，可以通过对安装好的电缆附件进行电气性能方面试验来考核其绝缘强度是否达标。由电缆附件非正常老化造成的电缆老化故障中，主要原因为电化学腐蚀、附件原材料质量或密封性差、生产工艺不达标等。保护层长期遭受电化学腐蚀，致使保护层失效，绝缘性能降低，加速老化击穿；采用的原材料质量差或密封差，导致绝缘胶溶解开裂，加速老化击穿；生产工艺不达标，附件绝缘性能差，拉伸强度、扯断伸长率、撕裂强度达不到要求。同时雷击、受潮、过载、运行环境恶劣同样也会加速附件老化，造成电缆的老化故障。从品控角度来看，应重点关注附件的电气绝缘性能。

3）施工安装原因分析

安装时没有严格按照工艺规定，或安装时尺寸不对等；附件现场施工条件较差，施工现场的湿度、灰尘会诱导电缆附件击穿；施工过程中在绝缘表面留下细小划痕，半导电颗粒和灰尘颗粒也有可能嵌入绝缘中，另外接头施工过程中由于电缆附件暴露在空气中会吸入水分，使附件绝缘性能降低，导致附件击穿。从品控角度来看，应重点关注安装完成时附件的外观、结构尺寸检查。

4）运行维护原因分析

长时间超负荷运行，运行日久绝缘会老化，长期受到风吹、日晒、雨淋会加速绝缘老化，损害绝缘强度；长期使用，附件绝缘上会积攒污秽，污秽达到一定程度会引发污秽放电。从品控角度来看，应重点考虑环境对户外附件的影响。

5）雷击原因分析

云南地处高原地区，属于重雷灾区。雷击产生的线路过电压，会将电缆附件的绝缘薄弱点击穿。从品控角度来看，应重点考虑安装好的附件电气性能是否达标。

6）产品质量不良原因分析

电缆附件主要由施工队安装，非厂家安装，施工队多、杂，安装水平参差不齐，安装质量无法保障；电缆附件厂家众多，安装工艺要求不一，安装人员不能具备多家工艺要求的能力和素质；安装工程监控及安装过程信息流程不便、不全，无法监控安装质量；现场安装过程中，没有太好的、直观简洁的方法判断安装是否存在问题；没有统一的、标准的安装流程。从品控角度来看，应重点考虑安装好的附件电气性能是否达标。

3.2.2 电缆结构原理、关键环节与检测项目关联分析

1. 电缆附件基本结构

1）中间接头

中间接头主要由导体连接金具、冷缩套主体、铜屏蔽网、装甲带和恒力弹簧等组成。导体连接金具连接电缆接头导体，冷缩套主体套住接头部位加强绝缘，缠绕铜屏蔽带与装甲带。中间接头结构如图 3-7 所示。

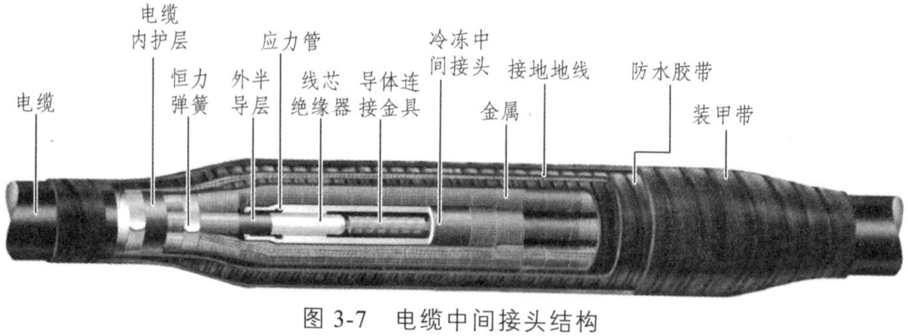

图 3-7 电缆中间接头结构

2）电缆终端头

电缆终端头主要由冷缩分支手套、恒力弹簧、冷缩绝缘管、冷缩绝缘管及接线端子组成。电缆终端头结构如图 3-8 所示。

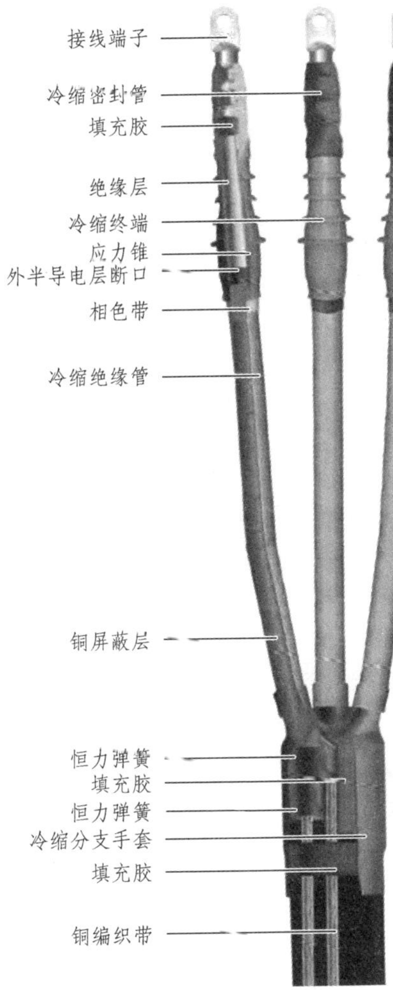

图 3-8　电缆终端头结构图

2. 关键结构部件与检测项目相关联

缺陷故障与检测项目关联如表 3-13 所示。

表 3-13 缺陷故障与检测项目关联

序号	测试项目	部件	主要缺陷	关联故障
1	标志外观检查	冷缩部件	冷缩部件安装划痕	击穿放电
2	结构尺寸检查	冷缩部件	尺寸与电缆规格不符合，产生间隙	击穿放点
3	交流耐压（或直流耐压）试验	冷缩部件	冷缩部件、密封胶密封性不良	击穿放电
4	局部放电试验	冷缩部件、金属连接件	应力锥处理不良、金属连接件未打磨、冷缩部件贴合不良	局放值偏高、加速老化击穿
5	恒压负荷热循环试验及随后的局放试验	冷缩部件、金属部件	冷缩部件、密封胶密封性不良、金属连接件变形	加速老化击穿
6	冲击电压试验	冷缩部件	冷缩部件、密封胶密封性不良	击穿放电
7	交流耐压 4 h	冷缩部件	冷缩部件、密封胶密封性不良	击穿放电

3. 其他问题

（1）根据 2020 年故障统计情况，电缆户外终端绝缘击穿故障较多，淋雨情况下，户外终端故障概率增加，但目前检测项目中没有对户外终端进行淋雨试验。

（2）云南电网电缆附件数量大，附件供应商众多，质量参差不齐，但抽检数量偏少，不能全面反映产品质量水平。

3.3.3 检测标准问题及检测项目分析

1. 品控工作情况

2020 年至今，公司共完成了 9 套 10 kV 电缆附件试验到货抽检工作，详情如表 3-14 所示。

表 3-14 中压电缆附件不合格率统计

年份	抽检数量	不合格数	不合格率	不合格项
2020	5	0	0%	/
2021 年 1～4 月	4	0	0%	/
共计	9	0	0%	/

2. 检测项目优化建议

（1）抽检附件不合格率较低，主要原因之一是抽检数量少。云网电缆附件数量近十万只，且随着电缆敷设量的增加，电缆附件使用量也随之快速上升。此外，云南电网附件供应商众多、产品质量参差不齐、产品规格不完全统一，以上客观原因需要加大对电力附件的抽检力度。

（2）安装在户外的终端在高原环境下运行条件较为严酷，终端淋雨后其绝缘性能需要加强评估。但目前已有的检测项目中，缺乏对户外终端淋雨后的检测，建议加入。优化项目如表 3-15 所示。

表 3-15 优化项目

序号	检测部件	考核内容	存在问题	检测项目	优化建议
1	户外终端头	户外终端头特殊环境下的绝缘性能	缺少雨天环境试验项目	湿式耐压试验	建议列为必检项

3. 持续工作推进的思考

电缆终端头的制作工艺好坏对终端头使用寿命存在较为关键的作用，应严格按照标准规范安装制作，加强技术人员安装技术培训，强化安装交接试验，增强日常维护。

3.2.4 电缆附件品控检测设备及主要参数

1. 交流耐压（或直流耐压）、4 h 电压试验检测设备及参数简介

（1）交流耐压（或直流耐压）、4 h 电压试验检测设备如图 3-9 所示。

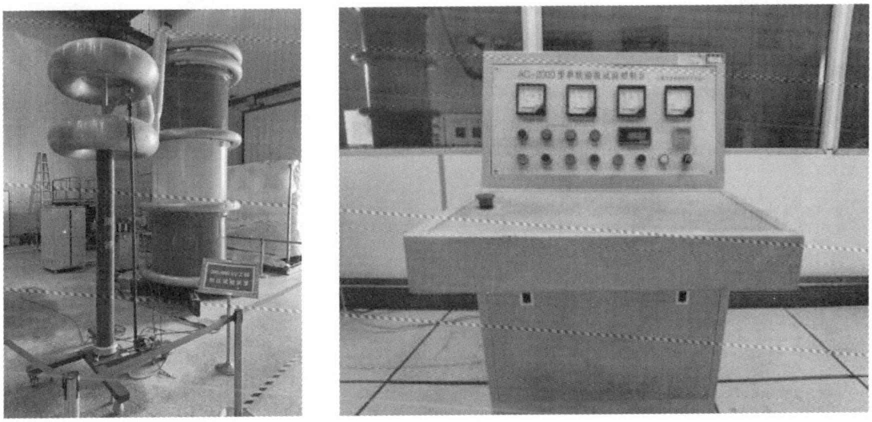

图 3-9 交流耐压（或直流耐压）、4 h 电压试验检测设备

（2）交流耐压（或直流耐压）、4 h 电压试验检测设备参数如表 3-16 所示。

表 3-16　交流耐压（或直流耐压）、4 h 电压试验检测设备参数

设备名称	规格型号	主要参数	生产厂家	其他备注
工频电压测试系统	TRF-300	额定容量：600 kvar； 额定电压：300 kV； 额定电流：2 A； 额定频率：50 Hz； 电容量：1000 pF； 电压误差：－0.5%	江都市盛华高压电气设备厂	

2. 局部放电试验检测设备及参数简介

（1）局部放电试验检测设备如图 3-10 所示。

图 3-10　局部放电试验检测设备

（2）局部放电试验检测设备参数如表 3-17 所示。

表 3-17　局部放电试验检测设备参数简介

设备名称	规格型号	主要参数	生产厂家	其他备注
局部放电检测系统	JFD-2B	程控滤波器： 频带低段：10，20，40 kHz； 频带高段：100，200，300 kHz； 增益调节范围：−40～60 dB； 输入阻抗：1 MΩ； 输入端自噪声≤5 μV	国家电力公司武汉高压研究所	
校准脉冲发生器	JFD-301	标准脉冲电压挡位（V）：0.2、0.5、1、2、5、10； 校准电容 50 pF 时放电量示值挡位（pC）：10、25、50、100、250、500； 校准电容 200 pF 时放电量示值挡位（pC）：40、100、200、400、1000、2000	武汉南瑞有限责任公司	
工频电压测试系统	TRF-300	额定容量：600 kvar； 额定电压：300 kV； 额定电流：2 A； 额定频率：50 Hz； 电容量：1 000 pF； 电压误差：−0.5%	江都市盛华高压电气设备厂	
电缆局放试验用辅助装置	/		/	自制

3. 恒压负荷热循环试验项目检测设备及参数简介

（1）恒压负荷热循环试验项目检测设备如图 3-11 所示。

图 3-11　恒压负荷热循环试验项目检测设备

（2）恒压负荷热循环试验项目检测设备参数如表 3-18 所示。

表 3-18　恒压负荷热循环试验项目检测设备参数

设备名称	规格型号	主要参数	生产厂家
电流感应装置	DDG-20	输出电压：380 V；输入电压：6 V； 额定功率：20 kVA 一次匝数：50/60/70 可调； 二次匝数：1	云南华跃电器有限公司
数据采集系统	KEITHLY2700	温度采集范围：－45 ~ 150 °C	泰克科技有限公司
工频电压测试系统（充气式试验变压器）	FDQ-C YDG-5/50	容量：40 kVA； 低压电压：200 V； 低压电流：50 A； 高压电压：50 kV； 高压电流：200 mA	武汉福润斯电气有限公司

4. 工频电压试验（8 kV，5 min）、工频电压试验（7.2 kV，4 h）试验项目检测设备及参数简介

（1）工频电压试验（8 kV，5 min）、工频电压试验（7.2 kV，4 h）试验项目检测设备如图 3-12 所示。

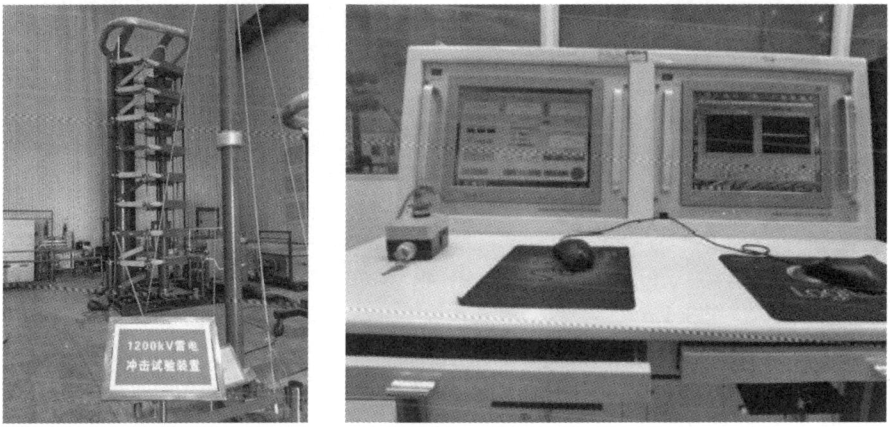

图 3-12　冲击电压测量系统

（2）主要参数工频电压试验（8 kV，5 min）、工频电压试验（7.2 kV，4 h）试验项目检测设备参数如表 3-19 所示。

表 3-19　工频电压试验（8 kV，5 min）、工频电压试验（7.2 kV，4 h）试验项目检测设备参数

设备名称	规格型号	主要参数	生产厂家	其他备注
冲击电压测量系统	型号：CDY； 规格：1200/45	额定电压：1200 kV； 极电压：150 kV； 额定能量：45 kJ； 极能量：5.625 kJ； 主电容：0.0625 μF； 极电容：0.5 μF； 冲击峰值误差：±0.2%； 时间误差：2%	北京华天机电研究所	/

5. 工频电压试验（8 kV，5 min）、工频电压试验（7.2 kV，4 h）试验项目检测设备及参数简介

（1）工频电压试验（8 kV，5 min）、工频电压试验（7.2 kV，4 h）试验项目检测设备如图 3-13 所示。

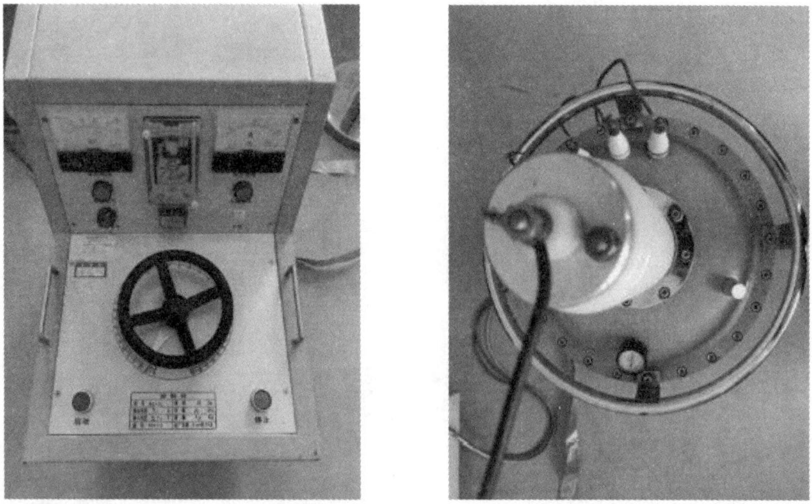

图 3-13　工频电压测试系统（充气式试验变压器）

（2）工频电压试验（8 kV，5 min）、工频电压试验（7.2 kV，4 h）试验项目检测设备参数如表 3-20 所示。

表 3-20　工频电压试验（8 kV，5 min）、工频电压试验（7.2 kV，4 h）试验项目检测设备参数

设备名称	规格型号	主要参数	生产厂家	其他备注
工频电压测试系统（充气式试验变压器）	FDQ-C YDG-5/50	容量：40 kVA； 低压电压：200 V； 低压电流：50 A； 高压电压：50 kV； 高压电流：200 mA；	武汉福润斯电气有限公司	/

3.3　柱上断路器成套设备品控检测

3.3.1　柱上断路器成套设备运行缺陷及故障分析

1. 故障情况

通过查阅云南电网公司 2020 年 1 月至 2021 年 2 月故障、缺陷报告，共发现柱上断路器自动化成套设备本体部分（一次设备）故障问题 340 起，其中真空断路器部分故障 321 起，电压互感器部分故障 19 起。

真空断路器部分引起的321起故障中，外界因素导致故障113起，操作机构导致的故障52起，线路过载导致的故障31起，施工问题导致的故障26起，本体烧损导致的故障27起，绝缘性能降低导致的故障20起，合闸线圈问题导致的故障4起，回路断线问题导致的故障5起，储能问题导致的故障11起，桩头发热问题导致的故障2起，规划设计问题导致的故障4起，不明原因导致的故障26起。具体见图3-14。

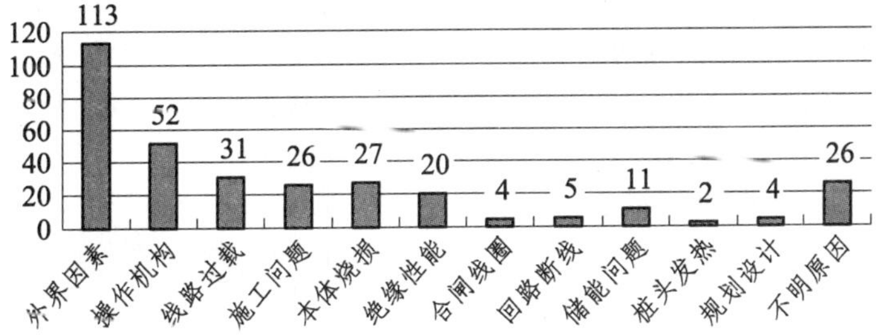

图3-14　真空断路器故障原因分布图

通过故障统计我们可以发现：

（1）外界因素引起的故障最多为113起，占比约为35%，分析原因有4点：① 恶劣天气（雷雨大风）；② 小动物侵入；③ 非电力的外界施工；④ 飘挂物。

（2）操作机构卡滞引起的故障52起，占比约为16%，分析原因有3点：① 内部操作机构设计不合理，如密封弹垫长时间使用变形、硬化或者受内部气体挤压导致移位；② 由于安装的外部环境恶劣，灰尘阻塞或者雨水腐蚀，导致操作时阻力变大；③ 操作机构材质质量不过关，长时间操作导致机构变形改变原有的运动轨迹或者与其他部件产生摩擦。

（3）线路过载引起的故障31起，占比约为9.7%，分析原因有2点：① 其他线路故障，在临时转供电后引起的线路过载；② 后续增容。本体损伤引起的故障27起，占比约为8.4%，分析原因为断路器本身质量问题和内部绝缘性能降低导致内部击穿。

（4）施工安装引起的故障26起，占比约为8.1%，分析原因是施工时未严格按照标准施工工艺进行，导致接线时螺丝没有达到标准扭矩，或者设备安装不到位。本部分故障原因可以通过加强技术培训、严查施工工艺、强化验收力度来纠正，这部分在检测工作中不易检出。

（5）绝缘性能降低引起故障20起，占比约为6.2%，分析原因有4点：① 安装环境恶劣，表面污秽导致绝缘性能降低而引起击穿；② 产品本身的绝缘材料损伤导致绝缘性能降低而引起击穿；③ SF_6压力降低，导致内部绝缘性能降低引起击穿；④ 产品安装环境海拔较高，会降低产品的电气绝缘强度。

（6）无法储能引起的故障 11 起，占比约为 3.4%，分析原因有 2 点：① 机构内的电机烧毁或者行程开关不到位；② 储能模块有问题导致无法储能。

（7）线圈烧毁导致的故障 4 起，分析原因有 3 点：① 产品质量不过关；② 机械故障，电磁铁带电时间过长烧毁；③ 电磁铁匝间或层间短路。

（8）回路断线引起的故障 5 起，分析原因是航空插头松动。还有 26 起不明原因引起的故障，由于云网公司的故障报告中，没有提及其他信息，所以无法分析原因。

（9）电压互感器引起的 19 起故障中，绝缘性能降低引起故障 8 起，烧损引起故障 6 起，异响引起故障 1 起，接头烧损引起故障 1 起，不规范接地引起故障 2 起，施工问题引起故障 1 起，具体见图 3-15。

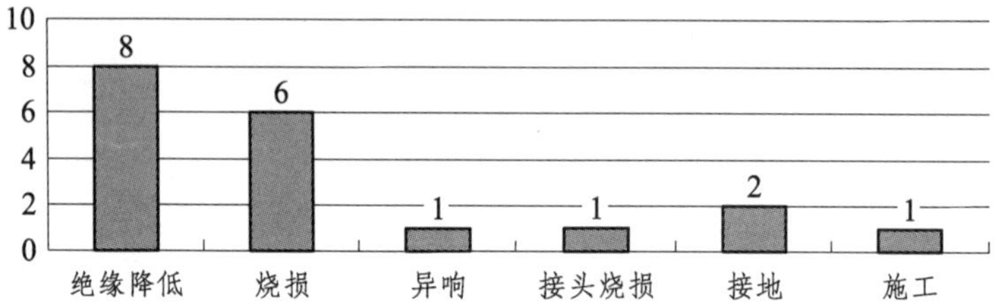

图 3-15　电压互感器故障原因分布图

（10）绝缘性能降低引起的故障最多为 8 起，占比约为 42%，分析原因有 3 点：① 为外部污秽；② 产品本身绝缘材料老化；③ 产品安装环境海拔较高，会降低产品的电气绝缘强度。

（11）本体烧损引起的故障 6 起，占比约为 6.7%，分析原因有 2 点：① 为产品质量问题；② 发生击穿后，在电弧的作用下引起烧损。

异响的故障，分析原因为产品质量问题。接地故障的主要原因是接线时未按照标准要求进行接线，导致接地端子未接地。施工原因主要是未严格按照施工工艺进行安装。

2. 缺陷情况

通过查阅云南电网公司 2020 年 1 月至 2021 年 2 月故障、缺陷报告，结合我站 2020 年 6 月至 2021 年 4 月的检验结果。共发现柱上断路器 6 类共 30 个缺陷，其中真空断路器部分缺陷引起 18 起故障，电压互感器部分缺陷引起 12 起故障。

（1）真空断路器部分引起的 18 起故障中，本体损伤导致故障 4 起，操作机构导致的故障 7 起，储能问题导致的故障 4 起，桩头发热问题导致的故障 1 起，失电未分闸 1 起，绝缘性能（套管）降低缺陷 1 起。具体见图 3-16。

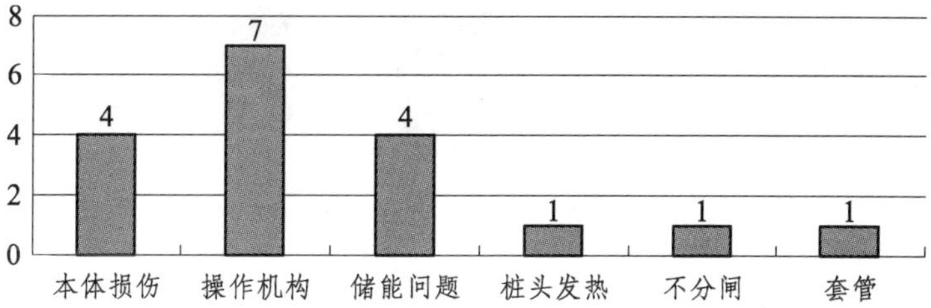

图 3-16 真空断路器缺陷原因分布图

（2）电压互感器的 12 起缺陷中，绝缘性能降低 6 起，接地不规范缺陷 2 起，本体损伤 4 起。具体见图 3-17。

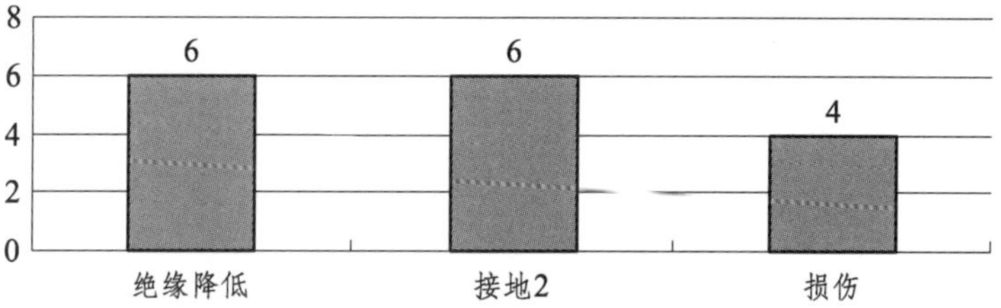

图 3-17 电压互感器缺陷分布图

产品缺陷主要是产品本身的产品设计、质量问题和制造工艺问题，在运行初期不易出现，随着运行时间的增加，在电压、电流的长期作用下，在恶劣环境的影响下，在不断地操作过程中，这些缺陷会逐渐显露出来，此类缺陷在检验初期不易发现。

3.3.2 柱上断路器成套设备结构原理、关键环节与检测项目关联分析

1. 真空柱上断路器的结构组成及原理

真空柱上断路器开关本体整体结构为三相共箱式 SF_6 全密封结构，由真空灭弧室、导电回路、绝缘系统、操作机构、密封件及壳体组成，具体可分为导电回路、绝缘系统、测量系统和操作系统，如图 3-18 所示。

断路器箱体采用 304 不锈钢板，表面进行拉丝或喷塑处理。壳体具有足够的刚度以及良好的防锈性能并有防止变形的措施。

支座、导电夹、软连接及真空灭弧室连接而成，导电回路采用足额截面积的铜导线，用以通过正常工作时的电流而不会引起发热等故障，由于进出线端子直接与高压线路连接，因此端子应采用抗污秽能力、抗老化、抗腐蚀能力强的户外环氧树脂、硅橡胶绝缘材料，用以保证足够的绝缘强度。

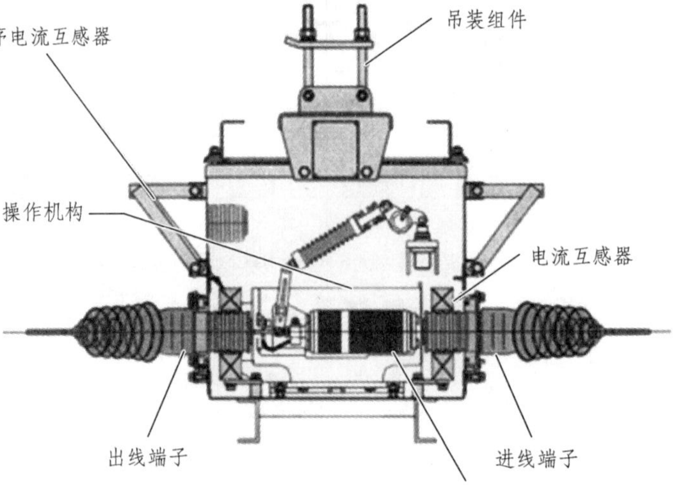

图 3-18　真空断路器结构图

绝缘系统主要是真空灭弧室和 SF_6 气体，真空灭弧室是中高压电力开关的核心部件，其主要作用是，通过管内真空优良的绝缘性使中高压电路切断电源后能迅速熄弧并抑制电流，避免事故和意外的发生，主要应用于电力的输配电控制系统，具有节能、节材、防火、防爆、体积小、寿命长、维护费用低、运行可靠和无污染等特点。同时由于是利用高真空工作的方式绝缘，可以大幅缩小灭弧室的体积，也使产品的体积大幅缩小。SF_6 气体具有优良的绝缘和灭弧性能，其工作压力较低，在 1.01×10^5Pa 气压下，SF_6 的灭弧性能是空气的 100 倍，并且灭弧后不变质，可重复使用。箱体内充满干燥的 SF_6 气体，可以进一步增加箱体的绝缘性能，同时能够防止内部零件受潮。

测量系统主要是穿心式的电流互感器，穿心式电流互感器具有测量准确，体积小、重量轻、可开启、便于安装等特点，安装时直接卡在导电回路上，简便快捷，同时由于工作在 SF_6 气体内，其绝缘性能也满足高压运行的要求。

操作系统主要是内部分合闸机构和外部操作机构。柱上真空断路器安装有电动操作机构，在控制电源的供电下，电机拉动储能弹簧至工作位置，当储能完成后可通过远程遥控或者手动操作的方式完成分合闸操作，由于分合闸时需要一定的力度，因此对操作机构的材质和装配准确度要求较高。

断路器一次回路是从进线端子进入断路器箱体，通过真空灭弧室的分、合来控制电路的通、断，再由出线端子将电引出。断路器进出线电流互感器采集到的电流值、进出线电压互感器采集到的电压值、断路器开关位置状态值、储能位置状态等信息通过控制电缆传输至馈线自动化终端（FTU），完成对断路器的测控。

2. 结合故障缺陷统计

结合故障、缺陷统计，操作机构卡滞、绝缘性能降低、本体损伤和储能机构问题引起的事故较多，在以后的检测工作中，应对这些方面有一个侧重。

3.3.3 柱上断路器成套设备检测标准问题及检测项目分析

1. 检测结果分析

2020 年 7 月至 2021 年 7 月，我公司共检验柱上断路器自动化成套设备本体部分（全部一次设备）169 件，其中真空断路器 59 件，不合格 8 件，均为真空断路器。其中外观检查 8 件，7 件为铭牌信息不全，1 件为指示标志缺少反光标志，分析原因为未仔细研读技术规范书，以上要求在技术规范书中均有明文规定。三相电流互感器伏安特性检测不合格 4 件，原因是箱体内安装了电流互感器防开路装置，但由于防开路装置的启动电压过低，在伏安特性试验时会导致防开路装置启动，导致电流互感器二次短路，因此试验时无法升压。同时由于防开路装置的质量问题，不能长时间通过其允许的工作电流，在长时间短路后会损坏，损坏后无法复原，这也导致在伏安特性试验时不能升压。操作机构卡滞 2 件，分析原因有 2 点：① 内部操作机构设计不合理，如密封弹垫长时间使用变形、硬化或者受内部气体挤压导致移位；② 零件材质质量差，连接处发生断裂。真空断路器不合格率 13.6%，一次设备总不合格率为 4.7%。

通过目前到货抽检的结果和故障、缺陷情况对比，对于机械性能（操作机构、储能机构机）和绝缘性能的检测不足，所以目前的检测项目并不能实现对产品性能的全覆盖。依照目前的抽样数量而言，抽样数量较低（抽样比约为 4‰），由于抽样数量过低，不利于在检测中充分发现潜在的问题。技术规范书中要求运行环境不低于海拔 2000 m，而产品的绝缘性能会随着海拔的增高而降低，但是目前的检测项目并没有与高原环境适应性相关的项目，无法验证产品的绝缘性能是否满足在高海拔环境下的安全运行。

2. 现有的检测项目分析

目前技术规范书中的检测项目和相关技术要求，均依据真空断路器和电压互感器的产品国家标准。表 3-21 为柱上断路器检测项目。

目前检验项目对于产品的各项性能指标都有涉及，但是对于常出现的故障缺少针对性的加强检验。由于海拔（气压）对电气设备的性能有较大的影响，随着海拔的升高，设备的绝缘性能会降低。同时随着海拔的升高，断路器内外压差增大，操作机构因为压差的影响，会产生故障。而检测项目中并没有针对海拔（气压）对电气设备影响的检测。目前的检测项目不能实现对产品性能和质量检测的全覆盖。

表 3-21　柱上断路器检测项目

项　目	检测内容
外观检查	铭牌、外观结构和材料
绝缘电阻测量	绝缘性能
回路电阻测量	导电性能
机械操作试验	分合闸线圈的性能和机械操作机构的性能
机械特性试验	真空灭弧室的可靠性
主回路工频耐压试验	绝缘性能
辅助和控制回路的绝缘试验	绝缘性能
三相电流互感器伏安特性检测	电流互感器的保护精度
电流互感器变比和精度试验	电流互感器的采样精度及准确性
电压互感器外观检验	铭牌和外观结构
电压互感器绝缘试验	绝缘性能
电压互感器变比精度测试	电压互感器的采样精度及准确性
温升试验	导电性能
主回路雷电冲击电压试验	绝缘性能
分合闸速度及反弹幅值测量	弹簧操作机构的性能

3. 项目优化

结合目前的检测总结以及实际运行的故障分析，建议针对易出故障的问题，增加针对性的检测项目，同时增加对高原环境适应性的验证。应充分考虑到产品实际安装地点的海拔，在检测工作中应在产品安装的最高海拔环境下对产品的相关性能进行验证。

1）针对开关的绝缘性能问题

针对开关的绝缘性能问题（包括恶劣天气造成的绝缘问题），目前在实验室中检测情况良好，而运行中绝缘性能导致的故障缺陷频发，因此，建议增加对高原环境适应性的验证，应充分考虑到产品实际安装地点的海拔，在检测工作中应在产品安装的最高海拔环境下对产品的相关性能进行验证。

2）针对开关的操作机构问题

针对开关的操作机构问题，目前在实验室中仅有机械特性试验一项针对机械操作的检测，实验室检测情况较好，而运行中操作机构导致的故障缺陷频发，建议增加常温环境下的机械操作试验，通过更严格的检测要求和检测标准，可以更好地检测机械操作部件的寿命和性能。能对故障事故中占较大比重的机械操作卡滞起到很好的检测作用。

3）针对开关本体烧损的问题

针对开关本体烧损的问题，建议厂家在断路器本体安装 SF_6 气压表。因箱体内部结构紧凑，绝缘性能依靠 SF_6 来实现。由于 SF_6 气体的气压和其绝缘性能成正比，因此 SF_6 的压力值至关重要。目前的检验项目中并没有可以检测箱体密封性的检验项目，如果要检测，就会破坏其绝缘性能。因此，建议增加 SF_6 压力表，用来检测内部的气体压力，实现对内部绝缘性能的判断。

4）针对电压互感器的绝缘性能和损伤问题

针对电压互感器的绝缘性能和损伤问题，由于目前仅有绝缘试验一项，不能很好地检测互感器的绝缘性能，而运行中绝缘性能降低导致的故障较多，建议增加一次端冲击耐压试验和户外互感器的湿试验，前者可以更好地检验互感器的绝缘性能，后者可以更好地检验互感器在恶劣环境下的绝缘性能。

5）针对无法储能的故障

针对无法储能的故障，由于目前仅有辅助回路的绝缘试验一项，可以检测储能电机的绝缘情况，但不能针对内部的储能模块进行检测，建议增加对厂家技术能力和生产工艺的审查。如定期到厂家进行能力审查，了解厂家的生产流程是否符合规范，采购的零部件是否合格，厂家的内部技术培训是否到位，产品检测能力是否满足要求，及时发现产品在出厂前就已经存在的问题。

6）针对外观检查不合格的问题

由于外观检查不合格数量较多，有共同性，铭牌缺少强制性标注的信息有：① 最高使用环境温度；② 最低使用环境温度；③ 使用环境的污秽等级；④ 接口（接连器）。此不合格项可通过更换铭牌解决，但是并不能证明产品满足增加的铭牌内容（最高/最低使用环境温度、污秽等级），因此，建议增加环境试验，以确保产品满足技术规范书中规定的使用环境要求。

4. 持续工作推进的思考

通过追踪增加项目后投入运行的产品的故障情况，与目前的检测项目下已投入运行的故障情况进行对比，可以更好地分析出检测项目对于故障预防的效果。同时，若仍有相同的问题存在，可以采取提高检测项目的有关参数来进行检测，增加检测力度，从而更好地发现问题。通过检测项目的持续优化，提高产品质量的稳定性，配合品控工作的顺利开展。

3.3.4 柱上断路器成套设备品控检测设备及主要参数

1. 绝缘电阻测量项目检测设备及参数简介

（1）绝缘电阻测量项目检测设备如图 3-19 所示。

图 3-19 绝缘电阻测试仪

（2）柱上断路器成套设备品控检测设备参数如表 3-22 所示。

表 3-22 柱上断路器成套设备品控检测设备参数

设备名称	规格型号	主要参数			生产厂家	其他备注
绝缘电阻测试仪	FLUKE 1550B	5 种预置测试电压：250 V、500 V、1000 V、2500 V、5000 V 可设置测试电压：250 ~ 5000 V（50/100 V 步进）；电阻测量：0 Ω ~ 1 TΩ极化指数测量、介电吸收率测量、线性增加（100 V/步增）所用测试电压斜率模式、测试计时器和测试结果存储击穿电压读数			美国福禄克公司	
		测试电压（直流）	绝缘电阻量程	精确度		
		250 V	<200 kΩ	未规定		
			200 kΩ ~ 5 GΩ	5%		
			5 GΩ ~ 50 GΩ	20%		
			>50 GΩ	未规定		

续表

设备名称	规格型号	主要参数			生产厂家	其他备注
绝缘电阻测试仪	FLUKE 1550B	500 V	<200 kΩ	未规定		
			200 kΩ ~ 10 GΩ	5%		
			10 GΩ ~ 100 GΩ	20%		
			>100 GΩ	未规定		
		1000 V	<200 kΩ	未规定		
			200 kΩ ~ 20 GΩ	5%		
			20 GΩ ~ 200 GΩ	20%		
			>200 GΩ	未规定		
		2 500 V	<200 kΩ	未规定		
			200 kΩ ~ 50 GΩ	5%		
			50 GΩ ~ 500 GΩ	20%		
			>500 GΩ	未规定		
		5 000 V	<200 kΩ	未规定		
			200 kΩ ~ 100 GΩ	5%		
			100 GΩ ~ 1 TΩ	20%		
			>1 TΩ	未规定		
		条形图量程：0 ~ 1 TΩ； 绝缘测试电压精确度：－0%，1 mA 载荷电流时＋10%； 电容载荷充电率：5 s/ μF；电容载荷放电率：1.5 s/ μF； 漏电电流测量：量程：1 ~ 2 mA；精确度：＋/－（5%＋2 mA）电容测量；量程：0.01 ~ 15.00 μF；精确度：＋/－（读数的 15%＋0.03 μF） 计时器：量程：0 ~ 99 min；分辨率：设置：1 min，读数：1 s 有压电路警告：警告量程：30 ~ 660 V AC/DC、50/60 Hz 电压精度：＋/－（5%＋2 V）				

2. 回路电阻测量项目检测设备及参数简介

（1）回路电阻测量项目检测设备如图 3-20、图 3-21 所示。

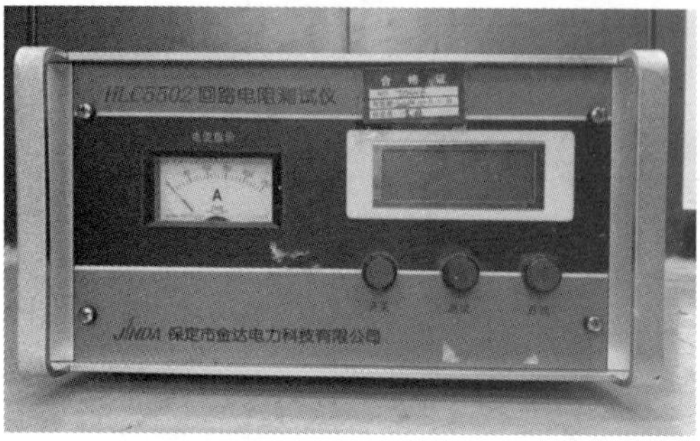

图 3-20　回路电阻测试仪

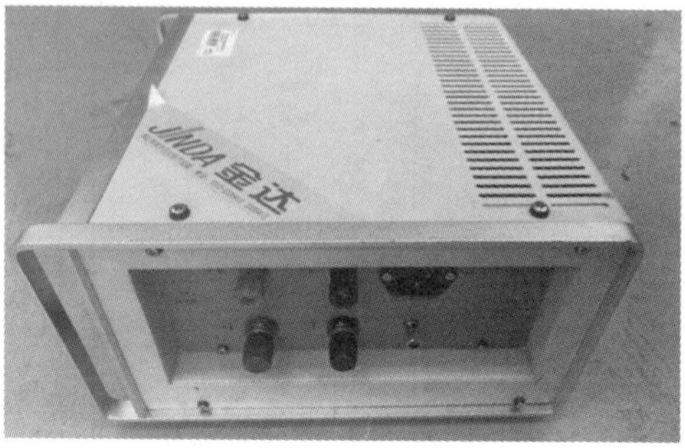

图 3-21　回路电阻测试仪

（2）回路电阻测量项目检测设备参数如表 3-23 所示。

表 3-23　回路电阻测量项目检测设备参数

设备名称	规格型号	主要参数	生产厂家	其他备注
回路电阻测试仪	HLC5501 HLC5502	测试电流：50 A、100 A、200 A 测试范围： 50 A：1 ~ 100 mΩ 100 A：0 ~ 20 mΩ 200 A：0 ~ 10 mΩ 测试时间：10 s、60 s 准确度：±（0.5%×R + 2 μΩ） 最小分辨率：0.1 μΩ	保定市金达电力科技有限公司	HLC5501 测试电流为 50 A、100 A；HLC5502 测试电流为 100 A、200 A

3. 机械操作和机械特性试验项目检测设备及参数简介

（1）机械操作和机械特性试验项目检测设备如图 3-22 所示。

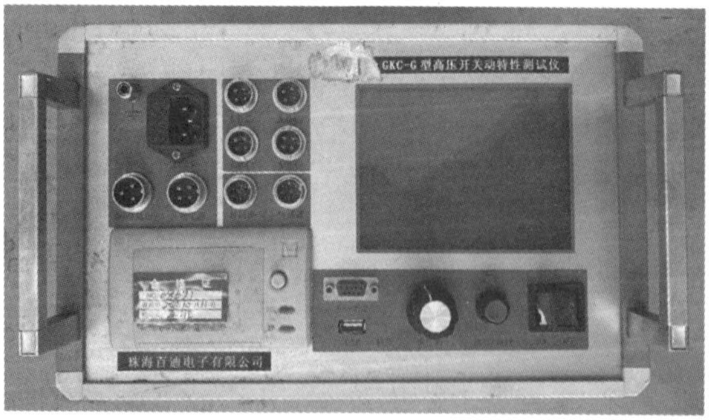

图 3-22　高压开关动特性测试仪

（2）机械操作和机械特性试验项目检测设备参数如表 3-24 所示。

表 3-24 机械操作和机械特性试验项目检测设备参数

设备名称	规格型号	主要参数	生产厂家	其他备注
高压开关动特性测试仪	GKC-G	测量通道：时间 12 路、行程 2 路（线性通道和数字通道自动识别）； 内置操作电源：DC 20～270 V，无级可调/15 A（最大 20 A）； 分辨率：1 V； 电压调节方式：手动或全自动电调； 外接操作电源：0～250 V（交直流自动识别）； 开断能力：20 A； 触发方式：线圈电压或任一模拟/数字输入通道； 速度自定义功能：在行程曲线上任意定义速度计算起点； 存储：机内 60 组数据及图形实时存储或外接 U 盘； 抗干扰能力：可在 50 kV 及以下强电场环境工作； 内置直流操作电源具有过载、过流、过热及短路保护功能，自动识别当前开关状态； 行程：真空开关：0～50 mm；其他开关：0～450 mm； 分辨率：0.1 mm；精度：0.5%±0.1 mm； 时间：外同步：0～200 s；内同步：0～2 s； 分辨率：0.01 ms；精度 0.5%±0.1 ms； 速度：量程：0～20 m/s； 分辨率：0.01 m/s；精度 0.5%角度； 量程：0～360°； 分辨率：0.5°	珠海百迪电子有限公司	

4. 主回路工频耐受电压试验项目检测设备及参数简介

（1）主回路工频耐受电压试验项目检测设备如图 3-23 所示。

图 3-23 工频电压测试系统

（2）主回路工频耐受电压试验项目检测设备参数如表 3-25 所示。

表 3-25 主回路工频耐受电压试验项目检测设备参数

设备名称	规格型号	主要参数	生产厂家	其他备注
工频电压测试系统	TRF-300	额定容量：600 kvar；额定电压：300 kV；额定电流：2 A；额定频率：50 Hz；电容量：1000 pF；电压误差：－0.5%	江都市盛华高压电气设备厂	/

5. 辅助和控制回路绝缘试验项目检测设备及参数简介

（1）辅助和控制回路绝缘试验项目检测设备如图 3-24 所示。

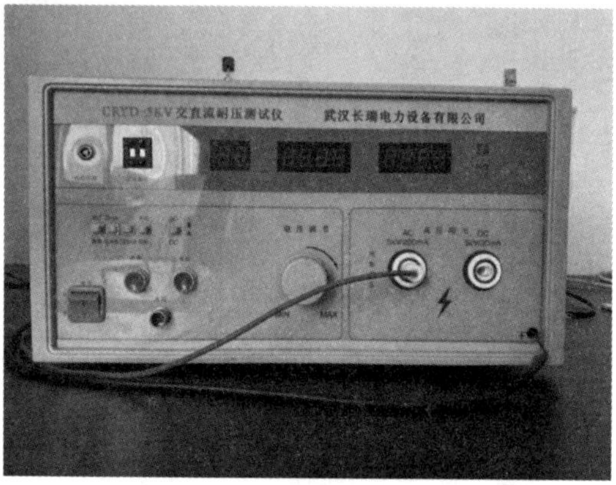

图 3-24 交直流耐压仪

（2）辅助和控制回路绝缘试验项目检测设备参数如表 3-26 所示。

表 3-26 辅助和控制回路绝缘试验项目检测设备参数

设备名称	规格型号	主要参数	生产厂家	其他备注
交直流耐压仪	CRYD-5 kV	1. 电压（AC/DC） 量程：0～5 kV；测量精度：±3% 2. 漏电流 AC 量程：0～200 mA；DC 量程：0～20 mA；测量精度：±3% 3. 其他 定时：0～99 s；输出功率：1000 VA；变压器容量：2000 VA	武汉长瑞电力设备有限公司	/

6. 电流互感器伏安特性、变比和精度试验项目检测设备及参数简介

（1）电流互感器伏安特性、变比和精度试验项目检测设备如图 3-25 所示。

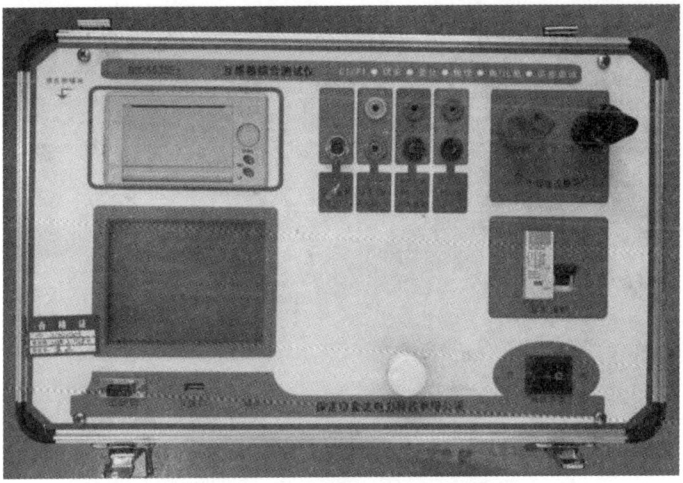

图 3-25　互感器综合测试仪

（2）电流互感器伏安特性、变比和精度试验项目检测设备参数如表 3-27 所示。

表 3-27　电流互感器伏安特性、变比和精度试验项目检测设备参数

设备名称	规格型号	主要参数	生产厂家	其他备注
互感器综合测试仪	HQ6638E＋	1. 输入电压 输出最高电压 输出最大电流 功率 测量精度 CT 伏安输出 220 V 0～2500 V 15 V 3 kVA <0.5% CT 变比输出 220 V 0～8 V 0～600 V <0.5% 2. CT 变比测量 最大显示：999.9 K：5/1；测量精度：<0.5% 3. PT 变比测量 比值最高显示：999.9 K：100、150、100/3、$10\sqrt{3}$； 测量精度：<0.5% 4. 直阻测量 量程：0.1～20 Ω；测量精度：1 Ω以下 3%；1 Ω以上<1% 5. 角差：最小显示：0.01 分；精度±10 分 6. 比差：最小显示：0.01%；精度：<0.5% 7. 二次通流 电流：0～200 A；时间：1～5 min 8. 二次耐压：0～2500 V，时间：1～5 min	保定市金达电力科技有限公司	

7. 电压互感器绝缘试验项目检测设备及参数简介

（1）电压互感器绝缘试验项目检测设备如图 3-26 所示。

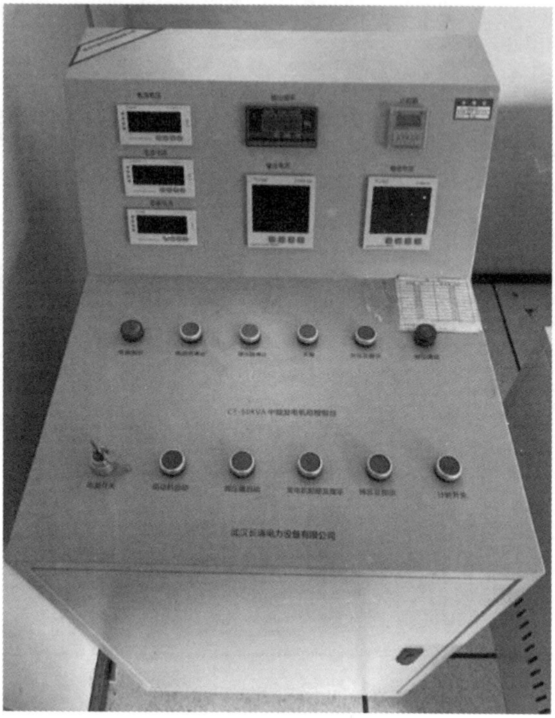

图 3-26　感应耐压测试系统

（2）电压互感器绝缘试验项目检测设备及参数简介如表 3-28 所示。

表 3-28　电压互感器绝缘试验项目检测设备及参数简介

设备名称	规格型号	主要参数	生产厂家	其他备注
感应耐压测试系统	CT-50 kvA	额定容量：50 kVA；额定负载容量：6300 kVA；额定输入电压：三相四线 380 V/150 A/50 Hz；额定输出电压：三相 800 V/35 A/150 Hz；额定转速：1 480 r/min；功率因数：0.8；输出电压波形畸变率：≤2%，输出电压误差：0.25%；输出频率误差：0.07%	武汉长瑞电力设备有限公司	此试验还需用到设备：工频电压测试系统

8. 电压互感器变比精度试验项目检测设备及参数简介

（1）电压互感器变比精度试验项目检测设备如图 3-27、3-28 所示。

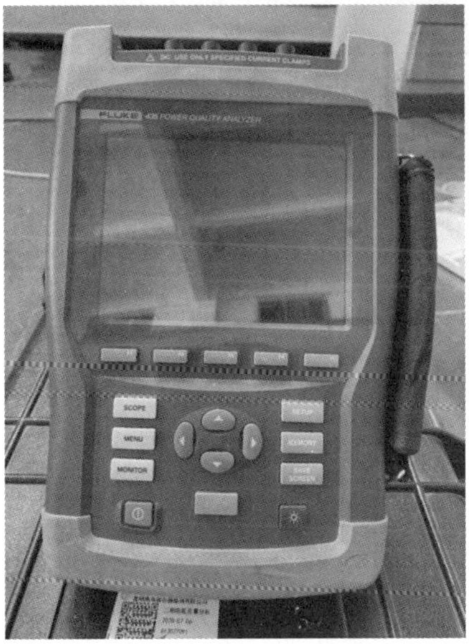

图 3-27 数字万用表

图 3-28 电压互感器

（2）变比精度试验项目检测设备参数如表 3-29 所示。

表 3-29 变比精度试验项目检测设备参数

设备名称	规格型号	主要参数	生产厂家	其他备注
数字万用表	FLUKE287C	1. 直流电压 量程：50.000 mV、500.00 mV、5.0000 V、50.000 V、500.00 V、1000.0 V 基本精度：0.025% 2. 交流电压 量程：50.000 mV、500.00 mV、5.0000 V、50.000 V、500.00 V、1000.0 V 基本精度：0.4%（真有效值） 3. 直流电流 量程：500.00 μA、5000.0 μA、50.000 mA、400.00 mA、5.0000 A、10.000 A 基本精度：0.05% 4. 交流电压 量程：500.00 μA、5000.0 μA、50.000 mA、400.00 mA、5.0000 A、10.000 A 基本精度：0.6%（真有效值）	美国福禄克公司	此试验还需用到设备：工频电压测试系统

续表

设备名称	规格型号	主要参数	生产厂家	其他备注
数字万用表	FLUKE287C	5. 电阻 量程：500.00 Ω、5.0000 kΩ、50.000 kΩ、500.00 kΩ、5.0000 MΩ、50.00 MΩ、500.0 MΩ 基本精度：0.05% 6. 频率 量程：99.999 Hz、999.99 Hz、9.9999 kHz、99.999 kHz、999.99 kHz 基本精度：0.005% 7. 温度 量程：−200.0～1350 °C；基本精度：1.0% 8. 电容 量程：1.000 nF、10.00 nF、100.0 nF、1.000 μF、10.00 μF、100.0 μF、1000 μF、10.00 mF、100 mF 基本精度：1.0%	美国福禄克公司	此试验还需用到设备：工频电压测试系统
三相电能质量分析仪	FLUKE435	1. 电压输入通道有效值（AC/DC） 输入通道数量：4个（3相＋零线），直流耦合 量程：1～600 V；分辨率：0.01 V；精度：±0.1%额定电压 600～1000 V；分辨率：0.01 V；精度：±0.1%读数 内部分压为三个量程：500 V、250 V和125 V 电压峰值量程：0～1400 V；分辨率：1 V；精度：5%标称电压 最大峰值电压：6 kV；输入阻抗：4 MΩ/5 pF 带宽：>10 kHz，显示瞬变信号最大100 kHz 变比：1∶1、10∶1、100∶1、1000∶1，可调 电压峰值因数 量程：1.0～>2.8；分辨率：0.01；精度：±5% 2. 电流输入有效值（AC＋DC） 输入通道数量：4个（3相＋零线），直流耦合 量程：0～20.0 kA；分辨率：0.01～10 A； 精度：±0.5%＋5个字 输入阻抗：50 kΩ；带宽：>10 kHz 变比：0.1、1、10、100、1000 mV/A 可调标称频率： 50 Hz：量程：42.500～57.500 Hz；分辨率：0.01 Hz； 精度：±0.01 Hz 60 Hz：量程：51.000～69.000 Hz；分辨率：0.01 Hz； 精度：±0.01 Hz 3. 采样系统 分辨率：8个通道上均为16为模/数转换器 最大采样率：200 k/s，所有通道同时采样 RMS采样：在10/12个周期内采样5000次 PLL同步：在10/12个周期内采样4096次 4. 功率 量程：最大6000 MW；分辨率：0.1～1 MW；精度：±1%±10个计数	美国福禄克公司	

9. 温升试验项目检测设备及参数简介

（1）温升试验项目检测设备如图 3-29 所示。

图 3-29 温升试验项目检测设备

（2）温升试验项目检测设备参数如表 3-30 所示。

表 3-30 温升试验项目检测设备参数

设备名称	规格型号	主要参数	生产厂家	其他备注
程控交流恒流电源	SCHL-II-3x630、3x160	输出电流：任意连续可调 恒流精度：≤±1% 输出波形：正弦波（无失真） 具有过流保护功能，允许空载 具有通信功能，可与后台计算机连接实现“四遥”	浙江三辰电器有限公司	/
温度巡回检测仪	SCWD1-64-T	输入回路：16、24、32、40、48、56、64； 输入信号类型：T（热电偶）； 测量精度：≤1 °C； 采样时间：<0.5 s； 隔离强度：通道间高压隔离直测 380 V 带电体； 通信功能：通过 Wi-Fi 无线接口或 RS485 接口，可实现远程监控； 数据存储：USB 接口		/

10. 主回路雷电冲击电压试验项目检测设备及参数简介

（1）主回路雷电冲击电压试验项目检测设备如图 3-30 所示。

图 3-30　冲击电压测量系统

（2）主回路雷电冲击电压试验项目检测设备参数如表 3-31 所示。

表 3-31　主回路雷电冲击电压试验项目检测设备参数

设备名称	规格型号	主要参数	生产厂家	其他备注
冲击电压测量系统	FY1200/400	型号 CDY；规格 1200/45；额定电压：1200 kV；极电压：150 kV；额定能量：45 kJ；极能量：5.625 kJ；主电容：0.0625 μF；级电容：0.5 μF；冲击峰值误差：±0.2%；时间误差：2%	北京华天机电研究所有限公司	/

3.4　箱柜类设备品控检测

3.4.1　箱柜类设备运行缺陷及故障分析

1. 缺陷情况

根据云南电网 2020 年 1 月至今配网缺陷月报情况，箱柜类设备共发生缺陷 1791

起，其中紧急重大缺陷 193 起。缺陷类别较多，给运维带来较大不便。紧急重大缺陷如表 3-32 所示。

表 3-32　2020 年至今箱柜类设备紧急重大缺陷情况表

缺陷	凝露	电缆头	发热	外壳损伤	互感器、避雷器缺陷	气压不足	指示故障	操作卡涩	局放超标	绝缘损伤
数量	42	23	33	22	22	4	9	28	5	4

箱柜内凝露受潮缺陷占比最大，主要是潮湿空气聚集在柜内，无法及时排出。凝露后对箱柜内其他设备的运行影响较大，是其他部分缺陷产生的诱导因素。

电缆头缺陷主要包含电缆头的老化、发热、污秽以及局部放电等。

发热主要指内部主回路接头部位运行时温度较高，可能存在接触不良或回路电阻较大等问题。

外壳损伤主要是指外力或其他因素导致外壳变形，箱柜柜门无法关闭密封等情况，属于后期运行维护问题。

互感器、避雷器缺陷是指该类型辅助设备在运行中出现产品开裂、熔断器熔断、或沿面污秽严重等，影响安全运行。

2. 运行故障情况

根据云南电网 2020 年 1 月至今配网故障月报情况，箱柜类设备共发生故障 214 起。主要表现为电缆头击穿、开关设备故障、避雷器击穿、互感器故障、绝缘击穿、环网柜间隔故障等。具体情况如表 3-33 所示。

表 3-33　2020 年至今箱柜类设备故障情况表

故障	电缆分接箱烧毁	避雷器击穿	互感器击穿	电缆头击穿	开关故障	绝缘击穿	环网柜间隔故障
数量	23	7	8	95	36	8	29

箱柜类设备运行中故障以电缆分接箱烧毁、电缆头击穿、开关设备故障以及环网柜间隔故障最多，大部分为绝缘下降导致的设备击穿故障和老化导致的开关设备故障。

3.4.2　箱柜类设备结构原理、关键环节与检测项目关联分析

箱柜类设备主要由开关、互感器、避雷器、绝缘子以及其他保护控制装置组成，结构较为简单，大部分生产企业的大部分零部件均为外购。结合运行中的缺陷和故障情况，分析组成部件存在的缺陷。

1. 箱柜受潮、凝露

箱柜受潮、凝露对绝缘影响较大，使绝缘强度降低。箱柜内由于大量使用了压铸环氧树脂为材料的绝缘部件，尤其是高压电缆外绝缘层、环氧浇注互感器、相间隔板等复合绝缘材料的憎水性较差，若绝缘材料材质不好，空气湿度大且污秽严重，运行中会导致吸潮凝露，导致表面泄漏电流增大。当介质受潮、脏污或有破损时，由于潮湿，介质表面的游离电子增加，引起传导电流增加，绝缘电阻相应降低，绝缘下降到一定程度时即引起局部沿面放电闪络。

箱柜受潮、凝露使内部金属部件出现腐蚀现象，影响开关设备的使用寿命，严重时造成机构锈蚀、卡涩，导致开关设备分合时机构运行不到位，造成开关设备故障。

箱柜受潮、凝露的原因主要是在潮湿、昼夜温差大的地区，柜体封闭不严实、湿空气进入柜内后，内空气流动性差，在柜内产生凝露。目前主要的除湿方式是在柜内安装加热器或安装智能冷凝除湿装置，但效果不佳。电缆分接箱由于内部无交流电源，未配置除湿装置，导致内部凝露情况最为严重。

2. 电缆头故障

户外开关箱、环网柜、电缆分接箱主要使用屏蔽式（可触摸）硅橡胶电缆肘型头，击穿故障频发的原因主要有：电缆头产品质量存在问题、安装工艺存在问题、凝露受潮影响电缆头绝缘。电缆头产品质量问题主要包括电缆头的绝缘强度不足、耐污秽能力不足、耐老化能力不足等。

云南电网的电缆分接箱全为不带开关结构，分接箱内部只配置连接套管，分接箱烧毁原因全为连接电缆头击穿导致的烧毁。

3. 辅助设备故障

辅助设备故障主要包括避雷器、电流互感器、电压互感器的故障。由于箱柜生产企业本身不具备此类产品生产能力，相关设备均为外购件，且其自身不具备性能检测能力，可能出现缺陷件安装在箱柜内的情况。

箱柜生产企业在设计、生产时，未能充分考虑云南电网特殊的气候环境，导致辅助设备的绝缘水平和耐污秽能力不能满足运行地区的环境要求，长期运行出现绝缘问题。

4. 开关设备故障

开关设备主要包括箱柜内部的断路器、负荷开关、隔离开关等，其运行中主要存在的问题有雷击击穿、二次设备故障、操作机构故障、气压不足、接头发热等。主要原因有：

（1）开关合闸不到位，主回路电阻过大导致发热。

（2）产品质量问题导致灭弧室密封不严，产生气体缓慢泄漏，造成气压不足，影响开关操作。

（3）产品质量问题导致开关雷电冲击能力差，在发生雷击时，发生击穿损坏故障。

（4）箱柜内凝露、设备老化、抗锈蚀能力差以及产品质量问题导致开关设备出现操作卡涩、分合不到位、操作机构拒动等问题。

（5）二次回路异常导致开关设备操作故障。

5. 绝缘件击穿

箱柜类物资绝缘水平由内部支撑绝缘子和内部设备本身绝缘水平决定。云南电网地处高原，整体绝缘需求更高。由于在低海拔生产的设备，必须进行等效海拔校正。部分生产企业在设计柜体绝缘水平时，对于海拔修正不足或购置的零部件绝缘水平不足，导致成品开关柜绝缘水平不足，运行中发生击穿。

部分箱柜设计时，受箱柜尺寸影响，最小空气净距不满足要求，运行中特别是受潮情况下，发生空气击穿放电。

箱柜内部存在不均匀场强发生局部放电，长期运行下造成绝缘部件老化导致击穿。

部分箱柜运行在工厂、工地等环境较为恶劣区域，箱柜密封性能不足，导致柜体内部污秽严重，造成绝缘下降击穿。

3.4.3 箱柜类设备品控检测标准问题及检测项目分析

1. 箱柜类设备品控检测情况

2019—2020 年，共计检测箱柜类设备 95 台，其中合格 95 台，合格率 100%。箱柜类设备检测情况见表 3-34。

表 3-34 2019—2020 年箱柜设备检测情况

年份	开关柜	10 kV 环网柜	10 kV 户外开关箱	10 kV 电缆分接箱
2019	41	3	3	3
2020	40	1	2	2
总计	81	4	5	5

10 kV 开关柜、10 kV 环网柜、10 kV 户外开关箱检测项目如表 3-35 所示。

表 3-35　开关柜、环网柜、户外开关箱检测项目

序号	开关柜检测项目	环网柜检测项目	户外开关箱检测项目
1	外观检查	外观检查	外观检查
2	主回路电阻测量	主回路电阻测量	回路电阻测量
3	机械操作试验	机械操作试验	机械操作试验
4	机械特性试验	机械特性试验	机械特性试验
5	“五防”试验	“五防”试验	“五防”试验
6	接地金属部件的接地连续性试验	接地金属部件的接地连续性试验	接地金属部件的电气连续性试验
7	防护等级验证	防护等级验证	防护等级验证
8	主回路工频耐压试验	主回路工频耐压试验	主回路工频耐压试验
9	辅助和控制回路工频耐压试验	辅助和控制回路工频耐压试验	辅助和控制回路的绝缘试验
10	温升试验（可选）	温升试验（可选）	温升试验（可选）
11	主回路雷电冲击电压试验（可选）	主回路雷电冲击电压试验（可选）	主回路雷电冲击电压试验（可选）
12	非金属隔板和活门的试验（可选）	SF_6 气体密封试验（可选）	密封试验（可选）
13	触头镀银层厚度检查（可选）	绝缘件局放试验（可选）	电缆附件局部放电（可选）

开关柜、环网柜、户外开关箱结构基本一致，不同的是开关柜为空气绝缘结构，主要使用断路器和隔离开关，体积较大，而环网柜和户外开关箱为气体绝缘结构，使用负荷开关，体积较小，设备较为紧凑，因此，它们的检测项目大致相同。

必检项目有检测主回路导通和连接情况的回路电阻测量、检测断路器和负荷开关分合闸性能的机械操作与机械特性试验、检测柜体防护的五防试验、检测外壳防护的防护等级试验、检测接地情况的接地连续性试验、检测主辅回路主绝缘的工频耐压试验。

可选项目有检测耐雷电能力的雷电冲击电压试验、检测综合性能的温升试验、检测气体绝缘箱体的密封试验以及其他部分试验。

电缆分接箱检测项目如表 3-36 所示。

表 3-36 电缆分接箱检测项目

序号	检测项目
1	外观检查
2	防护等级验证
3	回路电阻测量
4	工频耐压试验
5	接地金属部件的电气连续性试验
6	温升试验（可选）
7	雷电冲击电压试验（可选）
8	电缆附件局部放电（可选）

云南电网采购的电缆分接箱由于无开关设备，内部的主回路仅有穿墙套管，因此不需要开展主回路电阻测量和温升试验（可选）。

目前检测的电缆分接箱均无配套的电缆附件样品，对电缆附件的质量无法进行把控，是现场运行中电缆分接箱电缆头击穿较多的原因之一。

2. 箱柜类设备品控检测的问题与建议

（1）考虑到样品体积较大，物流运输麻烦，以及物资供货的紧急性，开关柜、环网柜、户外开关箱的到货抽检均采取到生产企业仓库抽样检测的方式，检测受生产企业检测能力限制，部分试验项目无法检测，影响检测的全面性。为保证检测结果的可控性，建议 10 kV 开关柜、环网柜、户外开关箱、电缆分接箱的检测均在第三方实验室进行。

（2）开关柜、环网柜、户外开关箱的检测试验项目均为考核开关设备基本特性和整体绝缘的基本试验，无检测内部互感器特性、避雷器特性以及其他监测设备性能的试验项目。且此类设备已安装在柜体内，存在不拆解无法进行单体性能检测的问题。建议在箱柜类物资到货抽检标准中增加配套辅助设备（避雷器、互感器）的检测项目与检测要求，到货抽检时同时开展相关辅助设备的检测，保证辅助设备的质量，对于需拆卸出来开展检测的设备，试验退回后应由供应商技术人员重新组装。

（3）箱柜受潮凝露引起的缺陷和故障情况较多，但并无考核其除湿器性能和能力的项目，无法保证其除湿能力和稳定性。建议供货产品，必须提供同型号产品的凝露污秽试验型式试验报告；并在技术规范中规定空气净距，要求生产企业采取措施增加开关柜的空气净距，如弯曲铜排，减小铜排宽度增加厚度等方法；内部绝缘板必须使用 SMC 板。SMC 材料绝缘性能好，不易受潮、燃烧（SMC 板温度在 100 °C 以下的老化缓慢，吸潮能力弱），可有效抑制受潮放电问题。

（4）大部分生产企业无能力开展雷电冲击电压试验、温升试验，尽管具有产品的型式试验报告，但无法在生产中对产品性能进行把控，影响产品质量。针对箱柜类设备雷电击穿故障较多的问题，建议将主回路雷电冲击电压调整为必做项目。

（5）缺少整个柜体的局部放电试验，容易造成绝缘缺陷扩大，引起击穿。建议增加组装后箱柜的整体局部放电试验，并明确局放要求。

（6）箱柜类物资到货检测中，缺少配套电缆附件物资，导致电缆附件部分质量控制缺失，出现大量电缆头击穿故障。针对轴型电缆头频繁击穿损坏的问题，建议加大此品类物资抽检力度，保证产品质量。

3.4.4 箱柜类设备品控检测设备及主要参数

1. 外观及尺寸、绝缘距离检查设备及参数

（1）游标卡尺测试仪如图 3-31 所示。

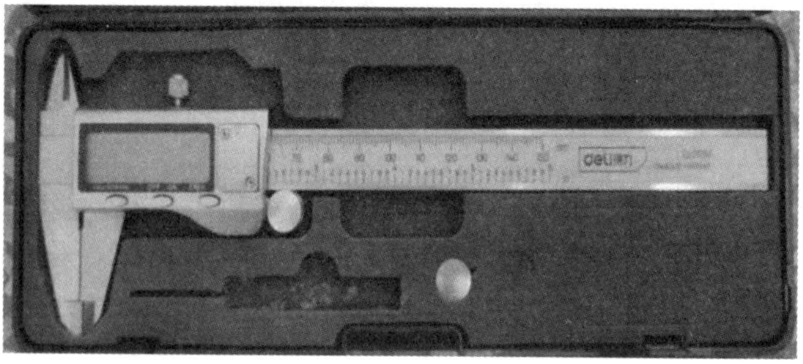

图 3-31 游标卡尺测试仪

（2）外观及尺寸、绝缘距离检查设备参数如表 3-37 所示。

表 3-37 外观及尺寸、绝缘距离检查设备参数

设备名称	规格型号	主要参数	生产厂家	其他备注
游标卡尺	0 ~ 150 mm/0.02 mm	测量范围：0 ~ 150 mm	得力集团有限公司	/

2. 机械操作、机械特性试验检测设备及参数简介

（1）断路器动特性分析仪如图 3-32 所示。

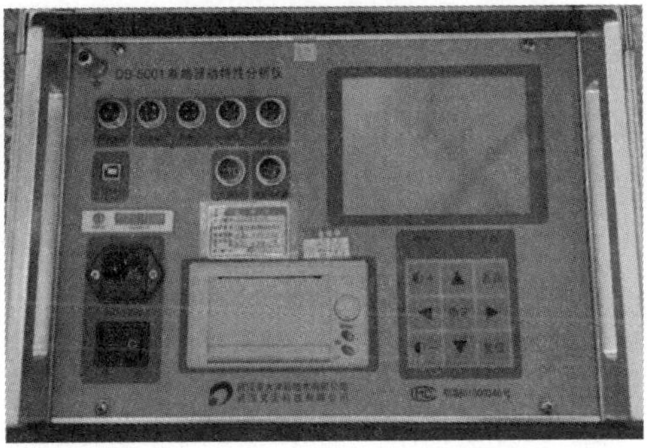

图 3-32　断路器动特性分析仪

（2）机械操作、机械特性试验检测设备参数如表 3-38 所示。

表 3-38　机械操作、机械特性试验检测设备参数

设备名称	规格型号	主要参数	生产厂家	其他备注
断路器动特性分析仪	DB-8002	时间量程：4000.0 ms，分辨率 0.1 ms，误差：200 ms 以内，0.1 ms±1 个字，200 ms 以上，0.1%±1 个字，±0.1 ms 速度量程：20.00 ms，分辨率 0.01 m/s，误差：1%±0.1 m/s 电流量程：20.00 A，分辨率 0.01 A	武汉市大洋新技术有限公司	

3. 主回路工频耐压试验检测设备及参数简介

（1）主回路工频耐压试验仪如图 3-33 ~ 3-36 所示。

图 3-33　控制箱

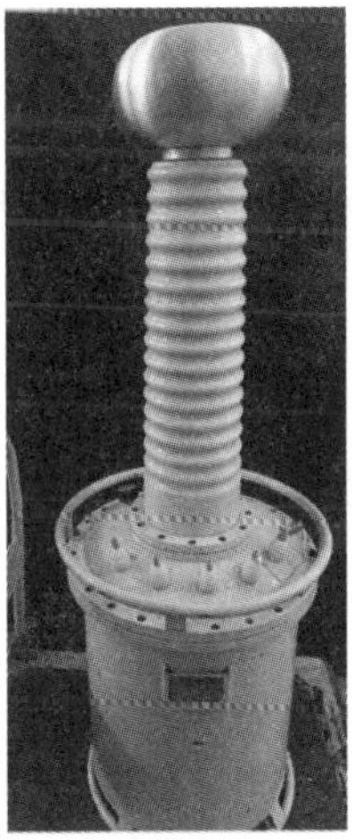

图 3-34　试验变压器

图 3-35　试验变压器控制箱

图 3-36　试验变压器

（2）主回路工频耐压试验检测设备参数如表 3-39 所示。

表 3-39　主回路工频耐压试验检测设备参数

设备名称	规格型号	主要参数	生产厂家	其他备注
控制箱	XC20/220	额定容量：20 kVA 输出电压：0～250 V		
试验变压器	SY-100	额定容量：20 kVA 输入电压：0～250 V 输出电压：100 kV		
试验变压器控制箱	TNDG-100/50	额定容量：100 kVA 输出电压：380 V 输出电压：400 V 输入电流：263 A 输出电流：250 A	成都三和伟业电力设备有限公司	
试验变压器	YD-50/250	额定容量：50 kVA 初级电压：0.4 kV 次级电压：250 kV 初级电流：0.25 A 次级电流：0.2 A 额定变比：1∶1000	成都三和伟业电力设备有限公司	

4. 局部放电试验、电缆附件局部放电试验设备及参数

（1）多通道数字式局部放电综合分析仪发生器如图 3-37 所示。

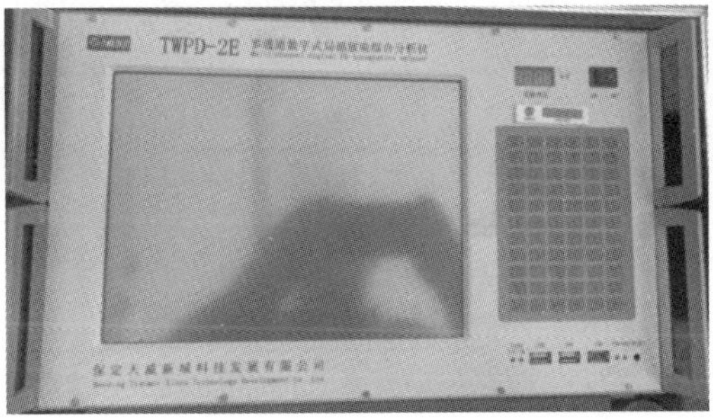

图 3-37　多通道数字式局部放电综合分析仪发生器

（2）局部放电试验、电缆附件局部放电试验设备参数如表 3-40 所示。

表 3-40　局部放电试验、电缆附件局部放电试验设备参数

设备名称	规格型号	主要参数	生产厂家	其他备注
多通道数字式局部放电综合分析仪发生器	TWPD-2E	独立 2 通道 检测灵敏度：0.1 pC 最高采样速率：5 MHz 测量范围：0.1 pC ~ 10000 nC 测量频带：3 dB，带宽 2 ~ 300 kHz 量程切换：×1，×10，×100，×1000，×10000，×100000 数字滤波：2 ~ 300 kHz	保定天威新域科技发展有限公司	

5. SF_6 密封性能试验设备及参数

（1）SF_6 检漏仪如图 3-38 所示。

图 3-38　SF_6 检漏仪

（2）SF_6 密封性能试验设备及参数如表 3-41 所示。

表 3-41　SF_6 密封性能试验设备及参数

设备名称	规格型号	主要参数	生产厂家	其他备注
SF6 检漏仪	TIFXP-1 A	最大灵敏度：R12，R22，R134a； 相应时间：瞬时； 预热时间：2 s； 复位时间：1 s	TIF	

3.5 电磁式电压互感器用熔断器品控检测

在 10 kV、35 kV 中性点不接地系统中，用于保护电磁式电压互感器的高压熔断器经常发生熔断现象，严重时甚至会烧毁电压互感器。实际运行过程中发现，在冲击扰动的电磁暂态过程和铁磁谐振引发的饱和电流也会引发熔断器频熔。相关文献把熔断器熔断的原因归结为以下几点：铁磁谐振过电压；故障恢复之后的电容放电冲击电流；系统反复的单相瞬间接地；短路故障、电压互感器绕组绝缘破坏引起熔断器熔断；低频饱和电流；熔断器质量不合格。对于铁磁谐振，在某些情况虽然抑制了铁磁谐振的发生或者由于线路太长不能激发铁磁谐振，但是熔断器依然会熔断，这说明铁磁谐振并不是熔断器熔断的唯一原因。进一步研究发现，故障恢复后的电容放电冲击电流是熔断器熔断的主要原因；接地故障消除以后，线路上的电压由线电压恢复成正常的相电压，由于线路对地电容上的充电电荷通往大地的通道被切断，所以充电电荷只能经过熔断器通过电压互感器一次侧中性点进入大地。当线路较长时，自由电荷较多，产生较大的冲击电流，引起电压互感器铁芯饱和。此饱和电流可能会超过熔断器的熔断电流，引起熔丝熔断。当系统反复地单相瞬间接地时，以上过程反复进行，引起更大的冲击电流，熔断器更有可能熔断。此外，熔断器电晕放电、熔丝氧化和产品质量不合格都有可能是熔断器熔断的原因。

为了进一步探索熔断器熔断的原因，为熔断器熔断提供更加有效的解决办法，本次试验针对多个厂家的不同型号的熔断器，采用不同的试验方法，对熔断器进行不同角度的综合试验，从而研究其熔断规律和原因。

3.5.1 电磁式电压互感器用熔断器直流电阻测试

常温下测量熔断器的熔体电阻如表 3-42 所示。同种型号不同厂家的熔断器熔体电阻不同：对于 XRNP1-10 kV/0.5 A，SHZG 的电阻最小，为 1.7 Ω，SHFR 的最大，为 9.4 Ω；对于 XRNP1-10 kV/1 A，SHFR 和 ZJGR 的电阻最小，为 0.6 Ω，XAKB 的最大，为 4.9 Ω；对于 XRNP1-35 kV/0.5 A，SHRG 的电阻最小，为 2.4 Ω，ZJGR 的最大，为 21.1Ω；对于 XRNP1-35 kV/1 A，SHRG 和 SHFR 的电阻最小，为 1.2 Ω，HZBD 的最大，为 9.4 Ω。初步检测，SHZG、SHRG 和 HZBD 的熔断器熔体材质分别为银、银铜合金和银镍合金。熔体长度、材质的不同是各个厂家熔断器熔体电阻不同的原因。

表 3-42　熔断器样品熔体电阻值

厂家	产品序号	电阻值/Ω					
		XRNP1-10 kV/0.5 A	XRNP1-10 kV/1 A	XRNP1-10 kV/2 A	XRNP1-35 kV/0.5 A	XRNP1-35 kV/1 A	XRNP1-10 kV/2 A
SHZG	1	1.7	1.1	\	\	3.1	1.8
XAKB	1	5.7	4.9	\	\	16.1	\
SHRG	1	4.5	1.1	\	\	2.4	1.2
HZBD	1	6.7	3.6	\	\	13	6.5
SHFR	1	9.4	0.6	\	\	2.5	1.2
ZJGR	1	9.3	0.6	\	21	2.6	1.3
	2	8.8	0.6	\	19.4	2.5	1.3
	3	8.3	0.6	\	21.1	2.5	1.2
XAMG	1	6.6	1.5	1.1	\	4.4	3.3
	2	6.8	1.4	1.1	\	4.5	3.3
	3	7.5	1.4	1.1	\	4.4	3.3

3.5.2　电磁式电压互感器用熔断器稳态电流试验

试验以 2 min 为标准检测熔断器在哪个电流水平熔断。具体方法为从熔断器额定电流开始施加恒定电流，若 2 min 之内不断，断开时熔断器将其冷却至常温，之后给熔断器增加 0.5 A 电流继续试验，如此往复，直至熔断器熔断为止，可得到不同厂家熔断器 2 min 内熔断电流及熔断时间，如表 3-43 所示。

表 3-43　2 min 熔断器熔断电流和熔断时间

厂家	型号（XRNP1）	产品编号	熔断电流/A	熔断时间/s	厂家	型号（XRNP1）	产品编号	熔断电流/A	熔断时间/s
SHZG	10 kV/0.5 A	1	2.5	12	SHZG	35 kV/1 A	1	3.5	42
	10 kV/1 A	1	3.5	36		35 kV/2 A	1	5.5	26
XAKB	10 kV/0.5 A	1	2.2	0	XAKB	35 kV/1 A	1	2.9	0
	10 kV/1 A	1	3	24		35 kV/2 A	1	\	\
SHRG	10 kV/0.5 A	1	2.2	0	SHRG	35 kV/1 A	1	5	84
	10 kV/1 A	1	4.7	0		35 kV/2 A	1	9	84
HZBD	10 kV/0.5 A	1	2	48	HZBD	35 kV/1 A	1	3	36
	10 kV/1 A	1	3	46		35 kV/2 A	1	4.5	60
SHFR	10 kV/0.5 A	1	1.7	0	SHFR	35 kV/1 A	1	5	15
	10 kV/1 A	1	6	45		35 kV/2 A	1	10	18
ZJGR	10 kV/0.5 A	1	2.4	0	ZJGR	35 kV/0.5 A	1	1.5	10
		2	2.3	0			2	1.25	0
		3	2.5	2			3	2	97
	10 kV/1 A	1	6	66		35 kV/1 A	1	5.5	77
		2	5.7	0			2	6	78
		3	6	100			3	5.5	69
XAMG	10 kV/0.5 A	1	2	2		35 kV/2 A	1	11	142
		2	1.7	0			2	11	131
		3	1.6	0			3	11	144
	10 kV/1 A	1	4.5	40	XAMG	35 kV/1 A	1	3.5	56
		2	4.5	10			2	4	58
		3	4.5	50			3	4	60
	10 kV/2 A	1	5.5	71		35 kV/2 A	1	\	\
		2	5.5	105			2	5.5	30
		3	5.5	53			3	6	4

考虑熔断器试验电流为每次 0.5 A 逐级增加，取熔断器熔断电流的上一级电流为 2 min 耐受电流值，得到不同厂家的熔断器的 2 min 耐受电流如表 3-44 所示。

（1）XRNP1-10 kV/0.5 A，SHZG、XAKB、SHRG 和 ZJGR 的 2 min 耐受电流在同一水平，为 2 A，额定电流的 4 倍，其他厂家均在 1.5 A 左右。

（2）XRNP1-10 kV/1 A，SHZG、XAKB 和 HZBD 的 2 min 耐受电流在同一水平，为 2.5 ~ 3 A，其他厂家均在 4.5 ~ 5.5 A。

（3）对 XRNP1-35 kV/1 A，SHZG、XAKB、HZBD 和 ZJGR 的 2 min 耐受电流在同一水平，为 2.5 ~ 3 A，其他厂家均在 4.5 ~ 5.5 A。

（4）XRNP1-35 kV/2 A，SHZG、XAKB、HZBD 和 ZJGR 的 2 min 耐受电流在同一水平，为 4 ~ 5 A，其他厂家均在 8.5 ~ 11 A。

表 3-44 熔断器 2 min 耐受电流值

厂家	产品序号	2 min 耐受电流值/A					
		XRNP1-10 kV/0.5 A	XRNP1-10 kV/1 A	XRNP1-10 kV/2 A	XRNP1-35 kV/0.5 A	XRNP1-35 kV/1 A	XRNP1-35 kV/2 A
SHZG	1	2	3	\	\	3	5
XAKB	1	2	2.5	\	\	2.5	\
SHRG	1	2	4.5	\	\	4.5	8.5
HZBD	1	1.5	2.5	\	\	2.5	4
SHFR	1	1.5	5.5	\	\	4.5	9.5
ZJGR	1	2	5.5	\	1	5	11
	2	2	5.5	\	1	5.5	11
	3	2	5.5	\	1.5	5	11
XAMG	1	1.5	4	5	\	3	\
	2	1.5	4	5	\	3.5	5
	3	1.5	4	5	\	3.5	5.5

3.5.3 电磁式电压互感器用熔断器 X 射线检测

高压限流熔断器的性能，尤其是电气性能，与材料和结构都是相关的。所谓结构是指以下四大部件的质量：① 熔体中的断裂、扭转、损伤、低熔点冶金部分缺陷、熔体和壳壁之间间隙的情况，判断熔体材料，估算熔体的长度、电阻值；② 熔体骨架结构完整性情况；③ 熔管沙粒的颗粒度及填满程度；④ 熔断件：外壳、壳壁裂纹、撞针线路及装置情况。

本项目在熔断前和熔断后分别做 X 射线检测。

1. SHZG

图 3-39 和图 3-40 分别为 SHZG 熔断器熔断前后的 X 射线图。采用软锡焊点改善熔断器的时间-电流特性。对比显示，不同型号的熔断器的冶金效应的焊点大小不同；熔断地点多发生中部焊点或熔断器两端。此外，和其他厂家熔断器对比显示，SHZG 的熔断器熔丝缠绕最疏，长度最短。

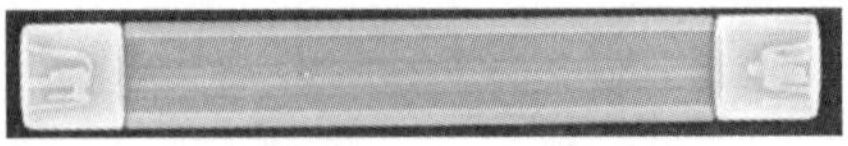

（a）XRNP1-10 kV/0.5 A

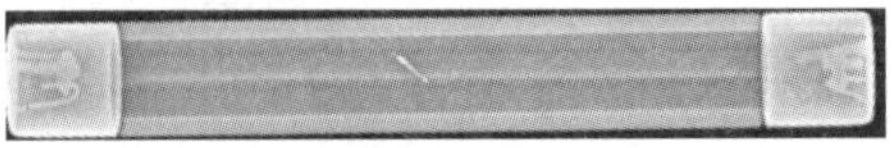

（b）XRNP1-10 kV/1 A

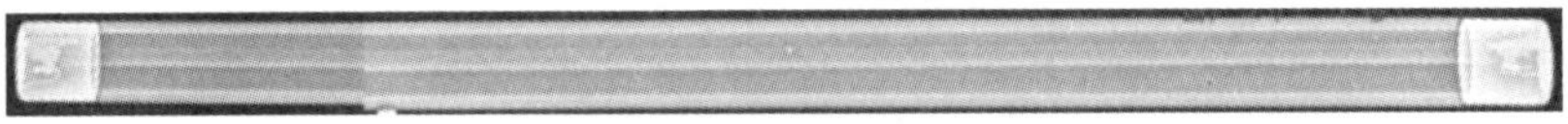

（c）XRNP1-35 kV/1 A

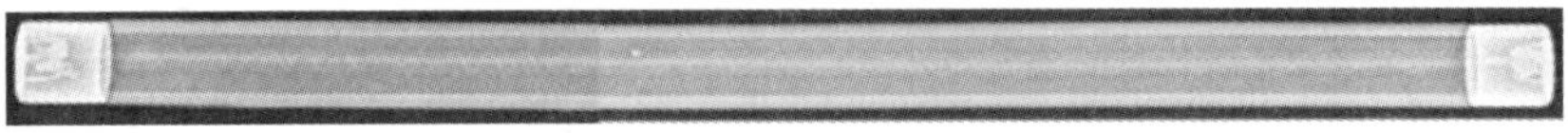

（d）XRNP1-35 kV/2 A

图 3-39　SHZG 熔断器试样熔断前 X 射线图

（a）XRNP1-10 kV/0.5 A

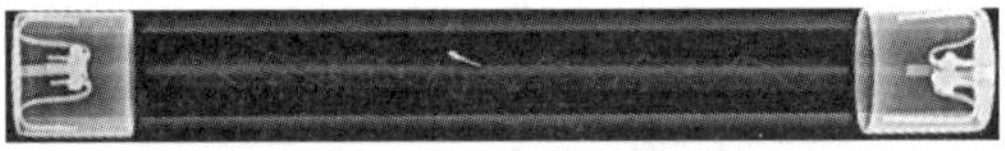

（b）XRNP1-10 kV/1 A

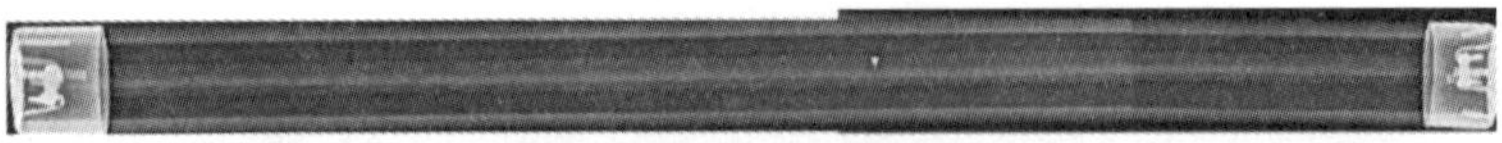

（c）XRNP1-35 kV/1 A

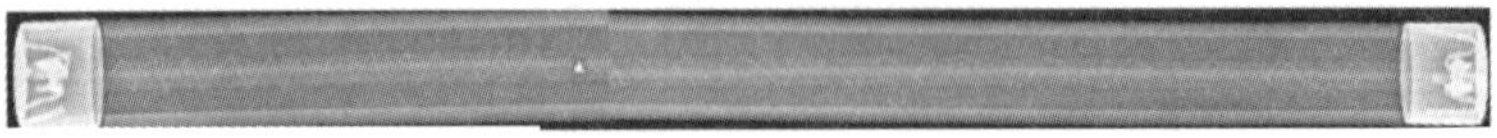

（d）XRNP1-35 kV/2 A

图 3-40　SHZG 熔断器试样熔断后 X 射线图

2. XAKB

图 3-41 和图 3-42 分别为 XAKB 熔断器熔断前后的 X 射线图。采用软锡焊点改善熔断器的时间-电流特性。图像显示，10 kV 等级熔断器有两处冶金效应焊点；经敲碎观察，熔丝断点在熔断器中部。熔体缠绕密度比较均匀。

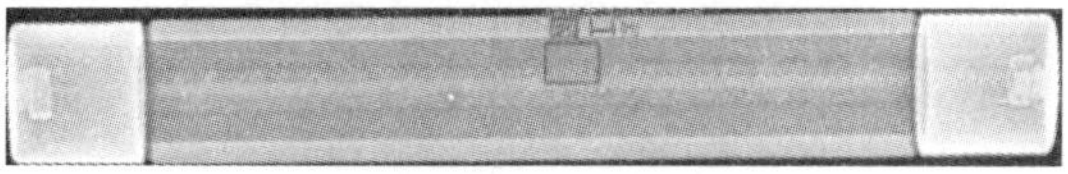

（a）XRNP1-10 kV/0.5 A

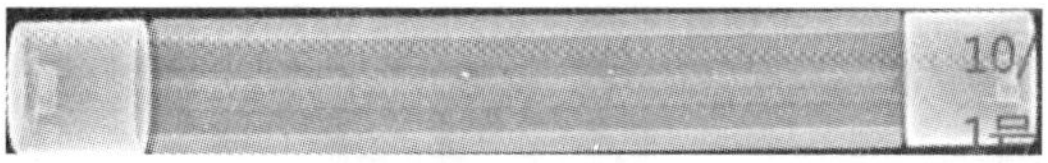

（b）XRNP1-10 kV/1 A

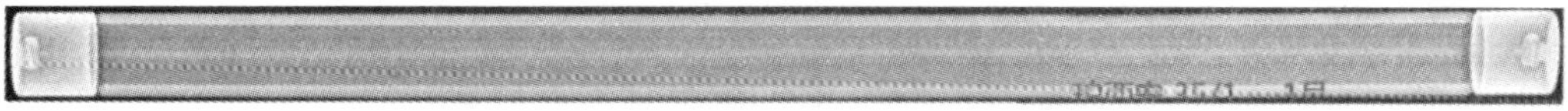

（c）XRNP1-35 kV/1 A

图 3-41　XAKB 熔断器试样熔断前 X 射线图

（a）XRNP1-10 kV/0.5 A

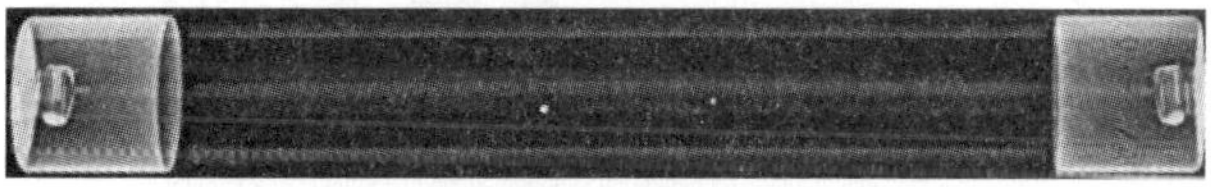

（b）XRNP1-10 kV/1 A

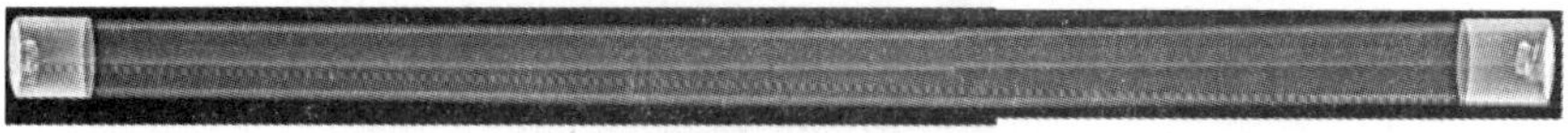

（c）XRNP1-35 kV/1 A

图 3-42　XAKB 熔断器试样熔断后 X 射线图

3. SHRG

图 3-43 和图 3-44 分别为 SHRG 熔断器熔断前后的 X 射线图。采用软锡焊点改善熔断器的时间-电流特性。10 kV/0.5 A 熔断器中部有两处焊点，两处焊点之间的熔体缠绕密度与其他地方相比较疏。35 kV/2 A 熔体为两根熔丝并联。熔体无缠绕骨架，导致部分熔体下坠，紧挨管壁，电流过大时，易导致管壁发热严重。部分熔断器断点发生在熔断器端部。

（a）XRNP1-10 kV/0.5 A

（b）XRNP1-10 kV/1 A

（c）XRNP1-35 kV/1 A

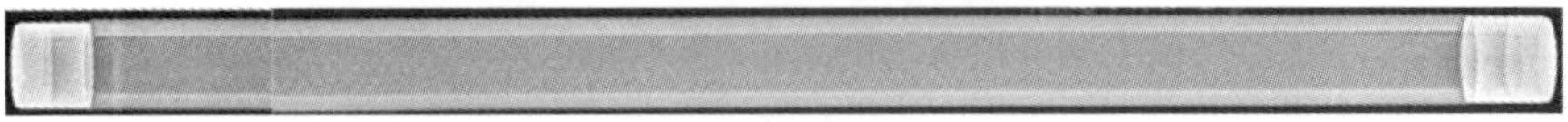

（d）XRNP1-35 kV/2 A

图 3-43　SHRG 熔断器试样熔断前 X 射线图

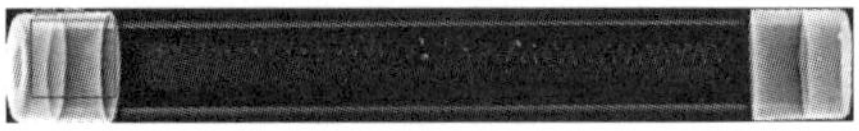

（a）XRNP1-10 kV/0.5 A

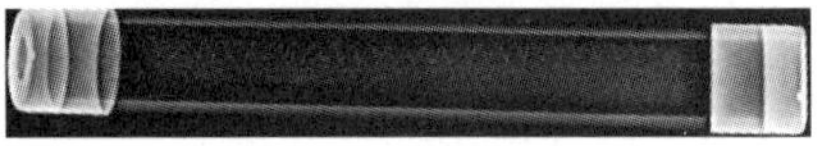

（b）XRNP1-10 kV/1 A

（c）XRNP1-35 kV/1 A

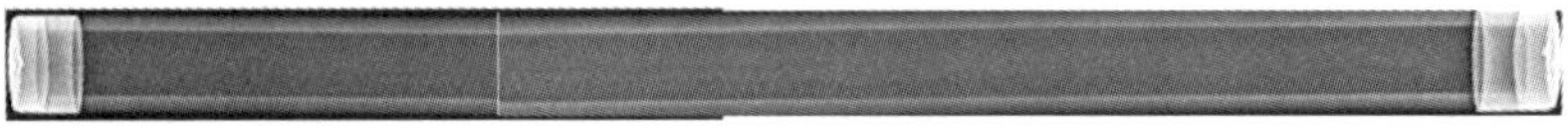

（d）XRNP1-35 kV/2 A

图 3-44　SHRG 熔断器试样熔断后 X 射线图

4. HZBD

图 3-45 和图 3-46 分别为 HZBD 熔断器熔断前后的 X 射线图。采用软锡焊点改善熔断器的时间-电流特性；采用中间缠绕密度较大的一段改善熔断器时间-电流特性，无焊点；有缠绕骨架，制作工艺比较精良；断点发生在熔体中部缠绕缠绕密度大的地方。

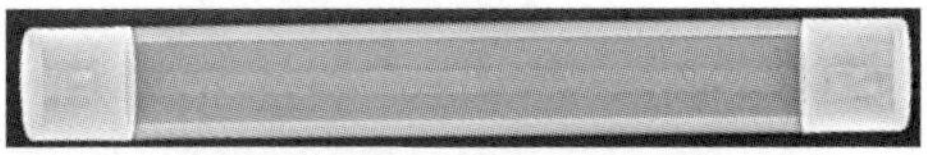

（a）XRNP1-10 kV/0.5 A

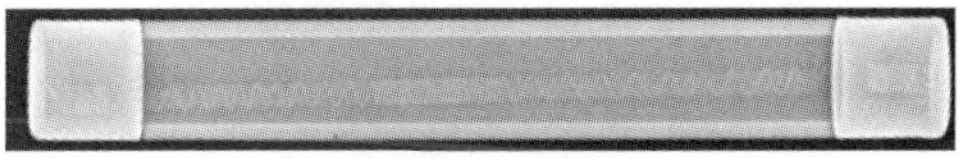

（b）XRNP1-10 kV/1 A

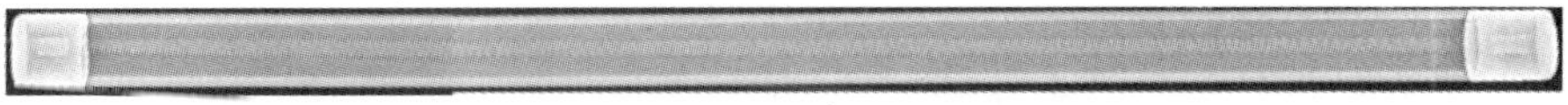

（c）XRNP1-35 kV/1 A

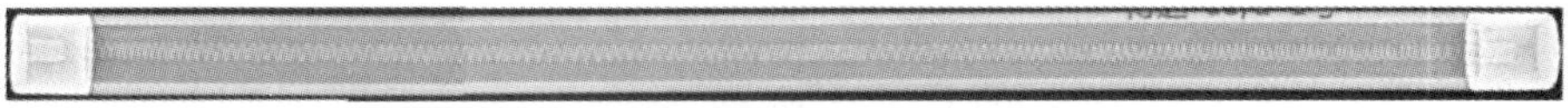

（d）XRNP1-35 kV/2 A

图 3-45　HZBD 熔断器试样熔断前 X 射线图

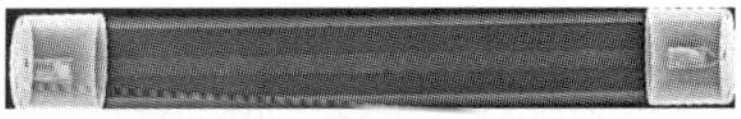

（a）XRNP1-10 kV/0.5 A

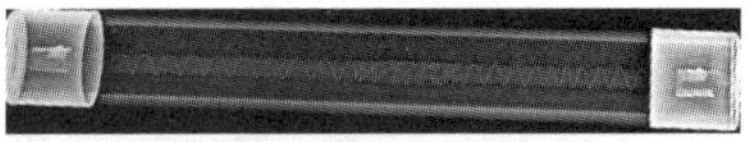

（b）XRNP1-10 kV/1 A

（c）XRNP1-35 kV/1 A

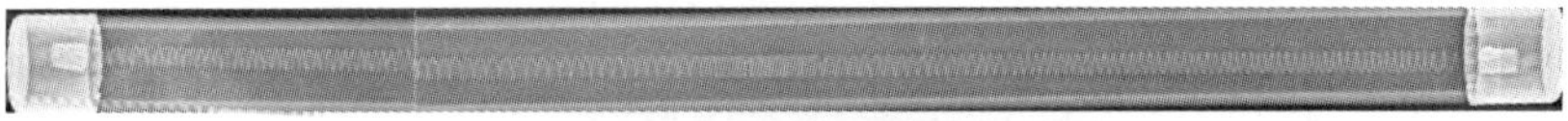

（d）XRNP1-35 kV/2 A

图 3-46　HZBD 熔断器试样熔断后 X 射线图

5. SHFR

图 3-47 和图 3-48 分别为 SHFR 熔断器熔断前后的 X 射线图。采用软锡焊点改善熔断器的时间-电流特性。10 kV/0.5 A 熔断器中部有两处焊点，两处焊点之间的熔体缠绕密度与其他地方相比较疏。

无缠绕骨架，导致部分熔体下坠，紧挨管壁，电流过大时，易导致管壁发热严重。此外缠绕密度不均匀，中间大，两边小，这是熔体熔断试验时，中部发热严重，两端温度较低的原因。熔点断点发生在熔断器中部。

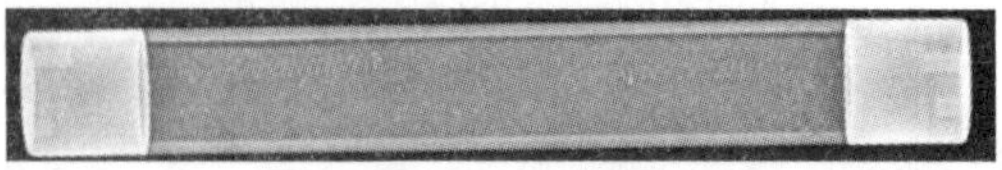

（a）XRNP1-10 kV/0.5 A

（b）XRNP1-10 kV/1 A

（c）XRNP1-35 kV/1 A

（d）XRNP1-35 kV/2 A

图 3-47　SHFR 熔断器试样熔断前 X 射线图

（a）XRNP1-10 kV/0.5 A

（b）XRNP1-10 kV/1 A

（c）XRNP1-35 kV/1 A

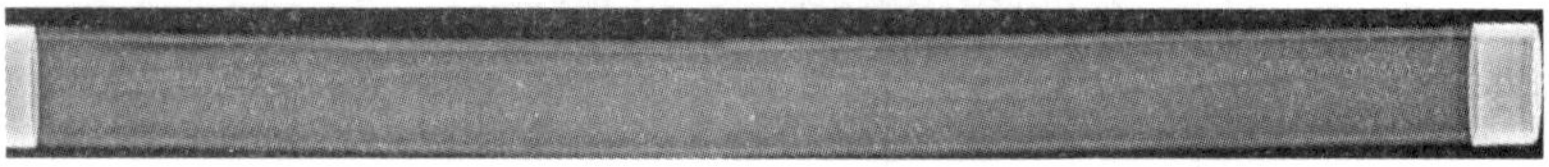

（d）XRNP1-35 kV/2 A

图 3-48　SHFR 熔断器试样熔断后 X 射线图

6. XAMG

图 3-49 和图 3-50 分别为 XAMG 熔断器熔断前后的 X 射线图。采用软锡焊点改善熔断器的时间-电流特性。采用软锡焊点改善熔断器的时间-电流特性。10 kV/0.5 A、10 kV/2 A 熔断器中部有两处焊点，两处焊点之间的熔体缠绕密度与其他地方相比较疏。无缠绕骨架，导致部分熔体下坠，紧挨管壁，电流过大时，易导致管壁发热严重。熔点断点发生在熔断器中部。

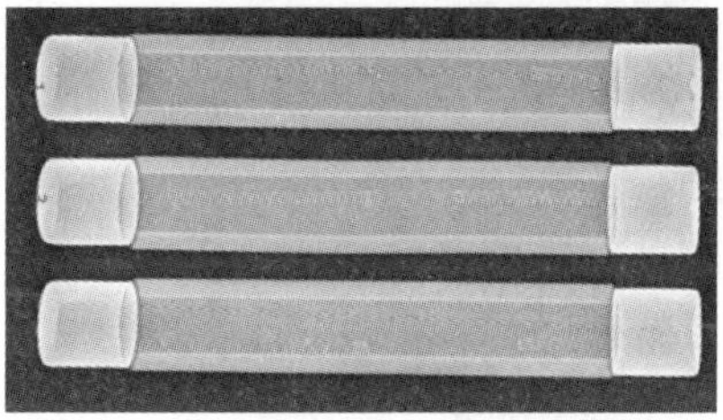

（a）XRNP1-10 kV/0.5 A

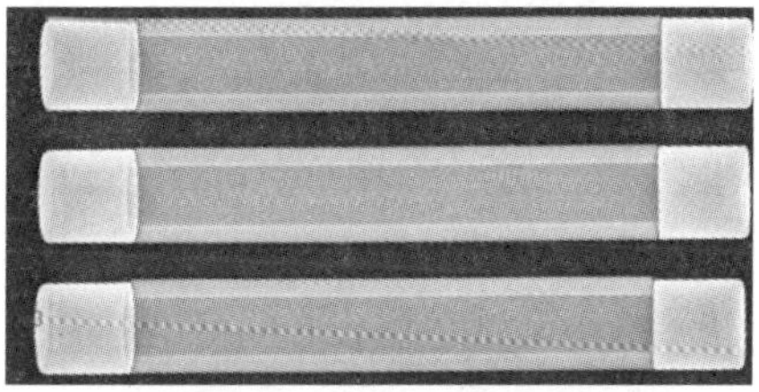

（b）XRNP1-10 kV/1 A

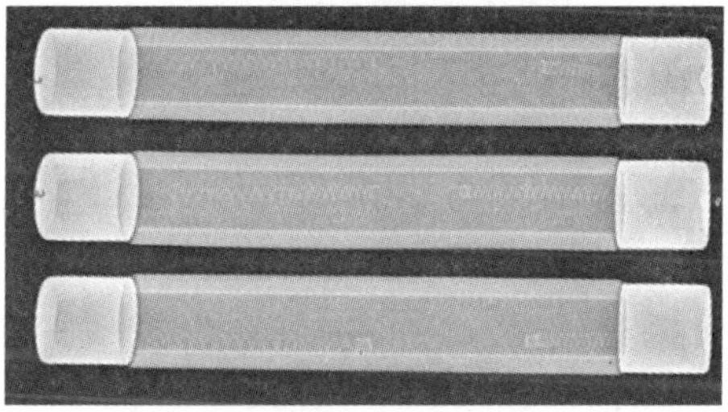

（c）XRNP1-10 kV/2 A

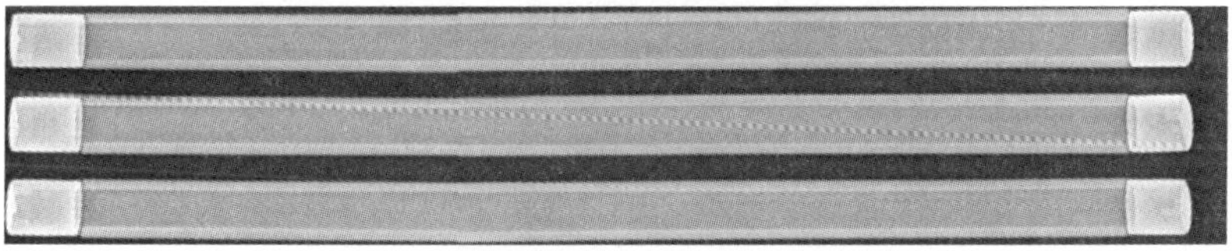

（d）XRNP1-35 kV/1 A

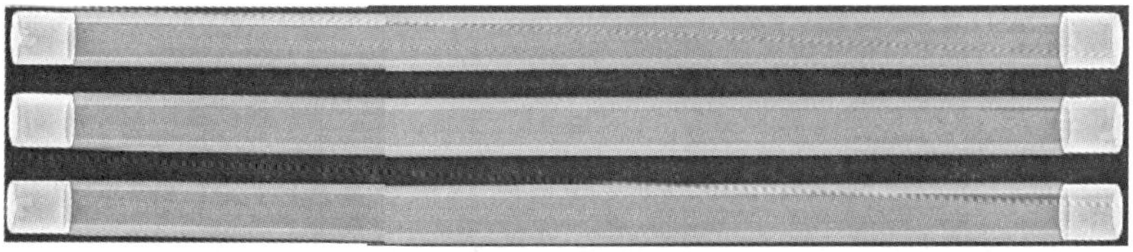

（e）XRNP1-35 kV/2 A

图 3-49　XAMG 熔断器试样熔断前 X 射线图

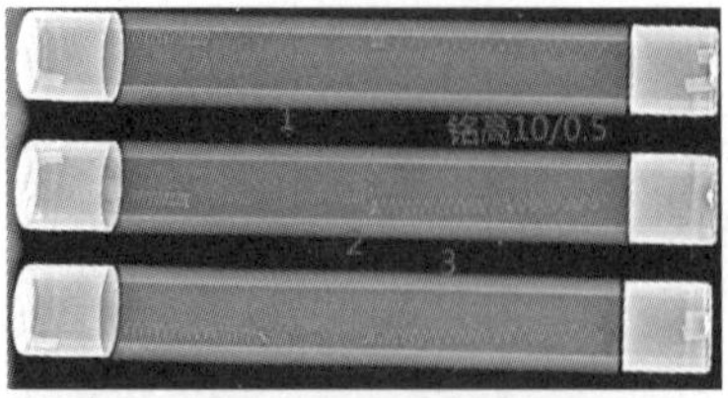

（a）XRNP1-10 kV/0.5 A

（b）XRNP1-10 kV/1 A

（c）XRNP1-10 kV/2 A

（d）XRNP1-35 kV/1 A

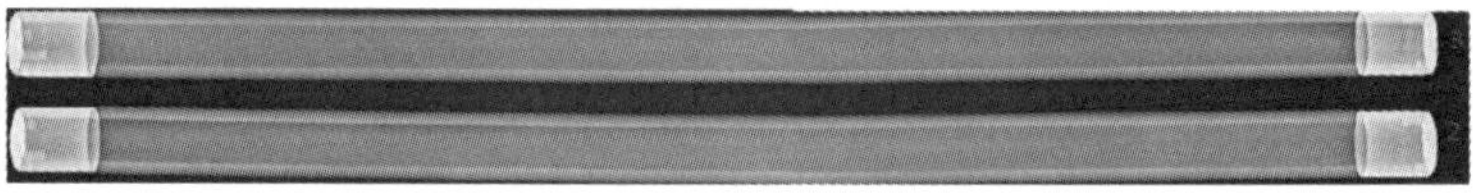

（e）XRNP1-35 kV/2 A

图 3-50　XAMG 熔断器试样熔断后 X 射线图

7. ZJGR

图 3-51 和图 3-52 分别为 ZJGR 熔断器熔断前后的 X 射线图。采用软锡焊点改善熔断器的时间-电流特性。采用软锡焊点改善熔断器的时间-电流特性。采用软锡焊点改善熔断器的时间-电流特性。10 kV/0.5 A、35 kV/0.5 A 熔断器中部两处焊点，两处

焊点之间的熔体缠绕密度与其他地方相比较疏，且长度较长，占据熔体总长度的 2/3 左右。35 kV/2 A 的熔体为两个熔丝并联。无缠绕骨架，大部分熔体下坠，紧挨管壁。35 kV/1 A 熔体缠绕密度不均匀，在靠近端部的熔体上存在焊点。除 35 kV/0.5 A 断点在中部以外，其他型号的断点均发生在端部。

经过分析，两个熔丝并联和无缠绕骨架是熔体熔断试验时，熔断电流过大，管壁发热严重，甚至管壁被烧黑、冒烟，熔体仍未熔断的原因。

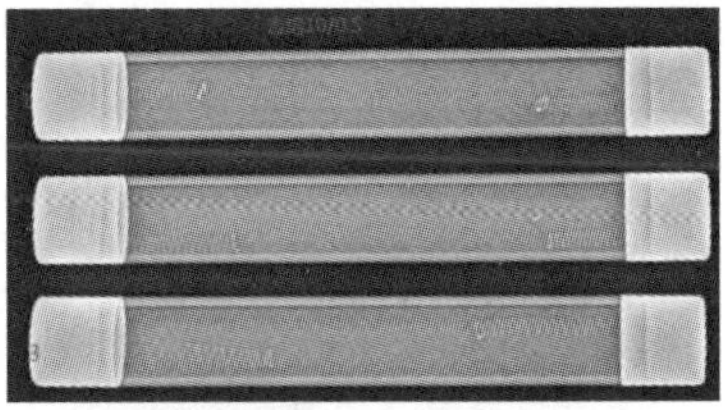

（a）XRNP1-10 kV/0.5 A

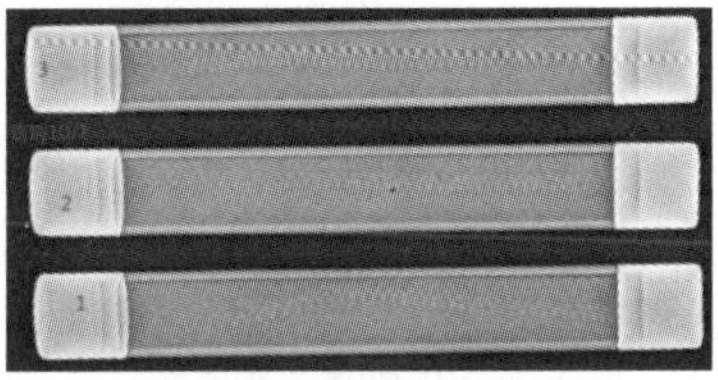

（b）XRNP1-10 kV/1 A

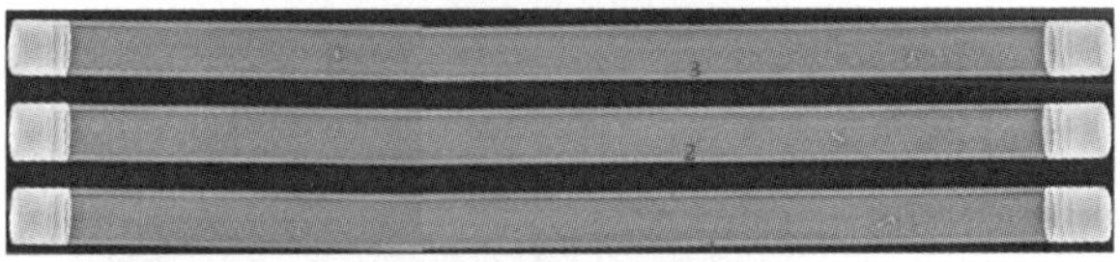

（c）XRNP1-35 kV/0.5 A

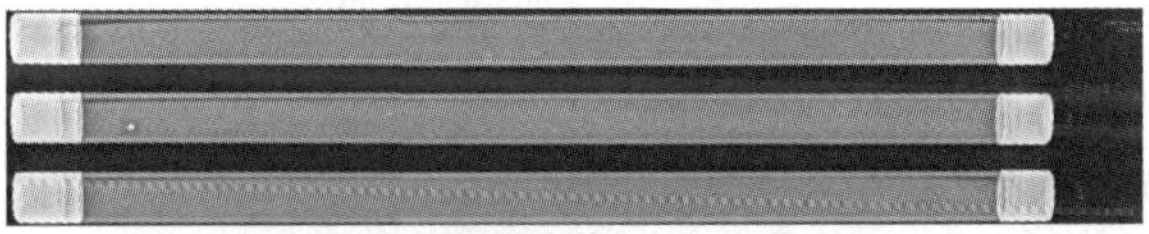

（d）XRNP1-35 kV/1 A

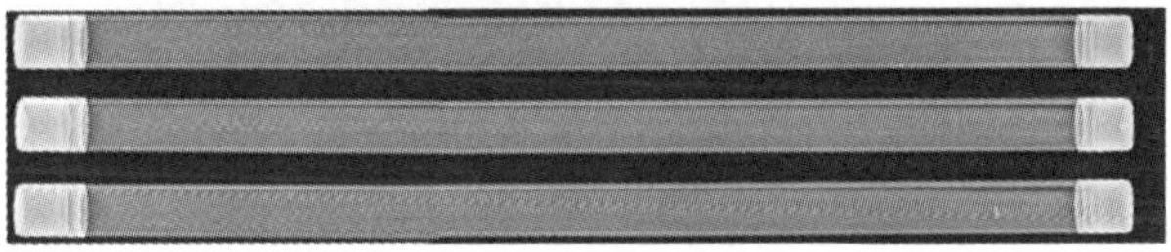

（e）XRNP1-35 kV/2 A

图 3-51　ZJGR 熔断器试样熔断前 X 射线图

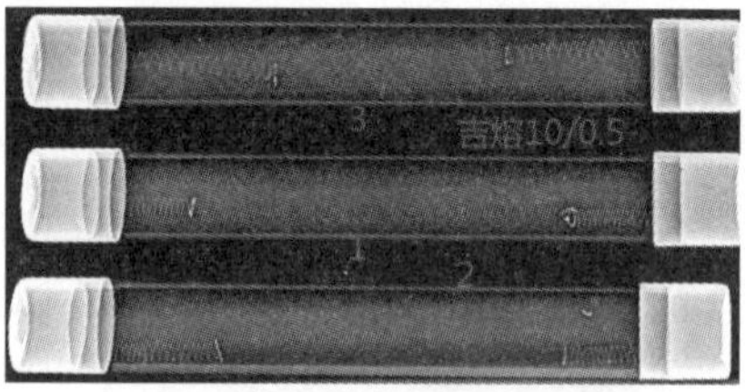

（a）XRNP1-10 kV/0.5 A

（b）XRNP1-10 kV/1 A

（c）XRNP1-35 kV/0.5 A

（d）XRNP1-35 kV/1 A

（e）XRNP1-35 kV/2 A

图 3-52　ZJGR 熔断器试样熔断后 X 射线图

8. 小　结

除采用不同熔体材质之外，各个厂家的熔断器制作工艺和质量不同。

（1）HZBD 熔断器采用中部较密的一段熔体来改善时间-电流特性，降低熔点，使电流过载时熔断时间降低。其他厂家均采用软锡焊点的方式改善时间-电流特性。

（2）SHRG、SHFR、XAMG 和 ZJGR4 个厂家的熔断器熔体无骨架缠绕，部分熔体缠绕不均匀，紧挨熔断器管壁，电流过载时由于熔体软化，这种现象更为明显。这会导致电流较大时熔断器发热不均匀，局部发热严重甚至烧黑，严重影响熔断器限流特性。

（3）SHZG、SHRG 和 ZJGR 的部分熔断器熔体断点发生在熔断器端部。

（4）XAMG 的部分熔断器熔体存在氧化现象，使熔体电阻增大，发热加剧，使得在正常情况下，熔断器更容易熔断。

（5）SHRG 和 ZJGR 的 35 kV/2 A 的熔断器熔体两根熔丝并联，使电流过载时熔体更不容易断，这是其 2 min 耐受电流值远高于其他厂家的原因。

3.5.4 电磁式电压互感器用熔断器开断检测

1. 试验原理

试验采用电流源充电回路，原理图如图 3-53 所示，充电电容 C 大小为 55.7 mF，电抗器电感为 186.7 mH。当电流源外加负载电阻为零或电阻很小处于欠阻尼状态时，每施加 1 kV 充电电压，预期放电电流为 10 kA，频率为 50 Hz。

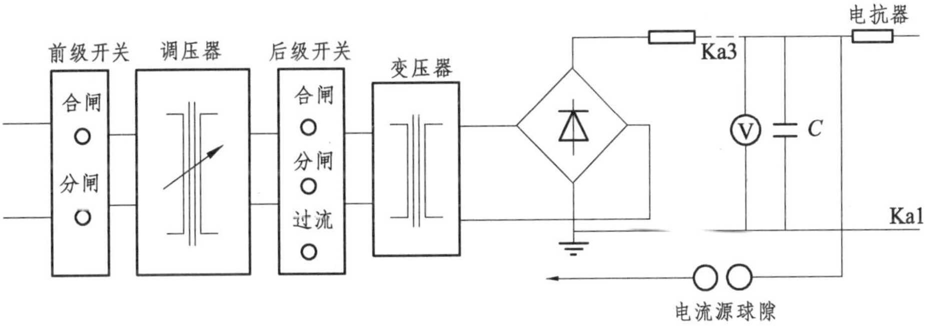

图 3-53　熔断器开断试验原理图

2. 试验样品

开断样品为电压互感器用的高压限流熔断器，共 7 个厂家，每个厂家 4 个型号，分别为 XRNP-35 kV/1 A、XRNP-35 kV/2 A、XRNP-10 kV/0.5 A 和 XRNP-10 kV/1 A，每种型号试验一支。另外采用直径为 0.5 mm，长度为 20 mm、40 mm 和 80 mm 的纯铜丝绕在 10 kV 熔断器的骨架上，以铜丝作熔丝，做对比试验，如图 3-54 所示。

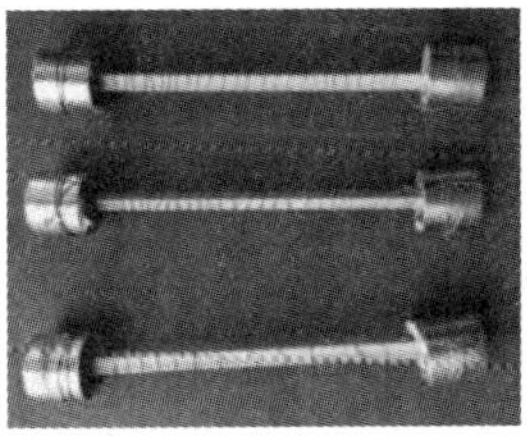

图 3-54　以铜丝作为熔丝的熔断器样品

3. 开断波形统计

从波形上看，35 kV 熔断器和 10 kV 熔断器开断的恢复电压波形有显著不同，35 kV 熔断器恢复电压达到最大值后就下降至充电电压值，而 10 kV 熔断器恢复电压达到最大值以后会突然由负变正，然后再下降至正常的充电电压。RG 的 35 kV 熔断器，FR35 kV/2 A-5 号熔断器和 XAKB10 kV/0.5 A-2 号熔断器在开断电流变为零之前电压波形有异常波动，这个可能和熔断器断后重燃有关。

表 3-45 是各厂家的各种型号的熔断器和直径 0.5 mm 铜丝的开断波形的统计数据，具体分析同一型号的不同的厂家的熔断器恢复电压峰值，开断电流幅值、持续时间和开断电流的 I^2t 值的差异性。

表 3-45　熔断器和铜丝开断波形统计

型号	编号	厂家	预期开断电流/kA	恢复电压峰值/kV	恢复电压峰值时间/μs	开断电流峰值/kA	开断电流峰值时间/μs	开断电流持续时间/ms	开断电流 I^2t 值/J
35 kV/1 A	5	BD	10	1.36	25	0.071	50	2.2	1.28
	5	XAKB	10	1.30	25	0.060	50	0.6	0.75
	6	ZG	10	2.0	70	0.14	60	0.2	1.54
	6	RG	10	1.55	100	0.22	100	0.6	8.13
	5	FR	10	1.50	100	0.24	100	1	11.2
	10	GR	10	1.36	120	0.27	120	1.4	20.8
	5	MG	10	1.50	80	0.16	80	3	6.29
35 kV/2 A	5	BD	10	1.50	50	0.12	50	2.2	4.65
	1	XAKB	10	\	\	0.20	80	0.4	5.0
	6	ZG	10	2.4	100	0.23	100	0.2	4.4
	4	RG	10	1.6	150	0.38	150	0.6	26.2
	5	FR	10	1.5	250	0.46	200	1	59.7
35 kV/0.5 A	10	GR	10	\	\	0.05	100	0.6	1.13

续表

型号	编号	厂家	预期开断电流/kA	恢复电压峰值/kV	恢复电压峰值时间/μs	开断电流峰值/kA	开断电流峰值时间/μs	开断电流持续时间/ms	开断电流 I^2t 值/J
10 kV/0.5 A	2	BD	10	1.8	50	0.10	50	0.1	0.6
	2	XAKB	10	2.1	50	0.10	50	0.3	1.2
	2	ZG	10	6.8	40	0.12	40	0.1	0.46
	2	RG	10	8.8	100	0.13	100	0.1	1.25
	2	FR	10	4.4	100	0.12	50	0.1	0.61
	2	MG	10	7.0	100	0.14	50	0.1	0.82
10 kV/1 A	2	BD	10	2.0	50	0.13	50	0.3	1.28
	10	XAKB	10	1.5	50	0.12	50	0.7	2.05
	2	ZG	10	10.0	50	0.19	50	0.1	1.46
	2	RG	10	3.1	100	0.28	100	0.2	6.74
	2	FR	10	5.0	200	0.38	120	0.2	9.78
10 kV/2 A	4	MG	10	1.9	150	0.34	100	0.3	13.9
35 kV/2 A	6	RG	20	\		0.60	100	0.2	31.6
	5	ZG	20	10.0	70	0.34	50	0.1	4.89
35 kV/1 A	5	RG	30	10.5	50	0.40	50	0.1	10.12
\	1	20 cm 铜丝	2	1.5	10	1.75	2400	6	4844.1
	1	40 cm 铜丝	2	3.7	10	1.46	2400	5	3259.1
	2	40 cm 铜丝	2	3.7	10	1.47	2400	5	3406.5
	1	80 cm 铜丝	2	3.2	10	1.19	2400	4	2369.5
	2	80 cm 铜丝	2	3.6	10	1.23	2400	4	2930.3

根据表 3-45 统计，得到如图 3-55 所示的各厂家熔断器恢复电压峰值图，对于 35 kV 熔断器，各厂家的恢复电压均在 2 kV 左右；对于 10 kV 熔断器，ZG、RG 和 FR 的恢复电压很高，为 3 ~ 11 kV，BD 和 XAKB 的依旧维持在 2 kV 左右。图 3-56 为各厂家熔断器开断电流峰值，从图上看，各厂家 10 kV/0.1 A 的熔断器开断电流幅值差异不大，基本维持在 100 A 左右；对于其他型号，BD 的开断电流幅值最小，为 100 A 左右，FR 的开断电流最大，35 kV/2 A 达到 460 A，35 kV/1 A 达到 220 A，10 kV/1 A 达到 380 A。

图 3-57 为各厂家熔断器开断电流持续时间，BD 和 MG 的 35 kV 熔断器均在 2 ms 以上，其他均在 1 ms 一下；对于 10 kV 熔断器，XAKB 的开断电流持续时间很明显比其他厂家大，对于 10 kV/0.5 A，XAKB 的为 0.3 ms，其他厂家均在 0.1 ms，对 10 kV/1 A，XAKB 的为 0.7 ms，其他厂家的为 0.2 ms 左右。图 3-58 为各厂家熔断器开断电流开断电流 I^2t 值，10 kV/0.5 A 的均在 1 J 左右，ZG 的最小，为 0.46 J，RG 最高，为 1.25 J；对 10 kV/1 A，BD、XAKB 和 ZG 的均在 2 J 左右，RG 较大，为 6.74 J，FR 最高，为 9.78 J；对 35 kV/1 A，GR 最高，为 20.8 J，其他均在 10 J 以下，BD，XAKB 和 ZG 依旧维持在很低水平，为 1 J 左右，XAKB 最小为 0.75 J；对 35 kV/2 A，BD、XAKB 和 ZG 维持在很低水平，为 5 J 以下，RG 和 FR 分别为 26.2 J 和 59.7 J。

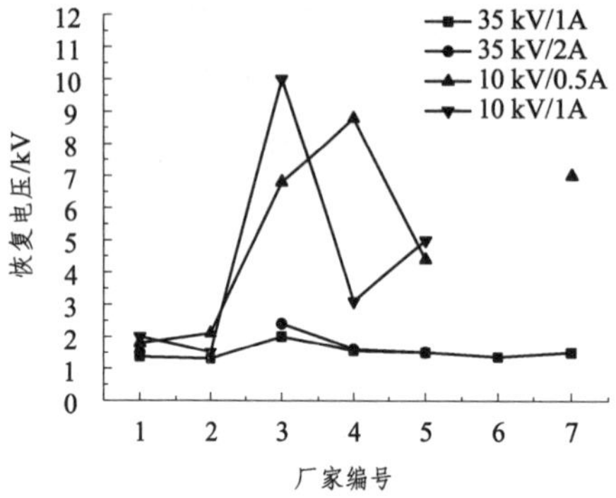

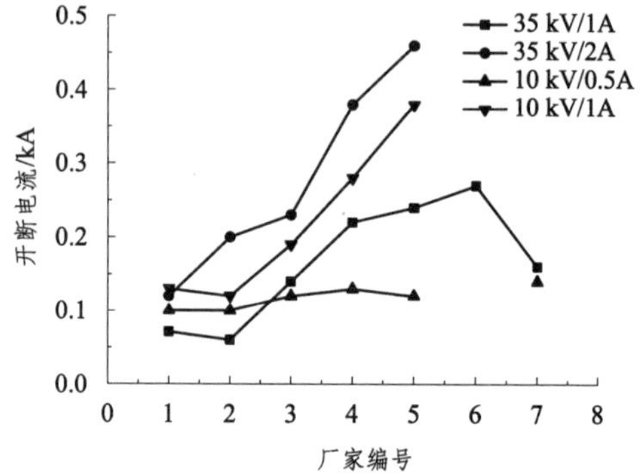

1—BD；2—XAKB；3—ZG；4—RG；5—FR；6—GR；7—MG。

图 3-55　各厂家熔断器恢复电压幅值　　图 3-56　各厂家熔断器开断电流幅值

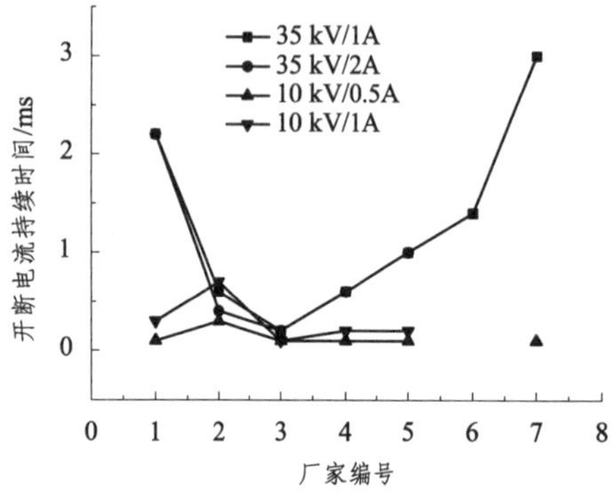

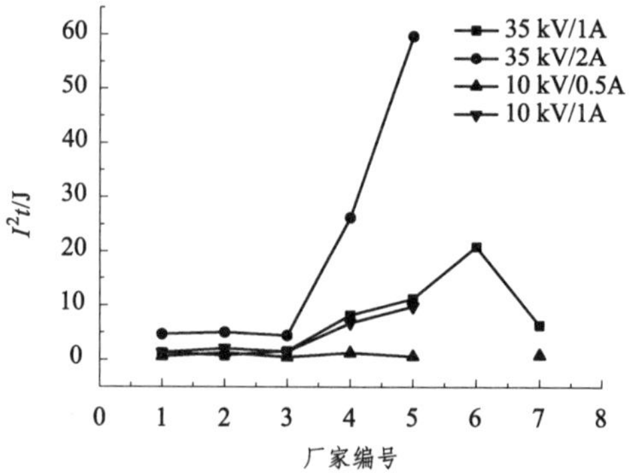

1—BD；2—XAKB；3—ZG；4—RG；5—FR；6—GR；7—MG。

图 3-57　各厂家熔断器开断电流持续时间　　图 3-58　各厂家熔断器开断电流 I^2t 值

图 3-59 和 3-60 为各厂家熔断器恢复电压峰值时间和开断电流峰值时间图。整体而言，BD 和 XAKB 的熔断器峰值时间最小，FR 的熔断器峰值时间最大。此外，除了

35 kV/1 A 的 BD，XAKB 和 ZG 熔断器恢复电压峰值时间比开断电流峰值时间小，其他厂家的两个时间基本相同。

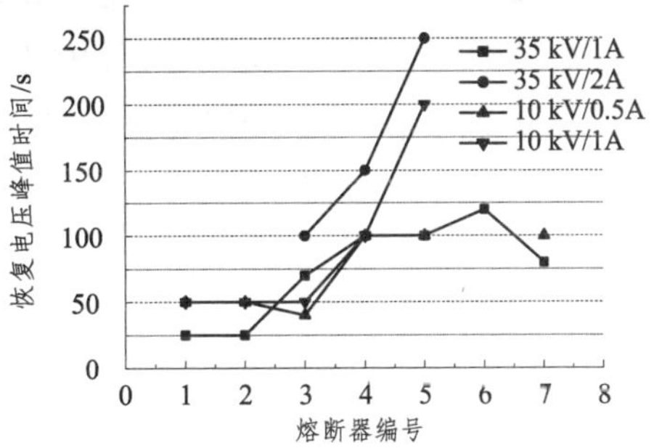

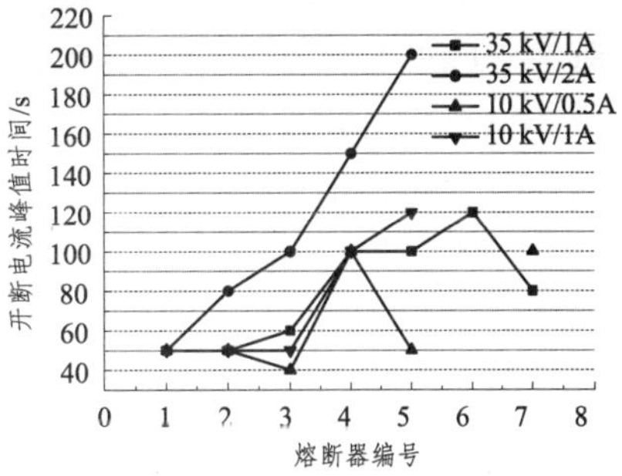

1—BD；2—XAKB；3—ZG；4—RG；5—FR；6—GR；7—MG。

图 3-59 各厂家熔断器恢复电压峰值时间 图 3-60 各厂家熔断器开断电流峰值时间

如图 3-61 所示是三个不同长度铜丝的开断特性图。相比熔断器，铜丝开断电流在 1 kA 以上，随铜丝长度增加而减小；开断电流持续时间更长，为毫秒级，20 cm 铜丝的为 6 ms，随铜丝长度增大而减小；I^2t 值在千焦级，远比熔断器高，随铜丝长度的增大而减小。

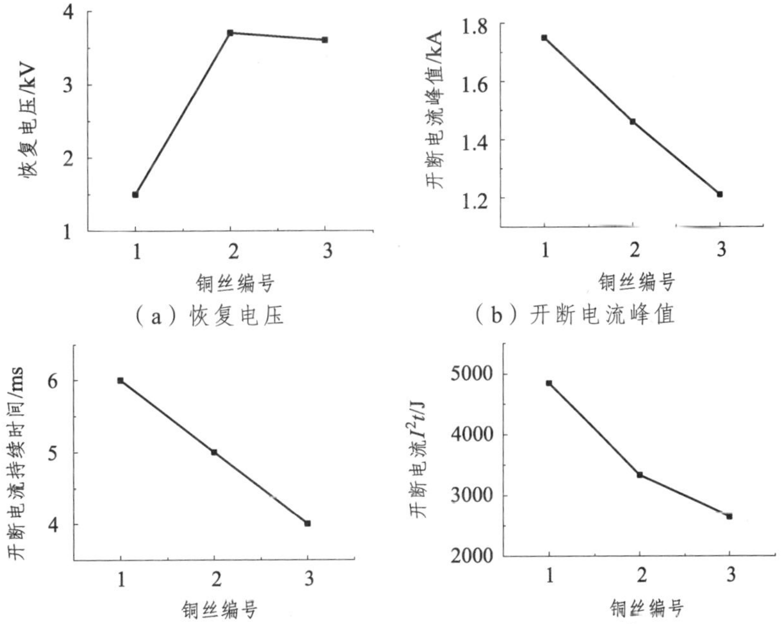

（a）恢复电压 （b）开断电流峰值

（c）开断电流持续时间 （d）开断电流 I^2t 值

1—20 cm 铜丝；2—40 cm 铜丝；3—80 cm 铜丝。

图 3-61 铜丝的开断特性

4. 熔丝熔断特征

预期开断电流为 20 kA 时，熔断器熔丝蒸发进入石英砂中，未见明显痕迹。预期开断电流为 10 kA 时，对 35 kV 熔断器，ZG 的熔丝蒸发消失，GR 的熔丝中部熔断，其他厂家均表现为熔丝中部多点熔断；对于 10 kV 熔断器，各个型号的熔断器熔断特征不尽相同，具体如表 3-46 所示。

表 3-46　熔断器熔丝熔断特征

型号	预期电流/kA	熔丝变化	型号	预期电流/kA	熔丝变化
MG35 kV/2 A-6	10	熔丝多点熔断	ZG10 kV/0.5 A-2	10	熔丝蒸发
KB35 kV/2 A-1	10	熔丝多点熔断	KB10 kV/0.5 A-10	10	熔丝中部熔断
BD35 kV/1 A-5	10	熔丝多点熔断	KB10 kV/1 A-10	10	熔丝中部熔断
BD35 kV/2 A-5	10	熔丝多点熔断	ZG10 kV/1 A-2	10	熔丝蒸发
MG35 kV/1 A-5	10	熔丝蒸发	BD10 kV/1 A-2	10	熔丝蒸发
GR35 kV/0.5 A-6	10	熔丝中部熔断	FR10 kV/1 A-2	10	熔丝蒸发
FR35 kV/1 A-5	10	熔丝多点熔断	FR10 kV/0.5 A-2	10	熔丝端部熔断
KB35 kV/1 A-5	10	中部多点熔断	BD10 kV/0.5 A-2	10	中部多点熔断
FR35 kV/2 A-5	10	中部多点熔断	KB10 kV/0.5 A-2	10	中部多点熔断
RG35 kV/1 A-6	10	中部多点熔断	MG10 kV/0.5 A-2	10	熔丝中部熔断
RG35 kV/2 A-4	10	中部多点熔断	MG10 kV/2 A-4	10	熔丝中部熔断
GR35 kV/1 A-10	10	中部多点熔断	铜丝（20 cm，无骨架）	2	铜丝炸裂
ZG35 kV/2 A-6	10	熔丝蒸发	铜丝 1（80 cm，有骨架）	2	铜丝多点炸裂
ZG35 kV/1 A-6	10	熔丝蒸发	铜丝 2（80 cm，有骨架）	2	铜丝多点炸裂
RG10 kV/0.5 A-2	10	熔丝中部熔断，断口熔丝有重燃痕迹	铜丝 1（40 cm，有骨架）	2	铜丝炸裂，无残留
RG10 kV/1 A-2	10	熔丝蒸发	铜丝 2（40 cm，有骨架）	2	铜丝炸裂，无残留

3.5.5 电磁式电压互感器用熔断器电晕检测

1. 试验原理

图 3-62 为熔断器电晕试验的示意图。经多次试验，熔断器电晕方案为将熔断器管壁敲碎，使内部熔丝裸露空气，在不同电压下通过紫外成像仪观察不同厂家熔断器电晕情况。环氧支撑板用于支撑敲碎的成两截（熔丝未断）的熔断器，尺寸为 100 mm × 400 mm × 4000 mm。环氧板底部为接地板。紫外成像仪距离熔断器 2 m，在紫外仪同一视野范围保证裸露的熔断器熔丝长度相等。在熔断器端部施加不同电压，观察电晕并收集电晕发光光子数目。

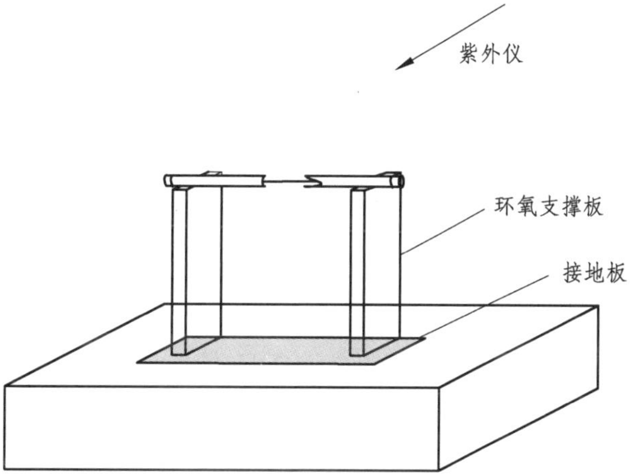

图 3-62 熔断器电晕试验示意图

2. 试验样品

试验样品为 BD、XAKB、ZG、RG 和 MG 共 5 个厂家的 35 kV/1 A 和 35 kV/2 A 熔断器。熔断器中部长 100 mm 的管壁被敲碎，熔丝裸露空气中，并保证熔丝不断裂。

3. 结果分析

紫外仪增益设为 100，始终保持不变，并固定在同一位置，保持与试样同一距离。紫外成像初步显示，各厂家和各型号的熔断器在同一电压下的电晕发光情况不同。RG 和 MG 熔断器由于无熔丝缠绕骨架，加压时裸露在空气中的熔丝会发生振动现象。表 3-47 为熔断器各厂家电晕紫外成像光子计数表。35 kV 熔断器正常工作运行时熔断器对地电压 20.2 kV；试验时，熔断器端部分别施加电压 10 kV、20 kV、25 kV 和 30 kV 电压，观察熔丝电晕发光现象。紫外仪光子计数稳定后，计数仍会有一定浮动，因此光子待计数稳定后读 7 次数据并取平均值作为此电压下的电晕发光光子数。

表 3-47　熔断器电晕发光计数表

厂家	型号	光子数			
		10 kV	20 kV	25 kV	30 kV
35 kV/1 A	BD	20	81	105	144
	XAKB	20	55	246	3120
	ZG	83	912	1887	3220
	RG	62	1715	3311	5404
	MG	211	2010	3363	6510
35 kV/2 A	BD	20	52	88	125
	XAKB	20	48	55	60
	ZG	33	665	1680	3205
	RG	10	921	2195	4180
	MG	53	453	1725	4392

图 3-63 为施加电压 10 kV 时各厂家熔断器熔丝电晕发光光子统计图。在此电压下，大多数厂家熔断器电晕发光光子数较低，均在 100 以下。MG 熔断器发光数很高，35 kV/1 A 的为 211，35 kV/2 A 的为 53。

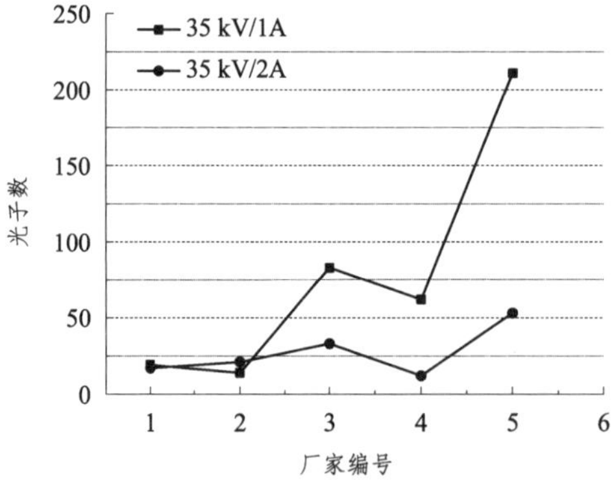

1—BD；2—XAKB；3—ZG；4—RG；5—MG。

图 3-63　10 kV 时各厂家熔断器电晕发光光子数

图 3-64 为施加电压 20 kV 时各厂家熔断器熔丝电晕发光光子统计图。在此额定电压下，BD 和 XAKB 熔断器电晕发光光子数维持在很低水平，在 100 以下。ZG 熔断器

发光光子数在 500～1000 之间，1 A 和 2 A 两种型号发光数差距不大。35 kV/1 A 的 RG 和 MG 熔断器发光数很高，在 1700～2100 之间。35 kV/1 A 的 RG 和 MG 熔断器发光数在 1000 以下。值得注意的是，MG 熔断器的两种型号发光数差距很大，35 kV/1 A 的为 2010，35 kV/2 A 只有 453。

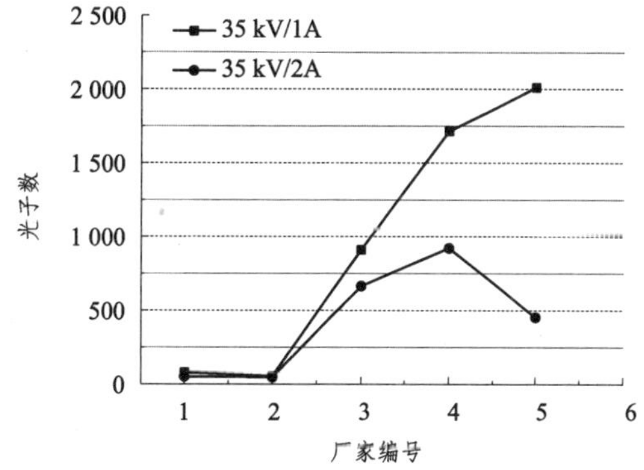

1—BD；2—XAKB；3—ZG；4—RG；5—MG。

图 3-64　20 kV 时各厂家熔断器电晕发光光子数

图 3-65 为施加电压 25 kV 时各厂家熔断器熔丝电晕发光光子统计图。在此 1.25 倍额定电压下，BD 和 XAKB 熔断器电晕发光光子数维持在 300 以下，其他厂家均在 1500 以上。ZG 熔断器发光光子数在 1500～2000 之间，1 A 和 2 A 两种型号发光数差距不大。35 kV/1 A 的 RG 和 MG 熔断器发光数很高，在 3300～5500 之间。35 kV/1 A 的 RG 和 MG 熔断器发光数在 1700～2200 之间。同样的，MG 熔断器的两种型号发光数差距很大，35 kV/1 A 的 3363，35 kV/2 A 只有 1725。

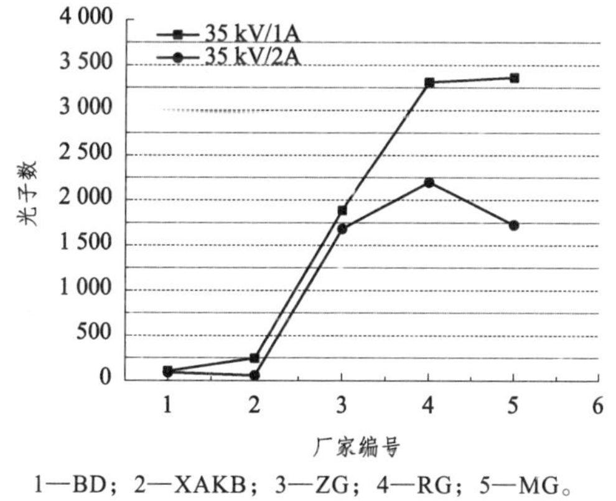

1—BD；2—XAKB；3—ZG；4—RG；5—MG。

图 3-65　25 kV 时各厂家熔断器电晕发光光子数

图 3-66 为施加电压 30 kV 时各厂家熔断器熔丝电晕发光光子统计图。在此 1.5 倍额定电压下，BD 熔断器电晕发光光子数维持在 200 以下。和其他电压不同的是，XAKB 熔断器 35 kV/1 A 发光数为 3120，35 kV/2 A 发光数却只有 60，差距很大。高 ZG 熔断器 1 A 和 2 A 两种型号发光数差距很小，均为 3200 左右。RG 熔断器 1 A 发光数为 5404，ZG 熔断器 1 A 发光数为 4392。

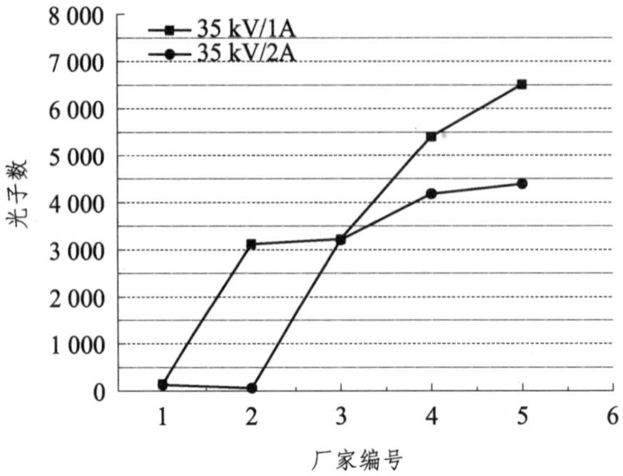

1—BD；2—XAKB；3—ZG；4—RG；5—MG。

图 3-66　30 kV 时各厂家熔断器电晕发光光子数

4. 小　结

RG 和 MG 熔断器无熔丝缠绕骨架，且 RG 熔断器熔丝为双根熔丝并绕。在此前提下对本次试验做一些总结：

（1）同一厂家熔断器，1 A 的电晕发光比 2 A 的弱。

（2）相比其他厂家，BD 和 XAKB 熔断器电晕发光很弱，维持在很低水平，不容易发生电晕。

（3）RG 和 MG 熔断器较容易发生电晕。

（4）相比其他厂家，MG 熔断器的 1 A 和 2 A 两种型号电晕发光差异特别大。

第4章

配变台区检测技术

为促进配变台区设备品控检测更加精准、更有成效，降低 10 kV 变压器、熔断器、箱柜、低压空开在运行中的故障率和缺陷率，保障电网的安全稳定运行。本章以云网 10 kV 变压器、熔断器、箱柜、低压空开运维数据为基础，综合关键工艺与品控检测情况分析，提出 10 kV 变压器、熔断器、箱柜、低压空开品控检测的质量提升措施。

4.1 配变品控检测

配电变压器，是指用于配电系统中根据电磁感应定律变换交流电压和电流而传输交流电能的一种静止电器，它是直接向终端用户供电的变压器。

4.1.1 云网变压器故障概况

截止到 2020 年 12 月底，云南电网共有配变 383862 台（其中公用配变 186530 台，专用配变 197 332 台）。根据故障统计，2020 年 10 kV 变压器故障共计 1526 次（743 台配变故障后整体更换、783 台配变故障后修复继续使用）。故障情况如表 4-1 所示。

表 4-1　2020 年云南电网 10 kV 配变故障情况

故障原因	本体烧损	高压桩头烧损	低压桩头烧损	低压配电柜烧损	合计
故障数量/次	1251	85	161	29	1526
占比	82%	6%	11%	2%	100%

根据缺陷统计，2020 年 10 kV 变压器缺陷共计 1460 起，缺陷情况如表 4-2 所示。

表 4-2　2020 年云南电网 10 kV 配变缺陷情况

缺陷类型	渗漏油	高低压桩头发热缺陷	配变本体损伤缺陷	套管污秽及损伤	配变配套设备缺陷	合计
缺陷数量/起	854	226	169	153	58	1460
占比	58%	15%	12%	10%	4%	100%

4.1.2　故障缺陷原因分析

4.1.2.1　油变故障缺陷原因分析

1. 故障原因

根据故障统计分析，油变故障原因主要有以下几类：设备老化、过载、自然环境、本体缺陷、外力异物破坏等，如表 4-3 所示。

表 4-3　2020 年云南电网 10 kV 油变故障原因统计

缺陷	设备老化（渗漏油）	过载	自然环境（雷雨大风）	本体缺陷	外力、异物破坏	低压故障
数量/次	499	416	285	211	58	29
占比	33%	28%	19%	14%	4%	2%
整体更换数量/台	217	218	162	99	42	/

1）严重渗漏油导致的故障

严重渗漏油导致的变压器停运故障共计 636 起，占比 42%，其中包含因设备老化密封失效引起的严重渗漏油 499 起（217 次导致配变整体更换）、因极端天气故障导致的严重渗漏油 63 次（29 次导致配变整体更换）、因内部缺陷引起的严重渗漏油 74 次（31 次导致配变整体更换）。

渗漏油是油式设备的常见缺陷，可分为正常老化渗漏油和异常情况渗漏油。

正常老化渗漏油主要是由设备老旧、密封材料失效引起，这类缺陷应重点关注密封胶圈的老化情况；异常渗漏油主要是因雷击、过载、内部缺陷等引起变压器内部过热、油压急剧膨胀而压力释放阀来不及急速泄压引起，这类缺陷应重点关注油箱及散热片焊接工艺及强度。从品控的角度来看，对于变压器严重渗漏油缺陷的品控，应重点关注密封胶圈材料性能、油箱及散热片的焊接工艺及强度。

对于正常老化渗漏油，主因是密封胶圈垫出现老化龟裂导致密封不良，变压器整体绝缘情况依然良好，在渗漏油情况不严重时，尚不会影响正常运行，其渗漏油的部位常见于瓷套管下部与油箱接触的密封胶圈垫处。

《变压器类产品用密封制品技术条件 第 1 部分：橡胶密封制品》（JB/T 8448.1—2004）指出变压器类产品用密封制品常见即为丁腈橡胶和丙烯酸酯橡胶。云网中变压器密封胶圈（垫）主要使用材料为丁腈橡胶，在国网技术规范中推荐密封材料为丙烯酸酯橡胶，因为丙烯酸酯橡胶部分关键参数显著优于丁腈橡胶，如表 4-4 所示。丁腈橡胶与丙烯酸酯橡胶关键参数对比如图 4-2 所示。

表 4-4　丁腈橡胶与丙烯酸酯橡胶关键参数对比

<table>
<tr><th rowspan="2">性能</th><th rowspan="2" colspan="2">对比内容</th><th colspan="2">指标</th></tr>
<tr><th>丁腈橡胶</th><th>丙烯酸酯橡胶</th></tr>
<tr><td>耐热氧老化性能</td><td colspan="2">8 h 老化，拉伸强度降低 25%，温度需求。</td><td>134 °C</td><td>218 °C</td></tr>
<tr><td rowspan="5">耐热油性能</td><td rowspan="5">浸渍 149 °C 油 70 h</td><td>拉伸强度保持率</td><td>0%</td><td>65%</td></tr>
<tr><td>扯断伸长率保持率</td><td>2%</td><td>71%</td></tr>
<tr><td>硬化</td><td>+ 20</td><td>+ 17</td></tr>
<tr><td>体积变化</td><td>+ 1.6%</td><td>+ 9.4%</td></tr>
<tr><td>180°弯曲</td><td>裂开</td><td>合格</td></tr>
<tr><td colspan="5">除了耐热氧化、耐热油性能外，丙烯酸酯橡胶在抗臭氧、抗紫外线、耐曲绕、割口增长方面也优于丁腈橡胶。</td></tr>
</table>

图 4-1　密封胶垫老化龟裂（丁腈橡胶）

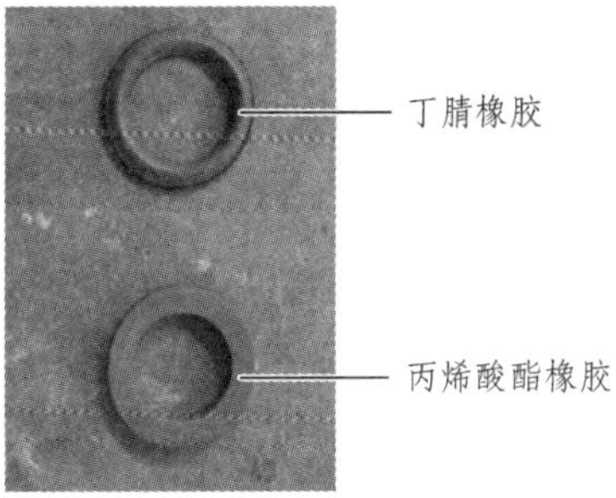

图 4-2　密封胶圈形式对比

对于异常渗漏油，主因是变压器内部过热、油压急剧膨胀而压力释放阀来不及急速泄压引起，如果油箱、散热片、密封处等部位存在壳体沙眼、散热片焊接工艺不良、运输安装松动等情况，极易出现上述渗漏油的情况。

2）过　载

过载导致变压器故障共计416例（218次导致配变整体更换），占比28%。过载烧毁的原因主要分为两类：一是设备过载性能未达到规范书要求，在长期、多次、短时的过载情况下，内部长期高温，绝缘材料老化加快，绝缘失效导致故障；二是设备新投时过载性能满足要求，但是随着运行年限和台区负荷的日益增加，过载情况越来越严重，最终在积累效应下发生故障。

云南季节性负荷特性明显，冬季居民取暖、秋季烤烟、烤花椒等极易造成配变重过载甚至烧损。另外，云南低处高原，海拔落差从76 m（河口）到3400 m（迪庆）不等，海拔对于电力设备的散热性能影响很大，根据《电力变压器 第二部分：液浸式变压器的温升》（GB 1094.2—2013）的要求，配变温升应按安装场所高于1000 m的部分每增加400 m时降低1 K，按此估算，云南地区的温升修正最高可达6 K，按照绝缘材料寿命的“6度法则”（温度每升高6°C寿命下降一半）考虑，绝缘材料的老化会加剧。因此，关注配变的温升性能，十分重要。

3）自然环境（雷雨大风）

自然环境（雷雨大风）导致变压器故障共计285例（162次导致配变整体更换），占比19%，其中，雷击是主要因素，出现222例（占比78%）。云南全省属于强雷区，以架空为主的配网线路，跨越山区，且线路整体耐雷水平低（目前仍存大量针式绝缘子），设备保护用无间隙避雷器以直连结构为主（避雷器质量问题、无法运维），加之杆塔接地以山石土壤为主，接地电阻普遍偏高，导致雷击故障高居不下。在此运行环境下，提升变压器本身耐雷水平尤为重要，即使有完备的防雷装置防护，当有雷电波入侵时，若变压内部端部绝缘偏弱、绕组匝间有损伤、内部结构紧凑空间狭小、绝缘油少分接开关裸露等，也极易引起变压器内部击穿，导致设备损坏故障。

4）本体缺陷

本体缺陷导致变压器故障共计211台，含配变过温过热烧毁137次（68次导致配变整体更换）、配变内部缺陷74次（31次导致配变整体更换），占比14%。本体缺陷主要包括制造工艺问题、产品质量问题以及长期运行导致的绝缘老化、紧固件松动等，通常本体缺陷多在有外部诱因的情况下爆发，比如有过负荷、雷电波入侵、操作过电压时，引起缺陷瞬间扩大、恶化，导致故障的发生。

变压器制造工艺不良，普遍初期仅表征为隐患，短期运行无异常，经长期运行隐患逐渐恶化形成缺陷后，才导致变压器损坏。这类缺陷在初期无法检出，即便是批次性缺陷，因缺陷严重程度的不同，也存在只有部分能检出问题，例如匝间或端部绝缘轻微受损、分接开关对外壳绝缘不足等，而投运后，因停电困难等原因致使定期检测工作难以开展，变压器带病运行直至损坏。

5）其他因素

其他导致变压器故障的因素包括外力破坏、小动物和飘挂物、污秽、低压柜烧毁等，总计 87 台，占比 6%。该类问题属于管理维护问题，此处不深入探讨。

2. 缺陷原因

根据缺陷统计分析，油变缺陷原因主要有：渗漏油、高低压桩头发热、外力破坏导致本体损伤、污秽、配套设备缺陷等。

渗漏油缺陷共计 854 起，占比 58%。与严重渗漏油导致的故障类似，发生渗漏油的原因：一是设备老化密封，293 起发生于 S9 型老旧变压器，223 起发生于 S11 型配变；二是小容量配变过载与三相不平衡问题异常发热，引起渗漏油。

除渗漏油缺陷外其余几类均属于管理维护问题，此处不深入探讨。

3. 典型故障案例

1）雷击故障典型案例

文山电力砚山公司 10 kV 倮可者线以德邑新寨 3 号公变配电变压器雷击损毁。

故障现象：压力释放阀喷油、高压瓷套管受损、变压器高压绕组对地绝缘击穿如图 4-3、4-4 所示。

图 4-3　压力释放阀喷油

图 4-4　高压瓷套管受损

故障原因：配电变压器高压侧遭受雷击时，雷电流通过高压避雷器泄放入地，流经接地装置，在其接地电阻上产生地电位升高，该压降加在低压线圈上，产生冲击电流使线圈励磁，在高压线圈感应出高电压，高电侧电压受避雷器残压限制，感应电压将高压线圈中性点电位抬高，因此在中性点附近，出现对地击穿或匝间短路损坏变压器。

2）内部缺陷导致变压器故障典型案例

大理供电局南涧县公司 10 kV 大瓦折配变烧毁。

故障现象：高低压绕组之间绝缘损坏；直流电阻不平衡率增大；内部绕组匝间绝缘烧坏、高压绕组烧断；低压绕组轻微烧蚀。如图 4-5、4-6 所示。

故障原因：高压线圈层间绝缘薄弱，引起层间绝缘击穿，层间绝缘损坏，最终导致变压器烧毁。

图 4-5　高压绕组线圈烧断

图 4-6　高电压线圈之间明显放电

4.1.2.2　干变故障原因分析

根据云网统计数据，干变 17 271 台，占比 4.5%。干变多用于用户侧，供配电系统中数量较少，用于站用变等户内场景，或置于部分箱变中作为核心部件。由于 4 A 故障抢修管理模块中，没有干变专栏，供电局在故障上报时，通常未注明干变、油变，因此以近年几例典型案例进行分析。

1. 内外绕组空气间隙距离不足

2021 年 1 月，临沧局 220 kV 登科变 10 kV 1 号接地变因内外绕组空气间隙距离不足，导致短路烧毁，如图 4-7 所示。规程要求最小安全距离为 90 mm，招标技术规范书要求为 120 mm，而故障变压器实测距离仅为 58 mm。另外，该变压器还存在螺栓无防松动措施的问题。

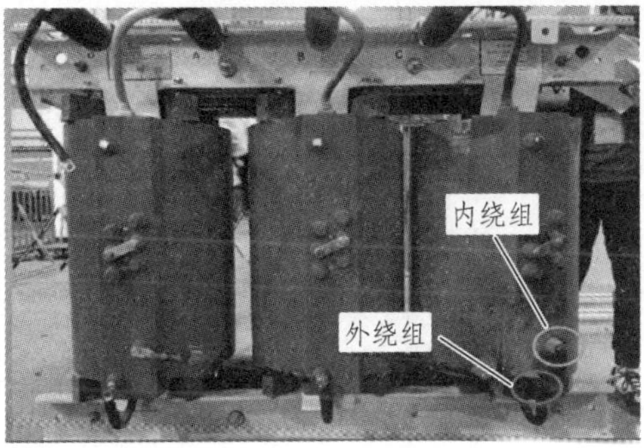

图 4-7 内外绕组短路情况

2）绕组相间绝缘距离不足

2020 年 4 月，临沧局 220 kV 登科变一台 10 kV 干式变压器因 BC 相间距离不足，短路导致变压器烧毁，如图 4-8 所示。根据设计值，相间距离应为 25 mm，实测相间最小距离为 10 mm，如图 4-9 所示。

图 4-8 相间短路情况

图 4-9 相间绝缘距离测试情况

3）工艺不良、设计不合理引起批次烧损

2016 年 2 月、2017 年 1 月、2017 年 8 月在 ± 500 kV 富宁和永仁换流站先后 3 次同一厂家 10 kV 干式站用变故障烧损情况，故障线圈均为 C 相，如图 4-10 所示。根据解体分析，造成批次故障的主要原因为工人绕制高压线圈时工艺控制不到位，且设计时未能充分考虑高压线圈段和段之间的绝缘裕度，使得对折拉伸后的分接抽头引线底部距另一段线圈的上端部引线绝缘距离不足，固化成型后远低于设计值 25 mm，在出厂试验时由于时间短未能及时检测出，而投运后运行温度较高、层间绝缘长期耐受接近 5 kV 电压，击穿后的局部缺陷逐渐扩大至损毁。

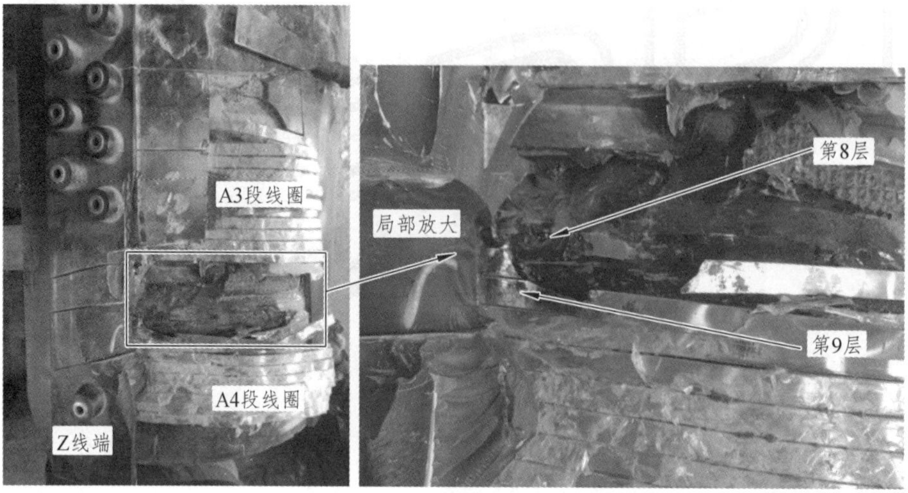

图 4-10　故障部位烧损图

4）其　他

2020 年 4 月，2 台干式变因运行环境恶劣污秽、受潮严重导致损坏；2021 年 1 月，昆明供电局万德新村 1 号箱变、文化巷 1 号箱变因过载导致烧毁。此为运行管理原因导致变压器损坏，在此不做深入探讨。

4.1.2.3　小　结

1. 油　变

（1）配变渗漏油缺陷高发，甚至造成大量变压器故障停运，占比最高。从品控检测上，应重点关注密封材料性能、整体密封性强度检测。

（2）过载导致变压器故障的占比第二。从品控检测上，应重点关注温升性能。

（3）自然环境因素造成变压器故障占比较高，其中最为突出的问题是雷击故障，从品控检测上，应重点关注配变的耐雷水平。

（4）本体缺陷导致变压器烧毁故障问题，从品控检测上，应重点关注其生产关键环节的工艺控制水平。

2. 干　变

（1）存在内外绕组绝缘距离不足导致变压器损坏现象。

（2）存在绕组相间绝缘距离不足导致变压器损坏现象。

（3）存在工艺不良和设计不合理导致变压器批次损坏现象。

4.1.3 结构原理、关键环节与检测项目关联分析

4.1.3.1 油变关键环节及品控工作情况

1. 油变结构

油变基本结构可分为铁心、绕组、套管、油箱及其他附件组成，其中，铁心和绕组是变压器的主要部件，其他元件包括高低压套管、分接开关、放油阀门、接地螺栓、压力释放阀、油箱等。

2. 关键工序及检测关联分析

油变关键工序及检测如表4-5所示。

表4-5 油变关键工序及检测

关键环节	主要缺陷	检测项目	存在问题	关联故障缺陷
铁芯叠制	铁芯尺寸过大、厚度过厚、紧固件与铁芯绝缘不良、铁芯多点接地	声级测定、空载损耗试验和温升试验	项目覆盖，但均为选做项	内部故障，异响、过热、损耗偏高
绕组绕制	导线尖角尖刺、金属粉尘等	交流耐压试验、感应电压、雷电冲击试验	仅交流耐压为必做项，考验不全	内部故障，匝间或层间击穿
	导线匝间或层间绝缘破损、厚度不足、跑层、楔形垫填充（撑条）不良导致匝间绝缘降低	感应耐压、交流耐压试验、变比、负载损耗	感应耐压为选做项，对匝间、层间绝缘考验不足	内部故障，匝间或层间击穿
	安匝不平衡产生漏磁	负载损耗	/	内部故障，损耗偏高、异常过热
	线径过小、使用铝材代替铜材	负载损耗	/	内部故障，损耗偏高、短路能力不足
	油道过窄、油道堵塞	温升试验	温升为选做，考验不足	内部故障，温升较高、异常过热
	线包纸覆盖不完整、匝绝缘搭边尺寸不足	感应电压试验	感应耐压为选做项目，考验不足	内部故障，匝间或层间击穿
	绕组焊接工艺不良	直流电阻检测	/	内部故障，断线、缺相
	端部绝缘覆盖不足	交流耐压试验	/	内部故障，主绝缘击穿，雷击击穿

续表

关键环节	主要缺陷	检测项目	存在问题	关联故障缺陷
分接开关	接触不良、挡位指示错误、引线过紧、接线错误	直流电阻、变比	/	内部故障，断线、缺相
散热片	堵塞、焊接不良、沙眼	温升、密封试验	检测项目均为选做，考验不足	渗漏油
高低压套管	运输、安装过程中损伤	外观检查、密封试验、交流耐压试验	密封试验为选做，且未涉及材质核查	渗漏油
	密封胶垫密封不良	外观检查、密封试验	密封试验为选做，且未涉及材质核查	渗漏油
箱体（含散热片）	焊接不良、沙眼、螺栓紧固不良等导致箱体密封不良	外观检查、温升、密封试验	温升和密封试验是主要检查手段，但为选做	渗漏油
绝缘油	变压器制作过程中，清洁不到位，油质劣化	介损、耐压、色谱、含水量、含气量	仅要求开展油介损和油耐压试验，考验不全	内部故障，绝缘强度下降快
	绝缘试验时，因放电等原因导致总烃、乙炔等成分增加	无	无油色谱检测要求	内部故障，隐患不能及时发现

其他问题：

（1）部分工艺内部缺陷无法通过常规手段检出，如分接开关引线过紧、接头焊接工艺不良、匝间或层间绝缘损伤、绕组粘胶凝固物过量使用、绕组垫块缺失等。

（2）部分变压器存在供货产品与型式产品的不对应、实际制造产品与产品设计图纸不一致的问题。

4.1.3.2 干变关键环节及品控工作情况

1. 干变结构

干式变压器主要结构包括铁芯、绕组、浇注部分、分接抽头、接线端子、冷却系统等附件组成。

2. 关键工序及检测关联分析

干式变压器绕组、铁芯制作工艺与油变有所差异，但关键工序和注意事项近似，此处不再赘述。相比于油变，关键工序差异主要在于浇注和装配，如表 4-6 所示。

表 4-6 干变关键工序及检测

关键环节	主要缺陷	检测项目	存在问题	关联故障缺陷
浇筑	配方不良、搅拌不均、固化温度不合理、液面下降补料不及时或不足	局放、感应耐压、雷电冲击	项目均为选做，考验不足	局放不合格，绝缘强度不足
	浇筑体存在气泡、杂质、干裂、针孔、凹凸不平、弯曲、断裂、爆裂现象	局放、感应耐压、雷电冲击、外观检查	除外观检查外，其他均为选做，考验不足	局放不合格，绝缘强度不足
器身绝缘装配	相间、高低压绕组之间、内外绝缘距离不足	外施耐压、尺寸检查	未要求尺寸检查	主绝缘强度不足，相间或高低压绕组击穿
	垫块缺失、高低压绕组铁芯柱三者不同心	外观检查、尺寸检查	未要求尺寸检查	受力不均，电动力不平衡
	穿芯螺栓、夹件与铁芯绝缘不足	绝缘电阻	未要求检测穿芯螺栓、夹件绝缘电阻	内部环流，异常过热
总装	各类螺栓无防松动措施或螺栓缺失	外观检查	规程要求外观检查内容不全，无尺寸检查项目	异响、异常发热
	热电偶缺失或插入深度不足	外观检查、尺寸检查		温控不准
	外力损伤	外观检查		带伤投运

4.1.3.3 小 结

1. 油 变

（1）部分缺陷通过常规检测无法检出，例如：分接开关引线过紧、粘胶凝固物过量使用、绕组上端垫块缺失等（出现过批次缺陷，典型案例）。

（2）存在变压器样品与设计图不吻合的情况，例如散热片面积或片数小于设计图。

（3）箱体或散热片焊接工艺不良、沙眼等缺陷导致渗漏油的问题，在运行、品控工作中都存在。

（4）部分检测项目为选做，甚者部分项目缺失，对缺陷考验不足。

2. 干　变

部分检测项目为选做，甚者部分项目缺失，对缺陷考验不足。

4.1.4　检测标准问题及检测项目分析

4.1.4.1　品控工作情况

1. 油　变

自 2017 年至 2020 年，第三方检测机构共完成了 223 台油变的试验到货抽检工作，检出 36 台变压器不合格，不合格率 16.1%，如表 4-7、4-8 所示。

表 4-7　油变不合格率统计

年份	抽检数量	不合格数	不合格率	不合格项
2017	58	9	15.5%	温升 5 台、负载损耗 2 台、声级 1 台、短路阻抗 1 台
2018	67	18	26.8%	温升 6 台、声级 4 台、绝缘油 1 台、短路阻抗 1 台、负载 1 台、短路承受能力 1 台
2019	65	7	10.8%	绝缘油 4 台、空载 2 台、负载 2 台、温升 2 台、感应耐压 1 台
2020	33	2	6.1%	温升 1 台、雷电冲击 1 台
共计	223	36	16.1%	/

表 4-8　品控不合格项统计

不合格项	温升	负载损耗	绝缘油	声级	空载	短路阻抗	短路能力	雷电冲击	感应耐压
数量/例	14	5	5	5	2	2	1	1	1
占比/%	39	14	14	14	5	5	3	3	3

从结果可以看出，不合格项目最多的是温升试验，其次为负载损耗、绝缘油和声级测定，但该四项在抽检标准中为选做项目，而这些项目也与变压器的关键制作工艺密切相关，应予以重点关注。

另外，根据 2012 年至 2018 年南网配变抗短路能力抽检报告，共抽检 343 台油变，其中不合格 150 台，不合格率达到 43.7%，而变压器的短路承受能力试验也非抽检检测项目。

2. 干　变

干式变压器数量较少，第三方检测机构检测数量也较少，2019 年至 2020 年共抽检 13 台，其中 1 台不合格，不合格率 7.7%，不合格项为温升试验。

4.1.4.2　检测项目及不足

结合设备运行情况、制造工艺、品控抽检情况，对品控检测项目分析如下：

（1）油变检测项目及不足见表 4-9。

表 4-9　油变检测项目及不足

序号	测试项目	考核内容	反映生产缺陷	存在的问题
1	外观检查	① 铭牌情况；② 外观完整性及损伤；③ 铜铝接线端子接触情况、机械强度及防松脱情况；④ 油箱壳体颜色	① 铭牌要求有利于设备管理；② 投运损坏变压器；③ 运行中接头发热或断裂	/
2	绝缘电阻测量	考验绕组绝缘情况	投运主绝缘严重降低设备	/
3	绕组直流电阻测量	考验绕组连接情况	绕组断股、虚焊脱焊、分接开关漏接	/
4	电压比测量和联结组标号	所有分接位置电压比	分接开关错接、绕组金属性匝间短路	/
5	外施耐压试验	考验主绝缘介电强度	主绝缘不足导致的击穿	/
6	空载电流和空载损耗测量	在额定电压下的铁损，考验铁芯叠制情况	噪声大、振动大、损耗大、异常发热	不宜作为可选项：① 考验铁芯制作工艺的核心项目之一；② 抽检不合格数量较多，仅次于温升、负载、绝缘油；③ 现场常见运行声音异常变压器
7	短路阻抗和负载损耗测量	短路阻抗和负载损耗，考验铜损，绕组绕制情况	绕组变形、损耗大、异常发热	/
8	感应电压试验（可选，于供应商工厂试验时为必选）	考验绕组匝间、层间绝缘以及端部绝缘情况	纵绝缘或内外部端部击穿	/

续表

序号	测试项目	考核内容	反映生产缺陷	存在的问题
9	密封试验（可选，于供应商工厂试验时为必选）	考验箱体密封情况	渗漏油、受潮	① 无密封材料核查项目，当前所用丁腈橡胶老化性能不如丙烯酸酯橡胶；② 运行中及品控工作中，均发现油箱、散热片部位因焊接工艺不良、沙眼等造成的渗漏油现象，但密封试验为选做
10	温升试验（可选）	变压器总损耗条件下，油温及绕组温度。考验铁芯、绕组工艺，可反映较严重的箱体密封不良	渗漏油、振动大、噪声大、异常发热	不宜作为可选项：① 考验变压器制作工艺水平的核心项目之一；② 抽检不合格数量最多；③ 现场常见运行声音、温度异常
11	雷电冲击试验（可选）	考验绕组绝缘性能，抗过电压能力	过电压击穿	运行设备雷击故障居高不下，而雷电冲击试验为可选项目
12	绝缘油试验（可选）	击穿电压、介质损耗因数	油质劣化导致的短路	① 不宜作为可选项，抽检不合格数量较多；② 不包含含水量、含气量、色谱项目，考验不全；③ 未要求绝缘试验前后各开展一次，不能反映绝缘试验放电导致的特征气体变化
13	声级测定（特殊试验）（可选）	考验变压器铁芯叠制情况	噪声大	不宜作为可选项：①考验铁芯制作工艺的核心项目之一；②抽检不合格数量仅次于温升；③ 现场常见运行声音异常变压器

其他问题：

① 变压器制造工艺不良，这类隐患在初期通过常规项目无法检出；

② 标准所要求检测项目无反映变压器样品与设计图不吻合的项目；

③ 变压器的短路承受能力非抽检检测项目，但 2012 年至 2018 年南网抽检的 343 台油变中不合格的有 150 台，不合格率 43.7%。

（2）干变检测项目及不足见表 4-10。

表 4-10　干变检测项目及存在的问题

序号	测试项目	考核内容	反映生产缺陷	存在的问题
1	外观检查	① 铭牌情况；② 变压器外观完整性及损伤情况；③ 铜铝接线端子的接触情况、机械强度以及防松脱情况；④ 油箱的壳体颜色	① 铭牌要求有利于设备管理；② 投运损坏变压器；③ 运行中接头发热或断裂	缺少对垫块、温控装置、螺栓配置的检查，也缺少对绝缘距离、同心情况进行尺寸测量
2	绝缘电阻测量	绕组绝缘情况	投运主绝缘严重降低设备	缺少铁芯、夹件、穿芯螺栓绝缘电阻测量
3	绕组直流电阻测量	绕组连接情况	绕组断股、虚焊脱焊	/
4	电压比测量和联结组标号	所有分接位置电压比	分接开关错接、金属性绕组匝间短路	/
5	外施耐压试验	考验主绝缘介电强度	主绝缘不足导致的击穿	/
6	空载电流和空载损耗测量	在额定电压下的铁损，考验铁芯叠制情况	噪声大、振动大、损耗大、异常发热	/
7	短路阻抗和负载损耗测量	短路阻抗和负载损耗，考验铜损，绕组绕制情况	投运绕组变形、损耗大、发热异常变压器	/
8	感应电压试验（可选，于供应商工厂试验时为必选）	考验绕组匝间、层间绝缘以及端部绝缘情况	纵绝缘或内外部端部击穿	/
9	局部放电试验（可选，于厂家试验、在实验室检测时为必选）	考验浇注工艺、绕组绕制时毛刺杂质等情况	绝缘击穿	/
10	温升试验（可选）	变压器总损耗条件下，油温及绕组温度。考验铁芯、绕组工艺，可反映较严重的箱体密封不良	振动大、噪声大、异常发热	在抽检数量不多的情况下，仍发现不合格样品，不宜作为可选项目
11	雷电冲击试验（可选）	考验绕组绝缘性能，抗过电压能力	过电压击穿	雷电冲击是检查浇注质量的重要项目，不宜作为可选项目
12	声级测定（特殊试验）（可选）	考验变压器铁芯叠制情况	噪声大	/

其他问题：干式变压器运行故障频发，且多例与制造工艺相关，但抽检数量较少，2019 年抽检 12 台，2021 年抽检 1 台。

4.1.4.3 优化建议

1. 标 准

结合 10 kV 变压器运行情况、品控工作情况，建议对标准做如下优化：

1）油变检测项目优化建议

（1）针对渗漏油现象普遍的问题，建议在采购协议中增加“密封圈（垫）制作材料选用丙烯酸酯橡胶”的要求，并在品控工作中增加“核实密封圈（垫）材质”项目，核查方式采用监造和资料核查。

（2）针对变压器在运行中、品控试验时均出现本体、散热片因焊接工艺和沙眼渗漏油的问题，建议将“密封试验”由“可选”改为“必做”。

（3）针对雷击故障居高不下的现状，建议加强变压器绝缘性能管控，将抽检标准中“感应耐压试验”“雷电冲击试验”项目由“可选”改为“必做”，以加强变压器绝缘性能管控。

（4）针对配变过载、过热烧毁故障频发的问题，建议将“温升”项目由“选做”改为“必做”。

（5）建议将“投运前”开展绝缘油试验，改为“绝缘试验前后各开展一次绝缘油”试验，且在试验项目中增加“含水量”“含气量”“油色谱检测”项目，以便及时发现油质不合格及绝缘放电导致油中特征气体增加的问题。

（6）针对供货产品与型式产品的不对应、实际制造产品与产品设计图纸不一致的问题，建议增加“样品与设计图（型式产品图）一致性核查”项目。

（7）针对近年来配变短路承受能力普遍不足的问题，建议在抽检标准中增加“短路承受能力”项目。

（8）针对配变现场故障频发（年均近千次），损失较大，且品控检测不合格率较高的问题，建议适当增加抽检比例，尤其是供货量大的批次。

（9）结合能源局对变压器能效的要求，建议在抽检标准中增加“变压器能效定级”项目。

2）干变检测项目优化建议

（1）建议干变外观检查部分，增加垫块、温控装置、螺栓配置的检查，绝缘距离、同心情况进行尺寸测量。

（2）建议干变绝缘电阻检测部分，增加铁芯、夹件、穿芯螺栓绝缘电阻测量。

（3）雷电冲击也是检查浇注质量的重要项目之一，建议列为必做项。

（4）针对干变浇注密封结构特殊性，短时试验项目难以发现隐患，建议将温升试验列为必做项目。

（5）针对现场发现标识与供货设备参数不一致的问题，建议在抽检标准中增加核查样品与供货协议、标识一致性项目。

（6）结合能源局对变压器能效的要求，在抽检标准中增加“变压器能效定级”项目。

油变和干变的标准优化建议如表 4-11 所示。

表 4-11　标准优化建议

类型	优化项	内容
油变	修改	① 建议将抽检标准中“感应电压试验”“温升试验”“雷电冲击试验”“声级测定”“绝缘油试验”“密封试验”由“可选”改为“必做”； ② 建议将抽检标准中对绝缘油试验由“投运前”改为“绝缘试验前后各开展一次，并对比检测结果”
	新增项目	建议增加“核查设计图纸与样品一致性”“核查密封圈（垫）材质”“油中水含量”“油中含气量”“油中溶解气体组分含量色谱分析”“短路承受能力”“变压器能效定级”
干变	修改	建议将“雷电冲击”“温升试验”由“可选”改为“必做”
	新增项目	① 建议外观检查部分，增加垫块、温控装置、螺栓配置的检查，绝缘距离、同心情况进行尺寸测量； ② 建议绝缘电阻检测部分，增加铁芯、夹件、穿芯螺栓绝缘电阻测量； ③ 建议增加“样品与供货协议、标识一致性核查”“变压器能效定级”

2. 其　他

（1）油变方面，建议针对故障率及品控抽检不合格率较高的厂家产品、供货量大的批次，抽样开展吊芯检查、尺寸核查工作。

（2）配变（主要是油变）是配网系统中主设备之一，而现场故障率较高，故障损失较大，且品控检出缺陷较多，建议增加抽检比例，尤其是供货量大的批次。

（3）鉴于干变出现多例与制造工艺有关的烧毁事件，而当前抽检数量较少（2021年 12 台，2020 年 1 台），建议增加干变抽检量。

4.1.5　常见检测设备及主要参数

1. 绝缘电阻测量检测设备及参数简介

（1）绝缘电阻测试仪如图 4-11 所示。

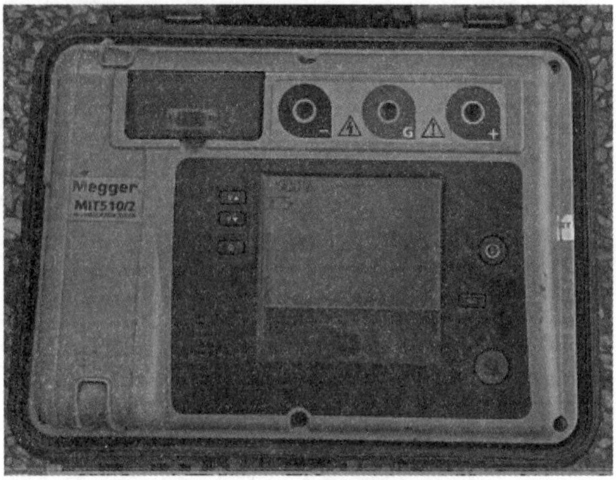

图 4-11　绝缘电阻测试仪

（2）绝缘电阻测试仪主要参数如表 4-12 所示。

表 4-12　绝缘电阻测试仪主要参数

设备名称	规格型号	主要参数	生产厂家	其他备注
绝缘电阻测试仪	MIT510/2	5.0 级、5000 V	美国 MEGGER 公司	

2. 绕组直流电阻测量检测设备及参数简介

（1）绕组直流电阻测试仪如图 4-12 所示。

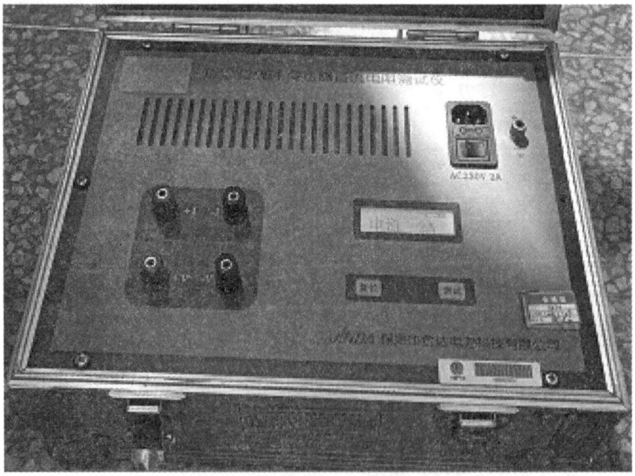

图 4-12　绕组直流电阻测试仪

（2）绕组直流电阻测试仪主要参数如表4-13所示。

表4-13 绕组直流电阻测试仪主要参数

设备名称	规格型号	主要参数	生产厂家	其他备注
绕组直流电阻测试仪	BZC3396 A	测试电流：≤1 mA，10 mA，100 mA，500 mA，2 A，10 A 准确度：±（0.2%×R+2个字节） 最小分辨率0.1 μΩ	保定市金达电力科技有限公司	

3. 外施耐压试验检测设备及参数简介

（1）工频外施耐压试验仪如图4-13、4-14所示。

图4-13 控制箱

图4-14 试验变压器

（2）控制箱和试验变压器主要参数如表4-14所示。

表4-14 控制箱和试验变压器主要参数

设备名称	规格型号	主要参数	生产厂家	其他备注
控制箱	XC20/220	额定容量：20 kVA 输出电压0～250 V	长沙沃特电气有限公司	
试验变压器	SY-100	额定容量：20 kVA 输入电压0～250 V 输出电压100 kV	长沙沃特电气有限公司	

4. 空载电流和空载损耗测量、短路阻抗和负载损耗测量、温升试验设备及参数

（1）空载电流和空载损耗测量、短路阻抗和负载损耗测量、温升试验试验仪如图 4-15 ~ 4-19 所示。

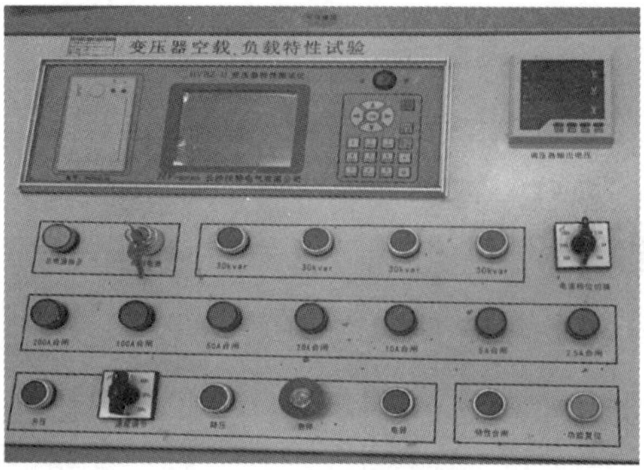

图 4-15　变压器空载、负载特性试验装置

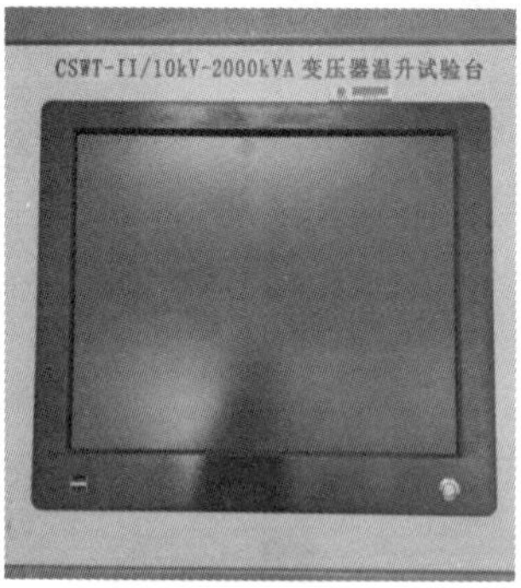

图 4-16　变压器温升试验台

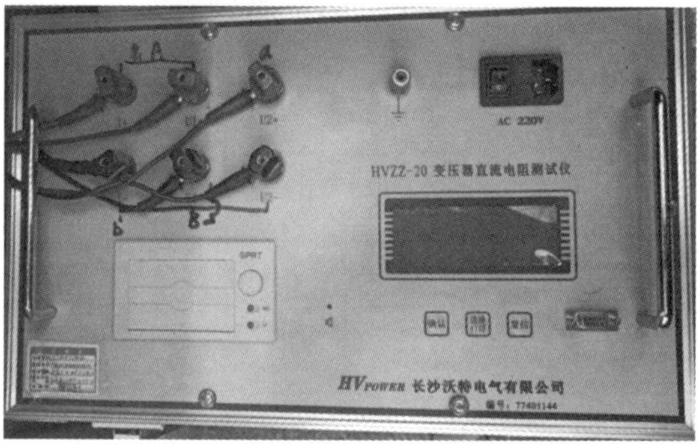

图 4-17　变压器直流电阻测试仪

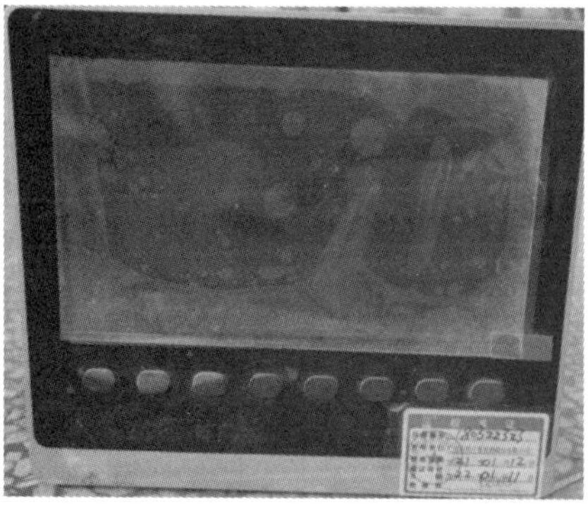

图 4-18　温度巡检仪

图 4-19　感应调压器

（2）空载电流和空载损耗测量、短路阻抗和负载损耗测量、温升试验如表4-15所示。

表4-15 空载电流和空载损耗测量、短路阻抗和负载损耗测量、温升试验参数

设备名称	规格型号	主要参数	生产厂家	其他备注
变压器空载、负载特性试验装置	HVBZ-II	测量电压：10 ~ 650 V 测量电流：0.05 ~ 5 A 测量精度 0.2 级 测量误差：<±0.5%	长沙沃特电气有限公司	
变压器温升试验台	CSWT-II/10 kV-2000 kVA	测量电压：0.1 ~ 650 V 测量电流：0.1 ~ 200 A 测量精度 0.2 级 功率因数：0.1 ~ 0.9999	长沙沃特电气有限公司	
变压器直流电阻测试仪	HVZZ-20	测试电流：0 mA，100 mA，500 mA，2 A，10 A、20 A 准确度：+（0.2%×R+2个字节） 最小分辨率 0.1 μΩ	长沙沃特电气有限公司	
温度巡检仪	8108-X-X-AD1	测量精度：02%FS±1d 采样周期：1 s	长沙沃特电气有限公司	
感应调压器	TSJA-160/0.5	容量：160 kVA 输入电压：380 V 负载电压：0 ~ 650 V 最大输入电流：271 A 额定输出电流：142 A	长沙沃特电气有限公司	

5. 感应耐压试验设备及参数

（1）感应耐压试验试验仪如图4-20 ~ 4-23所示。

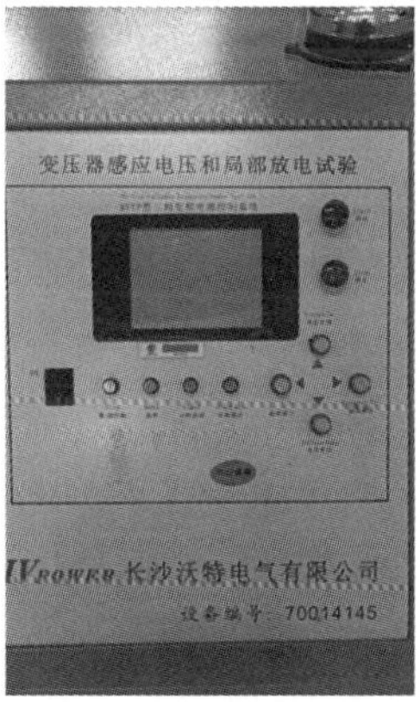

图4-20 三相电源控制系统

图4-21 励磁变压器

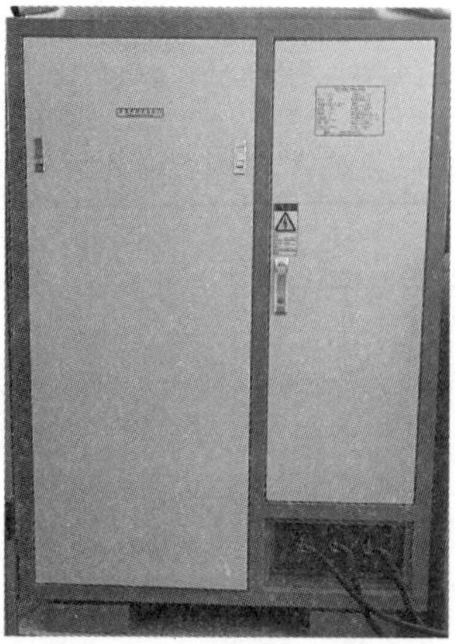

图 4-22　三相电源控制装置

图 4-23　无局放耦合电容器

（2）感应耐压试验仪主要参数如表 4-16 所示。

表 4-16　感应耐压试验仪主要参数

设备名称	规格型号	主要参数	生产厂家	其他备注
励磁变压器	ZB3-30 kVA	额定容量：30 kVA 额定电流：75 A 输出电压 900 V 额定频率 30～300 Hz 输出电流 19 A	长沙沃特电气有限公司	
三相电源控制装置	HVTP-100	额定功率：100 kW 单相输出电流：75 A 输出电压 0～310 V 单相输出频率 30～300 Hz 输出电流 0～186 A	长沙沃特电气有限公司	
无局放耦合电容器	HV-300/100 kV	额定电压：100 kV 工作频率 20～300 Hz 高压电容 300 pF 变比：1002：1	长沙沃特电气有限公司	

6. 雷电冲击试验设备及参数

（1）雷电冲击试验试验仪如图 4-24、4-25 所示。

图 4-24　冲击电压发生器

图 4-25　弱阻尼电容分压器

（2）冲击电压发生器和弱阻尼电容分压器主要参数如表 4-17 所示。

表 4-17　冲击电压发生器和弱阻尼电容分压器主要参数

设备名称	规格型号	主要参数	生产厂家	其他备注
冲击电压发生器	CJDY-300/22.5 kJ	单相 冲击电容量：0.5 μF 1 级电压：±100 kV 充电变压器容量：3 kVA 冲击能量 22.5 J	江苏盛华电气有限公司	
弱阻尼电容分压器	RZF300-0.0003	额定电压：300 kV 高压臂：300 pF 低压臂：0.4 μF 分压比：1430/1	江苏盛华电气有限公司	

7. 局部放电试验设备及参数

（1）多通道数字式局部放电综合分析仪如图 4-26 所示。

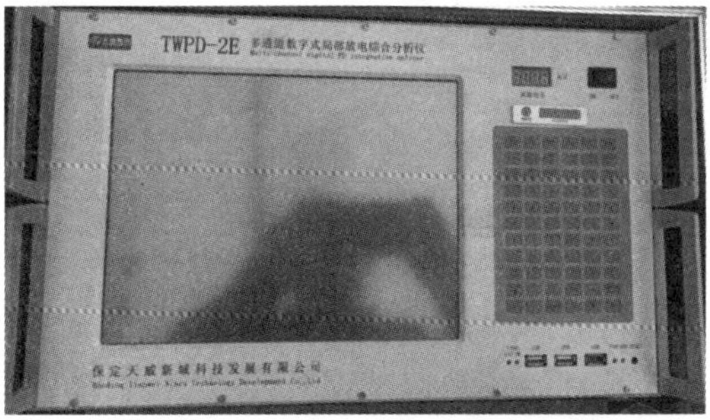

图 4-26　多通道数字式局部放电综合分析仪

（2）多通道数字式局部放电综合分析仪主要参数如表 4-18 所示。

表 4-18　多通道数字式局部放电综合分析仪主要参数

设备名称	规格型号	主要参数	生产厂家	其他备注
多通道数字式局部放电综合分析仪发生器	TWPD-2E	通道数：2 检测灵敏度：0.1 pC 最高采样速率：5 MHz 测量范围：0.1 pC ~ 10000 nC 测量频带：3dB 带宽 2 ~ 300 kHz 量程切换：×1，×10，×100，×1000，×10000，×100000 数字滤波：2 ~ 300 kHz	保定天威新域科技发展有限公司	

4.1.6　配电变压器智能检测平台

对于变压器检测除了不同项目使用不同设备检测还可以采用配电变压器智能检测平台检测，将众多项目集成在一个平台检测。传统的配变检测方式为搬运一台一台的仪器仪表至工位，依次分别接线、测量，人工频繁换线，人工记录检测数据并录入电脑，这种检测模式存在试验仪器性能参差不齐、人员劳动强度大、检测效率低等缺点。传统检测不能满足日益繁重的检测工作的需求。因此，需要一种更加安全、可靠、高效的试验系统。本小节以云南电网搭建的配电变压器智能检测平台重点说明。

4.1.6.1　检测平台各功能

针对云南电科院线路器材厂实际场地情况，将开发的产品现场安装、调试（见图 4-27），对 10 kV 被试品进行现场检测，验证功能是否满足合同和技术规范书的要求。

图 4-27　检测平台实际安装图

1. 检测单元准确性验证

检测单元准确性验证书如图 4-28 所示。

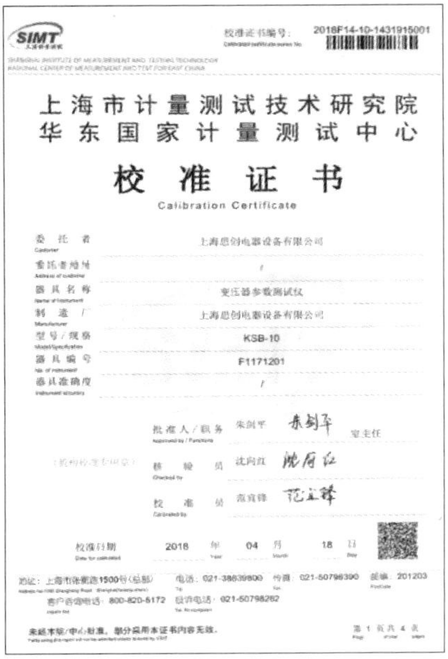

校准证书编号：2018F14-10-1431915001

上海市计量测试技术研究院
华东国家计量测试中心

校准证书

Calibration Certificate

委托者	上海思创电器设备有限公司
委托者地址	/
器具名称	变压器参数测试仪
制造厂	上海思创电器设备有限公司
型号/规格	KSB-10
器具编号	F1171201
器具准确度	/

批准人/职务 朱剑平 室主任

核验员 沈向红

校准员 范宜锋

校准日期 2018 年 04 月 18 日

地址：上海市张衡路1500号（总部） 电话：021-38839800 传真：021-50798390 邮编：201203

客户咨询电话：800-820-5172 投诉电话：021-50798262

未经本院/中心批准，部分采用本证书内容无效。

第 1 页共 4 页

(a)

校准证书编号：2018F21-10-1431887002

上海市计量测试技术研究院
华东国家计量测试中心

校准证书

Calibration Certificate

委托者	上海思创电器设备有限公司
委托者地址	/
器具名称	直流电阻测试仪
制造厂	上海思创电器设备有限公司
型号/规格	KSBZ-20
器具编号	20171215021
器具准确度	/

批准人/职务 孙建 室主任

核验员 许峰

校准员 冯建

校准日期 2018 年 04 月 18 日

地址：上海市张衡路1500号（总部） 电话：021-38839800 传真：021-50798390 邮编：201203

客户咨询电话：800-820-5172 投诉电话：021-50798262

未经本院/中心批准，部分采用本证书内容无效。

第 1 页共 3 页

(b)

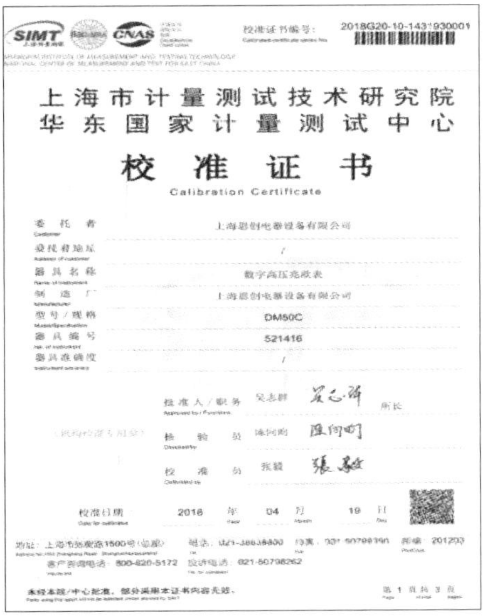

校准证书编号：2018G20-10-1431930001

上海市计量测试技术研究院
华东国家计量测试中心

校准证书

Calibration Certificate

委托者	上海思创电器设备有限公司
委托者地址	/
器具名称	数字高压兆欧表
制造厂	上海思创电器设备有限公司
型号/规格	DM50C
器具编号	521416
器具准确度	/

批准人/职务 吴志群 所长

核验员 陈同明

校准员 张毅

校准日期 2018 年 04 月 19 日

地址：上海市张衡路1500号（总部） 电话：021-38839800 传真：021-50798390 邮编：201203

客户咨询电话：800-820-5172 投诉电话：021-50798262

未经本院/中心批准，部分采用本证书内容无效。

第 1 页共 3 页

(c)

校准证书编号：2018E11-10-1431921002

上海市计量测试技术研究院
华东国家计量测试中心

校准证书

Calibration Certificate

委托者	上海思创电器设备有限公司
委托者地址	/
器具名称	温度巡检仪
制造厂	TOPRIE
型号/规格	TP1608S
器具编号	201802080004（通道04）
器具准确度	/

批准人/职务 任学勤 副所长

核验员 朱学平

校准员 张耀萍

校准日期 2018 年 04 月 20 日

地址：上海市张衡路1500号（总部） 电话：021-38839800 传真：021-50798390 邮编：201203

客户咨询电话：800-820-5172 投诉电话：021-50798262

未经本院/中心批准，部分采用本证书内容无效。

第 1 页共 3 页

(d)

校准证书编号：2018F00-10-1431911001

上海市计量测试技术研究院
华东国家计量测试中心
校准证书
Calibration Certificate

委托者：上海思创电器设备有限公司
委托者地址：/
器具名称：多通道数字式局部放电综合分析仪
制造厂：保定天威新域科技发展有限公司
型号/规格：TWPD-2H/TWPD-02
器具编号：1708XT674/1712X01601
器具准确度：/

批准人/职务：韩志强 室副主任
核验员：朱力
校准员：潘洋

校准日期 2018 年 04 月 25 日

地址：上海市张衡路1500号（总部） 电话：021-38839800 传真：021-50798390 邮编：201203
客户咨询电话：800-820-5172 投诉电话：021-50798262

未经本院/中心批准，部分采用本证书内容无效。
第 1 页 共 6 页

（e）

校准证书编号：2018F12-10-1436280001-01

上海市计量测试技术研究院
华东国家计量测试中心
校准证书
Calibration Certificate

委托者：上海思创电器设备有限公司
委托者地址：/
器具名称：纯电容分压器
制造厂：上海思创电气设备有限公司
型号/规格：CGF100-Ⅰ
器具编号：310164
器具准确度：/

批准人/职务：朱剑平 室主任
核验员：秦毅
校准员：林艳

校准日期 2018 年 04 月 27 日

地址：上海市张衡路1500号（总部） 电话：021-38839800 传真：021-50798390 邮编：201203
客户咨询电话：800-820-5172 投诉电话：021-50798262

未经本院/中心批准，部分采用本证书内容无效。
第 1 页 共 3 页

（f）

校准证书编号：2018F21-10-1431917001

上海市计量测试技术研究院
华东国家计量测试中心
校准证书
Calibration Certificate

委托者：上海思创电器设备有限公司
委托者地址：/
器具名称：多功能变比测试仪
制造厂：上海思创电器设备有限公司
型号/规格：CVT2300A
器具编号：1762044
器具准确度：/

批准人/职务：孙健 室主任
核验员：史小涛
校准员：李莉

校准日期 2018 年 04 月 20 日

地址：上海市张衡路1500号（总部） 电话：021-38839800 传真：021-50798390 邮编：201203
客户咨询电话：800-820-5172 投诉电话：021-50798262

未经本院/中心批准，部分采用本证书内容无效。
第 1 页 共 3 页

（g）

校准证书编号：2018D51-10-1431912001

上海市计量测试技术研究院
华东国家计量测试中心
校准证书
Calibration Certificate

委托者：上海思创电器设备有限公司
委托者地址：/
器具名称：声级计
制造厂：杭州爱华仪器有限公司
型号/规格：AWA5661
器具编号：313609
器具准确度：1级

批准人/职务：马建敏 项目负责人
核验员：邓峰
校准员：安亮亮

校准日期 2018 年 04 月 18 日

地址：上海市张衡路1500号（总部） 电话：021-38839800 传真：021-50798390 邮编：201203
客户咨询电话：800-820-5172 投诉电话：021-50798262

未经本院/中心批准，部分采用本证书内容无效。
第 1 页 共 6 页

（h）

图 4-28 单元准确性验证书

2. 检测项目验证

各检测项目验证如图 4-29 ~ 4-38 所示。

图 4-29 直流电阻测量

图 4-30 电压比和联结组标测量

图 4-31 空载测试

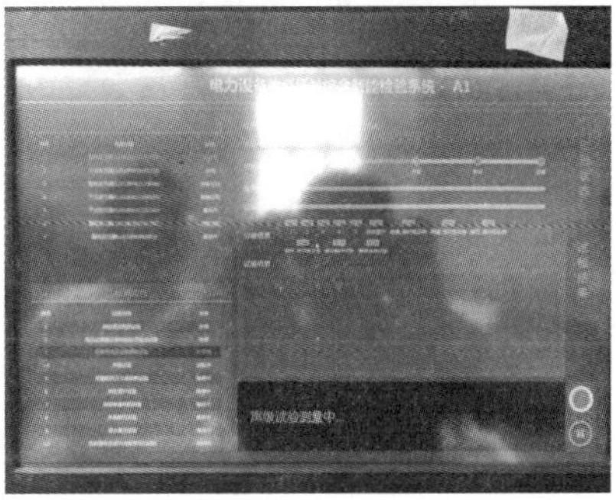

图 4-32 声级测量

图 4-33 负载测试

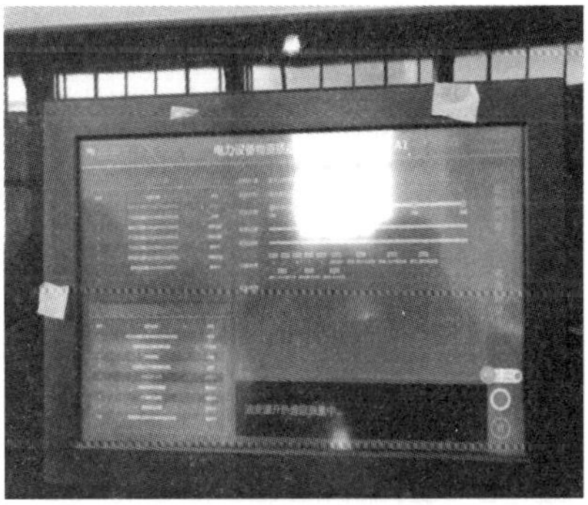

图 4-34 温升测试

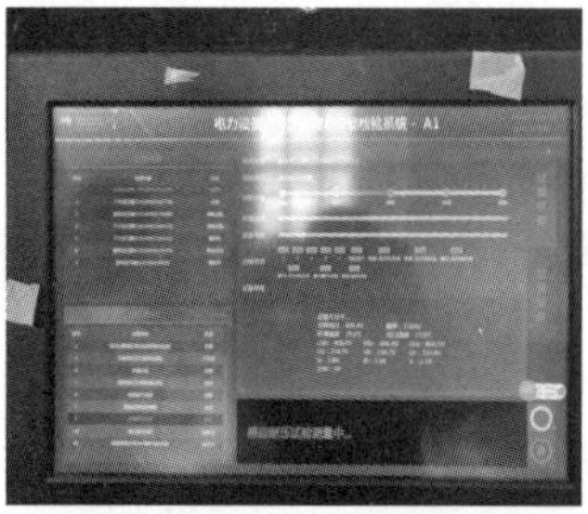

图 4-35　感应耐压测试

图 4-36　工频耐压测试

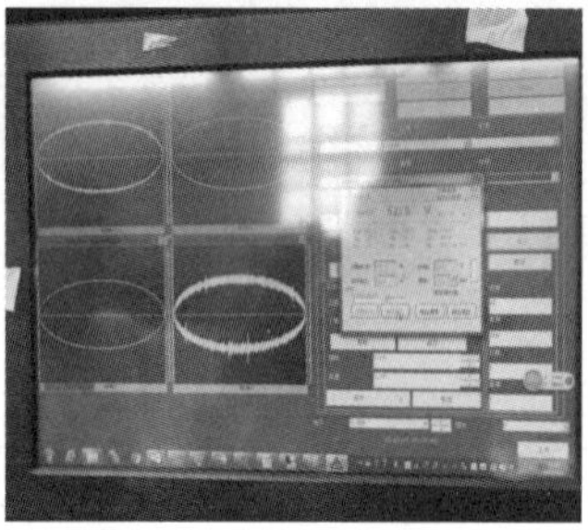

图 4-37　局放测试

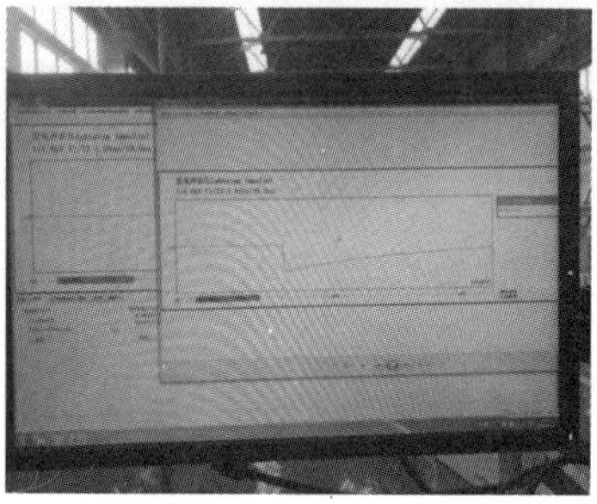

图 4-38　雷电冲击试验

3. 检测功能验证

（1）一次接线，完成多项试验项目，如表 4-19 所示。

表 4-19　试验项目

物资类别	试验顺序	接换线情况	接换线次数
配电变压器	绕组直流电阻测量	系统自动放下测试线，工作人员一次接线，系统根据试验项目顺序自动进行试验，期间由自动切换线装置完成换线，试验完成后，由工作人员拆除接线	1 次
	电压比测量及联结组标号检定		
	空载电流及空载损耗测量		
	声级测量		
	短路阻抗及负载损耗测量		
	温升试验		
	有载分接开关试验		
	绕组绝缘电阻测量	工作人员进入试验区域，先进行绝缘电阻测量，采用触点式测量，无须额外接线，自动上传数据，再根据显示器提示接线	1 次
	铁芯、夹件绝缘电阻测量		
	感应耐压试验		
	外施耐压试验		
	局部放电试验		
	雷电（全波）冲击试验	工作人员进入试验区域根据显示器提示接线	1 次

（2）自动存储检测数据，自动生成检测报告。

① 进入主菜单界面，有查询打印、标准管理、仪器管理、用户管理四个菜单，如图 4-39 所示。

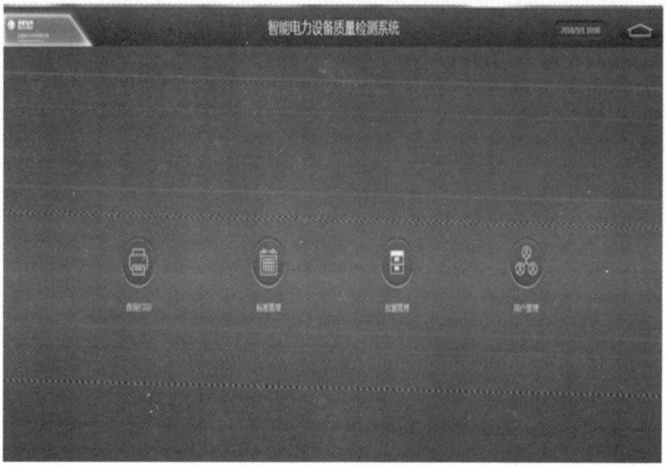

图 4-39　主菜单界面

② 进入查询打印界面，找到对应的试品后，单击该条试品信息，结果查询中会出现该试品所做的试验、试验状态以及检测日期，如图 4-40 所示。

图 4-40　打印界面

③ 双击试验项目，会显示该试验项目所对应的详细结果，如图 4-41 所示。

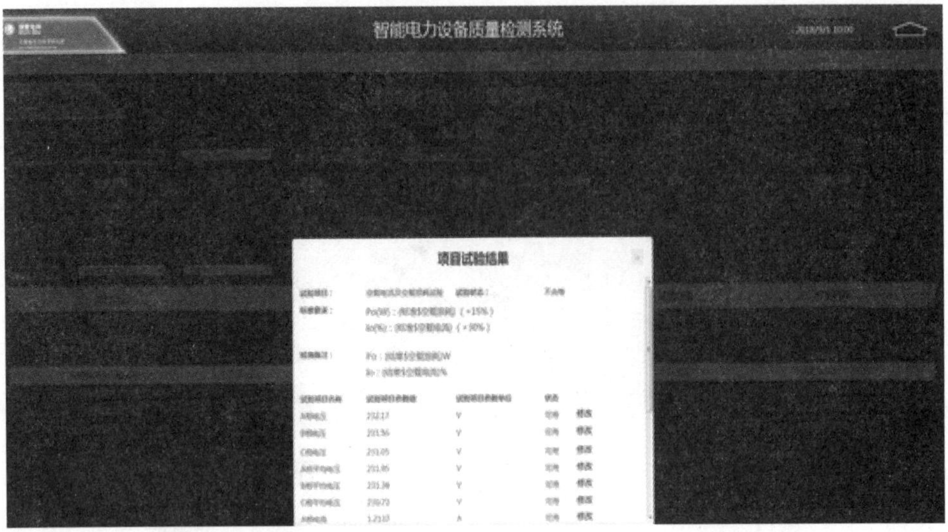

图 4-41　详细结果

④ 返回到查询界面，单击打印，会生成该试品的报告。单击保存按钮，会生成一个 word 文档，如图 4-42 所示。

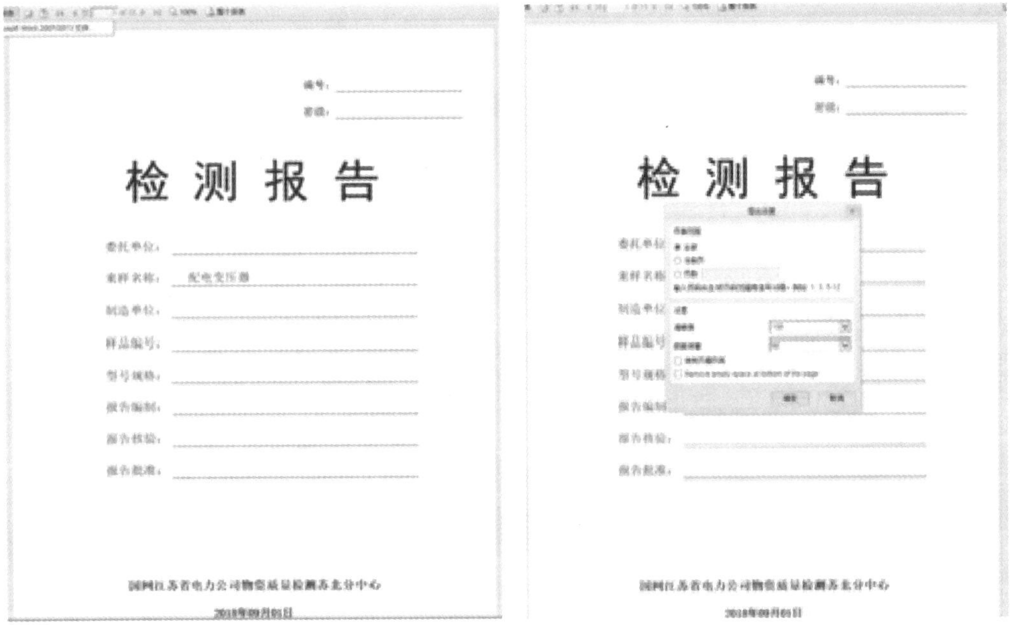

（a）　　（b）

图 4-42　检测报告

4. 检测报告实例

被试品及铭牌信息如图 4-43 所示。检测报告实例如图 4-44 所示。

(a)　　　　(b)

图 4-43　被试品及铭牌信息

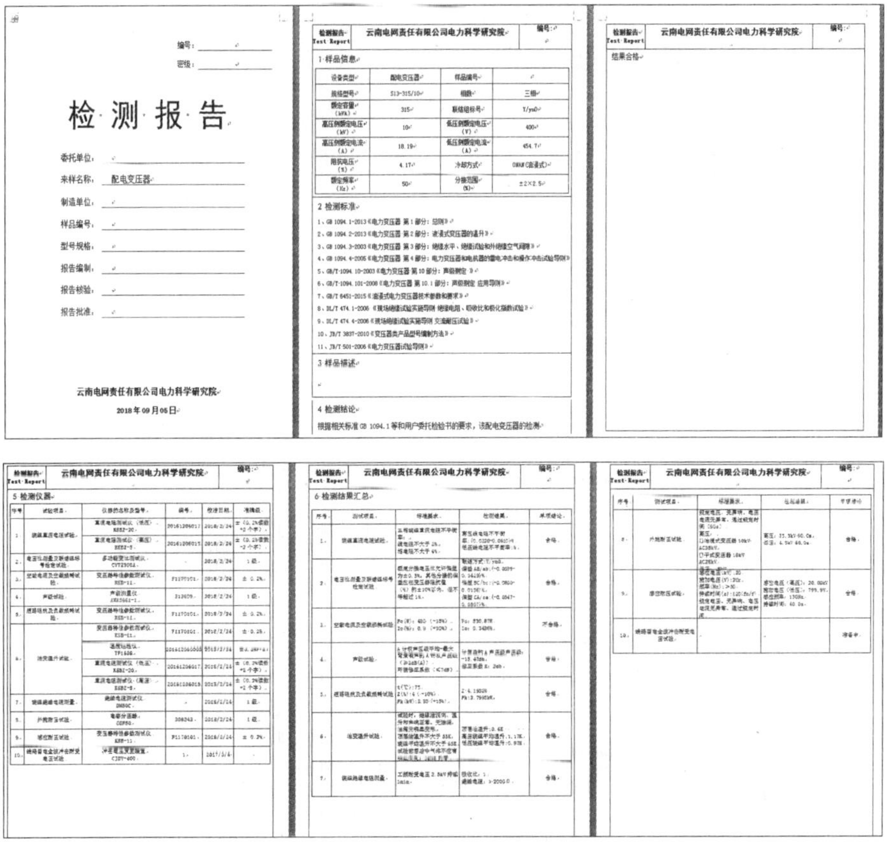

编号：

密级：

检 测 报 告

委托单位：

来样名称：配电变压器

制造单位：

样品编号：

型号规格：

报告编制：

报告校验：

报告批准：

云南电网责任有限公司电力科学研究院

2018 年 09 月 05 日

检测报告 Test Report　云南电网责任有限公司电力科学研究院　编号：

1 样品信息

设备类型	配电变压器	样品编号	
规格型号	S13-315/10	相数	三相
额定容量（kVA）	315	联结组标号	Y/yn0
高压侧额定电压（kV）	10	低压侧额定电压（V）	400
高压侧额定电流（A）	18.19	低压侧额定电流（A）	454.7
阻抗电压（%）	4.17	冷却方式	ONAN（油浸式）
额定频率（Hz）	50	分接范围（%）	±2×2.5

2 检测标准

1、GB 1094.1-2013《电力变压器 第1部分：总则》

2、GB 1094.2-2013《电力变压器 第2部分：液浸式变压器的温升》

3、GB 1094.3-2003《电力变压器 第3部分：绝缘水平、绝缘试验和外绝缘空气间隙》

4、GB 1094.4-2005《电力变压器 第4部分：电力变压器和电抗器的雷电冲击和操作冲击试验导则》

5、GB/T 1094.10-2003《电力变压器 第10部分：声级测定》

6、GB/T 1094.101-2008《电力变压器 第10.1部分：声级测定 应用导则》

7、GB/T 6451-2015《油浸式电力变压器技术参数和要求》

8、DL/T 474.1-2006《现场绝缘试验实施导则 绝缘电阻、吸收比和极化指数试验》

9、DL/T 474.4-2006《现场绝缘试验实施导则 交流耐压试验》

10、JB/T 3837-2010《变压器类产品型号编制方法》

11、JB/T 501-2006《电力变压器试验导则》

3 样品描述

4 检测结论

根据相关标准 GB 1094.1 等和用户委托检验书的要求，该配电变压器的检测

检测报告 Test Report　云南电网责任有限公司电力科学研究院　编号：

结果合格

检测报告 Test Report　云南电网责任有限公司电力科学研究院　编号：

5 检测仪器

检测报告 Test Report　云南电网责任有限公司电力科学研究院　编号：

6 检测结果汇总

检测报告 Test Report　云南电网责任有限公司电力科学研究院　编号：

图 4-44　检测报告实例

4.1.6.2 创新点

1. 检测设备高度集成

本系统整体应采用一体化结构设计（见图 4-45），将控制终端、显示终端、试验电源、测量仪器、补偿装置、测试线收纳、出线面板高度集成在一个柜体内。试验时，外部应只有与试品相接的测试线，试验仪器之间的连接导线不外露，保持试验环境整洁、美观，同时没有外露杂乱的测试线，保证试验安全。

图 4-45 检测设备实图

设计思路：传统试验设备零散，仪表、电源、控制单元之间需要连接许多测试线、通信线，造成试验程序烦琐，测试线混乱，导致检测工作效率低下，存在安全隐患。本系统采用先进的一体化结构工艺，高度集成控制终端、显示终端、试验电源、测量仪器、补偿装置、测试线收纳、出线面板，结构稳定紧凑，外部仅留出试品接线，实现快速接线，安全可靠。同类产品如图 4-46 所示。

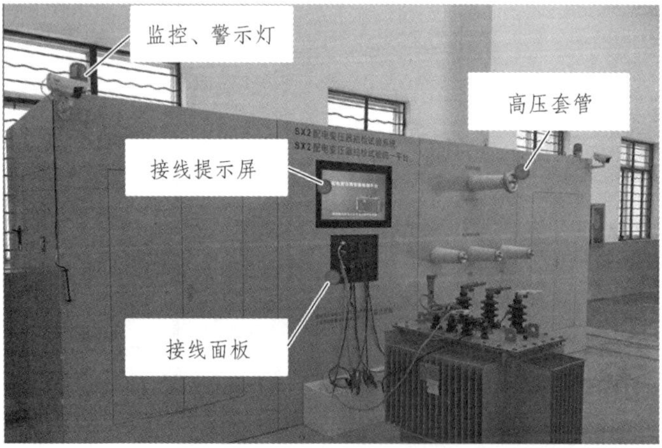

图 4-46 同类产品实物图（湖北电科院配电综合试验系统）

2. 语音提示

本系统具有智能语音提示功能，即可根据试验状态、设备状态，智能提示接线、撤线、报警、系统异常、当前检测设备状态等信息。

试验状态提示：空闲中、试验中、维护中。

设备状态提示：各功能单元状态：正常/待机/关机/异常/维护。

智能接线、撤线提示：设备启动后，智能提示试验人员进入检测工位接线，同步显示接线图；试验完成后，智能提示试验人员进入检测工位撤线。

异常报警：系统某单元或流程异常/出错，系统自动语音报警，提示试验人员检查。

检测状态信息提示：智能提示当前试验项目合格与否。

3. 智能补偿

本系统具备先进的试验电源智能补偿技术、有效降低试验电源容量，采用的试验电源组成应有别于传统试验电源，在保证试验所需容量的前提下，尽可能缩小体积，提高场地的利用率。

技术说明：智能电源容量补偿装置通过智能系统依据试品关键技术指标自动计算所需配置试验电源容量，装置自动切换补偿电容组合，为试验提供稳定可靠容量补偿，确保试验正常开展。

采用智能补偿大大减小了试验电源容量和试验电源体积，降低供电容量需求，减少设备占地面积。

4. 自动生成试验方案

检测平台可根据检测任务单自动生成试验方案，自动根据试验规程要求先后顺序逐项进行试验。根据试品类别及规格，按试验规程要求自动生成与试验项目相关的配置参数，如变压器空载试验时，需升到额定电压；负载试验时需升到额定电流等参数。

5. 测量流程自动化

检测平台应采用智能测量技术，实现一键测量，能够按预定试验顺序自动检测，无须试验人员在电脑上设置试验参数、逐个调用试验项目的上位机软件进行试验。智能测量技术框图如图 4-47 所示。

投标方应在投标文件中对该功能实现的技术方法进行详细阐述。

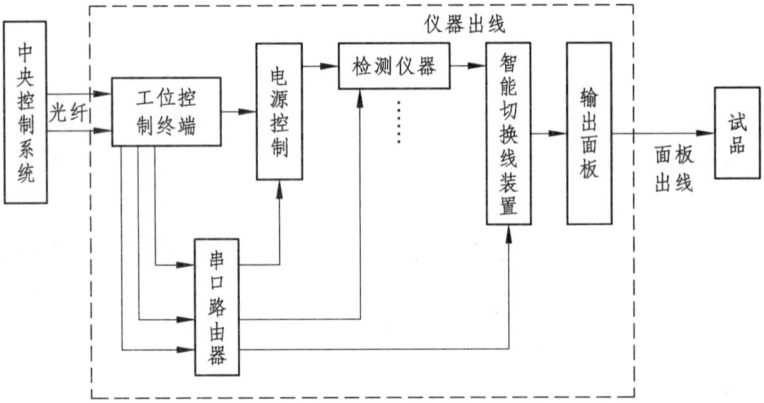

图 4-47 智能测量技术框图

6. 自动切换测试线，一次完成检测

平台自动生成试验方案后，控制终端应能自动控制检测设备逐个启动测量，智能切换线装置，依次切换测试线，整个流程自动完成，无须人为干预。自动切换的检测项目应至少包括：一次接线完成绕组直流电阻测试、空载损耗和空载电流测量、短路阻抗和负载损耗测量、电压比测量及联结组标号检定、温升试验、声级测量等试验项目。设备能够方便检修和定期送检校验；自动切换装置可按照程序规定自动切换试验接线。

投标方应在投标文件中对该功能实现的技术方法进行详细阐述。

7. 自动生成检测报告

平台应自动记录试验数据，计算测量误差，判断试验结果，自动生成最终检测报告，无须人工填写试验数据，保证试验结果的客观准确，避免人为因素影响。

投标方应在投标文件中对该功能实现的技术方法进行阐述。

8. 信息化数据管理

系统应具有信息化数据管理，可自动存储、备份检测数据、检测报告；具有远程数据传输、系统控制、系统软件维护功能；具有设备信息、人员信息、试品信息、标准信息统一管理功能。

投标方应在投标文件中对该功能实现的技术方法进行阐述。

9. 安全保障

本系统采用多级安全保障措施：

（1）系统级安全保障：

① 系统开机自检。

② 系统软件智能监测试验电压、电流。

③ 监测试验异常状态。

④ 异常自动切断电源，保证试验人员、设备安全。

（2）硬件级保护：

① 各功能单元供电保护。

② 智能安全围栏（见图 4-48）。安全围栏使用高强度支撑结构，双层防爆玻璃，自接地保障，人员门采用双重闭锁结构，一旦外来人员闯入，自动停止试验并断电。

③ 警铃、警灯：每个工位设置警灯、警铃，其中警灯通过闪烁或颜色显示检测工位的不同工作状态，警铃在试验故障或者工位需要人工接线时响起。

④ 在检测工位设置有急停按钮，在试验过程中发现紧急情况时能快速断开电源，按下即可快速分断一次回路中所有接触器，以备紧急情况下使用。

图 4-48 安全保障

（3）流程控制保护：

软件流程的控制：试验过程由测控软件按规定流程实施，试验开始等关键步骤需要接线工作人员的确认后才能启动，从工作流程上保证试验人员的安全。

4.2 跌落式熔断器品控检测

跌落式熔断器是配电线路分支线和配电变压器最常用的一种短路保护开关，它具有经济、操作方便、适应户外环境性强等特点，因此被广泛应用。

4.2.1 云网跌落式熔断器跌落概况

跌落式熔断器主要安装于台变高压侧和分支线路上，即分为台变熔断器和线路熔断器。根据系统台账，截止到 2020 年 12 月底，云网共有配变 383862 台，按此粗略估算，云网在运跌落式熔断器有近 40 万组。

云网在运的跌落式熔断器主要有大量 RW7 型、少量 RW11 型和少量 RW12 型。根据《关于开展 10 kV 配网跌落式熔断器、针式绝缘子和防雷整治工作的通知》(云电生〔2019〕77 号)，配变台区高压侧熔断器应选用 RW12 型，不应选用 RW11 及以下型号,对于存量在运的 RW11 型及以下型号的跌落式熔断器,分批更换为 RW12 型产品。

根据故障统计，2020 年云网跌落式熔断器故障 625 起，其中支撑件损伤击穿或变形 355 起、熔管拉弧烧损 270 起，如表 4-20 所示。

表 4-20 2020 年云南电网跌落式熔断器故障情况

故障原因	支撑件击穿、损伤或变形	熔管拉弧烧损	合计
故障数量/起	355	270	625
占比	56.8%	43.2%	100%

根据缺陷统计，2020 年云网跌落式熔断器缺陷 4401 起，其中跌落式熔断器锈蚀缺陷 1502 起、熔管非正常脱落 1429 起、熔断器操作机构卡涩缺陷 808 起、熔断器接头发热缺陷 358 起、熔断器绝缘支柱污秽及轻微损伤缺陷 304 起，如表 4-21 所示。

表 4-21 2020 年云南电网跌落式熔断器缺陷情况

故障原因	跌落式熔断器锈蚀	熔管非正常脱落	操作机构卡涩	接头发热	绝缘支柱污秽及轻微损伤	合计
故障数量/起	1502	1429	808	358	304	4401
占比	34.1%	32.5%	18.4%	8.1%	6.9%	100%

4.2.2 跌落式熔断器故障缺陷原因分析

4.2.2.1 故障原因

1. 支撑件击穿、损伤或变形

这类故障共计 355 起，占比 56.8%。此类故障主要分为两类：① 上下桩头击穿烧坏、部件变形。原因一是合闸不到位、锈蚀等因素造成接触不良，导致触头及其固定件温度升高，并加剧金属件的氧化和变形，接触情况进一步恶化，温度升高，同时，触头和固定件之间出现间隙，导致火花过热，最终导致桩头烧坏；原因二是带大负荷操作熔断器时有发生，高能弧光会导致触头及上桩头烧伤。②瓷柱裂纹或断裂。瓷柱运行中机械负荷较小，其裂纹或断裂主要源自内部机械力：一是瓷柱制造工艺不良，结构疏松渗入水汽后，热胀冷缩产生破坏力；二是钢脚、水泥和瓷膨胀系数不同，产生破坏力，例如采用热膨胀性能较差的水泥、三者间的缓冲层缺失等。

2. 熔管拉弧烧损

这类故障共计 270 起，占比 43.2%。熔管拉弧烧损主要原因包括触头及其固定件变形、锈蚀导致卡涩；触头压接过紧；转轴安装不正或异物阻塞；熔断件质量不佳，时间-电流特性不满足要求。熔管拉弧烧损主要与运行维护以及更换熔丝时的安装质量有关，从品控的角度主要关注材质导致锈蚀的问题和熔断件质量不佳的问题，例如机械强度和时间-电流特性不满足要求。根据《20 kV 及以下电网装备技术导则》(Q/CGS 1203004.3—2017)第 7.9.1 条明确要求“跌落式熔断器宜设置灭弧罩”，在熔断器熔丝熔断拉弧的过程中，能有效防止弧光引至相邻相或金属构架上，避免相间短路和弧光接地故障，老旧型号如 RW7 型熔断器没有防弧罩的设计。

4.2.2.2　缺陷原因

1. 熔管非正常脱落（被保护设备无缺陷，熔断器跌落）

这类缺陷共计 1429 起，占比 32.5%。此类缺陷主要是熔断器的结构不合理和接触不良引起。① 熔管与其固定件尺寸不匹配，会导致接触部位松动。② RW11 型及以前产品，触头固定件采用鸭舌或夹紧结构，容易造成虚接，在大风雷雨天气下更容易发生异常脱落，如熔丝未熔断而熔管跌落。③ 因操作不当或底座变形导致合闸不到位。④ 熔丝误断，熔丝本体扎伤，投运后在温度和机械力作用下断裂。常见情况：一是安装时，熔丝末端随螺栓的转动而绕转断股；二是金属转角处有锋利刃口，运行时随振动割伤熔丝；⑤ 熔丝质量不良，机械强度或时间-电流特性不满足要求。

2. 锈蚀、卡涩及发热

跌落式熔断器锈蚀、操作机构卡涩、接头发热等缺陷合计占比 60%，三者具有相同的因果关系，因此放在一起来分析。此类缺陷的主要原因是熔断器选用铁材质易锈蚀的材料，运行时间较久、锈蚀严重引起操作结构卡涩，触头锈蚀卡涩、接触不良以及下触头弹簧松弛而进一步引起的触头发热。

早期的 RW7 型，触头材质大多为铁质材料，易生锈，事实上在运行的 RW7 型绝大多数都已生锈。按照南方电网《10 kV 跌落式熔断器技术规范书（通用部分）》5.2.10 节对触头材质的要求：“熔断器触头及触头座应采用铜合金材料，表面镀银，镀银层厚度不小于 3 μm，上下触头均为压紧式结构，非夹紧式；弹簧采用 304 或性能更优不锈钢制作，防锈、防腐蚀。”

绝缘支柱污秽属于管理维护问题，此处不再深入分析。

4.2.2.3　典型故障案例临沧局跌落式熔断器分析

1. 背景情况

2020 年 9 月，临沧双江供电局发生多起新装 10 kV RW12 型跌落式熔断器的支柱绝缘子破碎故障，严重影响线路运行安全。临沧供电局将故障样品报送云南电网电力科学研究院配电技术研究所，配电所对批次熔断器进行了系列分析试验检测工作。

2. 故障样品分析

临沧供电局寄送的故障跌落式熔断器设备样品如图 4-49 所示。

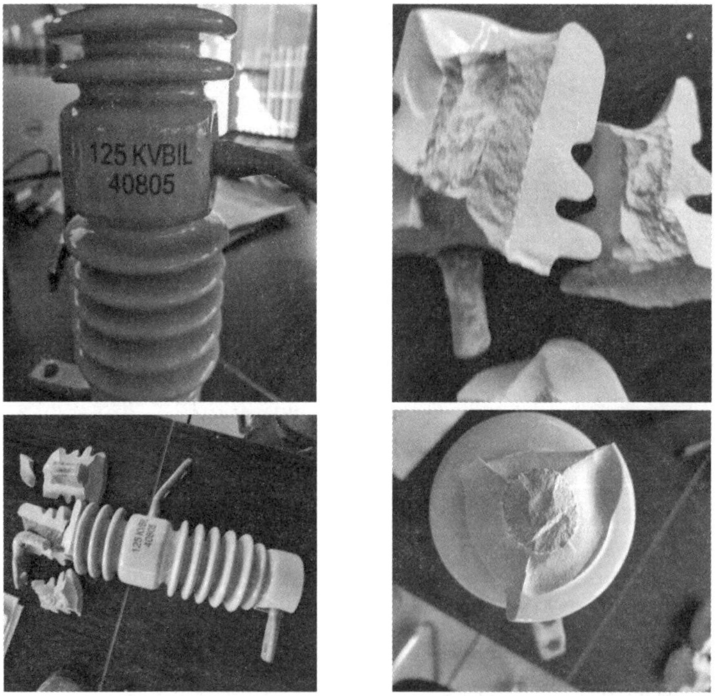

图 4-49　故障跌落式熔断器

从绝缘子的残骸来看：

（1）表面无明显放电痕迹，且熔断器安装位置附近即安装有避雷器，绝缘子过电压闪络的可能性较低，不会大面积出现闪络导致的破碎，此次故障应为机械受力破坏导致。

（2）熔断器支柱绝缘子的机械负荷较低，此次故障更可能由内部机械力引起。

（3）内部机械力的来源主要是不同材料的热胀冷缩。

（4）这种结构的绝缘子热胀冷缩容易破碎的一种可能性为钢脚、水泥、瓷三种材料的接触面未涂覆缓冲层（一般为沥青）。从图 4-50 上看，钢脚与水泥、水泥与瓷的接触面缓冲层涂覆情况不明显。

图 4-50　故障绝缘子缓冲层涂覆情况

（5）这种结构的绝缘子热胀冷缩容易破碎的另一种可能性为内部结构特别是水泥层较疏松，导致渗入水汽，这种情况一般为绝缘子烧制温度达不到要求引起的。

从破碎的绝缘子残骸来看，本次故障最可能的原因是绝缘子未按要求涂覆缓冲层，或者生烧造成绝缘子结构疏松渗入水汽后热胀冷缩导致破碎。缓冲层涂覆不满足要求可以由绝缘子的温度循环试验检出，绝缘子结构疏松可以由孔隙试验检出，因此应对批次熔断器的支柱绝缘子进行质量抽检，重点关注上述两项试验结果。

3. 质量抽检情况

2020 年 12 月 17 日，临沧局送样三只 10 kV 跌落式熔断器，检测人员按云南电网有限责任公司跌落式熔断器物资品控检测项目开展了试验，并根据该熔断器现场故障情况，增加并重点开展支柱绝缘子的温度循环试验和孔隙性试验。

1）质量抽检结果

三只跌落式熔断器的质量抽检试验结果如表 4-22 所示。注：温度循环试验、孔隙性试验非跌落式熔断器标准检测项目，瓷柱部分参考支柱绝缘子的试验方法进行。

表 4-22　临沧局跌落式熔断器检测情况

样品编号	检测项目	检测结果
202012-LCJ-10 kV 跌落式熔断器-005～007（3 只）	外观检查	合格
	爬距检查	合格
	机械稳定性检查	合格
	绝缘电阻试验	合格
	交流耐压试验	合格
	雷电冲击电压试验	合格
	绝缘子的温度循环试验（2 只）	合格
	绝缘子的孔隙性试验（2 只）	合格

所有试验项目试验结果合格，但其中孔隙性试验仅针对绝缘子瓷件进行，分析胶装水泥进水热胀冷缩后也可能导致绝缘子破碎，故又将绝缘子连同胶装水泥进行了专项试验。

2）胶装水泥专项试验

专项试验方法及结果：

① 将 1 只完好熔断器泡入水中 6 天后再次开展温差为 70 K 的温度循环试验，试验无破坏情况发生。

② 对泡水的熔断器开展了湿耐受试验（极对地 30 kV，断口 36 kV），无击穿闪络情况发生。

③ 绝缘子碎片连同胶装水泥开展孔隙性试验，水泥部件未出现染色情况，染色情况如图 4-51 所示。

临沧供电局抽样编号为 202012-LCJ-10 kV 跌落式熔断器 005～007 的三只跌落式熔断器检测合格，未能解决实际运行中支柱绝缘子频繁破碎的问题。

通过分析，怀疑本次抽取的三只跌落式熔断器与现场损坏产品非同一批次，影响分析结果。因此，将现场已发生破损的临沧局跌落式熔断器剩余残骸的完好部件（第一次寄送的设备残骸的下半部分完好）再次开展上述试验。

3）剩余残骸的温度循环试验

对运行中破碎的支柱绝缘子残骸的完好部分开展温差为 70 K 的温度循环试验。试验结果：在三次冷热循环过程中，支柱绝缘子均产生裂纹，支柱绝缘子损坏，裂纹集中于支柱绝缘子与钢脚胶装部位。裂纹情况如图 4-52 所示。

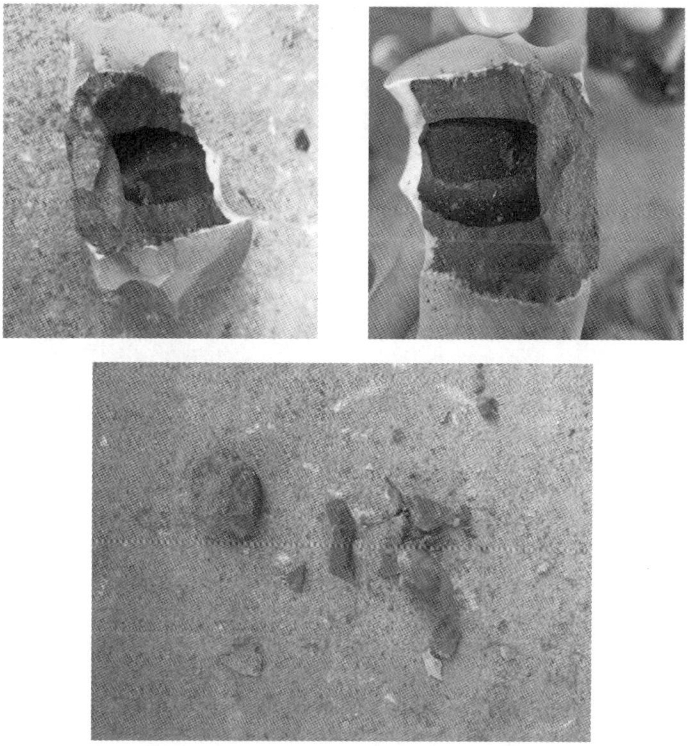

图 4-51　瓷件连同胶装水泥的染色情况

图 4-52　绝缘子残骸完好部分温度循环产生裂纹

试验结果说明，运行中的支柱绝缘子频繁破碎系由绝缘子温度循环试验不合格导致，质量抽检的样品与运行中破碎的设备应不是同一批次产品。

4.2.2.4 问题分析

通过试验分析与检查，临沧局抽样检测的跌落式熔断器和现场损坏的跌落式熔断器非同一批次，通过比对，两个批次的绝缘子钢脚处外在可视的缓冲层涂覆情况有明显区别，如图 4-53 所示。

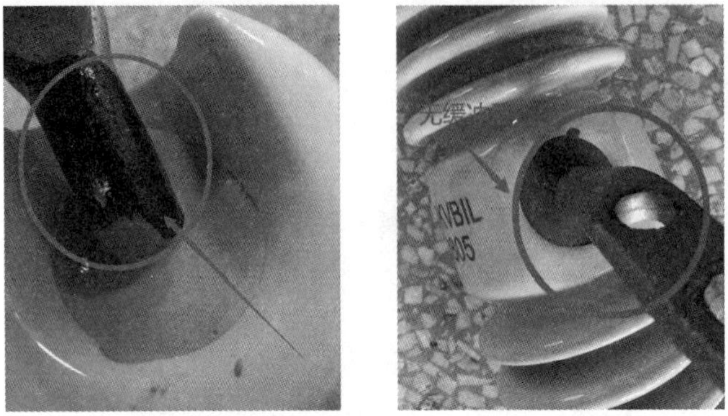

图 4-53 抽检样品与故障的缓冲层区别

可以看出，12 月抽检的绝缘子钢脚处有明显的沥青涂覆黑色痕迹，质量抽检试验合格；9 月寄送的运行中破碎的绝缘子，钢脚处无明显的缓冲层涂覆痕迹，温度循环试验中钢脚处产生裂纹。

涂覆沥青缓冲层的目的是降低支柱绝缘子胶装面的局部应力集中，沥青层对于降低温度导致的内应力作用明显。临沧局现场安装的跌落式熔断器支柱绝缘子破损主要原因为瓷件和金属附件表层未涂覆沥青缓冲涂层，在金属附件和水泥胶装层热胀状态下，瓷件受局部应力而发生破碎。

4.2.2.5 结论及建议

（1）临沧双江供电局 10 kV 跌落式熔断器支柱绝缘子破碎损坏较多，原因为瓷件、钢脚及水泥胶装面未涂覆沥青缓冲层，在热胀状态下，发生瓷件破损情况。

（2）钢脚是否涂覆缓冲层可以通过是否具有黑色的涂覆痕迹这一外观直观地进行判断，临沧供电局可以按照这一情况对库存及在运的该型号熔断器进行全面排查，酌情使用。

（3）建议临沧双江供电局将筛查出的未涂覆缓冲层的熔断器送至电科院配电所进行进一步检测分析。

（4）熔断器的物资品控质量抽检试验项目应添加支柱绝缘子的温度循环及孔隙性试验等相关试验项目。

（5）临沧供电局 12 月质量抽检的编号为 202012-LCJ-10 kV 跌落式熔断器-005～007 的 3 只跌落式熔断器检测合格

4.2.2.6 小 结

（1）跌落式熔断器支撑件击穿、损伤或变形故障占比较高，主要是由于上下桩头烧坏及部件变形，瓷柱裂纹、断裂引起。从品控检测上，应重点关注支撑件的检测，包括支撑件温度循环试验、孔隙型试验、缓冲层缺失情况检查、爬电距离检测、接线端子尺寸检测等内容。

（2）对于跌落式熔断器熔管拉弧烧损故障，主要是由于熔断件质量不佳和结构不合理导致。从品控检测上，应重点关注熔丝时间-电流特性、防弧罩配置情况等检查内容。

（3）跌落式熔断器非正常脱落缺陷高发，主要是由于熔断器的结构不合理和接触不良引起。从品控检测上，应重点关注熔断器的触头结构检查、熔管与其固定件尺寸匹配性检查以及熔丝扎伤情况检查、载熔件金属转角处光洁情况检查（不应有锋利刃口情况）、熔丝时间-电流特性性能等检查内容。

（4）对于跌落式熔断器锈蚀、操作机构卡涩、接头发热烧损等高发缺陷，主要是选用铁材质易锈蚀材料，锈蚀后接触不良以及下触头弹簧松弛引起。从品控检测上，应重点熔断器的材料、防腐工艺等内容。

4.2.3 结构原理、关键环节与检测项目关联分析

1. 结构原理

跌落式熔断器由绝缘支座、动静触头和熔管组成。在正常运行时，熔丝内熔丝张紧后形成闭合位置，当系统发生故障时，故障电流使熔丝迅速熔断，形成电弧，熔管内产生大量的气体，对电弧形成吹弧，使电弧拉长并熄灭，同时失去熔丝拉力，在重力作用下，熔丝管向下跌落，切断电路，形成明显的断开距离。RW12 型、RW7 型熔断器如图 4-54、4-55 所示。RW12 型熔断器结构图如图 4-56 所示。

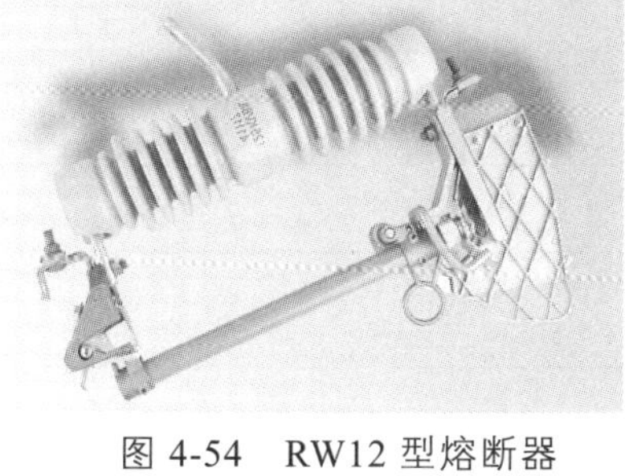

图 4-54 RW12 型熔断器

图 4-55 RW7 型熔断器

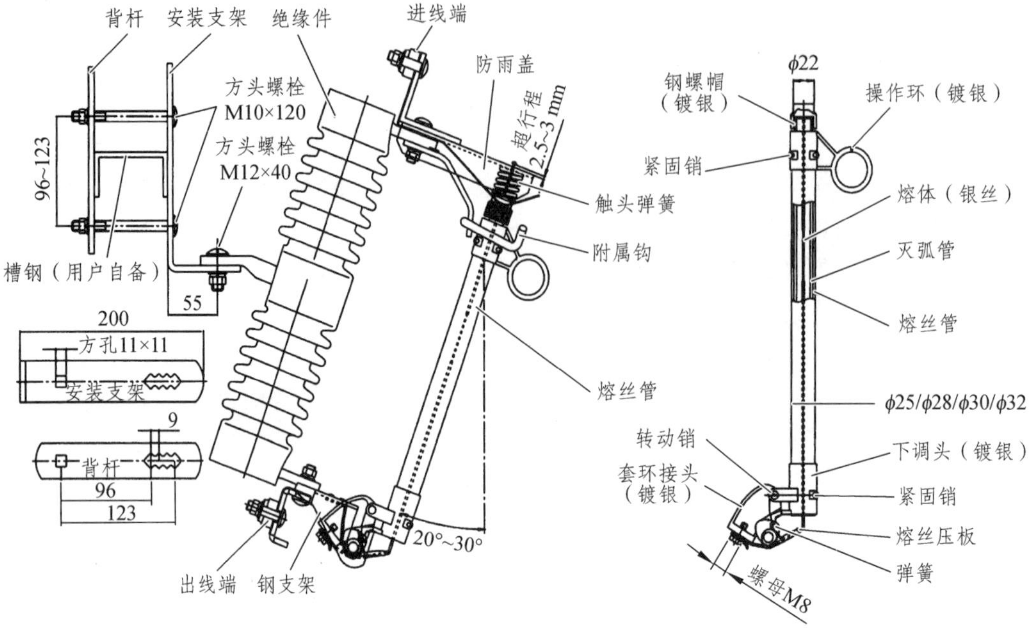

图 4-56　RW12 型熔断器结构示意图

2. 关键工序及检测关联分析

制造关键工序及分析如表 4-23 所示。

表 4-23　制造关键工序及分析

关键工序	常见问题	检测项目	检测存在问题	关联故障缺陷
瓷柱制作	爬电距离不足	爬电距离测试	未要求测量	支撑件击穿、损伤或变形
	热膨胀性能不满足需求	外观检查、温度循环试验	未要求测量	支撑件击穿、损伤或变形
	结构疏松	孔隙型试验	未要求测量	支撑件击穿、损伤或变形
	绝缘强度不足	工频耐压试验、雷电冲击试验	/	支撑件击穿、损伤或变形
熔管及载熔件	破损裂纹	外观检查	/	熔管破裂、堵塞
	触头采用铁质材料	外观检查、材质检测	未要求测量	锈蚀、操作卡涩、接头发热烧损

续表

关键工序	常见问题	检测项目	检测存在问题	关联故障缺陷
熔丝	机械损伤	外观检查	未要求检查熔丝扎伤情况、载熔件金属转角处光洁情况	熔管非正常脱落
	机械强度不足	静态拉力试验	/	熔管非正常脱落
	熔断性能不良	时间-电流特性试验	/	熔管非正常脱落
接线端子	尺寸不满足要求（包括接地螺钉）	尺寸测量	未要求测量	/
整体性能检查	主回路接触不良	主回路电阻测试	/	锈蚀、操作卡涩、接头发热烧损
	主回路绝缘不良	主回路工频耐压试验	/	支撑件击穿、损伤或变形
	熔断件质量不良或卡涩	机械试验	/	锈蚀、操作卡涩、接头发热烧损
	载熔件不能正常跌落	载熔件跌落试验	/	熔管非正常脱落
	熔断器各部件异常发热	温升试验	/	接头发热烧损

3. 小　结

从跌落式熔断器的抽检标准来看，侧重于整体性能检查，对部件的检查不足：

（1）瓷柱缺项较多，包括爬电距离、温度循环试验、缓冲层检查、孔隙性试验等。

（2）熔丝检测未要求检查扎伤情况，时间-电流特性试验为选做。

（3）熔管及载熔件缺少载熔件金属转角处光洁情况检查（主要是不能有锋利的刃口）、触头材质核查等内容；接线端子（包括接地螺钉）缺少尺寸测量。

4.2.4　检测标准问题及检测项目分析

4.2.4.1　品控工作情况

自 2019 年至 2020 年，第三方检测机构共完成了 44 只跌落式熔断器的到货抽检工作，检出 4 只雷电冲击不合格，不合格率 9%。

存在的问题：

（1）2019 年至 2020 年所检样品，不合格项均为雷电冲击试验，但该项目为可选项。

（2）抽检项目偏少，未覆盖现场问题及制造关键工艺（详见下节 2.检测项目及不足）。

（3）在抽检数量较少、项目覆盖不全的情况下，不合格率仍高达 9%，设备制造质量尚有较大提升空间。

（4）现场跌落式熔断器故障、缺陷高发（故障 625 起、缺陷 4401 起），但是品控抽检数量偏少。

4.2.4.2 检测项目及不足

结合设备运行情况、制造工艺、品控抽检情况，对品控检测项目分析如表 4-24 所示。

表 4-24 跌落式熔断器检测项目及不足

序号	测试项目	考核内容	反映生产缺陷	存在的不足
1	外观及尺寸检查	①铭牌情况；②各部件的外观整洁及损伤情况；③安装正确、锈蚀、卡涩情况	①铭牌要求有利于设备管理；②投运损坏设备；③卡涩、锈蚀	缺失项：①瓷柱爬电距离及缓冲层缺失情况；②熔丝扎伤情况，载熔件金属转角部位的光洁情况，不应有锋利刃口情况；③熔管与载熔件尺寸匹配情况
2	主回路电阻测试	考核主回路各部件接触情况	接触不良导致发热	/
3	主回路 1 min 工频耐压试验	考核主回路绝缘性能	绝缘击穿、表面闪络	/
4	机械试验	考核熔断件机械强度、反复操作后的损伤情况	熔断件强度不足而变形、开裂、反复操作后接触不良发热	/
5	载熔件的跌落试验	载熔件能正常跌落	载熔件不能正常跌落（不包括锈蚀、异物等原因造成的卡涩）	/
6	时间-电流特性试验（可选）	验证熔断件质量和开断可靠性	熔断件无法正常熔断或误断	该项目是考验熔断件质量和开断可靠性的核心项目，宜作为必做项
7	温升试验（可选）	考验各部件在额定工况下的发热情况	各部件异常发热	现场跌落式熔断器发热情况较多，宜作为必做项
8	雷电冲击电压试验（可选）	主回路各元件的绝缘性能	绝缘击穿、表面闪络	2019—2020 年品控检测主要不合格项，宜为必做项

其他问题：

（1）根据《关于开展 10 kV 配网跌落式熔断器、针式绝缘子和防雷整治工作的通知》（云电生〔2019〕77 号），RW11 及以下型号熔断器要全部淘汰。从现场运行情况来看，RW11 型及之前产品，采用夹紧或鸭舌结构，容易出现虚接现象，而 RW12 型采用凸凹压紧式结构，接触良好。因此建议在规范中明确触头应采用凸凹压紧式 + 弹簧结构的要求，并在抽检时增加“触头采用压紧 + 弹簧结构”的检查内容。

（2）现场缺陷和故障多与部件性能相关，但抽检项目侧重于整体性能，对瓷柱、熔丝等部件性能考验不足。

4.2.4.3 优化建议

1. 标　准

结合跌落式熔断器运行情况、品控工作情况，建议对标准做如下优化（见表 4-25）：

（1）现场运行情况来看，RW11 型及之前产品因结构、材质等影响，存在虚接、锈蚀等问题，结合云电生〔2019〕77 号文要求，建议在规范中明确触头应采用凸凹压紧式 + 弹簧结构的要求，并在抽检时增加“触头采用压紧 + 弹簧结构”的检查内容，并检查触头材质、防腐工艺及防弧罩配置情况。

（2）熔管拉弧烧损、金属件锈蚀、卡涩等现场常见问题均与各部件性能相关，而抽检标准侧重于整体性能，建议加强瓷柱、熔丝等部件的性能检测。

（3）时间-电流特性、雷电冲击试验、温升试验是检测熔丝质量、设备整体耐雷水平、部件连接情况的重要项目，与现场非正常跌落、支撑件雷击损伤、触头发热等缺陷关联，建议由可选项改为必做项。

表 4-25　抽检标准优化建议

优化项	内容
修改	建议将温升试验、雷电冲击试验、时间-电流特性试验由可选改为必做。
新增项目	1. 外观及尺寸检查部分，增加：①熔管与其固定件尺寸匹配检查；②核查触头结构采用凸凹压紧 + 弹簧结构；③熔丝扎伤情况检查，载熔件金属转角处光洁情况检查（不应有锋利刃口情况）；④瓷柱缓冲层缺失情况、爬电距离测量、接线端子尺寸测量；⑤建议增加触头材质检查、防腐工艺检查、防弧帽配置检查 2. 建议增加瓷柱温度循环试验、孔隙型试验（抽样原则参考绝缘子）

2. 其　他

鉴于跌落式熔断器现场故障情况较多，且在抽检项目有所缺失的情况下，不合格率也高达 9%，建议增加跌落式熔断器的抽检数量。

4.2.5 常见检测设备及主要参数

1. 外观、尺寸及结构检查设备及参数

（1）外观、尺寸及结构检查设备如图 4-57 所示。

图 4-57 游标卡尺

（2）游标卡尺主要参数如表 4-26 所示。

表 4-26 游标卡尺主要参数

设备名称	规格型号	主要参数	生产厂家	其他备注
游标卡尺	0～500 mm	测量范围：0～500 mm	武汉华电众力电力科技有限公司	

2. 机械试验设备及参数

（1）机械试验设备如图 4-58 所示。

图 4-58 拉力试验装置

（2）拉力试验装置主要参数如表 4-27 所示。

表 4-27 拉力试验装置主要参数

设备名称	规格型号	主要参数	生产厂家	其他备注
拉力试验装置	T-PY	外形尺寸：1050 mm×1000 mm×1550 mm 测力范围：1～5000 N 测力精度：小于 0.8% 可记录测力分值 结构高度测量范围：≥400 mm 适用于瓷、玻璃盘式绝缘子轴向和径内偏差测量	武汉华电众力电力科技有限公司	

3. 雷电冲击试验设备及参数

（1）雷电冲击试验试验仪如图 4-59、4-60 所示。

图 4-59 冲击电压发生器

图 4-60 弱阻尼电容分压器

（2）雷电冲击试验仪主要参数如表 4-28 所示。

表 4-28 雷电冲击试验仪主要参数

设备名称	规格型号	主要参数	生产厂家	其他备注
冲击电压发生器	CJDY-300/22.5 KJ	单相、冲击电容量：0.5 μF、1 级电压：±100 kV；充电变压器容量：3 kVA；冲击能量 22.5 J	江苏盛华电气有限公司	
弱阻尼电容分压器	RZF300-0.0003	额定电压：300 kV；高压臂：300 pF，低压臂 0.4 μF；分压比 1430/1	江苏盛华电气有限公司	

4. 载熔件跌落试验与材质检测

载熔件跌落试验与材质检测无须设备。

5. 瓷柱试验

1）温度循环试验设备及参数

（1）温度循环试验设备如图 4-61 所示。

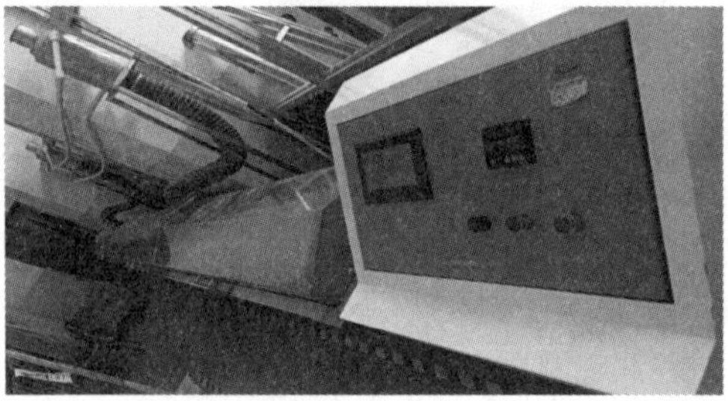

图 4-61　复合绝缘子水煮试验槽及控制箱

（2）控制箱和水煮槽主要参数如表 4-29 所示。

表 4-29　控制箱和水煮槽主要参数

设备名称	规格型号	主要参数	生产厂家	其他备注
控制箱	DQY-2C	额定绝缘电压 690 额定冲击耐受电压 6 kV	四川科能信通科技有限公司	
水煮槽	DQY-2C	额定电压：380 V 加热器功率：20 kW 试验空间：L6000 mm×W450 mm×H450 mm	四川科能信通科技有限公司	

2）孔隙性试验设备及参数

（1）孔隙性试验设备如图 4-62 所示。

图 4-62　孔隙性试验设备

（2）孔隙性试验机如表 4-30 所示。

表 4-30　孔隙性试验机

设备名称	规格型号	主要参数	生产厂家	其他备注
孔隙性试验机	KDN-3C	35 MPa	四川科能信通科技有限公司	

4.3 JP 柜

JP 柜，又称低压综合配电箱，安装于电网配电变压器低压侧，作为电能分配、电能计量、无功补偿、保护用的低压设备。它主要包括计量单元、控制保护单元、无功补偿单元、防雷保护单元等。

4.3.1 JP 柜的结构与功能

1. 回路配置

JP 柜进线安装进线隔离开关和专用进线开关，一般配置两回路 0.4 kV 馈线出线，两回路出线配置两只空气开关，开关容量按配电变压器额定容量的 100%配置。

2. 计量单元

计量单元主要由配变监测终端、电流互感器等组成，用于电能计量。

3. 控制保护单元

JP 柜内按各出线回路分别设置空气开关，空气开关选择目前国内生产的可靠性较高的优质产品；空气开关按配电变压器的容量及回路分配容量选择空气开关型号参数。开关容量按配电变压器额定容量配置。

JP 柜空气开关具有长延时和瞬时动作的性能，其瞬时脱扣器的动作电流，一般为变压器低压侧额定电流的 8 倍，长延时脱扣器的动作电流可根据变压器低压侧允许的过负荷电流确定。瞬时脱扣器，躲过回路中短时出现的高峰负荷，对于感性负载应躲过其启动电流；长延时脱扣器的动作电流，按回路最大负荷电流的 1.1 倍确定。

4. 无功补偿单元

无功补偿单元（100 kVA 及以上容量配置）配置智能电容器组，起到共补和分补功能。智能电容器具有以下功能特点：

（1）一体化：将各种无功补偿器件集成为一体，一台产品就囊括了传统无功补偿柜体的全部功能器件。

（2）智能化：在高性能硬件的基础上，结合信号采集、无功补偿、联网通信、故障保护等先进成熟的软件应用，可实现精确补偿、智能组网、故障自动排除报警等功能。

（3）简易化：一体化的设计，使接线更方便，安装更模块化，生产更简易化；智能化的软硬件结构，使得在现场使用时无须另行设置参数（包括通信参数等）就可全智能运行，智能组网功能可自动组网（多机系统中自动生成一台主机，可控制其他副机），并具有灵活地重启复位再组网，故障退网等功能，这都使现场投运更简易化。

（4）零投化：采用成熟的无功补偿控制技术与电容器复合投切技术，采用可控硅或其他先进的过零投切技术和磁保持低损耗的优点，实现了无涌流过零投切和降低开关损耗，大大提高了电气使用寿命。

（5）多样化：可实现单机运行，多机运行模式，即连即用，系统自动判断组网状态，无须人工设置；也可根据需要，配置外接参数显示器，或外接无功补偿控制器，或配电监测计量终端。

（6）小型化：采用紧凑的设计，最大地节省了空间，组成柜体后，在体积、成本、运输等方面可占据更大的优势。

补偿容量情况如表 4-31 所示。

表 4-31　补偿容量

JP 柜容量/kVA	补偿容量/kVA
100	35
200	60
315	110
400	120
500	130

5. 防雷保护单元

JP 柜内设置一组 HY1.5 W-0.28/1.3 型硅橡胶复合外套氧化锌避雷器，并设置避雷器接地引下线的接地专用端子。

4.3.2 JP 柜的检测

JP 柜的到货抽检包含表 4-32 所列项目。

表 4-32 JP 柜的到货抽检项目

序号	测 试 项 目
1	外观与结构检查
2	电气间隙和爬电距离验证
3	通电操作试验
4	机械操作试验验证
5	介电性能验证
6	保护电路有效性验证
7	防护等级试验
8	缺相保护试验
9	工频过电压保护试验
10	放电试验
11	温升极限验证

在 JP 柜的到货抽检中，不合格项主要为外观与结构检查（见表 4-33）。原因为供应商未严格按采购技术规范要求，使用合格的不锈钢产品或不锈钢产品厚度不足等。

表 4-33 2020 年与 2021 年检出的缺陷情况

年份	设备类型	所属供电局	数量/只	不合格原因
2020	JP 柜	丽江供电局	1	材质检测不合格，非 201 不锈钢或 304 不锈钢
		昭通供电局	1	材质检测不合格，非 201 不锈钢或 304 不锈钢
2021	JP 柜	大理供电局	1	外壳顶盖厚度不合格
		玉溪供电局	1	外壳顶盖厚度不合格

4.3.3 主要检测设备及参数

1. 绝缘电阻测试仪及参数简介

（1）绝缘电阻测试仪如图 4-63 所示。

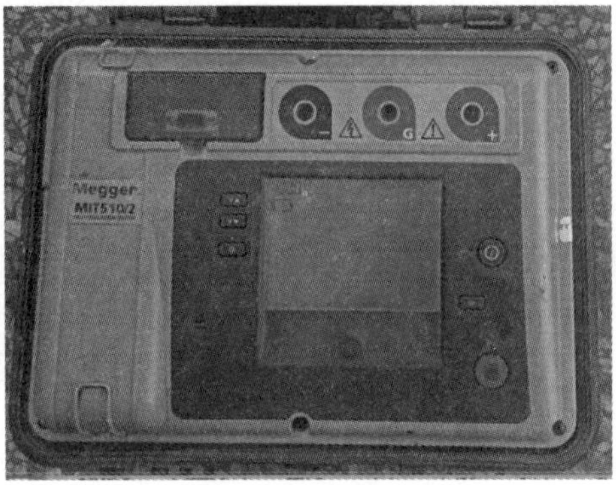

图 4-63 绝缘电阻测试仪

（2）绝缘电阻测试仪主要参数如表 4-34 所示。

表 4-34 绝缘电阻测试仪主要参数

设备名称	规格型号	主要参数	生产厂家	其他备注
绝缘电阻测试仪	MIT510/2	5.0 级、5000 V	美国 MEGGER 公司	

2. 直流电阻测试仪及参数简介

（1）直流电阻测试仪如图 4-64 所示。

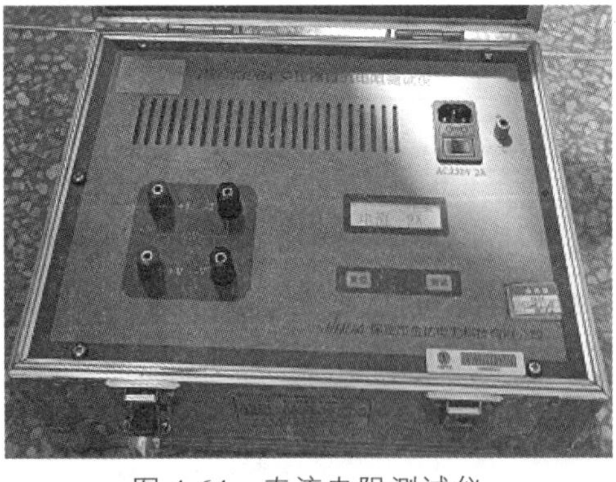

图 4-64 直流电阻测试仪

（2）直流电阻测试仪主要参数如表 4-35 所示。

表 4-35　直流电阻测试仪主要参数

设备名称	规格型号	主要参数	生产厂家	其他备注
绕组直流电阻测试仪	BZC3396 A	测试电流：≤1 mA，10 mA，100 mA，500 mA，2 A，10 A 准确度：±（0.2%×R+2 个字节） 最小分辨率 0.1 μΩ	保定市金达电力科技有限公司	

3. 耐压测试仪及参数简介

（1）耐压测试仪如图 4-65 所示。

（2）耐压测试仪主要参数如表 4-36 所示。

表 4-36　耐压测试仪主要参数

设备名称	规格型号	主要参数	生产厂家	其他备注
耐压测试仪	ZY-5	交流：0～5 kV 直流：0～6 kV	四川科能信通科技有限公司	

4. 高低压柜通电测试台及参数简介

（1）高低压柜通电测试台如图 4-66 所示。

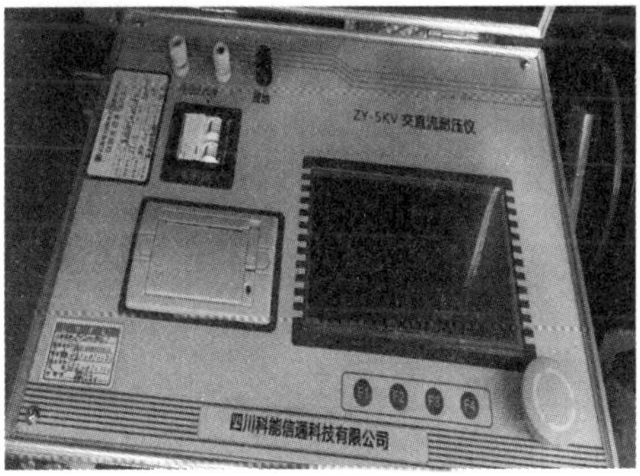

图 4-65　耐压测试仪

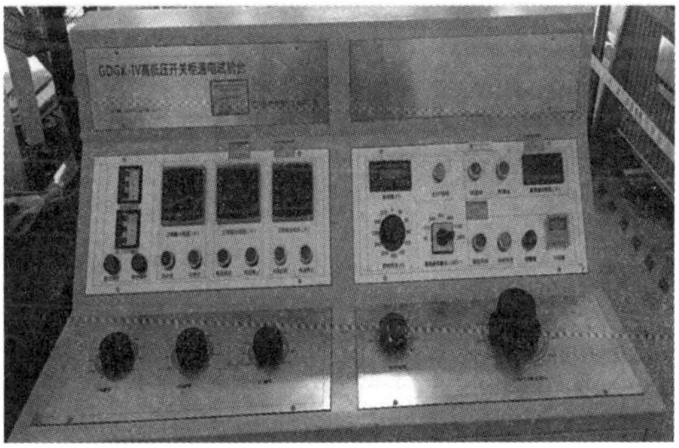

图 4-66　高低压柜通电测试台

（2）高低压柜通电测试台主要参数如表 4-37 所示。

表 4-37　高低压柜通电测试台主要参数

设备名称	规格型号	主要参数	生产厂家	其他备注
高低压柜通电测试台	GDGK-IV	输入电源：三相四线 AC 380 V 输出电压及电流： ① 1.采用三相四线制输入方式，AC 380 V 输入； ② 三相电压 AC 380 V 固定电压输出一组（电流小于等于 10 A） ③ 三相电压 AC 0～460 V 可调输出一组（电流小于等于 10 A） ④ 直流电压 DC 0～270 V 可调输出一组（电流小于等于 10 A） ⑤ 三相电流 AC 0～10 A 可调输出一组，独立调压输出	国电西高	

5. 光谱仪及参数简介

（1）光谱仪如图 4-67 所示。

图 4-67　光谱仪

（2）光谱仪主要参数如表 4-38 所示。

表 4-38　光谱仪主要参数

设备名称	规格型号	主要功能	生产厂家	其他备注
光谱仪	XL2 980	对低合金钢、不锈钢、工具钢、镍合金、铜合金、铝合金、钴合金、钛合金等合金的牌号鉴定和元素的准确测量	美国尼通	

4.4 低压空开

低压空开在配网中使用广泛，使用数量庞大，而低压空开的高故障率将带来管理、设备、人工等高额成本支出，故障抢修件随着交通、触电、高坠等大量安全风险，且故障重复出现，工作反复，增加基层员工负担。高故障率还会增加客户侧故障及用电安全隐患，降低客户满意度。总之，空开故障已成为影响低压配网安全经济运行和客户满意度的最主要问题。所以对低压空开检测是至关重要的，把隐患扼杀在摇篮之中。本章节以一次专项抽检为例进行说明。

4.4.1 到货抽检情况

本次专项抽检共收到 7 个供电局抽样送检剩余电流动作断路器（空气开关、进线隔离器）总计 92 件，涉及正泰电器、天正电气、安德利、德力西、环宇电气及人民电器六家制造商，具体情况如表 4-39 所示。剩余电流动作断路器抽检检测项目如表 4-40 所示。

表 4-39 抽检货物情况

序号	供电局	抽样数量	厂家
1	临沧供电局	6	德力西
		3	正泰电器
2	昭通供电局	3	人民电器
3	楚雄供电局	3	正泰电器
4	曲靖供电局	3	天正电气
5	红河供电局	15	正泰电器
		30	环宇电气
		10	安德利
6	大理供电局	12	天正电气
7	西双版纳供电局	7	正泰电器

表 4-40 剩余电流动作断路器抽检检测项目

序号	检验项目		缺陷类别
1	标志的耐久性试验		C 类
2	一般要求		A 类
3	验证电击保护试验		A 类
4	主电路的绝缘电阻试验		A 类
5	主电路的介电强度试验		B 类
6	动作特性试验	在剩余电流、过电流条件下动作特性试验	A 类

经检测，全部 92 件样品各项功能、性能指标满足技术规范要求，产品经过 3C 认证，并未发现明显质量问题，检验合格率 100%。

4.4.2 低压空开烧毁故障原因分析

通过检验结果来看，送检样品各项功能、性能指标满足技术规范要求，产品经过 3C 认证，并未发现明显质量问题。但实际使用过程低压户表空开又频繁发生烧坏或跳闸故障，根据实际数据情况进行分析，导致此类故障的原因主要有以下三方面：

1. 标准规范执行方面

一是相关标准或规范在指导报装业务时不够简明，部分客户对用电需求表达模糊，导致实际用电容量与报装容量有较大偏差，持续过负荷容易导致空开频繁跳闸或烧毁。二是部分用户负荷增长较快，客户精确“画像”缺乏技术手段，导致电表（配空气开关）容量未与用户变化后的负荷匹配，小容量电表（含配套空气开关）在大负荷时容易烧毁。

2. 低压设备适配方面

一是配网低压下户线多为多股铝导线，现有的空开产品均按照连接铜导线设计。多股铝线直接连接易引起接触点发热、过热，导致空开烧毁。现有的低压户表空开近似方形的接线孔结构难以紧固多股导线，加之与铝导线接触的铁、铜热膨胀系数各不一致，反复热胀冷缩后导线易松动，接触面和压强减小，造成接触电阻变大，通流时温度逐渐升高；铝与铜和铁的电极电位相差较大，在湿度较大环境中易发生电化学腐蚀，所产生的腐蚀产物与氧化物会导致接触电阻增大造成发热，而温度升高更加速了接头腐蚀氧化，增加了接触电阻，造成恶性循环。采用铜铝过渡接线端子可大幅降低空开烧毁比例，但在接线端子选型与安装要求方面缺乏明确的技术标准或规范依据。2020 年，云南电网低压配网故障类型分布中，低压户表空开烧坏或跳闸所占比例最高，达 52.16%，其中烧坏空开基本均为铝线直连工艺，分析其原因主要是采用铝线直连时，材料间接触点电位差大，在运行中易发热烧毁。烧毁情况如图 4-68 所示，空开金属材料电极电位如表 4-41 所示。

二是处理低压户表空开故障或更换低压户表空开过程中，施工单位不理解或执行不到位电表与空开的适配规范，存在空开容量选配不合理甚至未按要求安装隔离器的情况，导致电表得不到有效保护而烧坏。

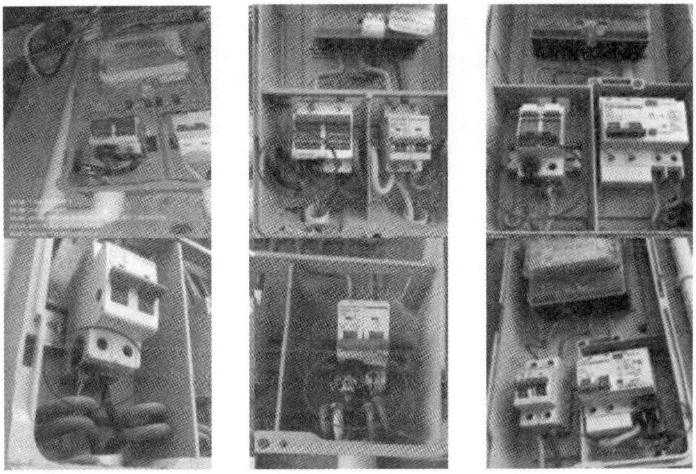

图 4-68 铝线直连导致的空开烧毁

表 4-41 空开相关金属的标准电极电位

金属材料	电极电位
铜	+ 0.337 V
铁（3e）	− 0.037 V
铁（2e）	− 0.44 V
铝	− 1.663 V

三是客户缺乏专业电力知识，对剩余电流动作保护装置的作用和必要性认识不足且得不到指导。故障后存在未配置剩余电流动作保护装置或选型不合理的情况，导致客户故障不能及时隔离或频繁跳闸。如 2020 年云南电网低压配网故障类型分布中，客户故障占 19.28%。

3. 安装工艺

一是早年表箱内部对接线工艺要求不明确，存在使用铝导线的情况，2015 年来计量表箱内部（空开与电表之间）已要求采用铜导线连接，但存量表箱中采用铝导线的情况仍然存在，过热和烧坏的概率较大。二是低压户表内设备安装、接线工艺要求缺乏细则指导，未严格执行装配标准和施工工艺要求，存在接线端子螺栓未紧固到位。低压户表点多、面广，施工单位水平参差不齐，对安装、接线工艺理解偏差较大。存在接线处的线径、材质、接线端子等选取、使用不当，造成故障隐患。另外施工验收也存在难点，尤其是规模化的低压户表相关工程，现有人力资源很难做到逐户、逐端子验收，造成部分因施工质量导致的故障。

4.4.3 建 议

本次专项抽检的92件送检剩余电流动作断路器各项功能、性能指标满足技术规范要求，未发现明显质量问题。但实际使用过程低压户表空开又频繁发生烧坏或跳闸故障，主要是由于小容量空气开关在大负荷或过负荷状态运行；空开进线为铝线，铜铝之间长期发生电化学反应导致出触点接触电阻变大温度升高；安装时未严格执行装配标准和施工工艺要求，存在接线端子螺栓未紧固到位等三方面的原因。

为降低压户表空开频繁发生烧坏或跳闸故障，建议开展以下措施：

（1）有序开展四个核查工作。一是参考《客户侧电能计量表配置核查要求》，协同营销专业核查电表容量选型标准与实际用电负荷是否一致。二是参考《低压户表空开配置核查要求》，核查电表后端空气开关容量选型与电表容量选型是否一致。三是参考《典型铝质接户线与低压户表空开铜铝过渡接线端子安装工艺图册》，核查表箱内各设备进出线是否按装配工艺规范安装铜铝过渡接线端子。四是核查客户侧剩余电流动作保护装置安装情况。

（2）精准开展专项更换。根据措施（1）的核查结果，有序开展低压户表空开更换及铜铝过渡接线端子加装，针对客户侧剩余电流动作保护装置未安装或容量选型不匹配的低压户表，由营销专业引导客户正确配置。

（3）常态化开展螺栓紧固。针对核查结果无须更换的低压户表空开，结合差异化运维工作，做好螺栓紧固，进一步降低低压户表空开故障量；针对已完成更换的低压户表空开，要围绕表箱内隔离器、计量装置、低压户表空开等设备进出线连接部位做好随工验收，同时重点开展螺栓紧固处理。

（4）完善低压空开相关技术规范，明确不同使用场景下的温升性能指标，便于后续进行品控检测工作。

（5）电科院针对低压空开频发烧毁问题，研发了内置铜铝过渡的新式微型断路器，可通过小规模试点验证其有效性。

第5章

配电自动化及蓄电池检测技术

5.1 智能馈线终端FTU检测技术

5.1.1 运行缺陷及故障分析

5.1.1.1 故障情况

云南电网公司2020年1月至2021年2共发生FTU故障66起，其中参数设置不正确导致故障32起，自身故障引起跳闸导致的故障9起，通信故障引起的故障12起，分合位显示不正确引起故障3起，空气开关跳闸引起故障2起，误闭锁引起故障3起，主板问题引起故障3起，分合闸压板引起故障1起，信号不复归引起故障1起。具体统计见图5-1。

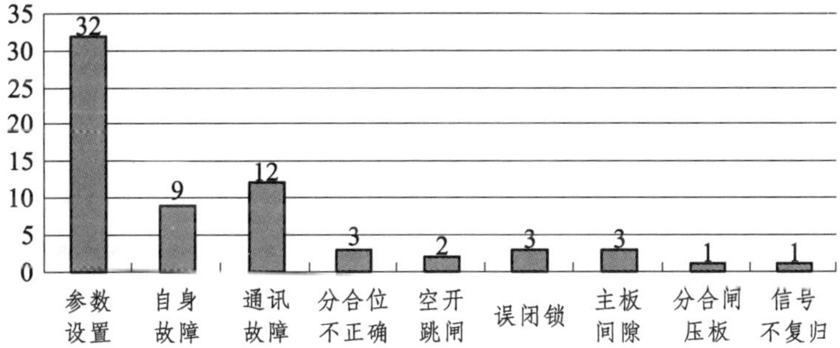

图5-1 FTU故障原因分布图

（1）通过分析发现参数设置不正确引起的故障最多，共32起，占比约48.5%，分析原因是以下两方面：① 加负荷后未及时更改定值。② 退出保护时操作不正确，如部分FTU的操作较为烦琐，需要从多个地方退出保护，导致没有成功退出保护。

（2）通信故障引起的故障12起，占比约18.2%，分析原因有三点：① 通信模块自身的质量问题。② SIM卡的问题，如SIM卡损坏、欠费或者松动等。③ 网络问题，由于安装地点偏僻，网络信号较差，造成通信不流畅，终端在线率低。

（3）自身问题引起的故障 9 起，占比约为 13.6%，分析原因为三方面：① 零部件本身质量较差，FTU 运行环境恶劣，在高温高湿环境的环境下长时间带电运行，由于自身发热导致绝缘性能下降，在电源谐波和暂态过电压作用下，容易引发内部短路而发生损坏。② FTU 的内部硬件安装问题：零部件的连接主要是端子排和接插件，在运输及安装过程中，由于震动原因，导致内部零部件松动，从而发生连接松动，接触不良，在运行中长时间通过电流引起异常发热，同时震动也会导致元器件与其他部件发生轻微碰撞导致零部件本身损坏，导致绝缘被破坏。

（4）分合位遥信不正确，与后台监控不对应，分析原因有两点：① 该开关的辅助触点位置不对应；② FTU 的遥信点表配置错误，如分合位的遥信点对换，或者遥信进行了取反。

（5）空气开关跳闸，分析原因为开关质量问题。

（6）分合闸压板接触不良，分析原因为安装工艺问题和本身零件的质量问题。

（7）误闭锁和信号不复归，归结为逻辑功能问题，分析原因为：① 遥信防抖和事件分辨率不满足要求，在处理多个遥信时互相干扰，影响程序判断；② 程序设计错误；③ 主板问题，主板损坏影响逻辑判断。

（8）主板问题，分析原因有三方面：① 绝缘性能降低或谐波过电压，造成短路；② 处理芯片性能较低，发生死机；③ 由于安装、颠簸等造成的物理损坏。

5.1.1.2 缺陷问题

云南电网公司 2020 年 1 月至 2021 年 2 月共报告发现 FTU 部分 11 类 742 个缺陷，其中参数设置不正确缺陷引起 131 起故障，遥信错误缺陷引起 21 起故障，通信故障缺陷引起 381 起故障，CPU 缺陷引起 22 起故障，对时错误缺陷引起 32 起故障，误动作缺陷引起 4 起故障，SIM 异常缺陷引起 49 起故障，遥测量错误缺陷引起 60 起故障，遥控出口异常缺陷引起 11 起故障，模块故障缺陷引起 13 起故障，其他缺陷引起 18 起故障。具体情况见图 5-2。

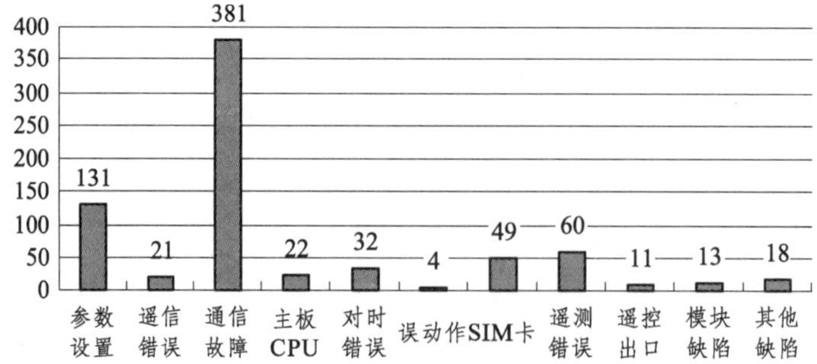

图 5-2　FTU 缺陷分布图

通过分析发现通信故障缺陷引起的故障最多，为 381 起，占比约 48.9%，其中通信模块缺陷引起故障 192 起，分析原因有三方面：① 部分批次的鸿瑞加密模块存在失电重启后重定项非正常启动，导致终端掉线，升级软件版本后解决；② 与 SIM 卡接触不良，或 SIM 问题；③ 通信模块的质量问题。

参数设置缺陷引起的故障 30 起，分析原因：① 为端口号设置错误。② 传输速率设置错误。接触不良缺陷引起故障 16 起，分析原因为接线端子未压紧导致在使用中出现松动。

调试缺陷引起故障 56 起，原因为没有按照调试规程对 FTU 进行现场联网调试。

电源模块、主板模块各 2 起，分析原因为产品质量问题。

软件缺陷引起故障 3 起，分别是线路失压，FTU 上传错误变位信息，闭锁信号在重启终端后才会消失。

保护投入逻辑投入实际为没投入，分析原因有三点：① 软件设计不完善；② 电源模块故障导致线路失压后中断不能正常工作不能采集和上传正确的遥信值；③ 遥信点表取反。外力因素造成的故障 22 起，分析原因主要为四点：① 劣天气（雷雨大风）；② 动物侵入，③ 电力的外界施工；④ 挂物。

开跳闸引起故障 5 起，分析原因为空气开关质量问题，其他原因 53 起。

参数设置不正确缺陷引起的故障，占比约为 16.8%，其中 129 起事故是因为参数、定值错误引起，原因在于调试人员没有按照调度的定值单设定定值，没有按照 FTU 操作规范更改参数。另外 2 起故障是，转换开关的指示与实际不符合，参数正确，但是 FTU 不上送遥信值，前者分析原因是 FTU 的遥信点配置错误，例如，分合位的遥信点对换，或者遥信进行了取反。后者分析原因为通信网络状态不佳。

遥信值错误，1 起是由于电源模块缺陷引起的，原因为电源模块质量问题，不能将交流电压转换成 FTU 正常工作的 24 V 直流电压，造成 FTU 不能正常工作，因此采样和上送出现问题。3 起是由于出厂质量检验缺陷引起，分析原因是接线端子松动，其余 17 起均是由于参数设置问题。

遥控出口缺陷引起的故障 11 起，其中产品质量问题导致 4 起，通信模块问题导致 2 起，电源模块问题导致 1 起，参数设置错误问题导致 2 起，施工质量问题导致 1 起，接触不良问题导致 1 起。主要原因是产品本身零部件的质量问题和运维人员的技术水平。可通过制造商严格把控零部件的采购、检测和加强运维人员技术培训、严查施工工艺、强化验收力度来纠正。

遥测量异常缺陷引起的故障 60 起，参数错误问题导致 19 起，零部件质量问题导致 4 起，接触不良问题导致 10 起，SIM 问题导致 6 起，施工不规范的引起的航插问题导致 9 起，现场调试不合规范导致 3 起，天线位置导致 4 起，自然环境因素导致 3 起，其他原因导致 2 起。主要原因为调试人员、施工人员的技术水平，本部分故障原因可以通过加强技术培训、严查施工工艺、强化验收力度来纠正。这部分在检测工作中不易检出。

主板 CPU 缺陷引起的故障 22 起，其中报警灯亮，液晶屏显示 CPU 故障 7 起，运行灯灭，CPU 出错 13 起，CPU 报警是因为 CPU 在自检时发现了某些功能缺失，原因在于程序软件的稳定性不够好，在长时间运行或者恶劣环境下运行可能会出现错误，一般可通过重启设备或者升级程序解决。更根本的解决办法是生产商不断完善程序版本。

FTU 主板烧毁 2 起，分析主要有两点原因：一是绝缘性能降低或谐波过电压，造成短路；二是由于安装、颠簸等造成的物理损坏。

SIM 卡异常导致的故障 49 起，主要原因是 SIM 卡欠费、SIM 卡损坏、SIM 卡信号不好，可通过更换 SIM 卡、补交费用和更换运营商解决。

对时错误 32 起，其中参数整定错误 17 起，未按调试规程调试 5 起，现场运维人员加强技术培训，可以很大程度上避免此问题的出现。软件缺陷 6 起，分析原因是通信模块出现问题，导致对时失败，升级软件版本后解决，网络通信状态 4 起，原因是网络信号不好，更换其他运营商 SIM 卡或者更换通信模块可解决。

模块缺陷引起的故障 13 起，表现为运行灯灭，电压输出异常，其中接线端子不正确导致 4 起、转换开关松动和防尘罩装反导致 1 起，原因是出厂质检不严格，组装人员不严谨。电源模块损坏导致 7 起，原因是电源模块质量较差。

误动作 4 起，分析有三方面原因：① 遥信防抖和事件分辨率不满足要求，在处理多个遥信时互相干扰，影响程序判断；② 程序设计错误；③ 主板问题，主板损坏影响逻辑判断。

产品缺陷主要是产品本身的产品设计、质量问题和制造工艺问题，在运行初期不易出现，随着运行时间的增加，在电压、电流的长期作用下，在恶劣环境的影响下，在不断地操作过程中，这些缺陷便会逐渐显露出来，此类缺陷在检验初期不易发现。

5.1.1.3 试验检测情况

2020 年 7 月至 2021 年 7 月云南电网公司共检验 FTU 58 件，不合格 7 件，总不合格率 12.0%。其中程序问题 6 件，不合格率为 10.3%，原因具体分析为两方面：① 未仔细研读技术规范书，缺少技术规范书中明确要求必须满足的保护功能。② 厂家经验不足，缺少现场调试经验，存在部分功能满足但是上传的遥信出现问如重复、前后顺序不对、含义模糊等问题，影响调度人员判断。运行状态指示不合格 1 件，不合格率为 1.7%，具体为控制开关少一路，原因为未认真研读技术规范书，此要求在技术规范书中有明文规定。装置电源不合格 1 件，不合格率为 1.7%，具体为将电源侧的供电电源接错线，主要有三方面原因：① 装配人员装配不认真；② 出厂检测时检测项目不全，导致出厂检验时未检出；③ 出厂检验流于形式，存在机械化盖章的情况。

5.1.2 结构原理、关键环节与检测项目关联分析

5.1.2.1 FTU 的结构组成及原理

FTU 主要有主控模块、通信模块、模拟量输入模块，开关量输入输出模块、电源模块、残压检测模块，其结构图和原理图如图 5-3 和 5-4 所示。

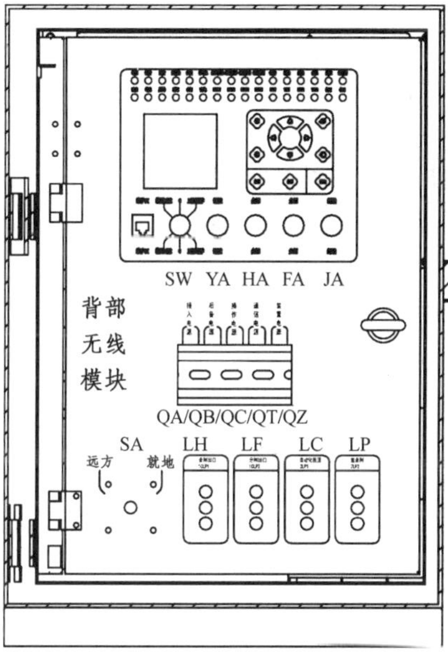

图 5-3 FTU 结构图

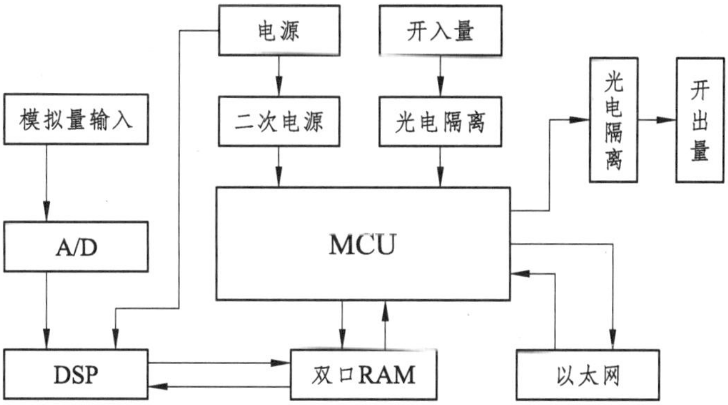

图 5-4 FTU 结构原理图

FTU 从一次侧采集线路电压和电流，分别经电压互感器（PT）和电流互感器（CT）变换为标称值（220 V/100 V、5 A/1 A），然后经过电路放大、滤波后进入数模转换器（AD），在数模转换器中将模拟量转换为数字量。转换值读入 DSP（数字信号处理），由 DSP 完成 FIR（有限长单位冲激响应滤波器）软件滤波，FFT（快速傅里叶变换）计算，以及电网各个参数计算；数据处理结果经双口 RAM（可同时读写的随机存储器）传输给 MCU（微控制单元）；MCU 根据预设的故障判断参数判断线路工作状态，并实时采样开关状态，MCU 连接以太网，FTU 通过以太网与主站通信，随时上报异常和故障，并接收主站遥控指令。由于 FTU 主要安放于室外电线杆上，只要装置硬件牢靠，预先设定好各项参数，一般不再需要人的干预。

FTU 在正常工作时应能实时监测采集三相电压、三相电流、有功功率、无功功率和功率因数的准确值，在线路故障的情况，准确采集和计算出故障电压、电流值，迅速做出故障判断，并按整定的控制功能和参数及时发出合闸或分闸命令，实现自动隔离故障、自动转移和恢复供电。其主程序流程图如图 5-5 所示。

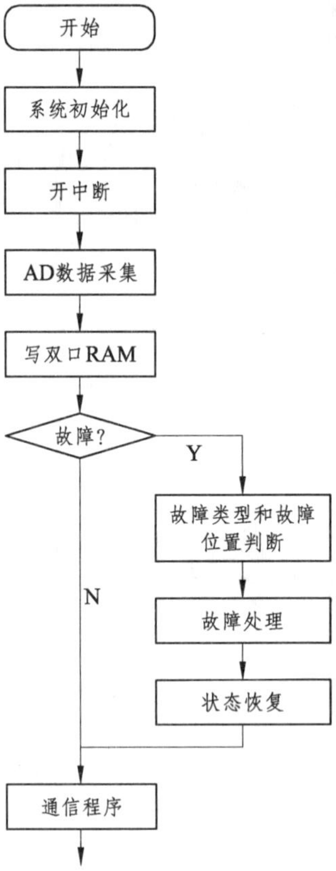

图 5-5　FTU 主程序流程图

FTU 的保护主要分电流型和电压-时间型两种，电流型为三段式保护功能的判断依据，通过判断电流突变和时间，还准确做出故障判断，其程序流程图如图 5-6 所示。

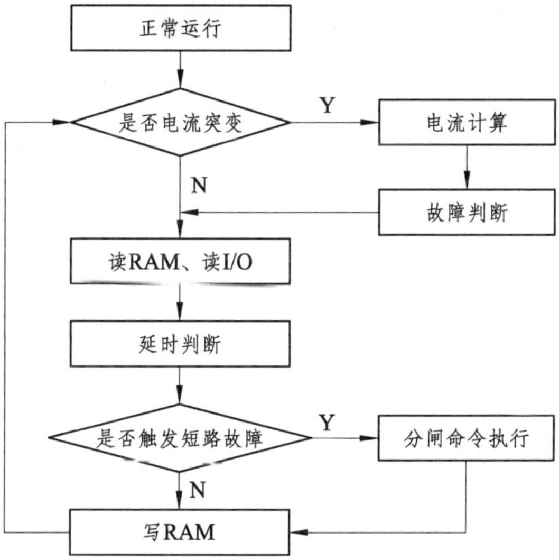

图 5-6　电流型保护程序流程图

电压-时间型保护为馈线自动化逻辑保护的判断依据，通过监测电压和时间，来正确判断故障并做出正确保护动作，其程序流程图如图 5-7 所示。

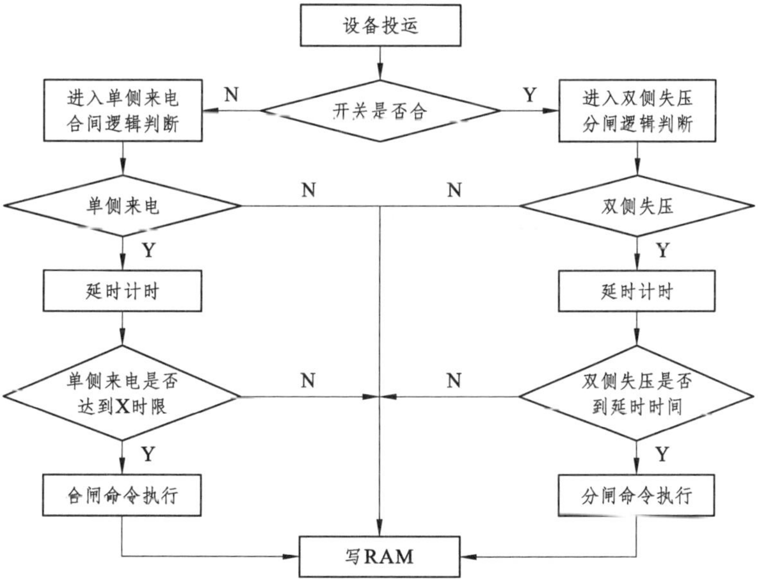

图 5-7　电压-时间型保护程序流程图

由于技术规范要求，控制器在失电状态下的情况下，应能实现时间长度不大于 40 ms 残压脉冲的识别与记忆，在控制器上电后，能将识别的残压脉冲参与逻辑运算。因此厂家会在 FTU 内单独安装一块残压检测模块，该模块需要具备储能功能，在终端失电后能将线路上瞬时来电储存起来，并能提供残压模块短时运行。因此，残压模块需要一个轻量级的操作系统，启动及运行速度快，能及时判断残压逻辑并将残压信息记录下来。同时残压模块还需要一块储能电容，并且需要一个输入输出口（I/O）通过串口，在终端正常上电后，将残压信息通过串口发送给主板 MCU，以便主板 MCU 将残压信息加入逻辑判断。因此，模块的结构原理图如图 5-8 所示。

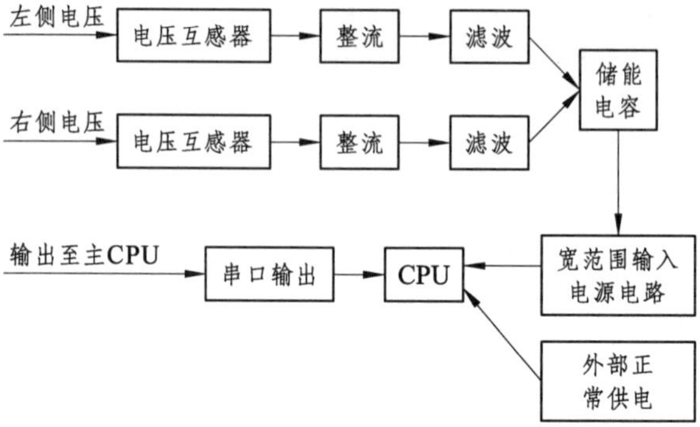

图 5-8　残压模块结构原理图

残压模块的计算主要通过将采集到电压值与残压定值、有压定值和无压定值进行比较，从而判断出是否进入残压判别程序，其程序流程图如图 5-9 所示。

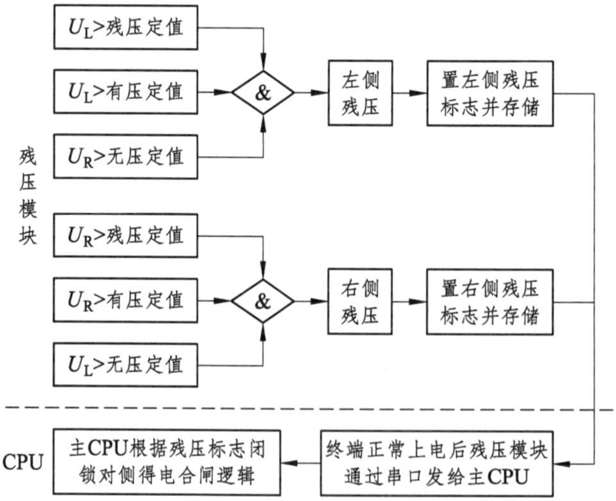

图 5-9　残压模块程序流程图

5.1.2.2 结合故障缺陷统计

逻辑保护功能错误导致的故障有 8 起。通过上述原理阐述，可以判定原因为程序部分设计有缺陷，在以后的检测中应加大对程序部分的检测力度，同时检验厂家的测试人员在进行程序测试时增加白盒测试的频次，一个模块中的所有独立路径至少被测试一次或多次。所有逻辑值均需测试 true（正确）和 false（错误）两种情况。硬件部分的故障有 49 起，原因为各种因素导致的零部件本身发生损坏和绝缘性能降低而发生短路，下一步检测中应加大对零部件本身质量的检测和对绝缘电气性能的检测。和通信有关的故障，目前在试验室内无法进行检测，而与调试、安装有关的故障，可以通过加强技术培训、严查施工工艺、强化验收力度来纠正，这部分在检测工作中不易检出。

5.1.3 检测标准问题及检测项目分析

5.1.3.1 现有的检测项目分析

目前技术规范书中的检测项目和相关技术要求，均依据《配电网自动化系统远方终端》（DL/T 721）和《交流采样远动终端技术条件》（DL/T 630），关于远动终端的相关标准还有《远动终端》（GB/T 13729），但其内容与上两本标准基本一致，所以检测依据的标准也较为完善。目前到货抽检的检测项目如表 5-1 所示。

表 5-1 到货抽检项目

项目	检测内容
设备标示检查	外观和铭牌
终端外观及结构检查	外观和结构
航空插头检查	航空插头的设计和功能
装置运行状态指示检查	装置操作面板按钮及指示灯的检查
终端电源检查	电源模块的交直流转换性能
遥测要求检查	数据采集性能
遥测输入量基本误差检测	数据采集性能
遥测越限告警功能检测	检测到采样值到达阈值并经过延时后发出告警
遥信功能检测	遥信采集性能
事件顺序记录站内分辨率检测	事件采样精度
开入量防抖动功能检测	过滤抖动信号的能力

续表

项目	检测内容
遥控正确性检测	遥控输出准确性
遥控保持时间设置功能检测	遥控输出继电器性能
遥控异常自诊断功能检测	具备遥控异常自诊断功能，对错误指令能正确处理
对时功能检测	FTU 支持的对时方式
通信功能检测	FTU 支持的通信模式
无线通信模块检测	安防模块
数据处理及传送功能检测	保证采样值的准确性的措施
调试和维护功能检测	维护软件的功能
远方和就地切换功能检测	转换开关
自诊断自恢复功能检测	主板的存储能力
雪崩处理能力检测	处理芯片的计算能力
过流保护功能检测	三段式保护功能
零序电流保护功能检测	三段式保护功能
重合闸保护功能检测	三段式保护功能
闭锁二次重合闸功能检测	三段式保护功能
保护及重合闸投退功能检测	三段式保护功能
就地馈线自动化功能	自动化保护功能
控制器绝缘电阻试验	绝缘性能
电压跌落及短时中断检测	电源模块的性能
IP 防护等级检测	外壳的防护级别
恒温湿热检测	环境耐受程度
低温检测	环境耐受程度
高温检测	环境耐受程度
二次安全防护设备试验	安防模块
录波功能试验	故障时的实时记录能力
遥测正确性检测	成套设备联动检测
遥信正确性检测	成套设备联动检测
遥控正确性检测	成套设备联动检测
保护功能检测	成套设备联动检测

目前检验项目更多的是侧重检测产品的性能参数，而对于产品本身的质量问题，尤其是电气性能和内部硬件安装问题考察不够。就目前的检测项目，并不能实现全覆盖。

5.1.3.2 检测结果分析

结合目前的检测结果分析，不合格项目多集中在程序方面。在检测初期确实检测出逻辑保护项目的不合格项，但是通过调试技术人员进行调试更改，均可以通过全部测试项目。2021 年新进的 4 个厂家中，有 3 个厂家进行过主程序更改及软件版本的更新，最终都通过全部检测项目，结合全部 6 个供货厂家，说明有 50%的厂家主程序不过关。但是经过程序更新都可以满足要求，说明主程序逻辑基本正确，欠缺的是对技术规范书的理解和现场的调试经验。当然调试人员的技术水平也是产品是否能够通过检测的一个重要因素。

目前依据的入网检测项目和到货抽检项目，虽然在去年的检测中并未发现性能方面的问题，但是这些检测并不能取消，原因在于：性能指标是 FTU 能够正确采集参数、信号并进行处理做出判断的保证，是 MCU 这个“指挥官”发号施令的先决条件，因此这项项目必须全部保留。一旦取消，那么如果性能指标不达标，比如电流采集不正确，正常运行误测为故障电流、电压判断不正确，将有压误测为无压、防抖时间不正确，将抖动信号识别为故障信号，这对于保护功能的正常运行将会是灾难性的。

就目前的检测数量来看，在 2021 年 4 月入网检测之前，除了 2 个厂家检测样品的数量大于 10，分别为南瑞继保 11 个样品和北京四方（今年未中标）10 个样品，其余均为 3 个样品左右，总体抽样比例在 4‰左右。在入网检测之后，虽然加大了现场的抽样检测，但是数量仍然偏低，现场试验中每个供电局基本都在 2 个样品左右。由于总体抽样数量过低，不利于在检测中充分发现潜在的问题。

同时，技术规范书中要求运行环境不低于海拔 2000 m，而产品的绝缘性能会随着海拔的增高而降低，但是目前的检测项目并没有与高原环境适应性相关的项目，无法验证产品的绝缘性能是否满足在高海拔环境下的安全运行。

5.1.3.3 项目优化

结合目前的检测总结以及实际运行的故障分析，建议增加对产品本身质量的检测项目和对高原环境适应性的验证，应充分考虑到产品实际安装地点的海拔，在检测工作中应在产品安装的最高海拔环境下对产品的相关性能进行验证。

（1）针对产品本身硬件故障和缺陷。

针对产品本身硬件故障和缺陷，建议增加连续通电稳定性试验，用来检测产品在长时间运行的情况下可能出现的问题，如发热导致的绝缘性能降低和零部件自身损坏，弥补现有检测项目通电时间较短的问题，对于发现隐藏的质量问题和安装问题有很大帮助。

（2）针对产品的绝缘性能的检测强度。

针对产品的绝缘性能的检测强度不够，建议增加绝缘强度试验和冲击电压试验，用来更严格检测产品内部零部件的绝缘性能，弥补目前仅有绝缘电阻试验来检测电气性能的不足。

（3）针对三遥数据异常问题。

针对三遥数据异常问题，增加对所有遥信点的验证，由于技术规范书中的遥信点有 89 个，而目前的检测项目所用的遥信点并不能实现全覆盖，因此建议对所有遥信点进行验证，防止厂家部分遥信点未配置和遥信点之间有干扰造成逻辑判断错误。

（4）针对通信中断问题。

针对实际运行中出现的通信中断问题，通过模拟通信中断（有线连接）故障，测试其保护逻辑功能在通信中断情况下的执行性和正确性。

（5）试验室外辅助项目。

除了上述可以在检测机构内进行的检测项目外，建议增加试验室外的辅助项目。具体来说：一是建议电网公司对中标厂家产品软件的操作流程进行统一要求。由于参数设置错误导致的故障为 163 起，在总的故障缺陷中占比为 16.3%，通过统一操作流程要求可降低现场维保人员的误操作的概率。二是建议定期开展厂商制造能力审查，并进行入场监造等相关工作。由于产品缺陷引起的故障较多，占比高达 91.8%，产品缺陷主要是产品本身的产品设计、质量问题和制造工艺问题，在运行初期不易出现，试验室也不易检测，缺陷会随运行时间的增长慢慢显露出来。因此，定期到厂家进行能力审查，了解厂家的生产流程是否符合规范，采购的零部件是否合格，厂家的内部技术培训是否到位，产品检测能力是否满足要求，及时发现产品在出厂前就已经存在的问题。

5.1.4 检测设备及主要参数

5.1.4.1 柱上断路器自动化成套设备 FTU 检测设备及参数简介

1. FTU 性能及功能项目检测设备及参数简介

（1）FTU 性能及功能项目检测设备如图 5-10 所示。

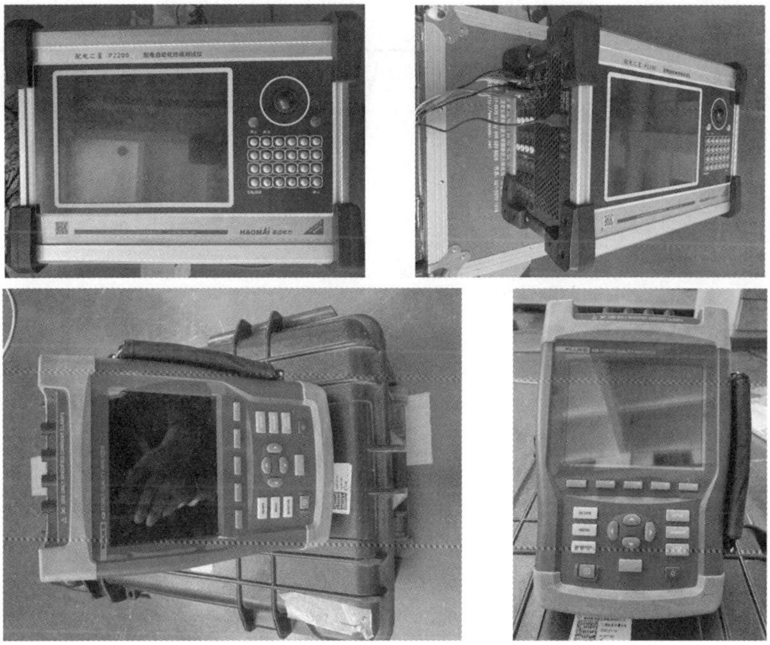

图 5-10 FTU 性能及功能项目检测设备

（2）主要参数如表 5-2 所示。

表 5-2 主要参数（对应上述设备、部件，尽量详细、全面、真实）

设备名称	规格型号	主要参数	生产厂家	其他备注
配电自动化终端测试仪	配电之星-P2200	1. 交流电流输出 通道数：4 路 电流一组 幅值：4×30 A/相 准确度：±5 mA（小于 1 A）±0.05%R_G（1 A≤I≤30 A） 分辨率：1 mA 电流长时间允许输出值：10 A/相 输出功率：180 VA/相 电流二组 幅值：3×100、A/相，切换输出 100 A 准确度：±10 mA（<1 A）；±0.5%R_G（1～100 A） 分辨率：10 mA 2. 交流电压输出 通道数：4 路 电压输出范围：0～528 V 4 路电压输出幅值：4×264 V/相、最大输出 528 V 准确度：±5 mV(≤1 V)；≤±0.05%R_G(10～300 V)	武汉市豪迈电力自动化技术有限公司	

续表

设备名称	规格型号	主要参数	生产厂家	其他备注
配电自动化终端测试仪	配电之星-P2200	分辨率：1 mV 最大输出负载：150 VA/相 3. 相位/频率 相位范围：−360°～360° 相位准确度：±0.15° 电压电流频率：0～1200 Hz 频率准确度：<0.001 Hz（0～65 Hz）； <0.01 Hz（65～450 Hz） 分辨率：0.001 Hz 4. 开关量输出 通道数：8 组快速开出 类型：空接点，不分极性 各开出量输出不同步时间误差：≤0.1 ms 容量：250 VDC/0.2 A，250 VAC/0.5 A 5. 开关量输入 通道数：8 路（电气隔离） 开入特性：空接点或带电位（自适应） 门槛特性："0"：0～6 V；"1"：12～250 V 时间分辨率：100 μs 计时范围：0.1 ms～9999.999 s 计时误差：±0.1 ms 6. 通信接口 4G 通信、GPS 对时、WiFi 通信 1 个 RS232、1 个 RS485 接口，用于规约 101 通信测试 1 个 10/100M RJ45 网口，用于规约 104 通信测试 1 个 10/100M RJ45 网口，用于联机测试 7. 直流信号输出 直流电压幅值：0～60 V 直流电压测量精度：0.1% 直流电流幅值：4～20 mA 直流电流测量精度：0.1% 8. 录波采样 交/直流电压幅值：4 路（0～264 V） 直流电压测量精度：0.5% 交/直流电流幅值：4 路（0～30 A） 直流电流测量精度：0.5%	武汉市豪迈电力自动化技术有限公司	

续表

设备名称	规格型号	主要参数	生产厂家	其他备注
三相电能质量分析仪	FLUKE435	1. 电压参数 电压有效值量程：1～1000 V；分辨率：0.01 V；精度：±0.1%； 电压峰值量程：0～1 400 V；分辨率：1 V；精度：5%×标称电压； 电压变比：1：1、10：1、100：1、1000：1，可调； 2. 电流参数 电流有效值量程：0～20.0 kA；分辨率：0.01～10 A；精度：±0.5%+5个字； 电流变比：0.1、1、10、100、1000 mV/A，可调； 3. 标称参数 50 Hz：量程：42.500～57.500 Hz；分辨率：0.01 Hz；精度：±0.01 Hz 60 Hz：量程：51.000～69.000 Hz；分辨率：0.01 Hz；精度：±0.01 Hz 4.功率参数 最大量程：6000 MW；分辨率：0.1 W～1 MW；精度：±1%±10 个计数	美国福禄克公司	

2. IP 防护等级项目检测设备及参数简介

（1）IP 防护等级项目检测设备如图 5-11 所示。

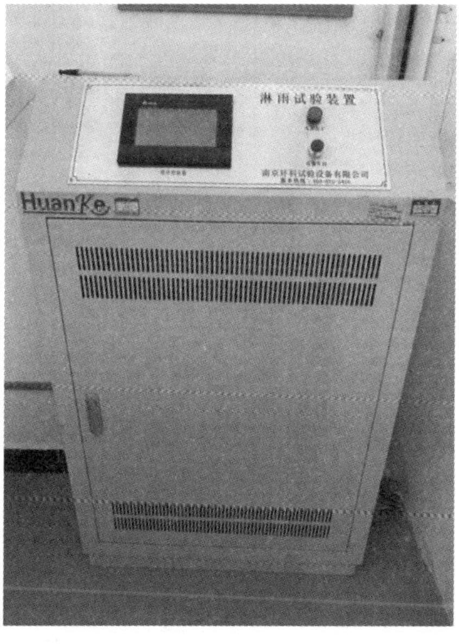

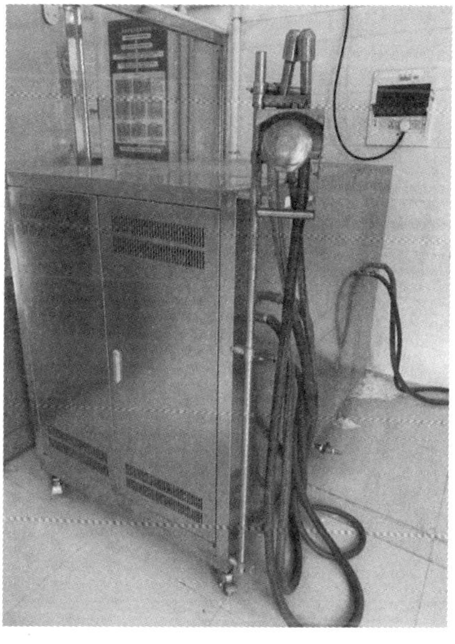

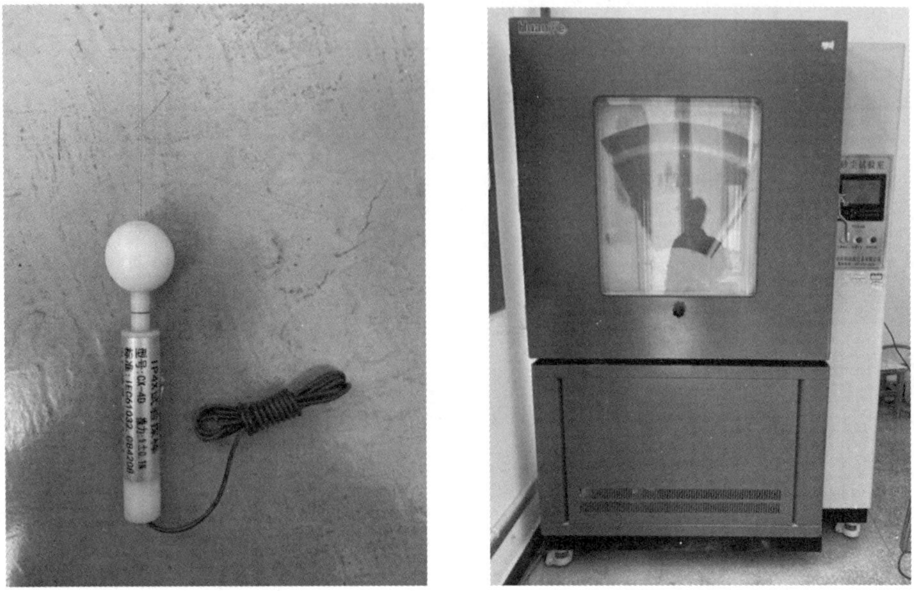

图 5-11　IP 防护等级项目检测设备

（2）主要参数如表 5-3 所示。

表 5-3　主要参数

设备名称	规格型号	主要参数	生产厂家	其他备注
沙尘试验箱	SC-010	时间设定范围：0～999 小时可调； 使用的灰尘通过金属筛网标标称线径：50 μm； 线间标称间距：75 μm； 气流速度：不超过 2 m/s； 连续、周期吹尘任意选择时间设定； 沙尘浓度：2～4 kg/m^3； 试验用尘：干燥滑石粉等； 振动时间：0～999 h，可调； 温度范围：RT～60 °C； 功率：3.0 kW	南京环科试验设备有限公司	
试验探棒	CX-4D	误差：+0.004 mm，推力：（1.0±0.1）N	深圳市创鑫仪器有限公司	
手持式淋雨试验装置	JL-1.2	喷嘴直径 12.5 mm； 水流量：（100+0.2）L/min 水压：100 kPa	南京环科试验设备有限公司	

3. 控制器绝缘电阻试验项目检测设备及参数简介

（1）控制器绝缘电阻试验项目检测设备及参数简介如图 5-12 所示。

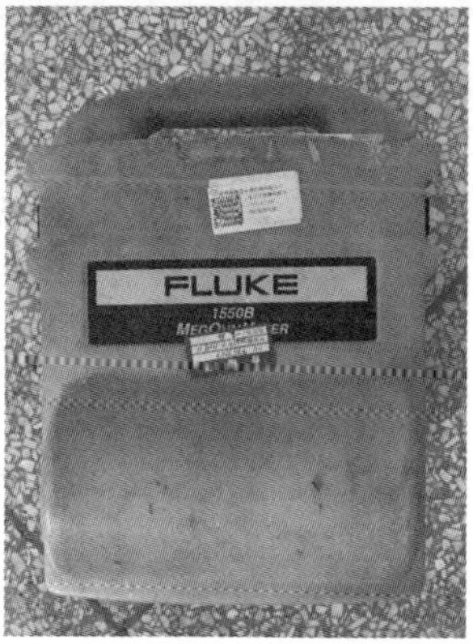

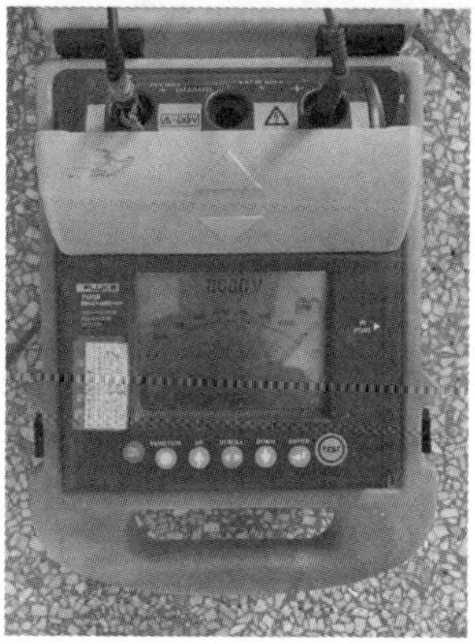

图 5-12　控制器绝缘电阻试验项目检测设备

（2）控制器绝缘电阻试验项目检测设备参数如表 5-4 所示。

表 5-4　控制器绝缘电阻试验项目检测设备及参数简介

设备名称	规格型号	主要参数	生产厂家	其他备注
绝缘电阻测试仪	FLUKE 1550B	测试电压：250 V、500 V、1000 V、2500 V、5000 V 电阻测量：0 Ω～1 TΩ	美国福禄克公司	

4. 高、低温检测及恒温湿热检测试验项目检测设备及参数简介

（1）高、低温检测及恒温湿热检测试验项目检测设备如图 5-13 所示。

图 5-13　控制器绝缘电阻试验项目检测设备及参数简介

（2）主要参数如表 5-5 所示。

表 5-5　控制器绝缘电阻试验项目检测设备参数

设备名称	规格型号	主要参数	生产厂家	其他备注
高低温交变湿热试验箱	GDJS-010C	温度调节范围：－40～＋150 °C； 湿度调节范围：30%RH～98%RH 温度偏差：±0.53 °C 湿度波动度：3%RH 温度均匀度：≤2 °C； 升降温速率：0.7～1.0 °C/min 湿度偏差：＋2%/－3% RH（>75%RH）；±5%（≤75%RH）	南京环科试验设备有限公司	

5.2 蓄电池类设备品控检测技术

5.2.1 背景介绍

由蓄电池组、充电设备、直流屏及直流馈电网络等直流设备，组成了变电站的直流电源系统，直流系统在正常运行时，充电装置承担正常负荷电流，同时向蓄电池组补充电，使蓄电池以满容量的状态处于备用。在系统发生故障，站用电中断的情况下，蓄电池组发挥其独立电源的作用，向继电保护及自动装置、断路器跳闸与合闸、载波通信等装置提供工作直流电源。电力系统多年以来的运行实践表明：直流系统在电力系统发生故障时失灵，断路器因失去直流电源而不能跳闸切除故障，强大的短路电流将烧坏主变压器、发电机等重要电气设备，造成灾难性的后果。因此，直流系统对电力系统的安全可靠运行起着至关重要的作用，是电网安全稳定运行的保障。

近年来，国内电力系统发生了多起因交直流电源系统故障导致的事故事件，如“4.29”贵州 220 kV 滥坝站全站失压事件、“5.2”贵州 110 kV 平坝站部分设备烧损事件、“6.18”330 kV 西安南郊站主变烧损事件，暴露出交直流电源系统在设备配置、产品质量、火灾隐患、专业管理等方面存在诸多问题。为进一步推进交直流电源系统管理专业化和精益化，提高交直流电源系统设备质量和可靠性，避免因电源系统故障导致事故事件发生或扩大，南方电网公司生产技术部于 2018 年 8 月制定了《南方电网公司提升站用交直流电源设备健康水平专项行动方案》。

方案指出当前存在的主要问题之一是蓄电池质量问题突出：网公司技术规范要求

蓄电池的运行年限为 12 年，2016 年 1 月—2018 年 6 月，南网范围内共更换了蓄电池 1864 组。运行年限不足 12 年的蓄电池更换 1544 组，占更换蓄电池总数的 82.83%，其中 92.23%由于容量不足、缺陷高等质量问题更换，甚至有 50 组运行不足 3 年就整组更换，蓄电池质量问题突出，严重影响系统安全稳定运行。为此要求开展蓄电池解体验收工作，从 2019 年 1 月起，5 年内对新到货的每组蓄电池抽取一只开展到货解体验收。

5.2.2 蓄电池运行缺陷及故障分析

5.2.2.1 云南电网蓄电池组核容情况

云南电网站用直流电源系统共有蓄电池组 2194 组，最近 4 年（2017—2020 年）更换或新投不需要的在 2020 年核容组数为 556 组，2020 年应开展核容 1638 组，到 2020 年 12 月中旬完成全部核容工作，合计发现 216 组不满足 80%容量要求，其中 500 kV 变电站 1 组（500 kV 惠历变#2 蓄电池组），220 kV 变电站 4 组，110 kV 变电站 39 组，35 kV 变电站 172 组。更换要求：220 kV 及以上变电站 2021 年 6 月底前完成，110 kV 及以下变电站 2021 年底完成。如图 5-14 所示为蓄电池核容不合格情况统计图。

从容量不合格蓄电池组运行年限看，蓄电池容量不足 80%多数分布在运行在 5 年以上，蓄电池运行超 4 年应严格按照《电力设备检修试验规程》要求开展 1 年 1 次蓄电池组核对性充放电试验工作。

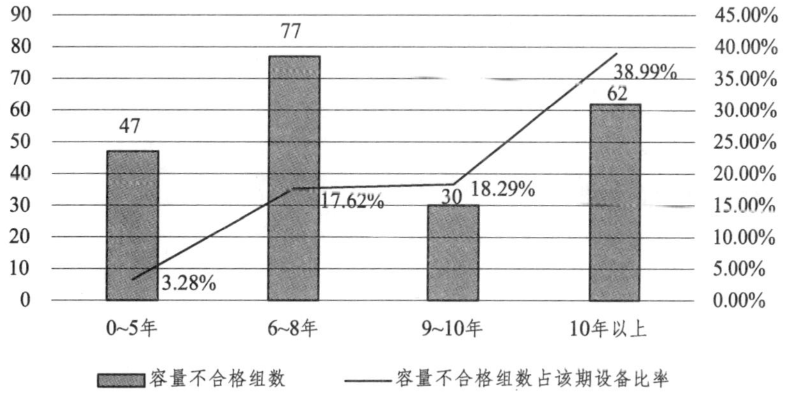

图 5-14 蓄电池核容不合格情况统计

从容量不合格蓄电池组厂家分布分析，主流厂家广东汤浅、哈尔滨光宇、山东圣阳、深圳科士达、湖南丰日、深圳雄韬不合格蓄电池组数分别为 101、37、16、13、10、8 组，各厂家不合格率分别为湖南丰日 16.94%、深圳雄韬 16%、哈尔滨光宇 10.94%、广东汤浅 10.38%、山东圣阳 8.25%、深圳科士达 6.60%。对核容不合格率较高的湖南丰日、深圳雄韬应加强蓄电池到货抽检、解体验收和交接试验工作。如图 5-15 所示。为蓄电池核容不合格主流厂家统计图。

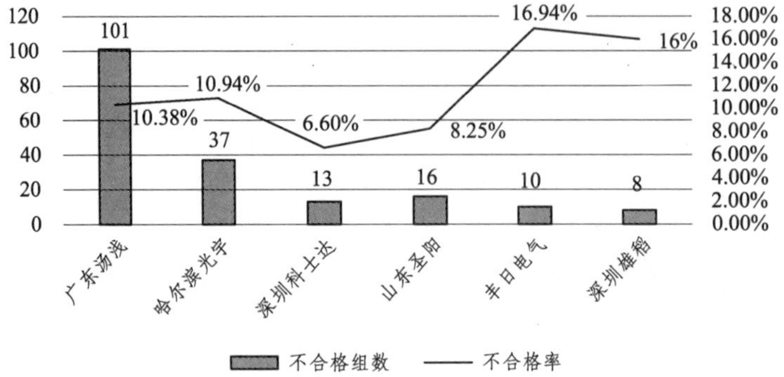

图 5-15　蓄电池核容不合格主流厂家统计

5.2.2.2　蓄电池缺陷多维度分析

2020 年，35 kV 及以上变电站站用蓄电池组共发生缺陷 286 次，其中重大紧急缺陷 57 次；2019 年为 307 次，其中重大紧急缺陷 35 次；2018 年为 198 次，重大紧急缺陷 37 次。2018—2020 年间缺陷次数呈先上升后下降趋势，但重大紧急缺陷次数呈先下降后上升趋势。

从制造厂商分析：云南安装数量超过 50 组的厂家中，2020 年缺陷率前三名的厂家为深圳雄韬、丰日电气、哈尔滨光宇，主流厂商的缺陷率分别为：广东汤浅 8.7%，哈尔滨光宇 20.7%，科士达 8.1%，深圳雄韬 31.5%，山东圣阳 10.8%，丰日电气 23.7%。主流厂商中，哈尔滨光宇、山东圣阳较去年有所上升。云南安装数量超过 50 组的厂家中，缺陷率最高的厂家，2018 年为哈尔滨光宇，2019 年和 2020 年均为深圳雄韬。分析结果表明深圳雄韬、丰日电气、哈尔滨光宇缺陷率较高，需重点关注。如图 5-16 所示，为主流厂家蓄电池缺陷情况统计图。

从运行年限看：2020 年，运行年限超过 10 年的设备缺陷率最高为 39.6%。110 kV 变电站用蓄电池组：缺陷率最高的为运行 10 年以上的蓄电池组，缺陷数最多的为运行年限在 0 ~ 5 年的蓄电池组，占 110 kV 缺陷数量的 45.45%。220 kV 变电站用蓄电池组：缺陷率最高的为运行 10 年以上的蓄电池组，缺陷数最多的为运行年限在 6 ~ 8 年的蓄电池组，占 220 kV 缺陷数量的 36.11%。500 kV 及以上电压等级变电站用蓄电池组：运行年限在 6 ~ 8 年的设备缺陷率最高。2020 年，110 kV 变电站用蓄电池组缺陷率最高的为运行超过 10 年的蓄电池组，220 kV 变电站用蓄电池组缺陷率最高的为运行超过 10 年的蓄电池组，500 kV 变电站用蓄电池组缺陷率最高的为运行 0 ~ 5 年的蓄电池组。分析结果表明，蓄电池组的缺陷率总体是随运行年限的增长而升高。

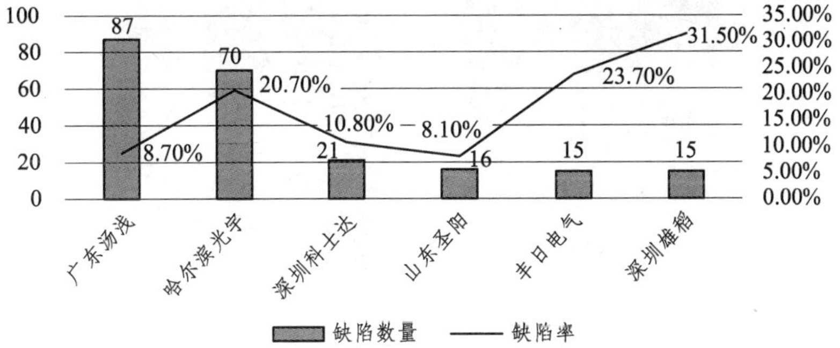

图 5-16　主流厂家蓄电池缺陷情况统计

从缺陷部位与缺陷原因分析：2018—2020 年变电站用蓄电池组缺陷主要为蓄电池本体、连接片，2020 年上述缺陷部位分别占比约为 96%、4%。主要缺陷原因为：单体蓄电池过压或欠压（67.8%）、蓄电池容量低于 80%（18.9%）、蓄电池开路（5.6%）、连接片极柱腐蚀氧化（3.8%）、蓄电池膨胀漏液发热（2.8%）等。分析结果表明蓄电池的主要缺陷为蓄电池本体的容量和电压降低。为此，各单位应持续加强对蓄电池核容工作以及加强连接片的运维检修工作。

5.2.2.3　近年省内典型蓄电池故障案例

1. 糯扎渡电厂 7、8 号机组直流电源系统失电

2018 年 6 月 9 日，糯扎渡电厂 7、8 号机组直流电源系统发生失电事件。在处理过程中，运维人员发现 7 号机组直流系统#36、#50、#79、#88 蓄电池单体过电压，#36 单体电压显示为 7.99 V，#50 单体电压显示为 11.35 V，#79 单体电压显示为 13.9 V，#88 单体电压显示为 15.1 V；8 号机组直流系统#67、#74 蓄电池单体过电压，#67 单体电压显示为 10.87 V，#74 单体电压为显示 7.1 V，并且报出直流母线绝缘下降，如图 5-17 所示。单体蓄电池过电压是蓄电池内阻增大或开路的典型特征。

因 8 号机组直流报出直流母线绝缘下降，为防止直流两点接地情况出现，维护人员对 8 号机组直流系统进行检查。断开 8 号机组直流系统蓄电池接通开关后，直流母线绝缘恢复正常，拆下 8 号机组直流系统单体过电压的蓄电池，发现#67 蓄电池外壳开裂且有泡沫流出，判断直流母线绝缘下降由该蓄电池漏液所致。#74 蓄电池外观完好。随后更换 8 号机组直流系统#67、#74 故障蓄电池，检查无异常后，将 8 号机组直流系统蓄电池组投入运行。

图 5-17 糯扎渡电厂故障蓄电池解体

维护人员现场对拆下的 7、8 号机组故障蓄电池做内阻测试。由于国标及电力行业标准对胶体蓄电池的内阻值无具体要求，借鉴《通信用阀控式密封胶体蓄电池》（YD-T-1360—2005），糯扎渡电厂胶体蓄电池的测试结果不满足该标准要求（蓄电池内阻值≤1.4 mΩ）。对蓄电池局部解体发现存在负极汇流排严重腐蚀及开路问题。

2. 丽江供电局使用 3 年蓄电池核容不合格

2019 年 3 月，丽江供电局对玉龙纳西族自治县 35 kV 宝山变、35 kV 鸣音变、35 kV 奉科变、35 kV 大具变 4 个变电站进行了核容试验，发现 4 个变电站使用的蓄电池核容结果均不符合标准要求，这 4 个变电站使用的均为 2016 年技改项目更换的蓄电池，此时使用时间 3 年左右。丽江供电局联系蓄电池厂家对此批蓄电池进行了处理，本批共 4 组 72 只蓄电池返厂做处理恢复。

通过对这 72 只蓄电池进行内部活化处理，最终结果为，容量恢复标称容量 100%的有 59 只，恢复 80%的有 10 只，无法恢复的有 3 只。之后对恢复 80%的某只蓄电池进行了拆解试验，发现其内部结构完整，各项指标正常，并没有制造问题。因丽江地区昼夜温差较大，此批蓄电池无法在恒温条件下使用，所以造成其容量衰减过快，但寿命未终止，内部还有可反应的活性物质，只是因维护不当无法反应。所以通过适当的活化方法，激活其内部可反应的活性物质后，达到了恢复容量的效果。如图 5-18 所示为丽江供电局故障蓄电池活化及解体图。

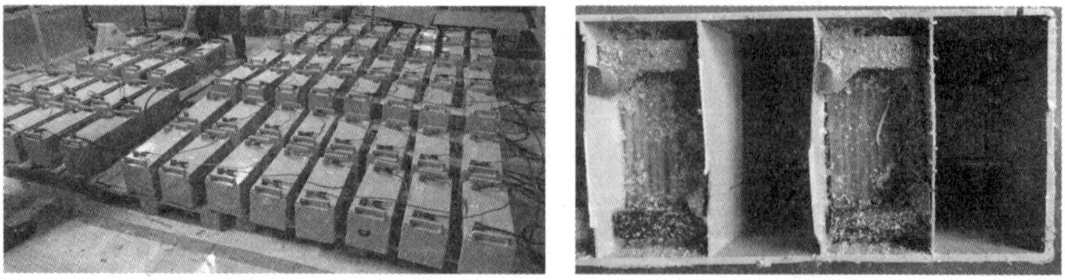

图 5-18 丽江供电局故障蓄电池活化及解体

3. 昆明供电局某变电站蓄电池起火

昆明供电局于 2020 年 3 月送检一只被烧毁的蓄电池（见图 5-19），希望对其起火原因进行分析。检查其外观发现顶部外壳已经有一半被烧毁，内部结构已经裸露，汇流排部分熔断，安全阀损坏，外壳侧面有鼓胀破损，蓄电池底部没有裂纹，没有酸液渗漏情况，端子处没有起火痕迹。对此只蓄电池进行拆解发现，正极板基本已经完全软化破碎，板栅断裂处已完全无金属光泽，负极板有硫酸盐化特征，因蓄电池内部完全暴露在空气中，电解液已经基本挥发完，隔板完全失水干涸。

与昆明供电局运维人员沟通得知，此组蓄电池在 2019 年核容试验中，10 A 电流 5 小时放电测试不合格，大部分电池测试容量只有标称容量的 30%，已达到整组更换条件，但因为新电池还未到，所以一直没有更换。本组蓄电池内部检查结果也表明此组蓄电池已经达到了寿命终点，最终判定是因为超期服役，蓄电池在电流通过时发生了内部短路而造成的起火。

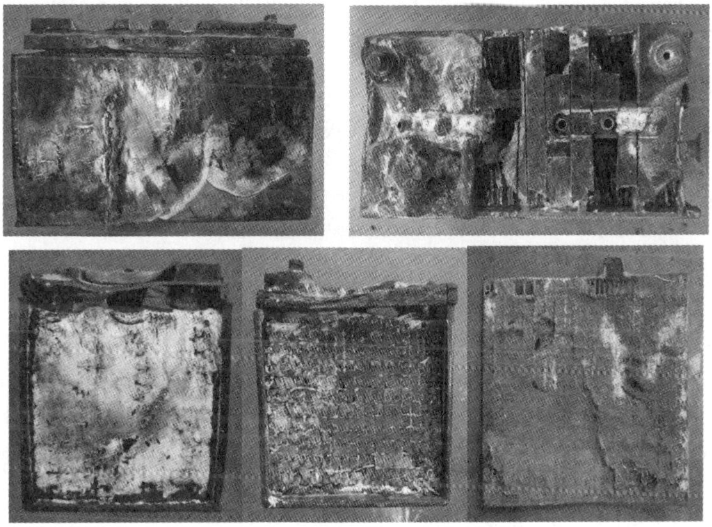

图 5-19　昆明供电局起火蓄电池

5.2.3　蓄电池结构原理、关键环节与检测项目关联分析

5.2.3.1　蓄电池的结构

1. 铅酸蓄电池简介

蓄电池是一种化学能与电能相互转变的装置，充电时把电能储存化学能，放电时

将化学能转换为电能。铅酸蓄电池是一种主要由铅及铅的氧化物作为电极，硫酸溶液作为电解液的蓄电池。因为其价格低廉、原材料易于获得，使用上有充分的可靠性，适用于大电流放电及广泛的环境温度范围等优点，在化学电源中一直占据绝对优势。但也存在着一些缺点，如比能低（即每公斤蓄电池存储的电能）、老式普通蓄电池使用寿命短和日常维护频繁。

最早的铅酸蓄电池为开口式，开口式铅酸蓄电池有两个主要缺点：① 充电末期水会分解为氢，氧气体析出，需经常加酸、加水，维护工作繁重；② 气体溢出时携带酸雾，腐蚀周围设备，并污染环境，限制了电池的应用。

随着科技的发展，铅酸蓄电池也历经了许多重大的改进，20 世纪末期，VRLA 电池（Valve Regulated Lead Acid Battery）即阀控式密封铅酸蓄电池解决了老式普通蓄电池使用寿命短和维护烦琐的缺点。其基本特点是密封结构，不漏酸，不排酸雾，使用期间不用加酸或者水进行维护。由于 VRLA 电池中的一部分数量的电解液被吸收在极片和隔板中，增加了负极吸氧能力，阻止了电解液损耗，并通过安全阀的开闭，保证多余气体排出，所以能够使电池在最大程度上实现密封，保证其安全性和使用寿命。

铅酸蓄电池根据需要通常把单体电池串联组成电池组。铅酸蓄电池应用广泛、种类繁多、结构各异，被广泛应用于电动工具、应急灯、UPS、电动轮椅、计算机、通信设备及电力等方面。

2. 铅酸蓄电池分类

铅酸蓄电池由于应用范围广、种类繁多、结构各异，分类也相对比较复杂，其分类类型主要包括按用途、容量、电荷状态和极板结构等。按用途分类主要分为启动型蓄电池、固定型铅酸蓄电池、工业用蓄电池、储能型蓄电池等几种。按容量分为大型、中型和小型，容量 200 A·h 及以上称为大型蓄电池，20 ~ 200 A·h 称为中型蓄电池，20 A·h 以下称为小型蓄电池。按电荷状态分类主要分为干荷电蓄电池、干放电蓄电池、湿荷电式蓄电池、带液充电蓄电池、免维护、少维护蓄电池等。按极板结构分类主要分为管式、涂膏式、形成式。

3. 铅酸蓄电池的结构

铅酸蓄电池的基本部件由正极板、负极板、电解液（硫酸水溶液）、汇流排、安全阀、隔板、电池外壳、正负端子等构成。其中正极板上的活性物质主要成分为 PbO_2，负极活性物质主要成分是海绵状 Pb。正负板的活性物质附在板栅上，浸泡在一定浓度的电解液中，通过隔板将正负板隔开。隔板一般使用微孔塑料、微孔橡胶或玻璃纤维等。隔板可以防止正负极板短路，同时还是电解液的支持体，保证电解液中正负离子可顺利通过，从而保持电荷平衡。目前阀控式铅酸蓄电池（VRLA）常用吸附式超细玻璃纤维（AGM），AGM隔板具有很高的孔率，孔径小，低内阻，很强的吸酸能力，具有很高的纯度和稳定性。电池槽与盖，要求具有较强的硬度、有一定的机械保护和支撑的作用，一般使用聚丙烯、PVC塑料等材料。安全阀，要求具有耐酸和耐新生态氧腐蚀的能力，有良好的韧性，不易老化变硬发脆等特点，一般使用塑胶材料，用于调节内部压力，保证铅酸蓄电池的安全使用及寿命。

铅酸蓄电池有2 V、4 V、6 V、8 V、12 V、24 V等系列，容量从200 mA·h到3000 A·h，应用场景广泛。在电网中广泛使用的主要是电压为2 V和12 V的两种固定型阀控式密封铅酸蓄电池，容量根据用途的不同而不同。以某一品牌的蓄电池为例，其外观见图5-20。

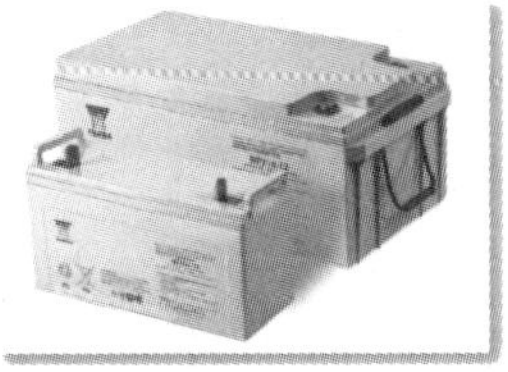

图5-20　某品牌2 V/12 V铅酸蓄电池外观

12 V铅酸蓄电池是由6个2 V的单元通过穿壁连接串联而成，每个2 V的单元与2 V铅酸蓄电池基本相同，2 V及12 V蓄电池剖面见图5-21，其构成见图5-22。

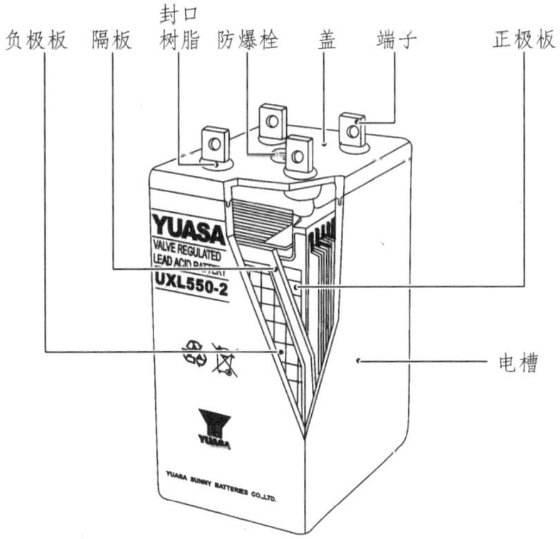

图5-21　铅酸蓄电池剖面图

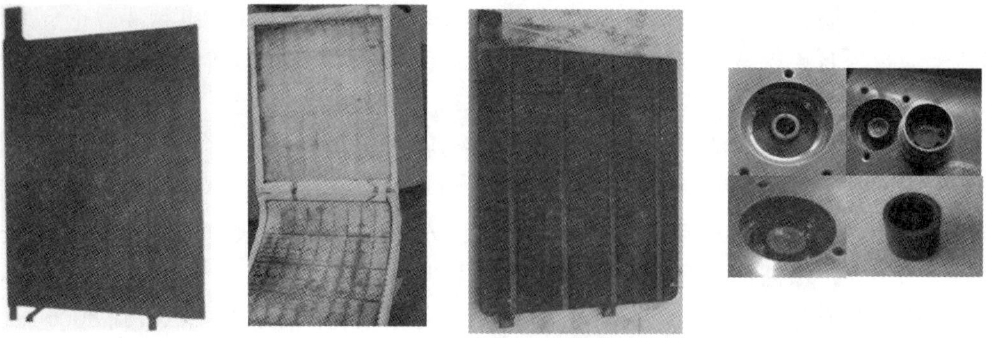

（a）正极板　（b）隔板　（c）负极板　（d）安全阀

图 5-22　铅酸蓄电池构成图

5.2.3.2　铅酸蓄电池的原理

1. 蓄电池基本原理

铅酸蓄电池是通过硫酸电解液与正负极板发生反应，实现充放电，具体反应如下：

放电主反应：$PbO_2 + Pb + 2\ H_2SO_4 = 2PbSO_4 + 2\ H_2O$

充电主反应：$2PbSO_4 + 2\ H_2O = PbO_2 + Pb + 2\ H_2SO_4$

阳极反应：$PbSO_4 + 2\ H_2O - 2e^- = PbO_2 + 4\ H^+ + SO_4^{2-}$

阴极反应：$PbSO_4 + 2e^- = Pb + SO_4^{2-}$

负极反应：$Pb + SO_4^{2-} - 2e = PbSO_4$

正极反应：$PbO_2 + 4\ H^+ + SO_4^{2-} + 2e^- = PbSO_4 + 2\ H_2O$

充电时副反应：$H_2O = H_2 + 1/2O_2$

放电时，阳极板上的二氧化铅和阴极板上的海绵状铅与电解液中的硫酸发生反应，生成硫酸铅，电解液中的硫酸浓度不断降低。反之，充电时，变成硫酸铅的阴阳两极活物质把固定在其中的硫酸成分释放到电解液中，分别生成海绵状铅及氧化铅，电解液中的硫酸浓度不断增加。充电时还存在着电解水的副反应，这也是导致老式铅酸蓄电池维护工作繁重的原因。

根据“双极硫酸盐化”理论，蓄电池在放电过程是负极发生氧化反应，正极发生还原反应；在蓄电池放电过程中，HSO_4^-离子迁移至负极，并与负极板的 Pb 反应，在电极表面上形成难溶的 $PbSO_4$ 和 H^+，并释放出电子，与此同时来自外电路的电子将正极板上的 PbO_2 还原为 Pb^{2+}和水，而 Pb^{2+}离子立即与 SO_4^{2-}反应形成 $PbSO_4$沉积在电极上，即正负极板都生成 $PbSO_4$。而电池充电过程则是负极发生还原反应，正极发生氧化反应，即负极板上的 $PbSO_4$转化为 Pb，正极板上的 $PbSO_4$转变成 PbO_2。H_2SO_4

在电池中充当反应物也参与电池反应，同时还起到传导电流作用。电池在放电过程电解液中的 H_2SO_4 不断被消耗，同时伴随着水的生成，这使得电池中电解液浓度逐渐降低，电池内阻增加，电动势降低。而在充电过程中 H_2SO_4 不断生成，电解液浓度增大，逐渐恢复至接近于原来浓度，电动势升高。

2. VRLA 蓄电池密封原理

对于早期传统的铅酸蓄电池，由于氢氧的析出并从电池内部逸出，不能进行气体的再复合利用，导致电解液失水，需要经常加水维护来补充。而 VRLA 蓄电池设计成“内部氧循环”方式实现气体再化合（又称氧再化合循环），克服了传统铅酸蓄电池失水快的主要缺点。正极板在充电后期或过充阶段的析氧气反应为：

$$H_2O \rightarrow 2H^+ + 1/2O_2 + 2e^-$$

其析出的氧气通过隔板中气体通道或极板顶部转移到负极板表面，在负极板上与铅结合成水，并生成 $PbSO_4$：

$$Pb + 1/2O_2 + H_2SO_4 \rightarrow PbSO_4 + H_2O + Q$$

负极上氧化成的硫酸铅，经过充电又变成海绵状铅。

$$PbSO_4 + 2e^- + H^+ \rightarrow Pb + HSO_4^-$$

这是 VRLA 蓄电池内部氧循环反应机理，这种充电过程，电解液中的水几乎不损失，使得 VRLA 蓄电池在使用过程中达到不需要补水的目的。在 VRLA 蓄电池充电期间，还要考虑两个反应，它们是负极板氢气析出及正极板栅的腐蚀。

$$2H^+ + 2e^- \rightarrow H_2 \uparrow$$

$$Pb + 2H_2O \rightarrow PbO_2 + 4H^+ + 4e^-$$

由于 VRLA 蓄电池采用负极板比正极多出 10%容量，使得氢气析出减缓，加上氧循环使得负极电势负移减少，所以氢气析出的速率降低到非常低的水平，实际上一种单向的压力缓解阀被提供用于确保少量氢气产生也不会在电池内部产生高压力，因此便有了“阀控式”这个词。但是，绝对控制无 H_2 和 O_2 的析出是不可能的，负极上的析氢和正极上板栅腐蚀的确会引起失水。

有两种可选择的设计来提高阀控式铅酸蓄电池中气体通道：一种设计是胶体不流动的电解液；另一种是被吸附在 AGM 隔板中的电解液。气体是通过胶体中裂纹或通过 AGM 中的气体通道穿过。

如果电池灌酸过多，氧循环就不会起作用，因为氧在液相中扩散速度要比气相中约低四个数量级，这样电池就类似富液式电池设计。充电后期，先是正极上析出氧气，然后和负极析出的氢气一起从阀门释放出。这种失水引起胶体的干涸或 AGM 隔板中电解液体积的减少，并产生氧气通道，之后电池的气体释放速度会降得非常低。另外，如果氧循环速度太大，就会产生大量的热，使负极板的再充电变得困难，而且硫酸盐化持续不断地从酸浓度最高的极板下部开始。氧循环的作用、隔板材料（对 AGM 设计）的微结构及所使用的充电方式在充电后期显得特别重要。

VRLA 蓄电池的板栅合金中不再包含 Sb，因为 Sb 会降低了氢析出过电势，加速负极上氢气的析出，要防止类似作用的其他元素引入。正负极上过量的析气会导致相应电极上的选择性放电，采用铅钙合金，以提高其正负极析气（H_2 和 O_2）过电势，达到减少其充电过程中析气量的目的。VRLA 蓄电池隔膜透气性好且能吸附电解液，负极活性物质相对正极有余，电池盖上有自动开闭限压析气阀门，这些条件保证 VRLA 蓄电池在使用过程中，基本上不产生氢气，并且正极产生的氧气，能以 VRLA 蓄电池内循环的方式被阴极吸收。

3. VRLA 蓄电池失效模式

VRLA 蓄电池是一个复杂的电化学系统，电池的性能和寿命取决于板栅的材料、活性物质组成和结构、工艺过程的控制以及电池的使用、维护状态和环境影响因素。其可能发生的主要失效模式有如下几项。

1）蓄电池失水

阀控式铅酸蓄电池属于贫液式蓄电池，其中电解液量受到严格控制，并依靠内部氧复合循环来实现密封性的。但是如果 VRLA 蓄电池的浮充电压过高，过充电流大，会降低氧复合反应效率，而电池使用环境温度过高会加速水的蒸发。当电解液少到一定程度就会引起 VRLA 蓄电池失效。资料表明，VRLA 蓄电池失水 10%，就会导致电池容量降低到 20%以上，这便标志着 VRLA 蓄电池工作寿命已终结。造成 VRLA 蓄电池失水的原因很多，电池的外壳破损、排气阀开发压力过小、氧复合反应不完全、电解液杂质含量过高以及浮充电压过高是导致电池电解液干涸的常见原因。同时，电池正极板栅腐蚀和电池自放电过程也会消耗电解液中的水，引起电解液的干涸。VRLA 蓄电池电解液干涸失效表现在电池性能上主要为开路电压偏高，内阻偏大，容量不足。通过解剖分析，通常隔膜含酸量较小甚至呈干涸状态，酸密度偏高。

2）正极活性物质软化脱落

正极活性物质软化是指活性物质之间以及活性物质与板栅之间失去结合力，是VRLA蓄电池的一种主要失效模式。正极活性物质软化主要出现在动力型深循环使用工况下，多次深度的充放电，使得支撑活性物质的骨架结构坍塌，活性物质晶粒细化。铅膏中α-PbO_2、β-PbO_2的比例，对正极活性物质压力，温度以及充放电策略（过充、过放、大电流充电）都会影响正极活性物质软化。正极活性物质软化失效的一种情况是铅膏从板栅中脱落，电池容量损失；另一种情况是正极铅膏活性物质颗粒细化，失去硬度，呈泥浆状，表现在电池中，电池容量下降。

3）正极板栅腐蚀

腐蚀是铅酸蓄电池中最常见的失效模式之一，电池无论在浮充状态，充放电状态，还是开路状态，正极板栅都存在被腐蚀的现象。在VRLA蓄电池过充状态下，因发生阳极氧化反应而造成板栅变细甚至断裂，使得活性物质与板栅的电接触变差，且腐蚀产物比板栅具有更高的电阻，降低电池性能。影响正极板栅腐蚀特性的主要因素有：板栅合金组成、结构设计、铸造工艺、杂质含量、电解液浓度、环境温度和浮充电压等。正极板栅腐蚀一方面降低了板栅机械强度，引起板栅断裂，活性物质脱落；另一方面引起腐蚀层增大，晶界腐蚀加剧，增加了电池欧姆内阻，最终导致电池容量下降。从测试情况看，表现为电池容量迅速下降，充电电压快速升高，电池内阻增大。

4）负极板硫酸盐化

硫酸盐化是指极板上形成不可逆的大颗粒硫酸铅晶体，这种晶体由于体积大且导电性差，会堵塞极板活性物质微孔，使电解液的渗透和扩散受阻，增加电池的内阻，且硫酸铅晶粒不可能完全转化为活性物质，使极板上的活性物质减少，逐渐发生钝化，从而导致容量下降。硫酸盐化的主要原因有：浮充电压偏低，长期充电不足或放电后未能及时充电，储存期间未定期进行充电维护，内部短路，电解液密度高或是高温循环。VRLA蓄电池由于自化合反应的发生，无论处于充电或是放电状态，负极总有硫酸盐存在，使得负极长期处在非完全充电状态，形成不可逆硫酸盐，使电池容量减少，导致电池失效。负极硫酸盐化主要表现为负极活性物质形成颗粒粗大的、电化学活性低的$PbSO_4$晶体。反应在电池上，充电电压上升过快，放电电压下降过快，电池容量不足。解剖时满充电的电池负极极板划痕无金属光泽，铅膏与隔板粘连；化学滴定分析 $PbSO_4$ 含量增大；XRD 分析出现显著 $PbSO_4$ 特征峰；SEM 分析出现粗大 $PbSO_4$ 晶体。

5）热失控

热失控指的是 VRLA 蓄电池在充电后期（或浮充状态），电流和温度发生一种累积性的相互增强作用，此时电池的温度急剧上升，从而导致 电池槽膨胀变形，失水速度加大，甚至使电池损坏。其基本原理是：VRLA 电池中氧复合过程中可以使电池内部产生大量的热，或是充电电压不当以及周围工作环境温度过高，都会使 VRLA 电池内部温度升高，从而造成电池内阻下降，使得浮充电流很高，如此恶性循环，最终导致电池发生热失控。电池浮充电压、环境温度、隔膜饱和度以及电池结构都是影响电池热失控重要因素。VRLA 蓄电池热失控表现为浮充电流迅速增大，温度升高，电池外壳鼓胀。解剖失效电池，电池隔膜内出现黑点、黄斑，酸密度增大，正极活性物质软化。

6）微短路

短路失效分两种情况：第一种是穿刺短路，穿刺短路经常是由于深放电导致的。在稀酸中，硫酸铅倾向于形成大的颗粒，沉积于隔板的孔隙内部。在充电时，这些硫酸铅转换成枝状金属铅晶体，导致穿刺短路。第二种是由于“苔藓”、金属沉降物等造成的。这种短路一般是正极活性物质老化的结果。正极活性物质中的二氧化铅颗粒之间失去连接作用后，会悬浮在电解液中，由于电解液的对流，会沉积在负极的顶部或边缘，在充电时还原成金属铅，形成“苔藓”沉积，导致内部短路。另外，脱落的正极活性物质会沉在电池的底部，这些二氧化铅也会造成正负极间的短路。VRLA 蓄电池微短路失效主要影响因素包括膈膜厚度、隔膜孔率、电解液添加剂以及放电制度。其中，膈膜厚度和隔膜孔率是影响 VRLA 蓄电池微短路最为关键的两个因素。微短路失效 VRLA 蓄电池通常开路电压和浮充电压略微偏低，容量偏低，自放电较大，大电流放电时，电压迅速下降。短路会导致电池长期处于欠充状态，从而导致不可逆硫酸盐化。

7）汇流排腐蚀

在 VRLA 蓄电池中负极汇流排合金在浮充的过程中也会出现腐蚀现象，负极汇流排表面形成粉末状的硫酸盐层，引起汇流排机械强度的降低，在应力的作用下易于发生断裂，从而导致电池失效。负极汇流排腐蚀主要出现在浮充型后备电源领域。影响负极汇流排腐蚀的内因主要有汇流排合金成分、焊接工艺、汇流排与集群的距离、负极汇流排处的 pH 环境以及电池内氧环境。负极汇流排腐蚀失效电池主要表现为开路电压偏低、内阻偏高，浮充电压出现不停跳动，小电流放电影响不大，大电流放电容量急剧下降。解剖失效电池，可以发现汇流排表层存在白色粉末状硫酸铅，严重时汇流排完全粉化断裂。

8）蓄电池漏液

电解液漏液主要包括极柱漏液、槽盖漏液以及阀口漏液三种形式。不同形式的漏液都会引起电池内部硫酸质量减少，腐蚀工负极连接条，造成接触不良，如果硫酸与铁架接触将会与电池内部形成通路，产生火花甚至火灾。VRLA 蓄电池出现漏液失效多表现在电池外部存在酸漏出，容量降低，连接条或者铁架存在腐蚀，严重时漏出的酸液会使得电池形成通路产生火花，引起燃烧。

5.2.3.3 蓄电池使用维护建议

1. 蓄电池的使用建议

蓄电池的使用严格来说是从运输就开始的，出厂检测合格的蓄电池在运输、装卸、安装过程中也会发生意外，导致其存在安全隐患，所以在到货验收时一定要认真检查电池外观，如发现存在破损、漏液等情况，须当场提出。因为阀控式密封铅酸蓄电池一旦发生外壳破损，会导致失去密封效应，加速电池老化，假如存在硫酸泄漏，可能会腐蚀电池架，甚至导致火灾，后果十分严重。

对于到货后不使用的蓄电池，应正立放置于干燥、通风、清洁的仓库内，要保持温度在 -10 ~ 40 °C，避免阳光直射，要远离热源、腐蚀性物质和有机溶剂，如存放时间超过三个月，需对电池进行补电，避免在亏电状态下，电解液与极板长期接触形成板结。

正常投入使用的蓄电池应保证其使用环境的干燥、清洁，使用环境温度应尽量控制在 20 ~ 30 °C，如温度过高或过低，都会影响蓄电池使用寿命。使用环境中还应防止小动物的侵入，否则会存在线路被破坏或短路的危险。

浮充电压必须依据厂家推荐值进行设置，不能过高或过低，因全新整组蓄电池会存在电压不均的情况，但正常情况下半年左右会基本一致，如果整组蓄电池长期存在着电压不均的情况，这就造成了电压偏高的蓄电池过充，而电压偏低的蓄电池欠充。过充会引起蓄电池的正极析氧，极板深处生成的氧气从电极表面逸出，增大了壳体内压力，而在形成气泡过程中，以强力冲击极板，促使活性物质与板栅结合力变坏，甚至脱落，影响正负极板活性物质的使用寿命，使蓄电池的容量下降。长期过充电状态下，正极因析氧反应，水被消耗，H^+增加，从而导致正极附近酸度增加，板栅腐蚀加速，使板栅变薄加速蓄电池的腐蚀，使蓄电池容量降低。同时因水损耗加剧，将使蓄电池有干涸的危险，从而影响蓄电池寿命。而欠充会导致整组蓄电池在放电时，整组电池向电压低的某只或几只电池反向供电，造成短路，无法起到供电功能。

由于铅酸蓄电池本身的化学特性，理论上说当铅酸蓄电池从成品之时开始，硫酸盐化就已经开始了。而随着时间的推移，硫酸盐化逐渐增多，从而致使了蓄电池容量的降低，最直接的反应就是内阻上升。当内阻超过标称值的 50%时，此时蓄电池的容量将会降到标称值的 80%。当内阻继续上升，电池容量快速下降。所以，周期性地对蓄电池进行内阻检查是不可缺少的，发现内阻大于标称值 50%的电池应及时给予更换或及时与相关技术人员沟通，这样才能保证整个电池组的稳定，保证系统后备时间符合设计标准。

2. 蓄电池的维护建议

蓄电池除每年定检核容、检查内阻外，在日常维护中还应注意以下几个方面：

（1）环境的整洁，避免因灰尘等污染物引起静电。

（2）做好绝缘，避免线路短路发生安全事故。

（3）检查螺栓是否紧固，防止因螺栓松动导致放热发生火灾。

（4）检查是否存在外壳破损、漏液等情况，防止引起短路、腐蚀电池架等情况。

（5）检查单只蓄电池的电压，确保每只电池电压都在正常范围内，避免因某只电池故障引起整组发生问题。

3. 蓄电池故障分析建议

蓄电池一旦发生故障，可从以下几个方面查找事故原因：

（1）查看螺栓连接处是否有起火痕迹，如果存在，则有可能是由于螺栓松动导致异常放热引起事故。

（2）查看蓄电池外壳是否有破损，如有破损，则可能是由于蓄电池内部电解液挥发，引起容量下降，导致事故发生。

（3）查看蓄电池是否存在漏液情况，电池架是否被腐蚀，如存在此类情况，则可能是因为电解液泄漏至电池架上，导致发生短路引起事故。

（4）如有条件，可对蓄电池进行解体试验，查看其内部结构是否发生损坏，如极板破碎，铅膏脱落，极板变形，隔板破损，这些都会引起蓄电池内部短路，严重时引起火灾或其他事故。通过拆解也可以判断蓄电池是否寿命终止，标志主要有：

① 板栅断裂处无金属光泽；
② 隔板内电解液含量极低；
③ 铅膏脱落严重，无法黏附在板栅上。

5.2.4 检测标准问题及检测项目分析

5.2.4.1 蓄电池品控检测项目

目前品控检测主要按照中国南方电网有限责任公司《电网用阀控式密封铅酸蓄电池解体验收作业手册（试行）》（2018 年 9 月）规定的全部 10 个项目开展（其中容量性能增加 10 h 率容量）。除此，少量开展热失控敏感性检测（因该项目需连续试验 168 h，耗时较长，未大量开展）。各检测项目如表 5-6 所示。

表 5-6 蓄电池品控检测项目

序号	检测项目	标准要求	标准依据	失效模式
1	外观	蓄电池外观平整、光滑，不得有裂纹、污迹、漏液及明显变形，标志要清晰	《电网用阀控式密封铅酸蓄电池解体验收作业手册（试行）》/6.2.1 《固定型阀控式铅酸蓄电池 第 1 部分：技术条件》（GB/T 19638.1—2014）/6.3	蓄电池失水、漏液
2	质量	蓄电池质量应满足《电网用阀控式密封铅酸蓄电池解体验收作业手册（试行）》表 6-2 的要求，不在表 6-2 所列规格的需满足 GB/T 19638.1—2014 对于蓄电池质量的要求	《电网用阀控式密封铅酸蓄电池解体验收作业手册（试行）》/6.2.1 《固定型阀控式铅酸蓄电池 第 1 部分：技术条件》（GB/T19638.1—2014）/6.3	
3	极性	蓄电池的正、负极端子应有明显标记，且便于连接	《电网用阀控式密封铅酸蓄电池解体验收作业手册（试行）》/6.2.1 《固定型阀控式铅酸蓄电池 第 1 部分：技术条件》（GB/T 19638.1—2014）/6.5	
4	密封性	蓄电池应能承受 50 kPa 的正压或负压而不破裂、不开胶，压力释放后壳体形变不大于 3 mm	《电网用阀控式密封铅酸蓄电池解体验收作业手册（试行）》/6.2.2 《固定型阀控式铅酸蓄电池 第 1 部分：技术条件》（GB/T 19638.1—2014）/6.6	蓄电池失水、漏液
5	容量性能	10 h 率容量在第一次循环时应不低于 $0.95C_{10}$，在第 3 次循环内应达到 C_{10}，且不大于 $1.15C_{10}$；3 h 率容量应达到 C_3	《电网用阀控式密封铅酸蓄电池解体验收作业手册（试行）》/6.2.3 《固定型阀控式铅酸蓄电池 第 1 部分：技术条件》（GB/T 19638.1—2014）/6.17	

续表

序号	检测项目	标准要求	标准依据	失效模式
6	安全阀	安全阀应在 3～35 kPa 的范围内可靠的开启和关闭，开阀压力范围为 10～35 kPa，闭阀压力范围为 3～30 kPa，开阀压力差、闭阀压力差均应不大于 10 kPa	《电网用阀控式密封铅酸蓄电池解体验收作业手册（试行）》/6.2.4	蓄电池失水、漏液
7	蓄电池结构	（1）容量不大于 1000 A·h 的蓄电池极板边框顶部与汇流排之间的距离应不小于 12 mm；容量大于 1000 A·h 电池极板边框顶部与汇流排距离应不小于 15 mm； （2）正极板下边框距离蓄电池槽下板距离应不小于 6 mm	《电网用阀控式密封铅酸蓄电池解体验收作业手册（试行）》/6.2.5、6.2.6	蓄电池短路
8	汇流排截面积	汇流排最小截面积≥ 128 mm^2	《电网用阀控式密封铅酸蓄电池解体验收作业手册（试行）》/6.2.7	蓄电池汇流排腐蚀
9	电解液密度	在 25 °C±2 °C 环境下，完全充电状态下的 2 V 蓄电池内硫酸电解液密度应在 1.25～1.29 g/cm^3 之间	《电网用阀控式密封铅酸蓄电池解体验收作业手册（试行）》/6.2.8	蓄电池正极板栅腐蚀、负极硫酸盐化、汇流排腐蚀
10	正极板厚度	贫液式蓄电池正极板厚度不小于 4.5 mm；板胶蓄电池正极板厚度不小于 5.0 mm；管胶蓄电池正极板厚度不小于 8.5 mm	《电网用阀控式密封铅酸蓄电池解体验收作业手册（试行）》/6.2.9	蓄电池正极板栅腐蚀

（1）外观。蓄电池外观检测极为重要，可以判断其是否有裂纹、污迹及明显变形，避免使用过程中发生漏液、短路及外壳受应力破损等问题。

（2）质量。蓄电池质量应满足要求，以保证其用料足够，满足设计寿命要求。

（3）极性。蓄电池正负极应有明显且正确的标记，便于连接，避免正负极反接发生事故。

（4）密封性。蓄电池应在内部压力发生一定变化时保证外壳不破裂、不开胶、不形变，防止反应产生气体时发生损坏，导致漏液。密封性不合格会引起因蓄电池失水和漏液导致的蓄电池失效。

（5）容量性能（3 h 和 10 h 率容量）。容量是蓄电池寿命的直观体现，满足容量性能是蓄电池应达到的基本要求。蓄电池标识的容量通常是 10 h 率容量，因此在《电网用阀控式密封铅酸蓄电池解体验收作业手册（试行）》要求的 3 h 率容量基础上，将 10 h 率容量也作为必检项。按两年来的检测结果看，容量不合格的情况都是 10 h 率容量。

（6）安全阀。蓄电池的安全阀应在一定范围内可靠地开启和关闭，保证产生的气体排出和内部水分不会挥发。开阀压力过低会使安全阀频繁动作，引起水分损失，进而导致电解液干涸；开阀压力过高会造成蓄电池内部憋压，当压力大到一定程度则会引起蓄电池鼓胀、破裂，甚至爆炸。因此合格的安全阀既是蓄电池寿命的保证，也是蓄电池安全使用的保证。

（7）蓄电池结构。极板上部与汇流排之间的距离可以保证在蓄电池极板发生变形时，不会因正负极接触而发生短路，极板上部与汇流排之间的距离导致短路故障的情况如图 5-23 所示。正极板下部与壳体底部的距离可以保证当铅膏发生脱落时，不会因堆积而接触到负极。

图 5-23　极板与汇流排接触短路

（8）汇流排截面积。汇流排截面积越大，在大电流通过时越不容易发生熔断而造成断路。汇流排截面积越小，越容易因汇流排腐蚀引起蓄电池失效，所以需控制汇流排最小截面积，以保证在蓄电池设计寿命内汇流排不会因腐蚀而断裂。

（9）电解液密度。硫酸电解液密度应在一定范围内，不能过高或过低。电解液密度过高会对板栅造成严重腐蚀，减少蓄电池寿命，影响使用安全；过低会使前期反应不充分，在正极板表面形成硫酸铅，这会进一步降低硫酸密度，使可反应的活化物质减少。电解液密度与正极板栅腐蚀、负极硫酸盐化、汇流排腐蚀都有一定的相关性，因此，为了延长蓄电池寿命，电解液密度应控制在合适范围内。负极硫酸盐化如图 5-24 所示。

图 5-24　负极硫酸盐化

（10）正极板厚度：正极板厚度可以在一定程度上反映出投铅量的多少，而且极板过薄的话，在与硫酸不断接触的过程中，会降低其机械强度，发生板栅破碎或铅膏脱落。控制正极板厚度，提高板栅机械强度，可以延长因正极板栅腐蚀而引起蓄电池失效的时间，从而延长蓄电池寿命。正极板栅腐蚀导致蓄电池失效的情况如图 5-25 所示。

图 5-25　正极板栅腐蚀

5.2.4.2　近两年蓄电池品控检测结果分析

2019 年起，云南电力试验研究院（集团）有限公司开始承接云南电网公司蓄电池品控检测工作，结合网公司生产技术部开展到货解体验收的要求，品控检测工作主要按照中国南方电网有限责任公司《电网用阀控式密封铅酸蓄电池解体验收作业手册（试行）》（2018 年 9 月）规定的项目开展。两年来共完成 379 只蓄电池抽检，其中 2019 年检测 193 只，不合格比例 8.29%；2020 年检测 186 只，不合格比例 6.99%。

从供应商维度看，近两年云南电网蓄电池供应厂家分布如图 5-26 所示，2019 年主要为广东汤浅和深圳科士达，合计占比达 93%；2020 年主要为广东汤浅、哈尔滨光宇、山东圣阳和深圳科士达，合计占比达 86%。

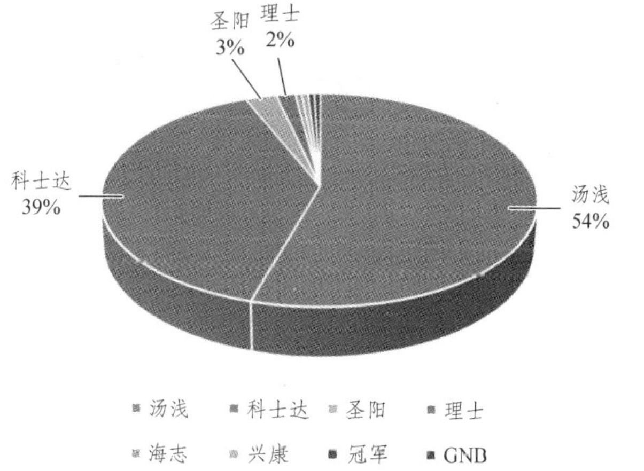

（a）2019 年蓄电池厂家分布

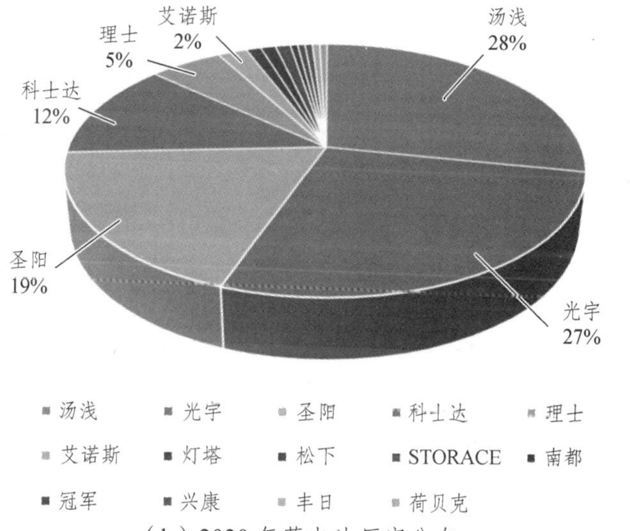

（b）2020 年蓄电池厂家分布

图 5-26　蓄电池厂家分布

2019 年品控检测不合格率较高的厂家为：上海兴康检测数量 1 只，不合格 1 只，不合格率 100%；山东圣阳检测数量 5 只，不合格 1 只，不合格率 20.00%；深圳科士达检测数量 76 只，不合格 14 只，不合格率 18.42%，如图 5-27（a）所示。

2020 年品控检测不合格率较高的厂家为：卧龙电气检测数量 2 只，不合格 2 只，不合格率 100%；上海兴康检测数量 1 只，不合格 1 只，不合格率 100%；松下蓄电池（沈阳）检测数量 2 只，不合格 1 只，不合格率 50%；江苏理士检测数量 10 只，不合格 2 只，不合格率 20.00%，如图 5-27（b）所示。

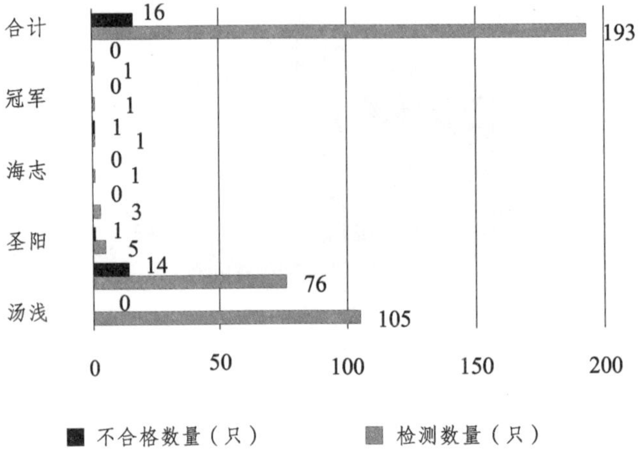

（a）2019 年蓄电池检测数量及不合格数量

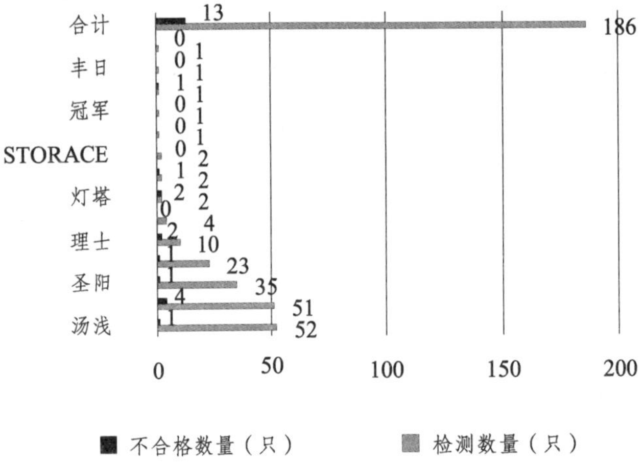

（b）2020 年蓄电池检测数量及不合格数量

图 5-27　不同厂家蓄电池检测情况

从蓄电池容量维度看，2019 年检测数量较多的分别为：12 V/100 A·h（80 只），2 V/300 A·h（56 只），2 V/200 A·h（33 只），共占检测总数的 87.56%。不合格率较高的容量为：12 V/150 A·h，检测数量 1 只，不合格 1 只，不合格率 100%；2 V/600 A·h，检测数量 3 只，不合格 1 只，不合格率 33.33%；2 V/300 A·h，检测数量 56 只，不合格 11 只,不合格率 19.63%;2 V/500 A·h,检测数量 7 只,不合格 1 只,不合格率 14.29%,如图 5-28（a）所示。

2020 年检测数量较多的分别为：12 V/100 A·h（71 只），2 V/300 A·h（40 只），2 V/200 A·h（39 只），2 V/500 A·h（21 只），共占检测总数的 91.93%。不合格率较高的容量为：12 V/38 A·h，检测数量 2 只，不合格 2 只，不合格率 100%；2 V/400 A·h，检测数量 1 只，不合格 1 只，不合格率 100%；12 V/150 A·h，检测数量 2 只，不合格 1 只，不合格率 50%；2 V/500 A·h，检测数量 21 只，不合格 3 只，不合格率 14.29%；2 V/200 A·h，检测数量 39 只，不合格 3 只，不合格率 7.69%，如图 5-28（b）所示。

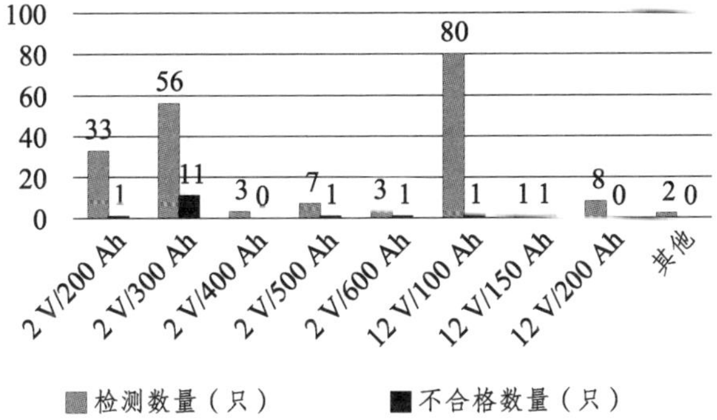

（a）2019 年不同规格蓄电池检测情况

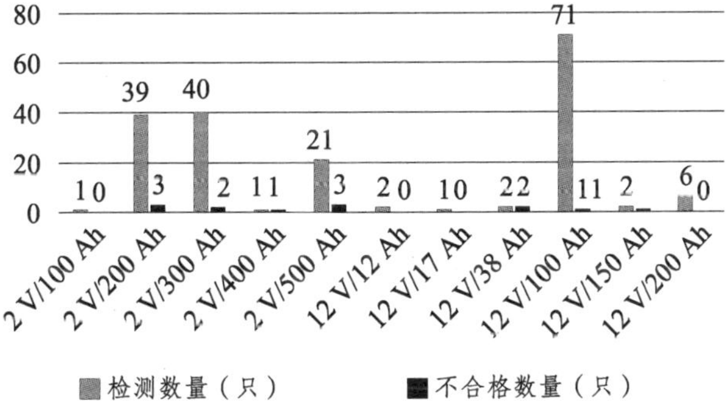

（b）2020 年蓄电池检测数量及不合格数量

图 5-28 不同规格蓄电池检测情况

因目前南网标准中无 12 V 蓄电池解体验收标准，12 V 蓄电池解体检测结果仅提供数据，未进行合格与否的评定，所以整体合格率较高。

从不合格项目维度看，2019 年品控检测不合格的蓄电池中，共计不合格项目为 34 项，主要不合格项目为：正极板厚度不合格 11 只，电解液密度不合格 10 只，质量不合格 6 只，正极板下边框距离壳体下板距离不合格 5 只，容量不合格 1 只，安全阀不合格 1 只，分别占项目总数的 32.35%、29.41%、17.65%、14.71%、2.94%和 2.94%，如图 5-29（a）所示。

2020 年品控检测不合格的蓄电池中，共计不合格项目为 14 项，主要不合格项目为：电解液密度不合格 7 只（11 只胶体电池无法检测电解液密度），容量不合格 4 只，质量不合格 1 只，密封性不合格 1 只，其他（正极板破碎）1 只，分别占项目总数的 50%、28.57%、7.14%、7.14%和 7.14%，如图 5-29（b）所示。

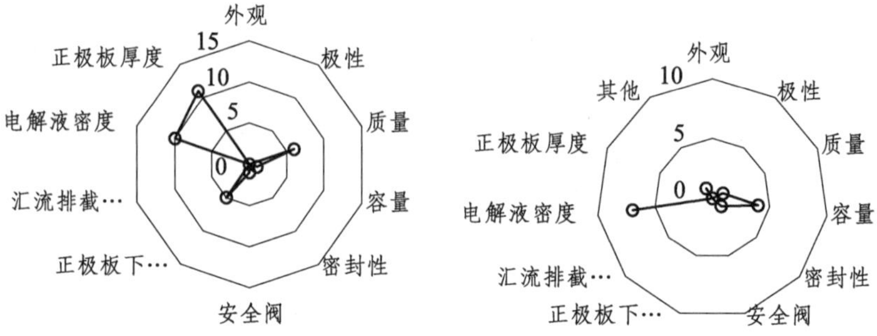

（a）2019 年蓄电池检测不合格项　（b）2020 年蓄电池检测不合格项

图 5-29　蓄电池检测不合格项

对比近两年蓄电池品控检测的不合格项，2019 年不合格项目主要为：正极板厚度、电解液密度、正极板下边框距离壳体下板距离和质量，占比超过不合格项目总数的 94%。2020 年不合格项目主要为：电解液密度和容量，占比超过不合格项目总数的 78%。开展品控检测两年来，蓄电池总体不合格率由 8.29%降到 6.99%。从图 5-30 可以看出，品控检测可以提高蓄电池供货的合格率，这为电网的安全运行提供了保障。

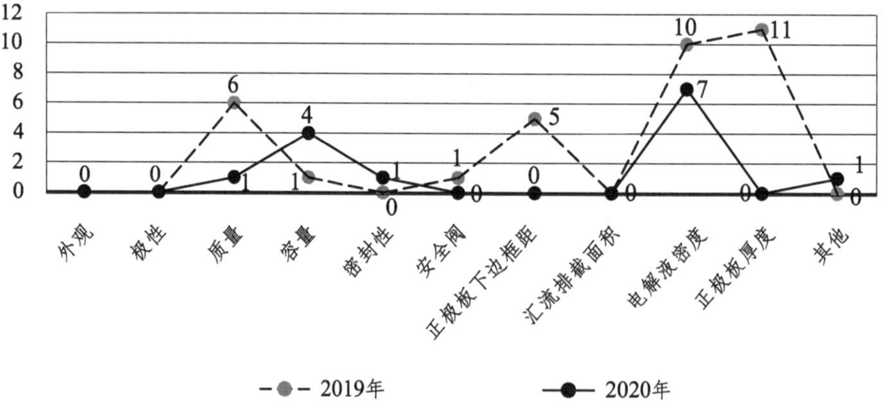

图 5-30　蓄电池检测不合格项变化趋势

与2019年检测结果相比，不合格项目正极板厚度、正极板下边框距离壳体下板距离，在2020年合格率达100%。这两个项目和蓄电池的设计及生产工艺密切相关，前期品控检测发现的大量不合格结果反馈后，促使厂家改变了产品设计和生产工艺，来满足南网标准的要求，从而蓄电池品质得到明显提高。

但是，电解液密度连续两年都是主要的不合格项目。2019年电解液密度不合格主要集中于深圳科士达生产的型号为GFM300的2 V/300 A·h蓄电池。2020年电解液密度不合格主要集中于江苏理士生产的型号为DJ300的2 V/300 A·h和哈尔滨光宇生产的型号为GFM200的2 V/200 A·h蓄电池。电解液密度超标的原因：一方面可能是为了提高蓄电池前期容量，厂家在产品设计时电解液密度就控制得比较高；另一方面可能是在生产过程中质量控制不严格、硫酸浓度不均匀导致个别批次部分蓄电池电解液密度超标。

质量不合格的情况2019年比较明显，2020年有较大改善。质量超标分为质量过重和质量不足两种情况，其中质量过重的原因可能是厂家为满足正极板厚度等其他指标的要求，未经充分验证盲目增加用料量，或直接使用更高容量电池生产线来生产该容量电池。质量不足的蓄电池基本都是满足国标要求，但不满足南网标准要求，因为南网标准比国标严格得多，部分厂家未严格按南网要求生产。

其余的不合格项目：安全阀、密封性、其他（正极板破碎），均只有1例。说明这些不合格项目具有偶发性，主要原因是生产厂家对于产品出厂质量的把控不足，导致个别次品流出，以及在蓄电池搬动、储存、运输等环节造成蓄电池内部损坏。虽然检出率较低，但在每组抽检1只的概率下，全部供应的蓄电池出现次品的情况将是一个可观的数量。整组蓄电池里存在个别次品往往埋下重大安全隐患，影响整组蓄电池的寿命。因此检出率极低的不合格项目也应引起重视。

安全阀故障：两年来仅检出一例蓄电池在额定最大压力下安全阀无法开启。安全阀不合格的原因可能是安全阀上盖封装时胶水过多或不均匀，导致个别安全阀受力卡塞。据现场反馈，临沧供电局送检的12 V/200 A·h蓄电池在品控检测时一切正常，但投运仅一个月，2只蓄电池就出现了鼓胀，如图5-31所示。发生外壳鼓胀变形一方面是热失控的特征，说明蓄电池内部可能发生了热失控引起温度升高，另一方面可能是在浮充情况下，蓄电池内部异常产生大量气体导致压力升高，但在额定压力下安全阀未能有效开启，引起壳体鼓胀变形。在热失控和憋压的双重作用下，如果持续恶化，蓄电池将存在起火、爆炸的风险，进而引发事故。

密封性不合格：如图5-32所示，1只12 V/100 A·h的蓄电池密封性测试结果发现壳体出现长条裂纹，隔板边缘露出。如果存在此种问题的蓄电池不被及时发现，一旦投运，一方面会出现酸液渗漏腐蚀电池架；另一方面会因蓄电池失水导致电解液干涸而失效。

图 5-31　蓄电池鼓胀变形

图 5-32　蓄电池外壳开裂漏液

正极板破碎：以下这只规格为 12 V/100 A·h 的蓄电池，判定不合格的原因是存在多片正极板破碎的情况。对于新蓄电池来说极板的完好通常是毋庸置疑的，在蓄电池生产环节是不可能使用破碎的极板进行组装的。新电池出现极板破碎的情况：一方面极个别可能是在组装过程中因操作不当，集群挤压受力导致极板破碎；另一方面大概率是在生产完成后搬动、储存、运输等环节造成的。但该蓄电池外观完好，密封性完好，且容量正常，不通过解体检查很难发现其“内伤”，如图 5-33 所示。

图 5-33　蓄电池正极板破碎

5.2.4.3　检测项目优化建议

1. 蓄电池寿命影响因素优化检测项目

从云南电网近几年蓄电池组核容结果看，容量不合格蓄电池组（容量不足 80%）运行年限多数分布在 5 年以上，说明蓄电池长期寿命不足，离南网要求的 12 年使用寿命还存在差距。尽管蓄电池组的寿命与使用环境和运行条件密切相关，但蓄电池本体的质量才是影响其寿命的关键因素。品控检测的核心目的就是能有效识别出长期使用寿命不足的蓄电池，确保进入电网的蓄电池满足质量要求。影响铅酸蓄电池组长期寿命的主要因素有：

（1）浮充电压。

当 VRLA 电池作为备用电源时采用浮充电工作模式。浮充电压的大小对 VRLA 蓄电池的使用寿命有很大影响，过低和过高的浮充电压对浮充寿命都是不利的，过高的电压会加速板栅腐蚀，过低的电压会造成不可逆硫酸铅化的积累。资料表明，在 26 °C 条件下，当浮充电压从 2.3 V 增加到 2.4 V，只增加了 0.1 V，而 VRLA 蓄电池的寿命将从 10 年减少到 5 年。实际使用情况表明，在我国南方的室温条件下，当浮充电压达到平均每个单体为 2.29 V 时，运行 5 年后蓄电池正极板栅就会发生严重腐蚀并伸长变形。

因此蓄电池应严格按照厂家推荐的浮充电压运行。

（2）环境温度。

环境温度不仅影响铅酸蓄电池的容量，对其寿命也有很大影响。在浮充电压为 2.3 V 的前提条件下，当环境温度在 25 °C 时，蓄电池寿命约为 10 年，而当环境温度升至 46 °C 时其寿命缩短为 4 年左右。

因此在条件允许的情况下，电池室的环境温度应维持在 25 °C 左右。

（3）正极板栅的腐蚀。

正极板栅的腐蚀率是设计 VRLA 蓄电池寿命的基础，它主要取决于浮充电压和环境温度，同时也与硫酸密度、板栅材料、厚度、形状等因素有关。试验表明，某种最常见的铅钙锡合金板栅在环境温度为 25 °C 时，在 0.84 mA/cm^2 的电流下每年腐蚀率为 0.27 mm，而常见固定型电池板栅内部筋条直径通常在 4 mm 左右，在完成腐蚀之前，该板栅具有的活力接近 15 年，设计寿命为 10 年。实际上，各种因素的综合作用使得计算变得十分复杂，设计寿命很难保证。

因此，为使蓄电池在设计寿命内长期使用，正极板栅不应腐蚀断裂，主要应控制硫酸电解液密度在合适范围，并保证正极板栅的投铅量或正极板厚度。

（4）失水控制。

VRLA 电池采用贫液式设计，失水对电池的容量影响很大。因此，一个好的 VRLA 电池设计，应该使蓄电池的失水尽可能小。影响 VRLA 蓄电池失水的因素主要有：安全阀的影响、电池外壳的水蒸发、正极板栅腐蚀反应的消耗。

因此，为使蓄电池达到设计寿命，应减少蓄电池水分损失。一方面要保证蓄电池的密封性，不因密封失效而使水分蒸发；另一方面安全阀的开闭阀压力要在合适范围，过低的开阀压力使安全阀频繁开启，显然会使更多的气体排出电池而增加失水。

（5）热失控。

热失控是指在恒压充电期间发生的一种临界状态，此时，铅酸蓄电池的电流及温度发生一种累积的互相增强的作用并逐渐增强导致蓄电池损坏。阀控式铅酸蓄电池较富液式蓄电池能量体积比高，相对散热面积小，其密封结构也不利于散热，这些因素都容易导致蓄电池温度升高。

因此，对蓄电池单体应进行热失控敏感性测试，确保新蓄电池热失控敏感性合格，降低热失控风险。热失控敏感性试验需连续进行 168 h，建议适当延长品控检测时限要求，将热失控敏感性作为必检项目。

（6）蓄电池的一致性。

蓄电池在制造过程中，由于工艺问题和材料的不均匀，使电池极板厚度、微孔率、活性物质的活化程度等存在微小差别，这种电池内部结构和材质上的不完全一致性，就会使同一批次出厂的同一型号电池的容量、内阻等参数值不可能完全一致。在铅酸蓄电池成组使用时，由于电池组中各个电池的温度、通风条件、自放电程度、电解液密度等差别的影响，在一定程度上增加了电池电压、内阻及容量等参数的不一致性。由于不一致性在电池组各电池间绝对存在，在电池组使用过程中部分单体电池由于相对容量小、内阻大，在浮充时，有些蓄电池的浮充电压偏高，而有些蓄电池的浮充电压偏低，偏离最佳的浮充电压；在充放电时，充放电深度不一，容易出现过充和过放现象，从而导致蓄电池提前失效。

对蓄电池的一致性可以通过检测蓄电池组中每一只电池的容量、内阻、电压等参数来判断。但在每组蓄电池只抽检一只的情况下，无法进行横向比较，检测的意义不大。建议按 6 只进行抽样，检测蓄电池的端电压均衡性，以此验证蓄电池的一致性。

综上所述，对蓄电池本体而言，要满足长期使用寿命要求，最重要的是控制好蓄电池正极板栅的腐蚀、失水、热失控和蓄电池一致性等。对应的检测项目如表 5-7 所示，其中大部分为现在依据中国南方电网有限责任公司《电网用阀控式密封铅酸蓄电池解体验收作业手册（试行）》（2018 年 9 月）开展的检测项目。其中，正极板栅投铅量无检测依据标准未开展；内阻和端电压均衡性均未开展，而内阻建议对整组蓄电池检测，抽检时建议开展端电压均衡性检测，但抽样量需增加到 6 只。

表 5-7　蓄电池寿命影响因素与相关检测项目

序号	影响因素	相关检测项目	标准依据	开展情况
1	正极板栅的腐蚀	正极板厚度	《电网用阀控式密封铅酸蓄电池解体验收作业手册（试行）》/6.2.9	已开展
		正极板栅投铅量	无依据标准	未开展
		硫酸电解液密度	《电网用阀控式密封铅酸蓄电池解体验收作业手册（试行）》/6.2.8	已开展
2	失水	密封性	《电网用阀控式密封铅酸蓄电池解体验收作业手册（试行）》/6.2.2 《固定型阀控式铅酸蓄电池 第 1 部分：技术条件》（GB/T 19638.1—2014）/6.6	已开展
		安全阀	《电网用阀控式密封铅酸蓄电池解体验收作业手册（试行）》/6.2.4	已开展
3	热失控	热失控敏感性	《固定型阀控式铅酸蓄电池 第 1 部分：技术条件》（GB/T 19638.1—2014）/6.24	已升展
4	蓄电池一致性	容量	《电网用阀控式密封铅酸蓄电池解体验收作业手册（试行）》/6.2.3 《固定型阀控式铅酸蓄电池 第 1 部分：技术条件》（GB/T 19638.1—2014）6.17	单体已开展
		内阻	《固定型阀控式铅酸蓄电池 第 1 部分：技术条件》（GB/T 19638.1—2014）6.9	未开展
		端电压均衡性	《固定型阀控式铅酸蓄电池 第 1 部分：技术条件》（GB/T 19638.1—2014）6.16	未开展

2. 蓄电池缺陷原因优化检测项目

结合云南电网 2018—2020 年变电站用蓄电池组缺陷部位与缺陷原因分析，缺陷主要为蓄电池本体、连接片，主要缺陷原因为：单体蓄电池过压或欠压（67.8%）、蓄电池容量低于 80%（18.9%）、蓄电池开路（5.6%）、连接片极柱腐蚀氧化（3.8%）、蓄电池膨胀漏液发热（2.8%）等。针对以上缺陷原因，建议可开展的相关检测项目见表 5-8。

表 5-8　蓄电池缺陷原因与相关检测项目

序号	缺陷原因	相关检测项目	标准依据	开展情况
1	单体蓄电池过压或欠压	内阻	《固定型阀控式铅酸蓄电池　第 1 部分：技术条件》（GB/T 19638.1—2014）6.9	未开展
		端电压均衡性	《固定型阀控式铅酸蓄电池　第 1 部分：技术条件》（GB/T 19638.1—2014）6.16	未开展
2	蓄电池容量低于 80%	容量	《电网用阀控式密封铅酸蓄电池解体验收作业手册（试行）》/6.2.3 《固定型阀控式铅酸蓄电池　第 1 部分：技术条件》（GB/T 19638.1—2014）6.17	已开展
3	蓄电池开路	汇流排最小截面积	《电网用阀控式密封铅酸蓄电池解体验收作业手册（试行）》/6.2.7	已开展
		正极板厚度	《电网用阀控式密封铅酸蓄电池解体验收作业手册（试行）》/6.2.9	已开展
		电解液密度	《电网用阀控式密封铅酸蓄电池解体验收作业手册（试行）》/6.2.8	已开展
4	连接片极柱腐蚀氧化	密封性	《电网用阀控式密封铅酸蓄电池解体验收作业手册（试行）》/6.2.2 《固定型阀控式铅酸蓄电池　第 1 部分：技术条件》（GB/T 19638.1—2014）/6.6	已开展
		安全阀	《电网用阀控式密封铅酸蓄电池解体验收作业手册（试行）》/6.2.4	已开展
		气体析出量	《固定型阀控式铅酸蓄电池　第 1 部分：技术条件》（GB/T 19638.1—2014）/6.7	未开展
		防酸雾能力	《固定型阀控式铅酸蓄电池　第 1 部分：技术条件》（GB/T 19638.1—2014）/6.11	未开展
5	电池膨胀漏液发热	热失控敏感性	GB/T 19638.1—2014《固定型阀控式铅酸蓄电池　第 1 部分：技术条件》（GB/T 19638.1—2014）/6.24	未大量开展
		密封性	《电网用阀控式密封铅酸蓄电池解体验收作业手册（试行）》/6.2.2 《固定型阀控式铅酸蓄电池　第 1 部分：技术条件》（GB/T 19638.1—2014）/6.6	已开展
		安全阀	《电网用阀控式密封铅酸蓄电池解体验收作业手册（试行）》/6.2.4	已开展

3. 优化检测项目汇总

除增加部分与蓄电池寿命影响因素及缺陷原因相关的检测项目外，根据品控检测过程中的实际情况，还建议开展抗机械破损能力、耐高电流能力和再充电性能的检测。表 5-9 列出了以上建议优化的检测项目。

（1）抗机械破损能力。从收样情况看，在运输过程中导致的蓄电池破损情况时有发生，建议开展抗机械破损能力检测。要求蓄电池外壳应具有一定的抗机械破损能力，在一定高度下落后不破损，避免搬运过程中被损坏。该项目试验后，蓄电池可能造成破损影响后续检测，因此，开展此项目需增加抽样数量。

（2）耐高电流能力：考虑在某些情况下，通过蓄电池的电流会高于其正常放电电流，蓄电池应有一定耐高电流能力，保证其内部结构不发生变化而导致短路，造成更大的事故。蓄电池经大电流放电后，存在端子、极柱、汇流排及槽、盖熔化、熔断、变形的可能性，影响后续检测，因此开展此项目需增加抽样数量。

（3）再充电性能：蓄电池应不受长期浮充的影响，具有良好的再充电性能。该项目检测需近 300 h 连续试验，因此建议适当延长检测时限。

表 5-9　建议优化蓄电池检测项目汇总表

序号	建议开展项目	标准依据	开展建议
1	内阻	《固定型阀控式铅酸蓄电池　第 1 部分：技术条件》(GB/T 19638.1—2014) 6.9	建议整组蓄电池开展检测
2	端电压均衡性	《固定型阀控式铅酸蓄电池　第 1 部分：技术条件》(GB/T 19638.1—2014) 6.16	建议开展，抽样量增加到 6 只
3	气体析出量	《固定型阀控式铅酸蓄电池　第 1 部分：技术条件》(GB/T 19638.1—2014) /6.7	建议开展，延长检测时限
4	防酸雾能力	《固定型阀控式铅酸蓄电池　第 1 部分：技术条件》(GB/T 19638.1—2014) /6.11	建议根据需要开展
5	热失控敏感性	《固定型阀控式铅酸蓄电池　第 1 部分：技术条件》(GB/T 19638.1—2014) /6.24	作为必检项目，延长检测时限
6	抗机械破损能力	《固定型阀控式铅酸蓄电池　第 1 部分：技术条件》(GB/T 19638.1—2014) /6.15	建议开展，增加 1 只抽样量
7	耐高电流能力	《固定型阀控式铅酸蓄电池　第 1 部分：技术条件》(GB/T 19638.1—2014) /6.8	建议开展，增加 1 只抽样量
8	再充电性能	《固定型阀控式铅酸蓄电池　第 1 部分：技术条件》(GB/T 19638.1—2014) /6.20	建议开展，延长检测时限
9	正极板栅投铅量	无检测依据	建议在相关检测依据出台后开展

4. 其他建议

因目前南网标准中无 12 V 蓄电池解体验收标准，12 V 蓄电池解体检测结果仅提供数据，未进行合格与否的评定，所以整体合格率较高。但从实际检测情况和现场使用情况看，12 V 蓄电池单格投铅量更少、极板更薄、汇流排更细、电解液密度更高，存在质量问题，寿命缩短的情况更多。亟须出台 12 V 蓄电池的解体检测结果的判定标准，以管控好其质量。

目前按《电网用阀控式密封铅酸蓄电池解体验收作业手册（试行）》进行检测，每组蓄电池抽检 1 只，个别偶发性缺陷检出率较低；另外按照中国南方电网有限责任公司《阀控式铅酸蓄电池到货抽检标准（2018 版）》的要求，一批抽检须至少抽检 6 只蓄电池（包括 7 根连接条和足够的连接螺栓）方可开展全部 15 个项目检测。建议增加抽检蓄电池数量，在保证每组抽检 1 只的基础上，增加按批次每批抽检 6 只，以提高抽样的代表性和开展更多的品控检测项目。

5.2.5 检测设备及主要参数

1. 主要设备照片

各检测设备如图 5-34 ~ 5-40 所示。

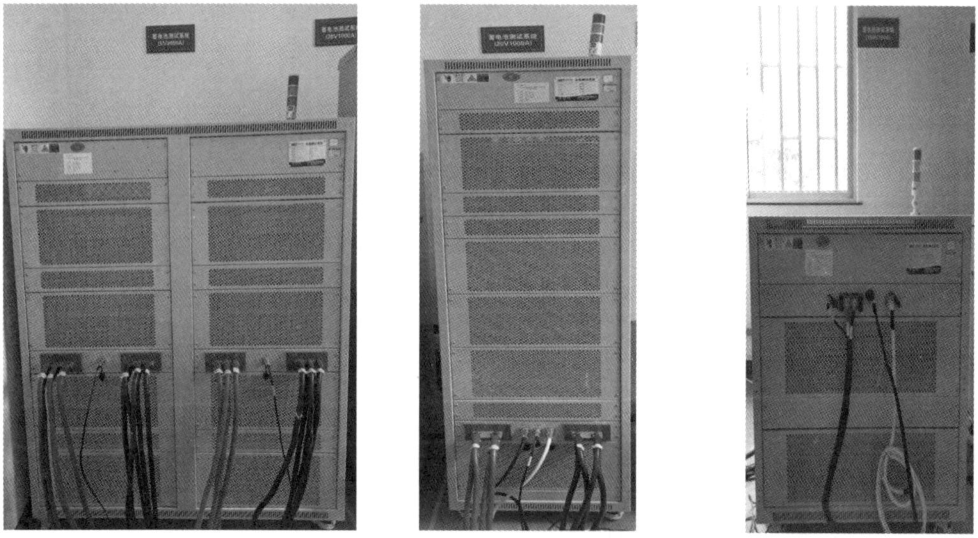

（a）5 V/3000 A 蓄电池测试系统　（b）20 V/1000 A 蓄电池测试系统　（c）100 V/100 A 蓄电池测试系统

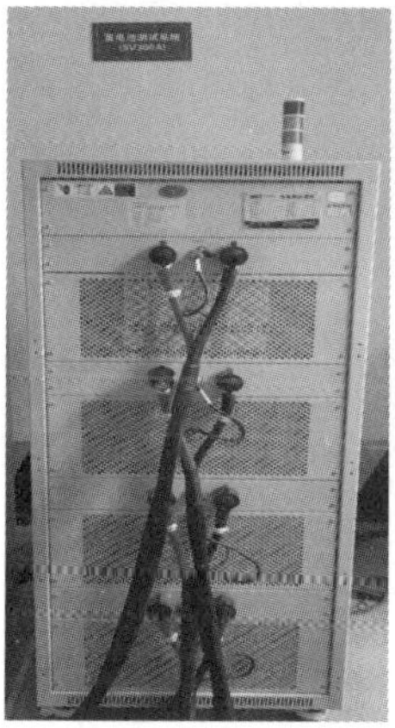

（d）4 通道 5 V/300 A 蓄电池测试系统

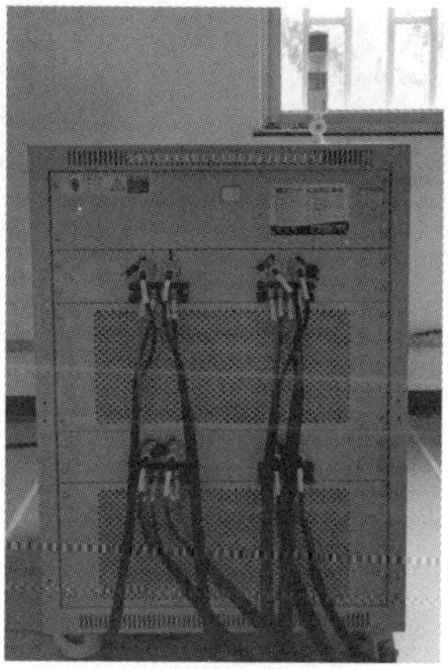

（e）8 通道 20 V/50 A 蓄电池测试系统

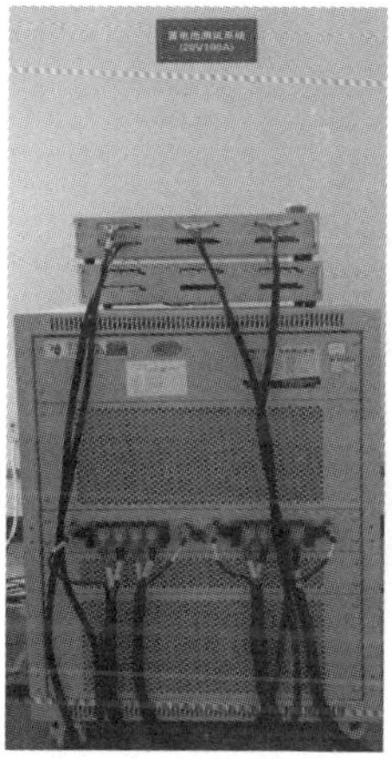

（f）4 通道 20 V/100 A 蓄电池测试系统

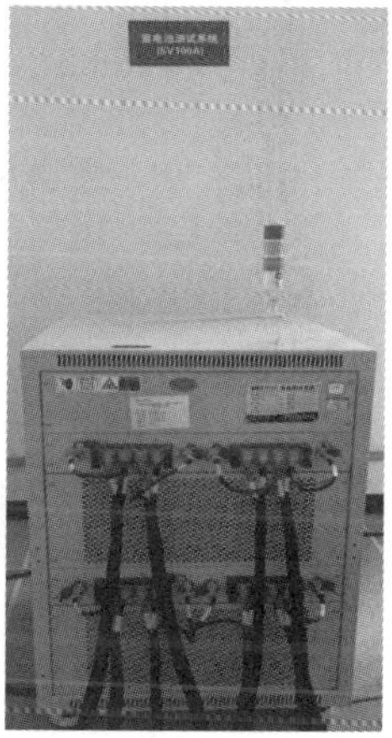

（g）8 通道 5 V/100 A 蓄电池测试系统

图 5-34　蓄电池测试系统

图 5-35　蓄电池拆解区

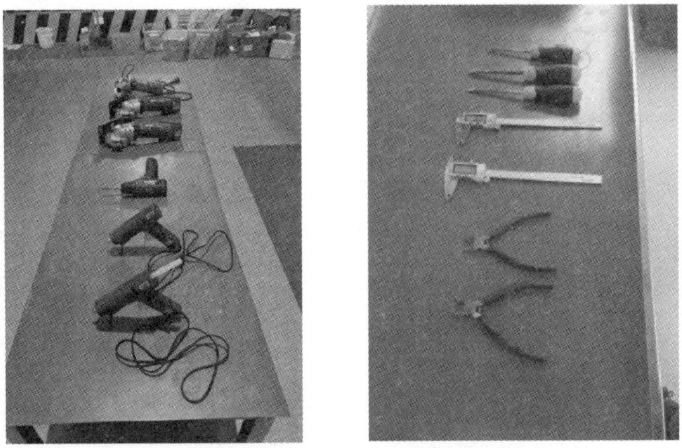

图 5-36　蓄电池拆解工具

图 5-37　硫酸检测区

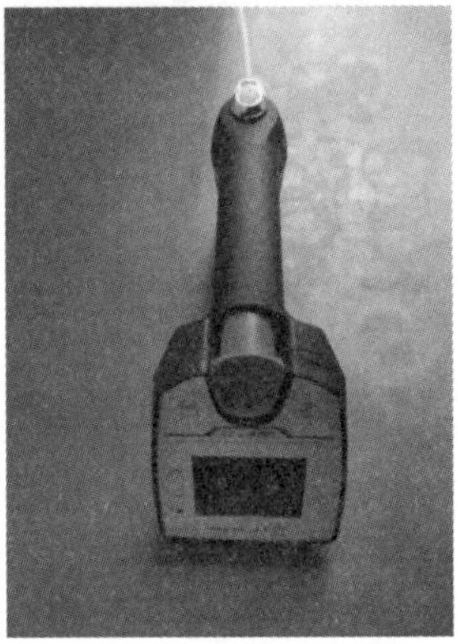

图 5-38　手持式密度计

图 5-39　称重区

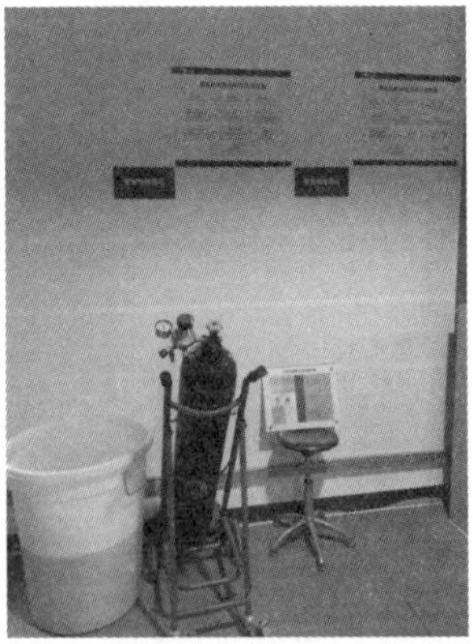

图 5-40　密封性、安全阀测试区

2. 主要参数

主要参数如表 5-10 所示。

表 5-10 主要参数

设备名称	规格型号	参数	生产厂家	其他备注
电池测试系统	NBT5 V3000 AC1 N-T	电压：0～5 V 电流：±3000 A	宁波拜特	
电池测试系统	NBT20 V1000 AC1-T	电压：0～20 V 电流：±1000 A	宁波拜特	
电池测试系统	NBT5 V300 AC4 N-T	电压：0～5 V 电流：±300 A	宁波拜特	4 通道
电池测试系统	NBT100 V100 AC1-T	电压：0～100 V 电流：±100 A	宁波拜特	
电池测试系统	NBT20 V100 AC4-T	电压：0～20 V 电流：±100 A	宁波拜特	4 通道
电池测试系统	NBT5 V100 AC8 N-T	电压：0～5 V 电流：±100 A	宁波拜特	8 通道
电池测试系统	NBT20 V50 AC8-T	电压：0～20 V 电流：±50 A	宁波拜特	8 通道
手持式密度仪	DMA35	测量范围：0～3 g/cm^3 分辨率：0.0001 g/cm^3	奥地利安东帕	

第6章

配网巡维工器具检测技术

基于云南电网配网线路分布范围广、高海拔，且部分线路架设在地形复杂，气象环境恶劣地区。这一情况使对配电线路的巡检、维护和管理有了更高要求，对无人机、接地故障定位仪、直流试送仪、振荡波测试仪、超声局放仪、接地电阻测试仪等常用运维检测仪的品控要求更高了，所以对这些仪器检测显得尤为重要。

6.1 无人机检测技术

无人机巡检兼具效率高、人工成本低、人工安全性高、信息数据传输快、数据处理速度快等特点，对大范围综合性巡检的质量和效率具有明显的提升效果，无人机智能化巡检将在今后的电力系统设施设备的监督和巡视检验中占据非常重要的地位。但同时也对无人机的性能提出了很高的要求，性能持续的优劣是巡视安全和效果的关键因素。因此，无人机品控检测中，对关键部件性能的把控、对检测重点要点的掌握，和检测设备和技术的先进性，会对检测结果和综合性评价具有决定性作用。

6.1.1 无人机用途及常见的故障情况

无人机主要用于输电、配电、变电设备及附属设施开展红外、可见光和三维激光雷达扫描等巡检。长时间在云南高海拔地区飞行，飞行、控制、安全、数据传输、电池、抗干扰、环境适应等方面的性能都会受影响。如长时间在高海拔，电池性能严重下降；当电池温度过低，无法保证无人机安全电量；在高电压设备周边，无人机受电子干扰，数据传输和控制受影响等。在极端情况下，无人机性能会对人身、电网、设备、涉电公共安全造成安全隐患。

6.1.2 无人机品控检测关键环节与检测项目关联分析

无人机品控检测以《云南电网有限责任公司 2019—2020 年多旋翼无人机系统采购技术规范书》《架空输电线路无人直升机巡检系统》（DL/T 1578—2016）及无人机厂家技术规范为检测依据，对无人机的飞行功能、抗电磁干扰性能、动力电池性能、一般环境适应性能、特殊环境适应性能、其他性能等项目开展关键性能检测。测试无人机的飞行性能，关键是对最大、最小速度、爬升下降速度方面的数据检测；悬停操作评价，主要是获得水平悬停精度、最大水平悬停误差值、垂直悬停精度和最大垂直悬停误差。选择传感器精度、操纵性、动力系统性能及稳定性这四项性能对无人机性能进行评测。其中，无人机的传感器精度主要指加速度传感器的精度，它主要用于确定位置和无人机的飞行姿态，是维持无人机飞行控制的关键。操纵性是指在满杆作用下无人机到达稳定状态过程中系统的性能。动力系统性能是指满杆作用下无人机所承受的最大动力。稳定性是指无人机在受到干扰后自动调节到稳态的性能。根据不同性能的不同特点，系统指定了不同的实验测评方案，制定在重点检测项目关注的重点性能。

6.1.3 检测标准问题及检测项目分析

相对于无人机的快速发展，现行的国家、行业及南网品控标准相对滞后，在关键性能要点上主要是起到纲领性作用。在具体的性能检测中，仍需要根据实际情况进行精细化研究拓展。自 2019 年 6 月起，经过 2 年多时间的积累总结和优化，目前主要是从 5 个方面 34 个项目开展品控检测，如表 6-1 所示，已能较好地覆盖无人机性能检测领域，满足品控检测要求。

表 6-1　无人机品控检测项目表

序号	检测项目		
1	飞行功能	自检功能	
2		飞行基本功能	任务规划功能
3			飞行模式及切换功能
4			起降方式
5			导航定位偏差
6			悬停控制偏差
7			机头重定向

续表

<table>
<tr><th>序号</th><th colspan="3">检测项目</th></tr>
<tr><td>8</td><td rowspan="10">飞行功能</td><td rowspan="4">巡检能力</td><td>拍照功能</td></tr>
<tr><td>9</td><td>转动性能</td></tr>
<tr><td>10</td><td>可见光成像性能</td></tr>
<tr><td>11</td><td>飞行器性能试验</td></tr>
<tr><td>12</td><td colspan="2">测控距离及通信性能</td></tr>
<tr><td>13</td><td rowspan="5">安全策略功能</td><td>一键返航功能</td></tr>
<tr><td>14</td><td>链路中断返航功能</td></tr>
<tr><td>15</td><td>飞行区域限制</td></tr>
<tr><td>16</td><td>低电压报警功能</td></tr>
<tr><td>17</td><td>位置追踪功能</td></tr>
<tr><td>18</td><td rowspan="4">抗电磁干扰性能</td><td colspan="2">静电放电抗扰度试验</td></tr>
<tr><td>19</td><td colspan="2">脉冲磁场抗扰度试验</td></tr>
<tr><td>20</td><td colspan="2">工频电场抗扰度试验</td></tr>
<tr><td>21</td><td colspan="2">工频磁场抗扰度试验</td></tr>
<tr><td>22</td><td rowspan="5">动力电池性能</td><td colspan="2">外观特征试验</td></tr>
<tr><td>23</td><td colspan="2">电气连接与绝缘</td></tr>
<tr><td>24</td><td>放电容量</td><td>20 °C 放电容量</td></tr>
<tr><td>25</td><td rowspan="2">安全性能</td><td>过压充电</td></tr>
<tr><td>26</td><td>欠压放电</td></tr>
<tr><td>27</td><td rowspan="3">环境适应性能</td><td rowspan="2">高低温存储试验</td><td>低温存储试验</td></tr>
<tr><td>28</td><td>高温存储试验</td></tr>
<tr><td>29</td><td colspan="2">高低温工作试验</td></tr>
<tr><td>30</td><td rowspan="5">其他</td><td colspan="2">资料检查</td></tr>
<tr><td>31</td><td colspan="2">外观特性检查</td></tr>
<tr><td>32</td><td colspan="2">操作性</td></tr>
<tr><td>33</td><td colspan="2">维修性</td></tr>
<tr><td>34</td><td colspan="2">储运特性</td></tr>
</table>

6.1.4 持续工作推进的思考及困难

云南电力试验研究院（集团）有限公司获得云南省工业和信息化委员会的授权，对全省发电企业及重要电力用户进行电力技术监督、检测和检定工作。公司通过云南省高新技术企业认证，拥有国家颁发的发电工程类甲级资质，承修（试）电力设施一级资质，动力设备化学清洗 A 级资质。公司拥有三标（质量管理体系认证，职业健康安全管理体系，环境管理体系认证）一体的认证资质，信用等级为 AAA 级。公司于 2018 年 9 月 25 日获云南省质量技术监督局 CMA 认证，公司立足于支撑电网安全战略，自 2019 年起从政策、人、财、物等多个方面对无人机品控检测进行了支持，并投入大量技术基础性、制度性研究。并针对现有的无人机巡检主要是以单个无人机的人工手动控制巡检、局部设施的单一巡检为主，其效率低下且易受操作员的主观影响，巡检效果不理想，多次飞行后性能存在不确定性这一现状，严格依据国家、行业无人机标准，以及网、省公司技术规范要求，联合南方电网无人机维保中心技术力量，制定了符合电网巡检无人机要求的一套规范的品控检测项目和评价体系，提高无人机品控检测效率和效果，接下来将对无人机品控检测项目继续优化，检测技术不断提升，对电力设施安全运维的监督和巡视检验起到积极的推动和促进作用。

目前云南电网均使用大疆公司生产的小型多旋翼无人机。2019、2020 两年共对进行了 4 架无人机的品控检测工作，其中 3 架为 MAVIC 2 ZOOM 型，1 架为 MATRICE 600 PRO 型，检测结果均符合技术规范书的要求。咨询南方电网无人机维保中心及云南电网相关无人机使用单位，使用过程中的问题多为误操作损坏及电池问题（电池故障或续航时间变短），其将在后续品控检测中关注相关问题。

6.2 配网架空线路直流试送仪及故障查找仪测评

针对各县区局反馈的“中压架空线路故障查找困难，现有仪器设备高阻接地故障效果差、带 PT 线路无法使用、故障未排除仍提示可送电、信号不稳定、培训不到位效果不理想”等问题，通过对各县区局开展了调研统计，了解到目前在用的直流试送及故障查找仪主要有 SZYT、GXDY、KMPQ、ZJKC、BDZD 等厂家产品，为摸底设备性能指标，掌握仪器使用方法和架空线路故障查找核心参数，特开展本次测评。

6.2.1 仪器信息

仪器铭牌信息如表 6-2 所示。

表 6-2　仪器铭牌信息

厂家	仪器名称	型号	出厂编号	出厂日期	标称最大输出能力	备注
SZYT	直流试送仪	YTJDC100	202010537	2021 年 7 月 15 日	>8 kV 直流；>120 mA	测试中故障无法加压
		YTJDC100	202010536	2021 年 7 月 15 日	>8 kV 直流；>120 mA	新更换设备
GXDY	直流试送仪	DY-8/70	19100727	2020 年 9 月	直流 10 kV/70 mA 负高压	/
KMPQ	配电线路故障查找/直流试送仪	PQ-5187	PQ1110-4	2020 年 11 月	直流：10 kV/80 mA 交流：7 kV/120 mA	/

6.2.2　试验平台构成

云南电科院配网实验室内的中低压配网真型平台，如图 6-1 所示，户外具 2 回 × 200 m 真型架空线路（含三相台架变、单相台架变）和 4 回 × 1 km 真型电缆线路，通过串并联可实现真实 400 m 架空 + 4 km 电缆线路工况；室内具有六组模拟电缆和架空线路的集总参数柜，通过串并联可实现等效 45 km 电缆 + 45 km 架空线路模拟；平台还有接地故障模拟试验装置，可实现 55 Ω ~ 100 kΩ电阻接地故障工况。

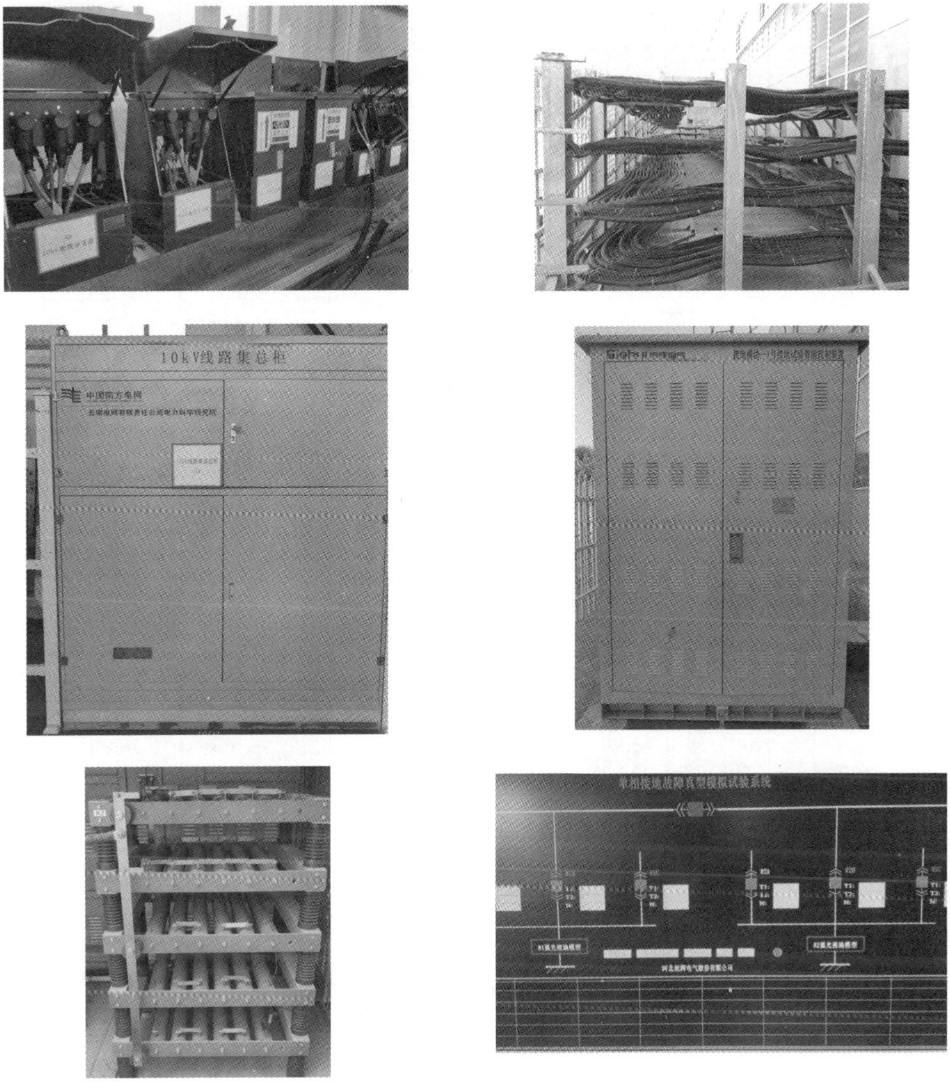

图 6-1　云南电科院配网实验室

6.2.3　试验记录及分析

1. 输出能力测试

（1）测试记录如表 6-3 所示。仪器输出波形如图 6-2 所示。

表 6-3 测试记录

仪器	输出信号类型	接地电阻负载/kΩ	最大输出电压/kV	最大输出电流/mA	输出功率/W	最大电流可持续时间/min	电流监测装置值/mA	输出波形	接地判断
SZYT（注）	正极性直流，无交流功能 50 mA 限值时（默认）	50	仪器 4.6（示波器 2.9）	仪器 53（示波器 57）	207	90 mA 持续输出 15 min 时跳闸，仪器面板烫手（点温枪测试达 78 °C）	56	直流	接地
		100	仪器 8.0（示波器 5.5）	仪器 54（示波器 55）	318		60	直流	接地
		150	仪器 8.3（示波器 6.3）	仪器 40（示波器 55）	310		47	直流	无接地
	正极性直流，无交流功能 100 mA 限值时	50	仪器 8.1（示波器 4.8）	仪器 91（示波器 96）	412		96	直流	无接地
		100	仪器 8.0（示波器 5.5）	仪器 54（示波器 55）	318		58	直流	无接地
		150	仪器 8.3（示波器 6.3）	仪器 40（示波器 55）	310		49	直流	无接地
GXDY	负极性直流，无交流功能	50	示波器 3.7	示波器 74	274	78 mA 持续输出 30 min 无异常	无故障电流监测功能	直流	接地
		100	示波器 7.8	示波器 78	608			直流	无接地
		150	示波器 9.4	示波器 63	592			直流	无接地
KMPQ	正极性直流（限值 80 mA）	50	仪器 3.8（示波器 3.12）	仪器 77（示波器 63）	195	120 mA 持续输出 25 min 时仪器报“温度过高”警告，接地负载电阻发热打火。	/	直流	接地
		100	仪器 7.0（示波器 5.65）	仪器 77（示波器 57）	319		/	直流	接地
		150	仪器 9.8（示波器 8.2）	仪器 77（示波器 55）	451		/	直流	无接地
	60 Hz 交流（限值 120 mA）	50	仪器 6.5（示波器 5.8）	仪器 108（示波器 118）	684		116	交流正弦波	/
		100	仪器 6.8（示波器 6.4）	仪器 59（示波器 64）	410		65	交流正弦波	/
		150	仪器 6.9（示波器 6.6）	仪器 42（示波器 44）	290		44	交流正弦波	/

注：SZYT 产品可以手动设置输出电流限值，默认为 50 mA；本测试在 50 mA 和 100 mA 两种限值设置下开展。

厂家	主机输出	电池逆变输出
SZYT（直流试送＋接地巡查）	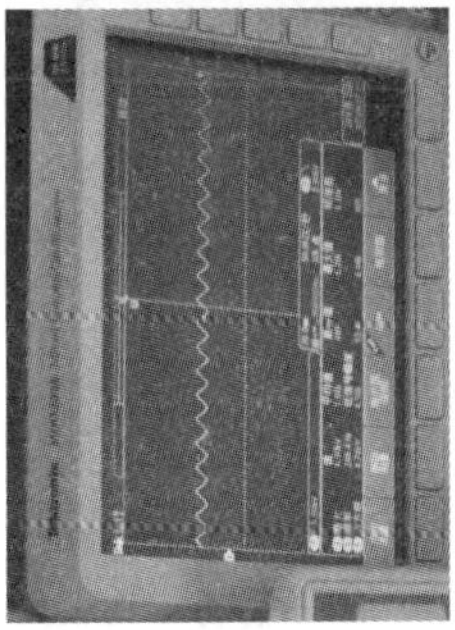	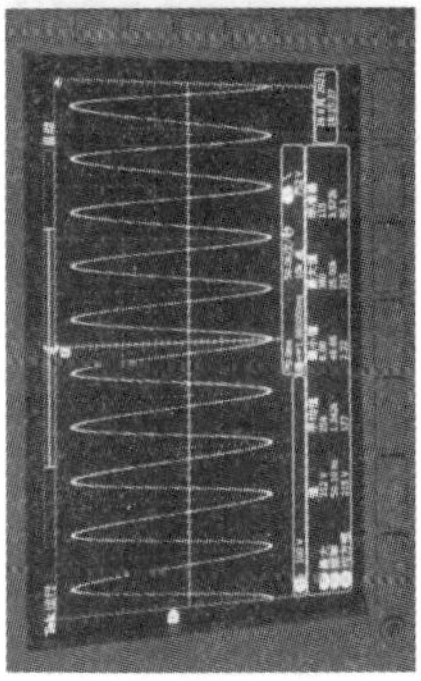
GXDY（直流试送）		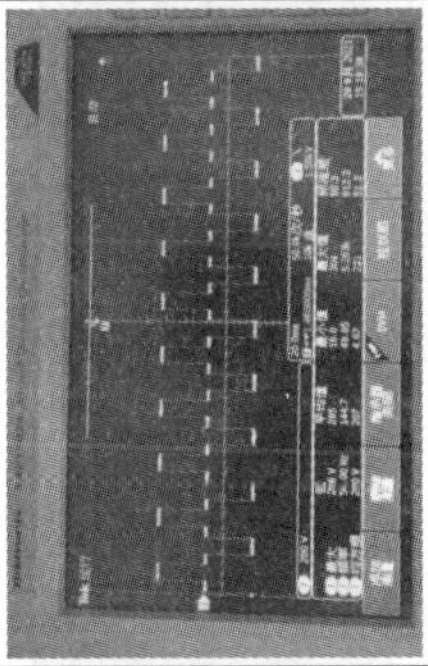
KMPQ（直流试送二合一）	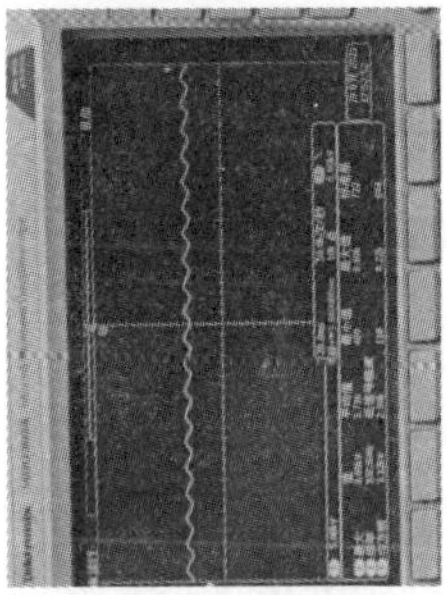	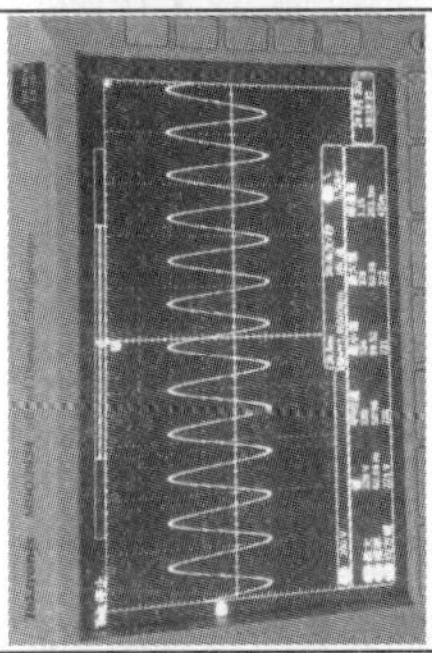
KMPQ（交流故障查找二合一）	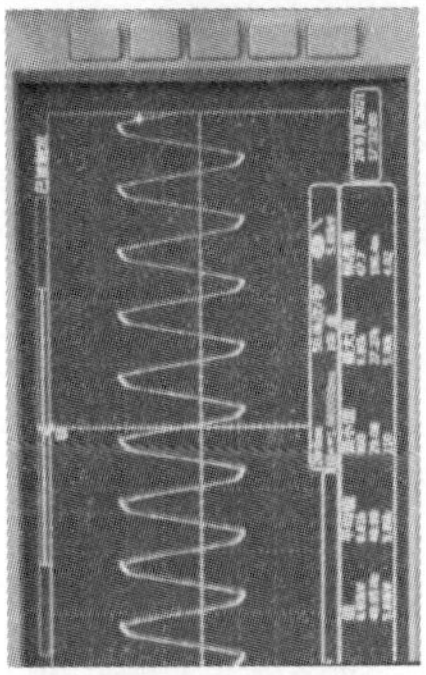	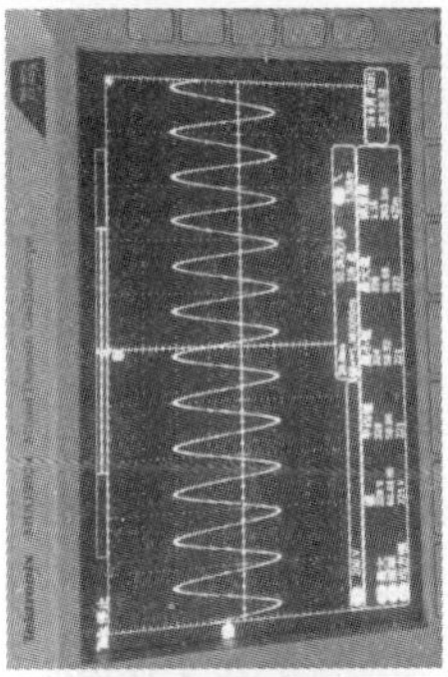

图 6-2　仪器输出波形

（2）测试结果分析。

① SZYT 产品为“直流试送”仪器，输出电流为“直流信号”，无交流输出功能，虽然 SZYT 标称有“接地巡查”功能，但其与直流试送为同一流信号。

② SZYT 产品仪器输出最大功率为 412 W，不满足技术规范书要求的“主机最大输出功率：不小于 1200 W”。

③ SZYT 产品带载后输出电压与实际电压偏差较大，具体表现为：带载后仪器输出电压与实际电压偏差较大，比如带载 50 kΩ时仪器显示输出 8.1 kV（实际仅 4.8 kV），带载 100 kΩ时仪器显示输出 8.0 kV（实际仅 5.5 kV），导致结果误判“可以试送”，这就是供电局反馈“故障未排除仍提示可送电”的原因。

直流高压测量误差大，KMPQ、GXDY 也存在类似现象，只是偏差程度不一样。根据技术调研分析，此问题的可能原因如下：

受内部空间、重量等限制，高压仪器设备大多不采用互感器直接测量而采用计算的方式间接获得，即输入电压乘以变压器的变比（直流通常乘以一个固定校正系数，如全波整流结构采用 1.414）。空载下通常较准，但变压器在带载情况下，输出电压会出现不同程度的下降（变比、校正系数发生变化），导致仪器计算显示值偏高。此问题主要跟变压器的功率、带载特性有关，因此提升变压器的功率、选配带载能力稳定的变压器较为关键。这个问题多表现为显示值高于实际值，会影响对“试送结果”的判断，不会引发其他的安全问题。

④ GXDY 也为“直流试送”仪器，无交流输出功能，仪器无电流显示功能，且电压为指针式，使用不便；

⑤ KMPQ 产品为“直流试送/交流故障查找二合一”仪器，可以交流、直流输出，具备“直流试送”和“交流故障查找”功能。

对比几家产品的电池逆变电源输出质量，SZYT 及 KMPQ 电池采用正弦逆变输出，波形质量较好；GXDY 为方波（修正正弦波）输出，波形质量较差，与 220 V 市电电源差异较大，为其他设备的供电时存在安全风险。

2. 真型线路故障查找测试

（1）测试工况。

工况一：将 10 kV 架空线路 I 回（三相 200 m）、II 回（三相 200 m）串联，形成 400 m 三相纯架空线路，其中 I 回线中部 T 接有 200 kVA 三相台架变、II 回线中部 T 接有 20 kVA 单相变； 在架空线尾端串接 1 km 电缆；在架空线路末端、电缆回路之前 T

接接地故障支路，接地电阻大小分别为：25 kΩ、50 kΩ、100 kΩ、150 kΩ。在此工况下测试仪器的直流试送及故障查找功能。接线示意图如图 6-3 所示。

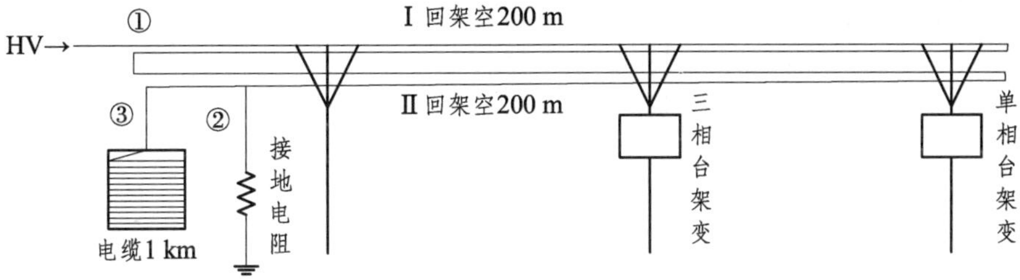

图 6-3 400 m 架空 + 1 km 电缆真型线路接线示意图

工况二：将 10 kV 架空线路 I 回（三相 200 m）、II 回（三相 200 m）串联，形成 400 m 三相纯架空线路，其中 I 回线中部 T 接有 200 kVA 三相台架变、II 回线中部 T 接有 20 kVA 单相变；在架空线尾端串接 10 km 架空集总参数柜；在架空线尾端串接 1 km 电缆；在架空线路末端、电缆回路之前 T 接接地故障支路，接地电阻大小分别为：无接地、25 kΩ。在此工况下测试仪器的故障查找功能。注意，此拓扑中集总柜中带有三相五柱式电压互感器。接线示意图如图 6-4 所示。

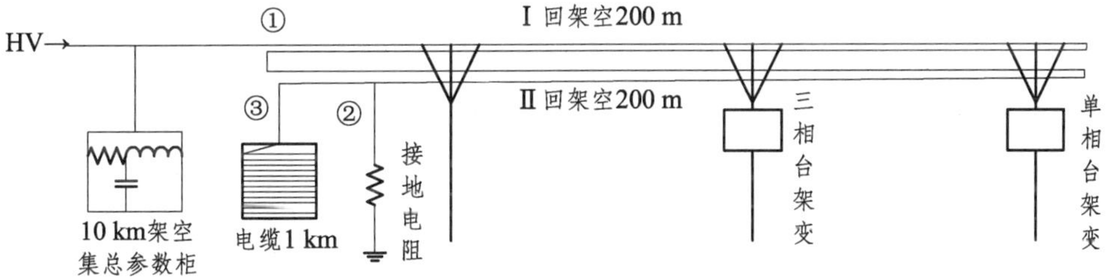

图 6-4 400 m 架空 + 1 km 电缆真型 + 10 km 架空集总线路接线示意图

根据设计经验，1 km 架空线等效参数为：$R = 0.2688\ \Omega$，$L = 0.8992\ \text{mH}$，$C = 0.0123\ \mu\text{F}$；1 km 电缆线等效参数为：$R = 0.2530\ \Omega$，$L = 0.3233\ \text{mH}$，$C = 0.2630\ \mu\text{F}$。在施加交流情况下仪器输出电流主要受电容电流的影响，忽略其他参数仅对比电容，1 km 电缆≈21.4 km 架空线。

测试记录如表 6-4 所示。

在 400 m 架空 + 1 km 电缆真型 + 10 km 集总工况下的测试记录如表 6-5 所示。

表 6-4 测试记录

工况	仪器	故障类型	故障相	直流试送（分相试送）	三相故障电流值/mA			结论
					前主线①	故障支路②	后主线③	
400 m 架空 + 1 km 电缆真型	SZYT（50 mA）	25 kΩ	B	2.9 kV 告警	57.4/56.1/50.3	8.6/62.3/17.9	13.5/8.0/8.4	试送判断正确；故障定位正确
	SZYT（100 mA）	25 kΩ	B	5.5 kV 告警	100 mA 不能恒流	100 mA 不能恒流	100 mA 不能恒流	试送判断正确
	GXDY	25 kΩ	B	1.6 kV 告警	无此功能	无此功能	无此功能	试送判断正确
	KMPQ	25 kΩ	B	1.6 kV 告警	111/117/118	3.1/61.8/3.2	93.2/89.1/94.6	试送判断正确；故障定位正确
400 m 架空 + 1 km 电缆真型	SZYT（50 mA）	50 kΩ	B	4.5 kV 告警	42.3/60.0/49.7	5.7/63.0/5.9	0/9.6/11.9	试送判断正确；故障定位正确
	SZYT（100 mA）	50 kΩ	B	8.5 kV 正常	100 mA 不能恒流	100 mA 不能恒流	100 mA 不能恒流	误判
	GXDY	50 kΩ	B	2.0 kV 告警	无此功能	无此功能	无此功能	试送判断正确
	KMPQ	50 kΩ	B	3.5 kV 告警	103/106/109	3.0/32.5/2.9	90.1/84.3/88.5	试送判断正确；故障定位正确
400 m 架空 + 1 km 电缆真型	SZYT（50 mA）	100 kΩ	B	7.6 kV 告警	43.2/40.9/46.5	16.9/43.4/5.5	7.5/12.6/7.6	试送判断正确；故障定位正确
	SZYT（100 mA）	100 kΩ	B	8.7 kV 正常	100 mA 不能恒流	100 mA 不能恒流	100 mA 不能恒流	误判
	GXDY	100 kΩ	B	7.6 kV 告警	无此功能	无此功能	无此功能	试送判断正确
	KMPQ	100 kΩ	B	5.4 kV 告警	104/104/109	2.8/15.3/2.9	90.1/85.6/91.4	试送判断正确；故障定位正确
400 m 架空 + 1 km 电缆真型	SZYT（50 mA）	150 kΩ	B	8.5 kV 正常	57.6/583/32.0	11.9/59.7/0	18.9/0/10.8	误判
	SZYT（100 mA）	150 kΩ	B	8.7 kV 正常	100 mA 不能恒流	100 mA 不能恒流	100 mA 不能恒流	误判
	GXDY	150 kΩ	B	8.2 kV 正常	无此功能	无此功能	无此功能	误判
	KMPQ	150 kΩ	B	7.4 kV 告警	105/113/114	3.1/12.2/3.3	90.0/94.2/02.9	试送判断正确；故障定位正确

表 6-5 在 400 m 架空 + 1 km 电缆真型 + 10 km 集总工况下的测试记录

工况	仪器	故障类型	故障相	直流试送（分相试送）	三相故障电流值/mA					结论
					输出电流	集总柜内 PT	前主线①	故障支路②	后主线③	
400 m 架空 + 1 km 电缆真型 + 10 km 集总	SZYT（50 mA）	无故障	/	无法加压报接地	×	/	/	/	/	不能试送
	GXDY	无故障	/	无法加压	×	/	/	/	/	不能试送
	KMPQ	无故障	/	无法加压	×	/	/	/	/	不能试送
400 m 架空 + 1 km 电缆真型 + 10 km 集总	SZYT（50 mA）	25 kΩ	B	无法加压报接地	50	三相 28.6/25.7/20.4；接地 N 端 45.7	16.4/30.7/46.9	12.5/8.2/20.4	9.2/0/18.6	不能故障定位
	GXDY	25 kΩ	B	无法加压	/	无此功能	无此功能	无此功能	无此功能	/
	KMPQ	25 kΩ	B	无法加玉	107	三相 0/0/0；接地 N 端 0	66.3/71.2/69.4	1.8/38.4/1.8	57.2/50.2/58.0	查找故障正确

（3）测试结果分析。

① SZYT 产品若按 50 mA 限值试送，可以识别 100 kΩ及以下的接地故障；若按 100 mA 限值试送，可以识别 50 kΩ以下（不含）的接地故障，对于同一个故障出现会截然不同的判断结果，这也是供电局反馈“仪器对高阻接地效果差”的原因。

② SZYT 产品在“400 m 架空 + 1 km 电缆”工况中正确定位了故障，但是在“400 m 架空 + 1 km 电缆 + 10 km 集总”工况中不能定位，分析其原因为：10 km 集总柜中带有 PT，SZYT 产品的直流信号直接在 PT 处入地，这也是供电局反馈“仪器对带 PT 线路无法使用”的原因。

另外需要特别注意的是：本试验中“400 m 架空 + 1 km 电缆”工况下定位了故障，并不能说明直流电流可以用来定位故障相别及位置，因为在本试验工况中，故障支路末端 B 相直接接地、AC 相悬空，但在实际 10 kV 线路接地故障中，线路末端是配电变压器，非故障相与故障相之间是通过变压器绕组相连，即在“短路”情况下，非故障相也会流过故障电流，因此直流不能用来查找故障和区分相别，原理如下图 6-5 所示。

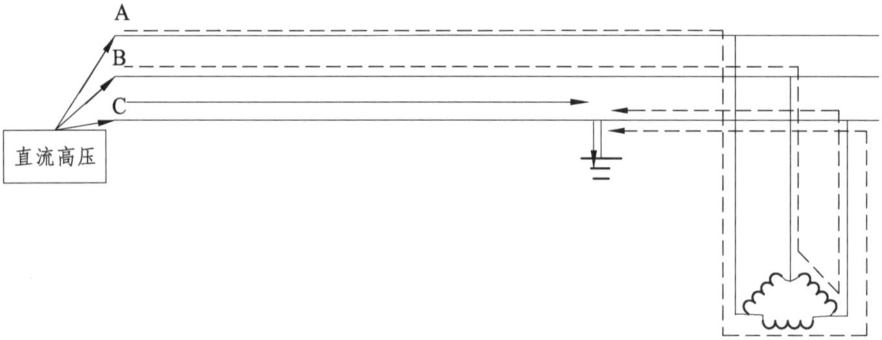

图 6-5　直流不能用来定位故障和区分相别的原理

③ 在测试中发现，SZYT 产品的“电流监测装置”读数不稳定，开机重复测量同一信号但结果大范围随机波动，通信也不太稳定时断时续，对现场操作人员判断结果影响较大，与供电局反馈的“信号不稳定”问题表现一致。

④ GXDY 产品只有直流试送功能，可以识别 100 kΩ及以下的接地故障；

⑤ KMPQ 产品具有“直流试送”和“交流故障查找”二合一功能，直流试送可以对 150 kΩ及以下的故障正常识别，通过对比故障支路的三相电流“25 kΩ：3.1/61.8/3.2，50 kΩ：3.0/32.5/2.9，100 kΩ：2.8/15.3/2.9，150 kΩ：3.1/12.2/3.3”，故障相与非故障相电流差异较为明显，且故障相电流与接地电阻呈线性关系。

⑥ 在带三相五柱式电压互感器的线路中，所有的直流试送仪均不适用，因为 PT

的 N 端接地，在直流下相当于线路“金属性接地”，如 SZYT 产品在 PT 处监测到接地 N 端电流 45.7 mA，即仪器输出从 PT 处入地了；但是可以采用交流故障查找技术实现故障查找，如 KMPQ 产品在 25 kΩ接地下故障支路三相电流为 1.8/38.4/1.8 mA，差异明显。因此，SZYT 设备不满足技术规范书“准确确定接地故障点方向，准确度达 100%”的要求。

3. 大电流烧蚀高阻接地故障验证

（1）测试工况。

将 10 kV 架空线路 I 回（三相 200 m）、II 回（三相 200 m）串联，形成 400 m 三相纯架空线路，其中 I 回线中部 T 接有 200 kVA 三相台架变、II 回线中部 T 接有 20 kVA 单相变；在架空线路末端串接接地故障支路，接地电阻大小设置为：100 kΩ，在此工况下，调节仪器输出至最大电流输出，利用红外成像仪监测接地电阻的温度变化，验证大电流烧蚀高阻接地故障的可行性。接线示意图如图 6-6 所示。

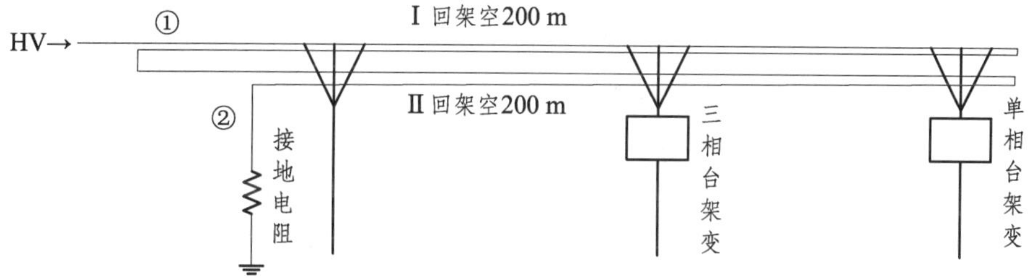

图 6-6 大电流烧蚀高阻接地接线示意图

（2）测试记录如表 6-6 所示。

表 6-6 测试记录

内容	SZYT	KMPQ
输出电流/mA	60	114
输出功率/W	375	630
接地模型		

续表

内容	SZYT	KMPQ
红外测温/ °C 0 min		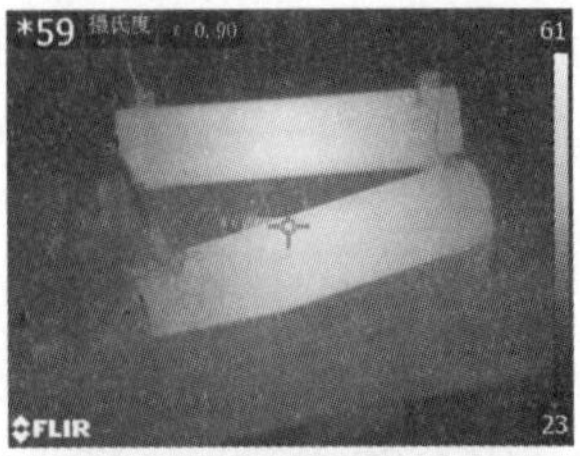
红外测温/ °C 2 min	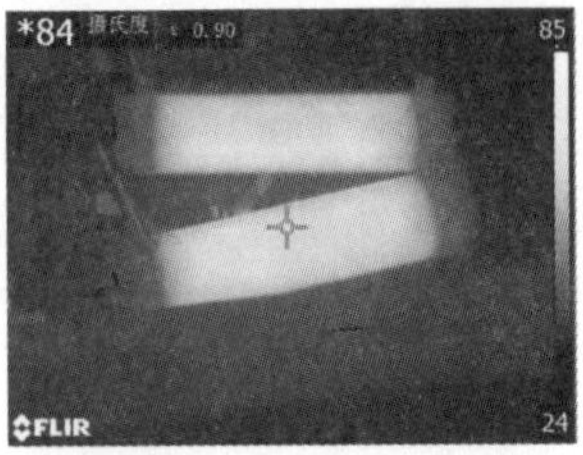	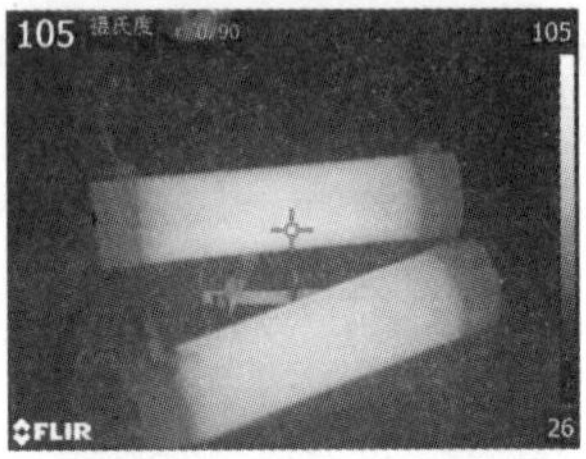
红外测温/ °C 4 min	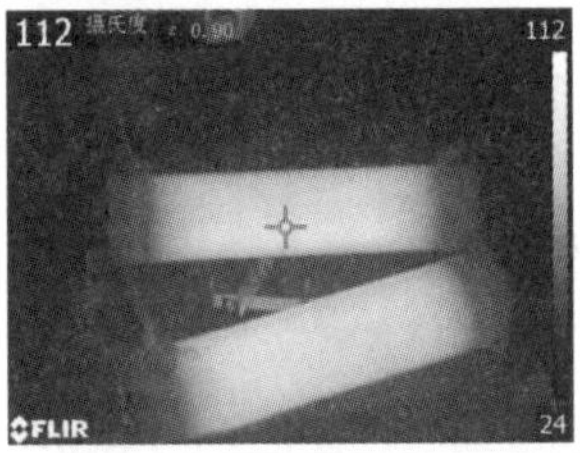	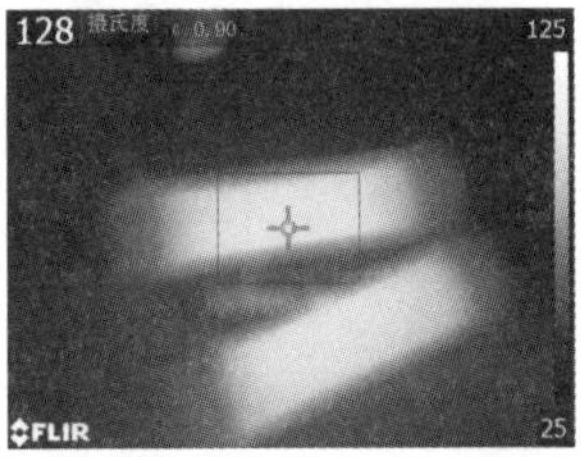
红外测温/ °C 5 min	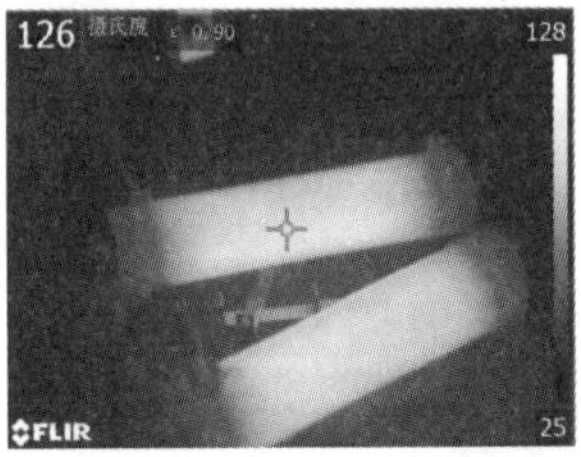	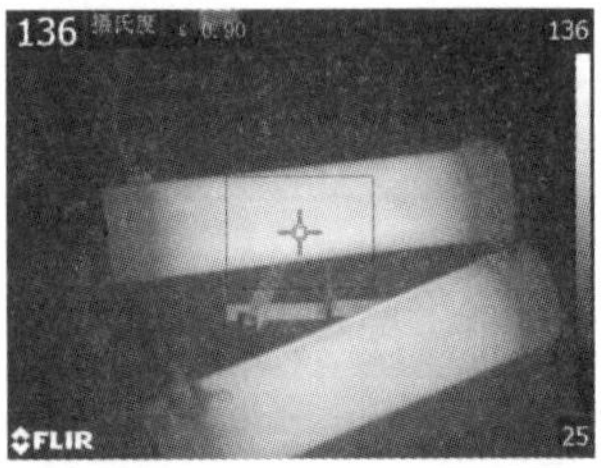
红外测温/ °C 7 min	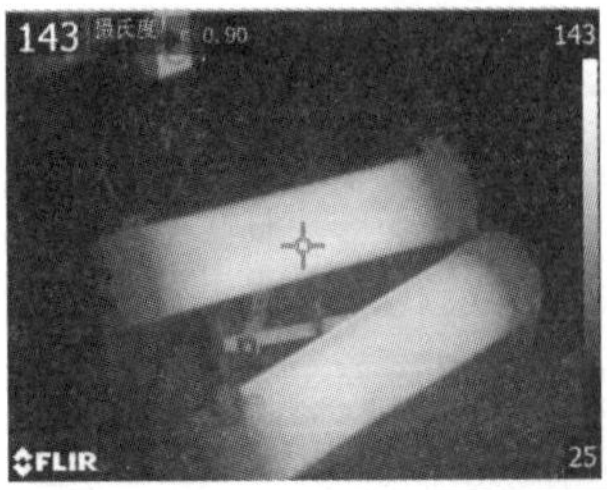	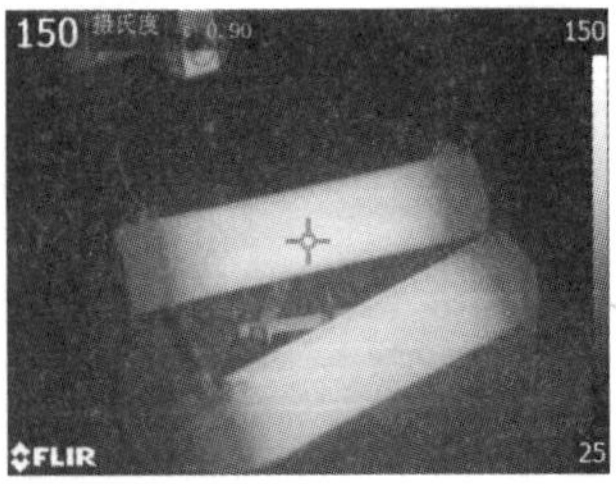

续表

内容	SZYT	KMPQ
红外测温/ °C 8 min	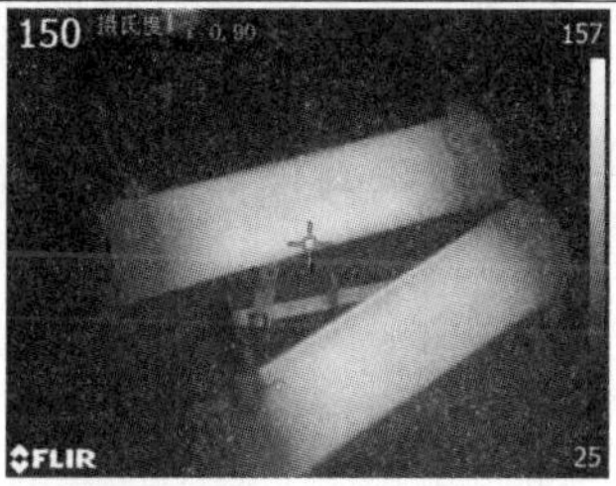	

（3）测试结果分析。

对 100 kΩ接地故障线路分别施加 60 mA（上限）、114 mA（上限）电流，5 min 内可以使接地电阻从室温增加到 130 °C 左右，8 min 可升到 160 °C 左右，发热明显。说明对于高阻接地，采用大电流烧蚀故障点使故障恶化显现的方式可行，但是必须认识到存在一定的过热、起火安全风险。

通常架空线路高阻故障多为绝缘子破损、避雷器裂纹、间隙放电、异物搭接导线等，在阴雨天气表现故障、在晴朗天气又恢复正常。对于此类故障，接地电阻较高（数十至数百千欧）。据此估算采用大电流烧蚀故障的功率需求，以直流 100 mA 烧蚀 100 kΩ估算，实际施加电压应为 10 kV，功率输出至少为 1000 W；若按 SZYT 的测试结果，显示 8 kV（仪器实际仅输出 5.5 kV），实际输出电流为 55 mA，如果电阻再提高，输出电流更加降低，对于烧蚀的效果将急剧下降（电流与发热为平方关系）。因此，若需烧蚀更高的接地电阻，则需求的功率需随之升高。若以交流电流烧蚀，交流下会受线路容分布电容分流影响，实际通过故障点的电流较小，这就要求交流功率更大，因此建议采用直流烧蚀的方式进行。

6.2.4 测评结论

通过以上测试，得到以下结论：

（1）结合直流试送仪技术规范书要求，SZYT 产品至少在“主机最大输出功率：不小于 1200 W”“准确确定接地故障点方向，准确度达 100%”等方面不满足技术规范书要求。

另外在测试中发现，SZYT 产品还存在“输出电压与实际电压偏差大”“信号不稳定、数据乱跳动”“对同一故障判断结果完全相反”“仪器发热严重（测试过程中已损坏 1 台）”等问题，影响现场测试效果。

（2）从技术可行性方面来讲，利用“直流试送判断”“交流故障定位”的技术方案得到进一步验证，直流不可用来定位带 PT、配变等线路的故障（除非隔离）。

（3）对于高阻接地采用增大电流烧蚀故障点使其故障显现的方式可行，但仪器的输出功率必须做相应的提升。

（4）要提升高阻故障的查找范围，也必须要提升仪器输出功率。

（5）基于本测试工况，对 3 款仪器测评小结如表 6-7 所示。

表 6-7　对了款仪器测评小结

内容	SZYT	GXDY	KMPQ
输出信号类型	纯直流	纯直流	直流、交流
功能	直流试送、故障查找	直流试送	直流试送、故障查找
直流试送能力	100 kΩ及以下（50 mA 时） 50 kΩ以下（100 mA 时）	100 kΩ及以下	150 kΩ及以下
故障查找效果	特定工况才有效	无	良好
直流试送适用要求	隔离“电压互感器”	隔离“电压互感器”	隔离“电压互感器”
故障查找适用要求	故障后端无“配变”	/	交流，无限制
最大输出功率	412 W	608 W	684 W
最大输出电压 （150 kΩ工况）	直流：6.3 kV	直流：9.4 kV	直流：8.2 kV 交流：6.6 kV
最大输出电流 （50 kΩ工况）	直流：57 mA（50 mA 限值时） 直流：96 mA（100 mA 限值时）	直流：74 mA	直流：63 mA 交流：118 mA
零位保护	零位保护，无高压输出	无保护，输出高压冲击后才断开。	零位保护， 无高压输出
电池逆变波形	正弦波	方波（修正正弦波）	正弦波
过热保护	无保护	无保护	有保护
数据稳定度	较差	无	较好

6.3 10 kV 电缆振荡波局部放电检测系统

对 10 kV 电缆振荡波局部放电检测系统开展性能测评，以判断电缆振荡波局部放电检测系统的性能是否满足相关标准要求。本节以北京赛宝凯特检测设备有限公司制造的 10 kV 电缆振荡波局部放电检测系统作为被测试设备。

6.3.1 测试项目

（1）振荡波高压发生器性能；
（2）局部放电测量误差及稳定度；
（3）局部放电测量灵敏度；
（4）局部放电定位灵敏度；
（5）局部放电定位误差；
（6）多源局部放电定位性能。

6.3.2 被测设备

被试设备 10 kV 电缆振荡波局部放电检测系统为北京赛宝凯特检测设备有限公司制造，检测系统包含了 DAC 测试和定位单元、专用分析系统和低压脉冲反射仪，系统主要用于中压电缆的局放电诊断，其参数如表 6-8 所示。

表 6-8 电缆振荡波局部放电检测系统参数

序号	名称	型号	出厂编号
1	电缆振荡波局部放电检测系统	MV DAC-30	44154400005

被测试设备情况如图 6-7、6-8 所示。

图 6-7 被测试设备

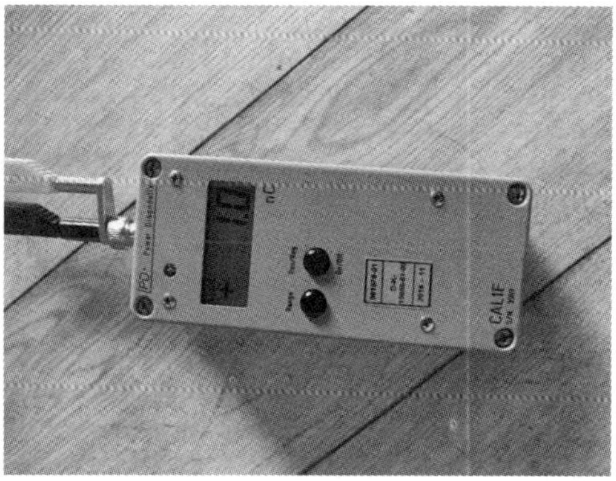

图 6-8 设备校准器

6.3.3 测试方法

6.3.3.1 振荡波高压发生器性能测试原理

1. 电压波形

电压波形测试通过被测试系统高压输出端及接地端之间并联接入负载电容器，标准分压器低压侧接示波器的接线方式。在示波器上记录被测试系统在 80%最大试验电压下的振荡波电压波形，电压频率应在 30～500 Hz 范围内，将记录的波形数据导入 OWC-System 测试系统中，在电压波形中读取 Vpeak1、Vpeak2、频率值，其中 Vpeak1 为被检定系统最大输出电压下第一个波峰值，Vpeak2 为被检定系统最大输出电压下第八个波峰值，通过计算得出衰减数值和衰减比率。

振荡波形前 8 个周期内的幅值衰减应不超过最高幅值的 50%。

2. 电压测量误差

电压测量误差测试通过被测试系统高压输出端及接地端之间并联接入负载电容器及标准分压器，将标准分压器低压侧接入示波器的接线方式。在零到最大试验电压下均匀选取 5 个测量点，示波器上分别保存均匀选取的 5 个测量点的波形，利用 OWC-System 测试系统上读取已保存的测量点并计算每个测量点的电压峰值测量误差。测试接线情况如图 6-9、6-10 所示。

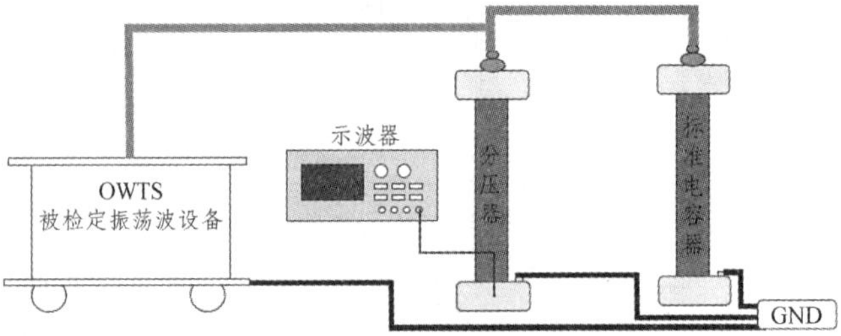

图 6-9 振荡波电压波形测试接线示意图

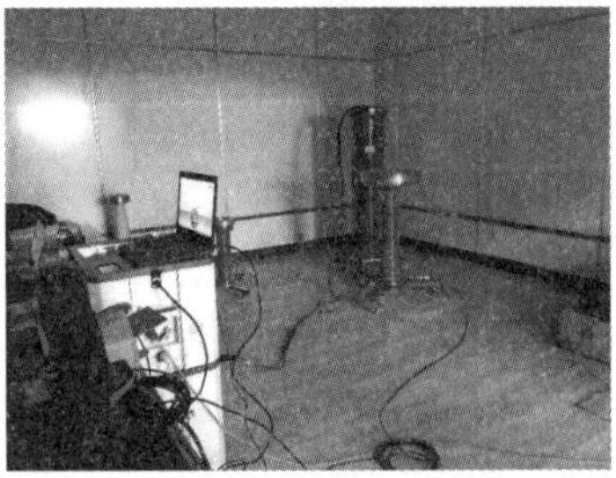

图 6-10 振荡波电压波形测试实际接线图

电压峰值测量误差应不大于 3%。

3. 最高输出电压

最高输出电压测试通过被测试系统高压输出端及接地端之间并联接入负载电容器及标准分压器，将标准分压器低压侧接入示波器，调整被测试测量系统电源至最高输出电压，在示波器保存最高输出电压下的电压波形，将保存的电压波形导入 OWC-System 测试系统中，读取最高电压输出值。

直流激励式测量系统最大试验电压峰值不低于电缆额定相电压的 $2\sqrt{2}$ 倍。

4. 充电电流与充电时间

（1）充电电流试验通过被测试系统高压输出端及接地端之间并联接入负载电容器及电流测试模块，将电流测试模块低压侧接入示波器，在示波器中保存在最大试验电压下低压侧采集到的电压波形，将保存的电压波形导入 OWC-System 测试系统中，读取电流值；

直流激励式测量系统最高电压下充电电流应不低于 8 mA。

（2）系统高压输出端及接地端之间并联接入负载电容器及标准分压器，将分压器低压侧接入示波器，以最快速度将被检定测量系统升至最高输出电压，利用示波器记录升压过程曲线，按图 6-11 所示读取并记录充电时间 t_f。

直流激励式测量系统在 150 nF 负载下，充电时间 t_f 应满足式（6-1）要求。

$$t_f \leqslant 40U_{max} \tag{6-1}$$

式中，t_f 为充电时间，ms；U_{max} 为被检定测量系统最高输出电压，kV。

充电时间测试接线情况如图 6-12、图 6-13 所示。

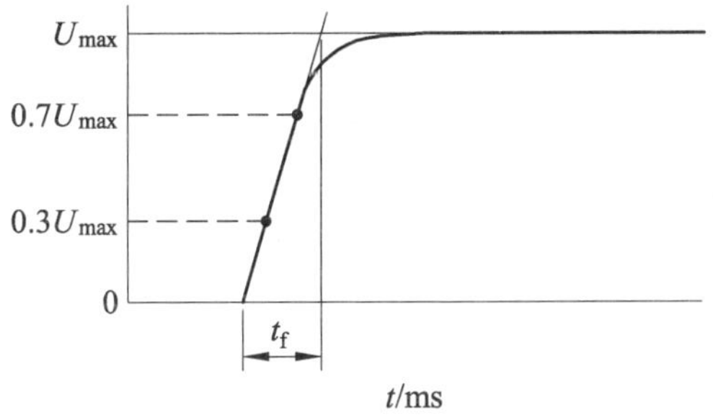

图 6-11　充电时间读取示意图

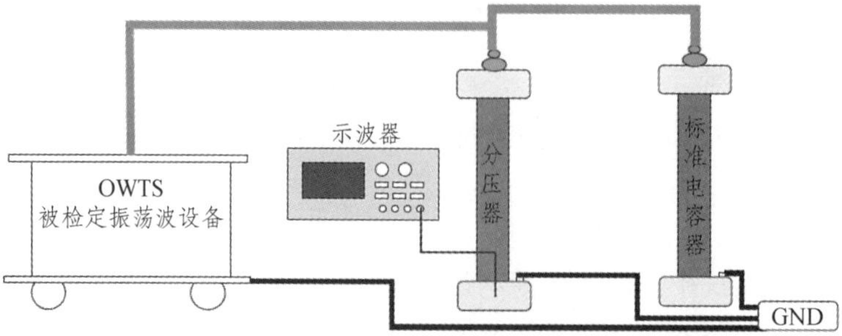

图 6-12　充电电流测试接线示意图

图 6-13　充电电流测试实际接线图

6.3.3.2　局部放电测量误差及稳定度测试原理

局部放电测量误差测试在被测试系统高压输出端及接地端之间并联接入负载电容器，用被测试系统自带校准器在电容器两端依次注入 20 nC、10 nC、5 nC、1 nC、500 pC、100 pC、50 pC、20 pC 电荷量 Q_d，完成被测试系统校准。再用 OWC-System 测试系统标准校准器在电容器两端依次注入 20 nC、10 nC、5 nC、1 nC、500 pC、100 pC、50 pC、20 pC 电荷量 Q_s，分别读取记录测量值 Q_m。按式（6-2）计算各挡位局部放电测量误差 E_m：

$$E_m = \left| \frac{Q_m - Q_s}{Q_s} \right| \times 100\% \tag{6-2}$$

局部放电稳定度测试是在被测试系统高压输出端及接地端之间并联接入负载电容

器，用 OWC-System 测试系统标准校准器在电容器两端依次注入 20 nC、10 nC、5 nC、1 nC、500 pC、100 pC、50 pC、20 pC 电荷量 Q_d，完成系统校准。在不同挡位测量 5 次，分别读取记录各挡位的测量最大值 Q_{max} 和测量最小值 Q_{min}。按式（6-3）计算各挡位局部放电测量稳定度 E_s。

$$E_s = \left| \frac{Q_{max} - Q_{min}}{Q_d} \right| \times 100\% \quad (6\text{-}3)$$

（1）各挡位下，被检定测量系统的局部放电测量误差应不大于 10%。

（2）各挡位下，被检定测量系统的局部放电测量不稳定度应优于 5%。局部测量稳定度及误差测量试接线情况如图 6-14、6-15 所示。

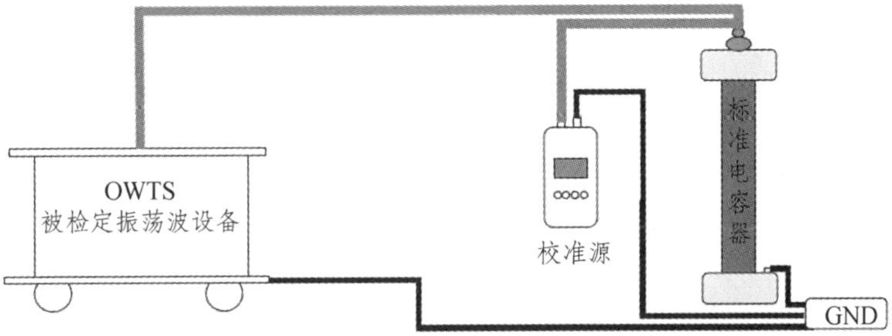

图 6-14 局放测量稳定度及误差测试接线示意图

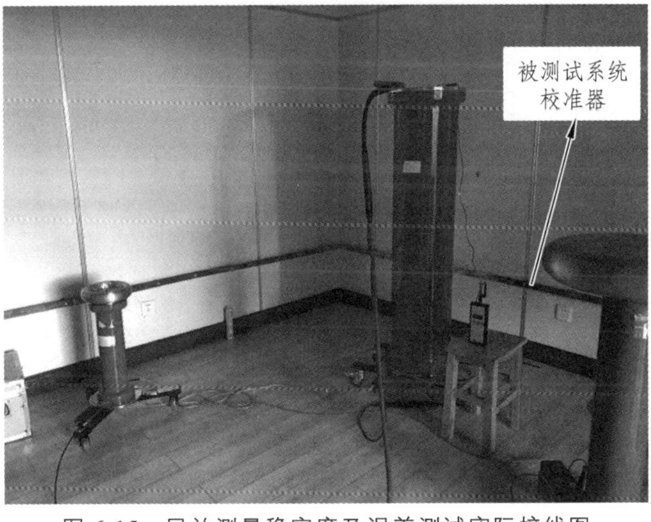

图 6-15 局放测量稳定度及误差测试实际接线图

6.3.3.3 局部放电灵敏度测试原理

被测试系统高压输出端及接地端之间并联接入负载电容器，用被测试系统自带校准器在电容器两端注入 20 pC 电荷量，完成系统校准。使用 OWC-System 系统标准校准器，在电容器两端注入电荷，从 20 pC 开始逐步降低注入电荷量，经抗干扰手段后，读取记录最小局部放电可测值 S_m（pC）。

被测试系统局部放电测量的灵敏度应优于 10 pC。局部放电灵敏度测试接线情况如图 6-16、6-17 所示。

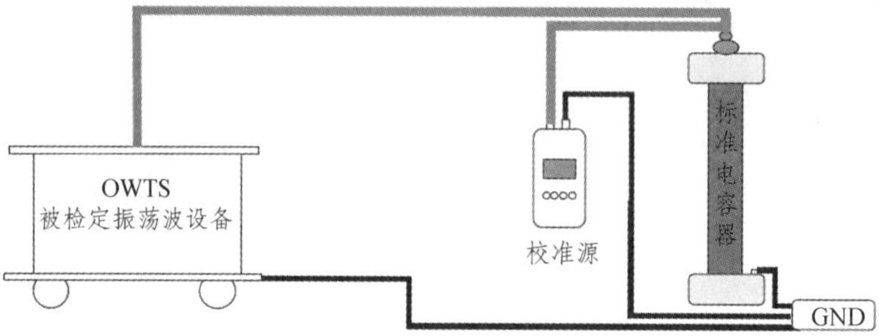

图 6-16 局部放电灵敏度测试接线示意图

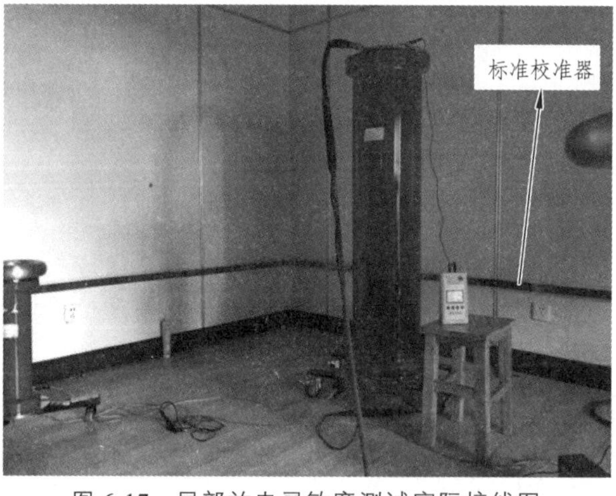

图 6-17 局部放电灵敏度测试实际接线图

6.3.3.4 局部放电定位灵敏度

将定位用电缆通过同轴电缆接入示波器，同轴电缆波阻抗为 50 Ω，长度不宜长于 1 m。按图 6-18 所示，用 OWC-System 系统标准校准器在电缆示波器端注入 100 pC 电荷，利用示波器测量校准信号幅值 P_1，用 OWC-System 系统标准校准器在电缆对端注入 100 pC 电荷，利用示波器测量校准信号幅值 P_2。按式（6-4）计算定位用电缆衰减幅度 F。

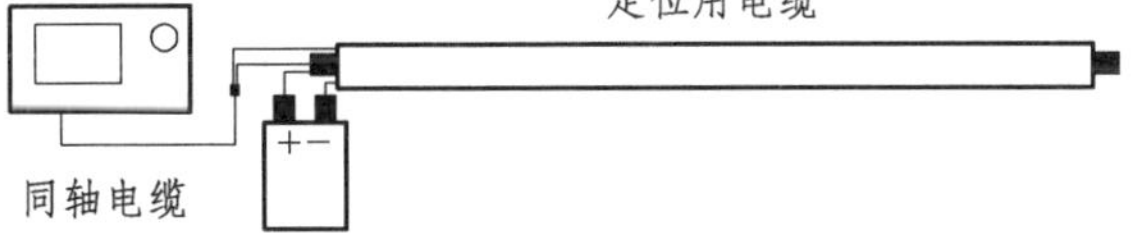

（a）示波器端注入

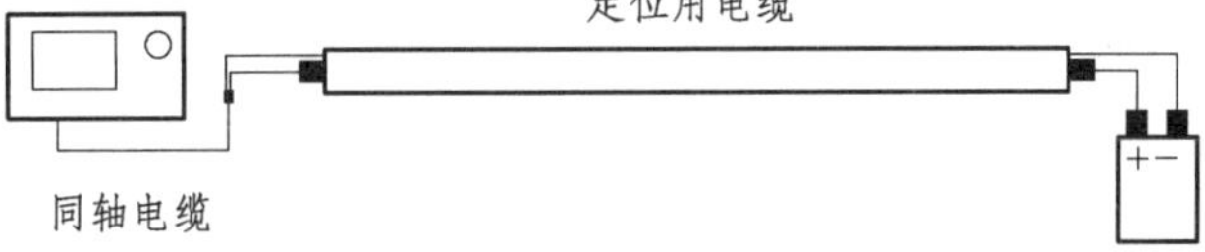

（b）电缆对端注入

图 6-18　标准校准器电荷示意图

按式（6-4）计算定位用电缆衰减幅度 F。

$$F=-\ln\left(\frac{P_2}{2P_1}\right) \tag{6-4}$$

根据 OWC-System 测试系统的测试方法，将定位用电缆接入被测试测量系统，用 OWC-System 测试系统标准校准器在电缆对端注入电荷，从 100 pC 开始逐步降低注入电荷量，被测试系统根据注入电荷量调整对应挡位，直至反射波信号无法测量（信噪比低于 2），读取记录最小注入电荷量 $Q_{\min}$。按式（6-5）计算局部放电定位的灵敏度 S_1：

$$S_1=Q_{\min}\times e^{(F_s-F)} \tag{6-5}$$

式中，F_s 为 100 m 长电缆的典型衰减幅度，数值为 0.7。

被测试系统局部放电定位的灵敏度应优于 50 pC。局部放电定位灵敏度接线情况如图 6-19、6-20 所示。

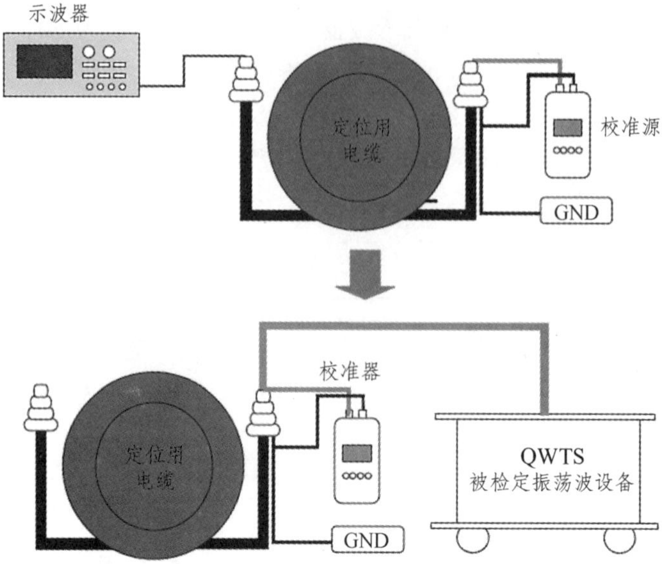

图 6-19　局部放电定位灵敏度测试接线示意图

图 6-20　局部放电定位灵敏度测试实际接线图

6.3.3.5　局部放电定位误差（双脉冲）

按表 6-9 范围选取脉冲时间间隔及电缆长度，分别记为 $\Delta t_1 \sim \Delta t_5$（μs）及 $l_1 \sim l_5$（m）。

表 6-9　脉冲时间间隔及电缆长度选取

脉冲时间间隔 / μs	Δt_1	Δt_2	Δt_3	Δt_4	Δt_5
	0 ~ 10	10 ~ 20	20 ~ 30	30 ~ 40	40 ~ 50
电缆长度/m	l_1	l_2	l_3	l_3	l_5
	1000	2000	3000	4000	5000

将任意波形发生器接入示波器，注入幅值为 5 V 的双脉冲信号，信号上升沿时间不大于 60 ns，调整双脉冲的时间间隔至 $\Delta t_1 \sim \Delta t_5$，按图 6-21 所示，读取对应双脉冲时间间隔测量值，每组读取 5 次，取平均值分别记为 $\Delta t_{s1} \sim \Delta t_{s5}$（μs）。按式（6-6）计算各标准定位值。

$$x_s = l - 170 \times \frac{\Delta t_s}{2} \tag{6-6}$$

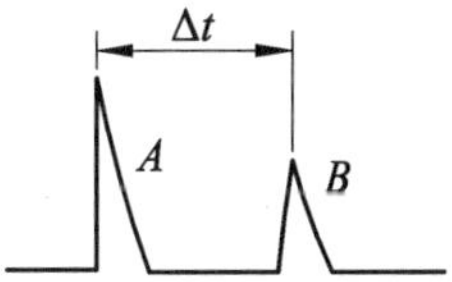

图 6-21　脉冲时间间隔读取示意图

任意波形发生器接入被测试系统，注入双脉冲信号，调整双脉冲的时间间隔分别$\Delta t_1 \sim \Delta t_5$，各时间间隔下，调整双脉冲信号的幅值分别为 1 V、2 V、3 V、4 V 及 5 V，信号上升沿时间不大于 60 ns。

按表 6-9 所示设定对应电缆长度，波速设定为 170 m/ μs，用测量系统进行定位。

如被测试系统波速设定为校准设定方式，按式（6-7）所示时间间隔注入脉冲信号，完成波速设定。

$$\Delta t = \frac{2l}{170} \tag{6-7}$$

在各时间间隔下读取测量定位值，分别记为 $x_{m1} \sim x_{m5}$（m）。如测量系统无定位值直接显示，采用人工读取 5 次，取平均值作为定位值。按式（6-8）计算局部放电定位的误差 E_1。

$$E_1 = \frac{|x_m - x_s|}{l} \times 100\% \tag{6-8}$$

被测试系统的局部放电定位误差应不大于 1%。局部放电定位误差（双脉冲）测试接线情况如图 6-22、6-23 所示。

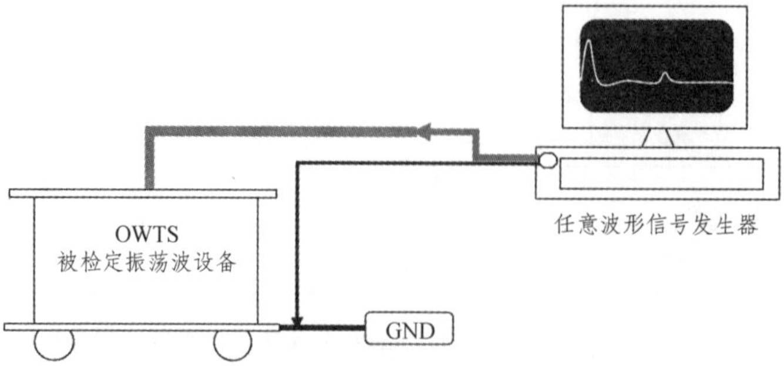

图 6-22　局部放电定位误差（双脉冲）测试接线示意图

图 6-23　局部放电定位误差（双脉冲）测试实际接线图

6.3.3.6　多源局部放电定位性能

选取 4 组及以上双脉冲信号，信号上升沿时间不大于 60 ns，在 0 ~ 50 μs 区间近似均匀地选取脉冲时间间隔，信号幅值及时间间隔符合式（6-9）。信号幅值不应重叠。

$$\ln(m_2/m_1) = -\alpha \times \Delta t_s \tag{6-9}$$

式中，m_1 为双脉冲信号 1 的幅值；m_2 为双脉冲信号 2 的幅值，不应低于背景噪声信号幅值的两倍；Δt 为双脉冲信号的时间间隔；α 为电缆的衰减系数，可在 0.2 ~ 0.4 范围内选取。

设定电缆长度为 5 km，按式（6-6）计算标准定位值 x_s。

将任意波形发生器接入被测试系统，注入任意 1 组选取的双脉冲信号，被测试系统完成校准。设定电缆长度为 5 km，波速为 170 m/ μs。注入选取的全部双脉冲信号，用测量系统进行定位，在各时间间隔下读取定位值 X_m。如测量系统无定位值直接显示，采用人工读取 5 次，取平均值作为定位值。按式（6-8）计算局部放电定位的误差 E_l。当双脉冲信号数量小于等于 4 时，E_l 应不大于 1%。

5 km 长度电缆存在 4 处及以下局部放电源情况下，被测试系统应能准确分辨且各局部放电源定位误差应不大于 1%。

6.3.4 测试结果

测试环境，测试时间：2018-11-13，环境温度：18.5 °C，环境湿度：45%RH。

1. 振荡波高压发生器性能测试

（1）电压波形测试结果如图 6-24、6-25 所示。

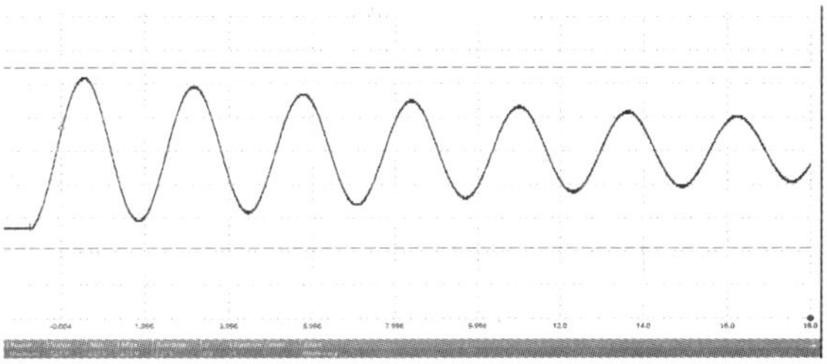

图 6-24 80%电压波形

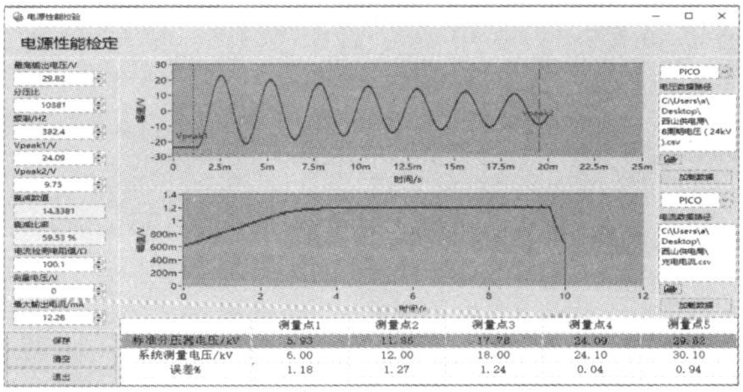

图 6-25 OWC-System 测试系统 80%电压录入界面

根据示波器中 80%电压对应的电压曲线，在 OWC-System 测试系统中对 80%电压曲线进行分析，最终得出如表 6-10 所示。

表 6-10 测试结果

测量	Peak1/V	Peak2/V	频率/Hz
电压	24.09	9.75	382.4
衰减数值	14.338 1		
衰减比率	59.53%		

（2）电压测量误差。

均匀选取的 5 个测量点波形如图 6-26～6-30 所示。

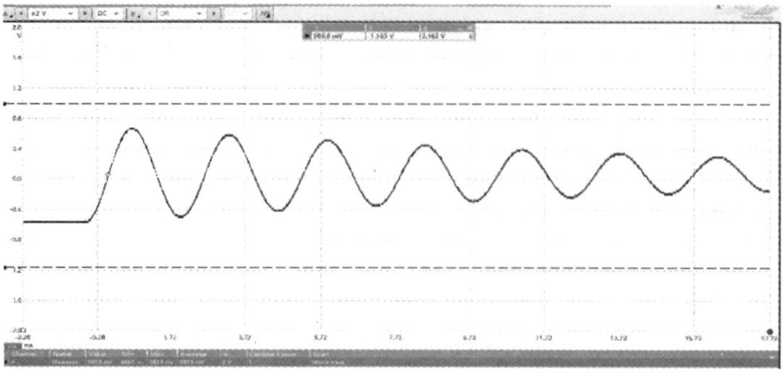

图 6-26　6 kV 振荡波波形

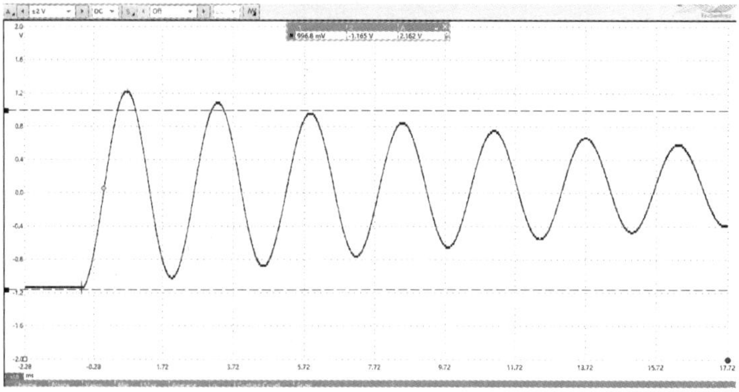

图 6-27　12 kV 振荡波波形

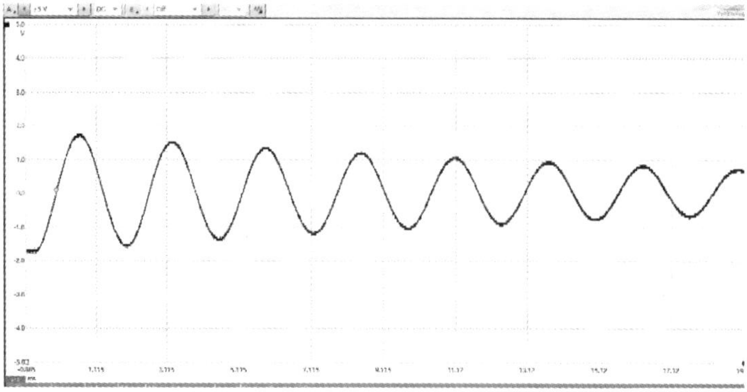

图 6-28　18 kV 振荡波波形

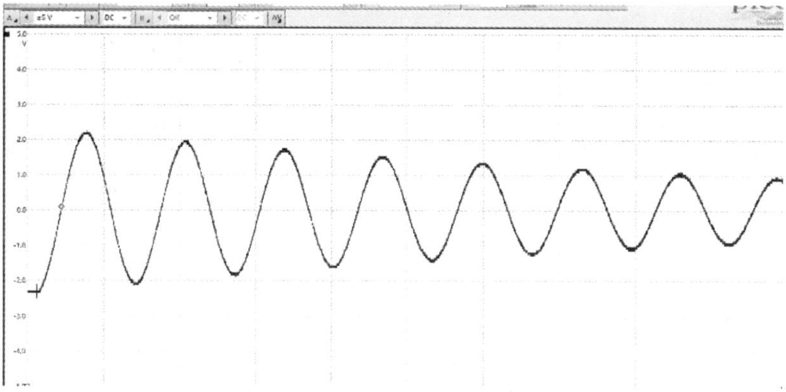

图 6-29　24 kV 振荡波波形

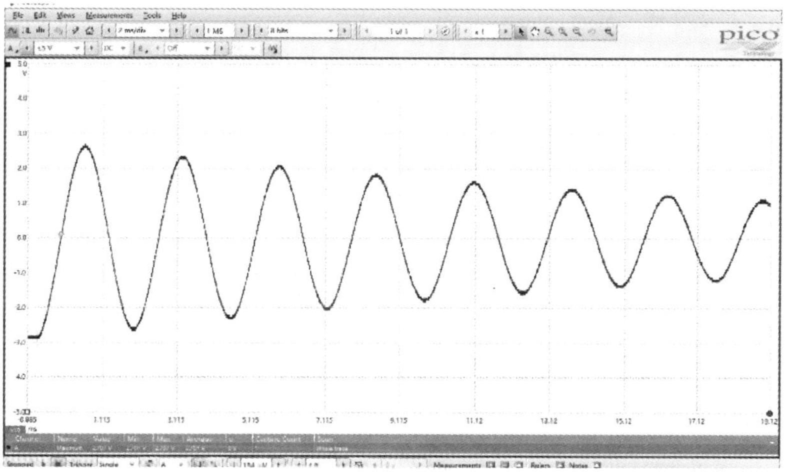

图 6-30　30 kV 振荡波波形

根据示波器中 5 个测量点电压对应的电压曲线，在 OWC-System 测试系统中对 5 个测量点电压曲线进行分析，最终得出如表 6-11 所列的测试结果。

表 6-11　测量结果

项目	测量点 1	测量点 2	测量点 3	测量点 4	测量点 5
标准分压器电压/kV	5.93	11.85	17.78	24.09	29.82
被测系统测量电压/kV	6.00	12.00	18.00	24.10	30.10
误差/%	1.18	1.27	1.24	0.04	0.94

（3）最高输出电压。

最高输出电压结果如图 6-31、图 6-32 所示。

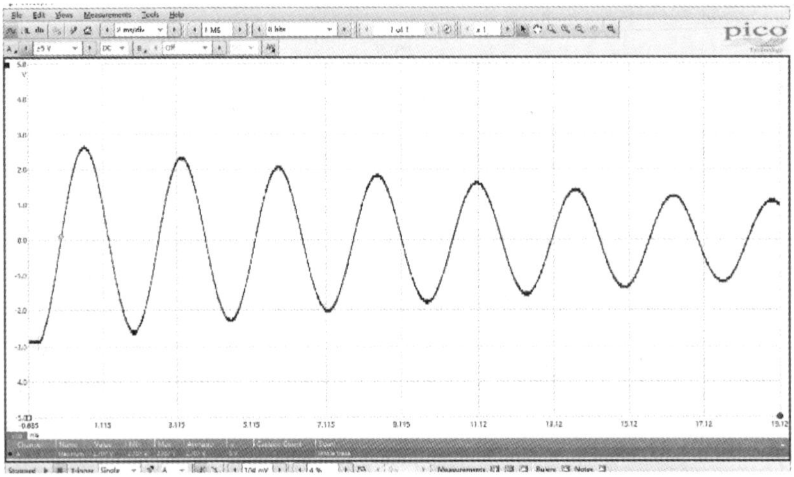

图 6-31　最大输出下的电压波形

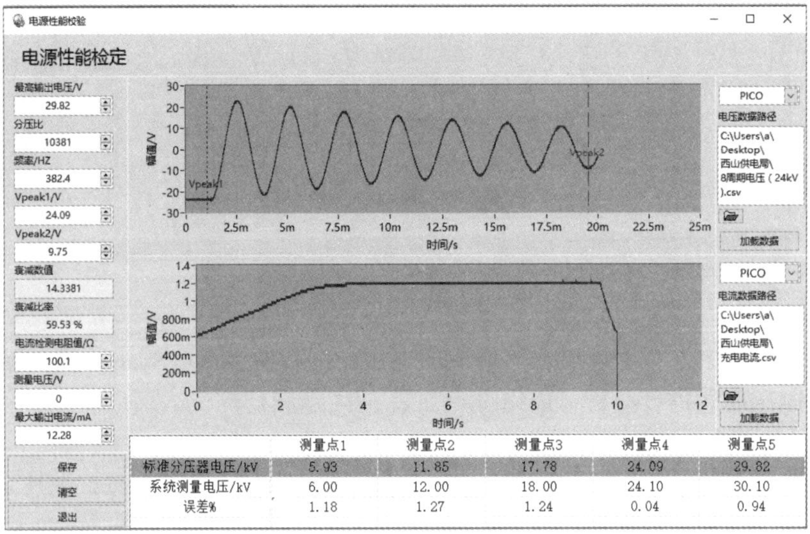

图 6-32　OWC-System 测试系统最高电压录入界面

（4）充电电流与充电时间。

充电电流结果如图 6-33、6-34 所示。

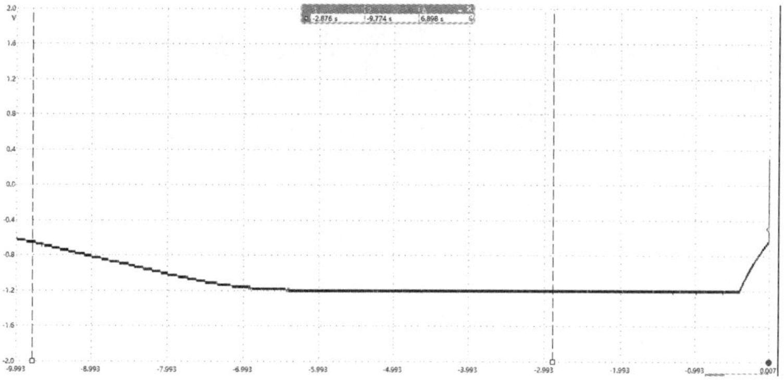

图 6-33　充电电流波形图

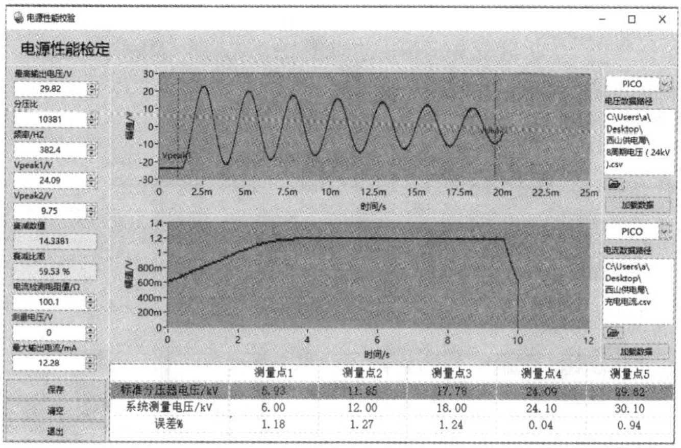

图 6-34　OWC-System 系统测试系统充电电流录入界面

充电时间结果如图 6-35、6-36 所示。

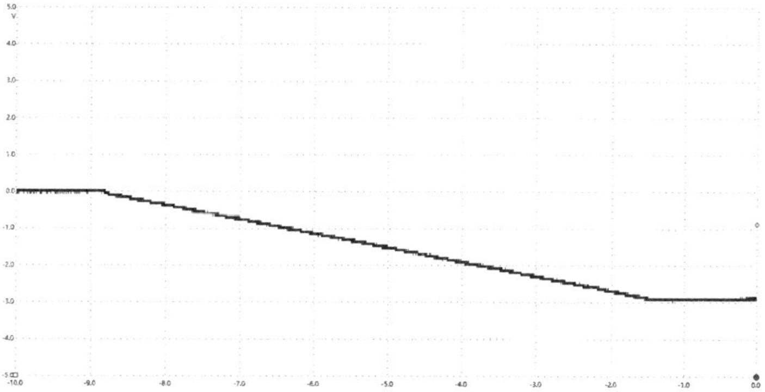

图 6-35　充电时间波形

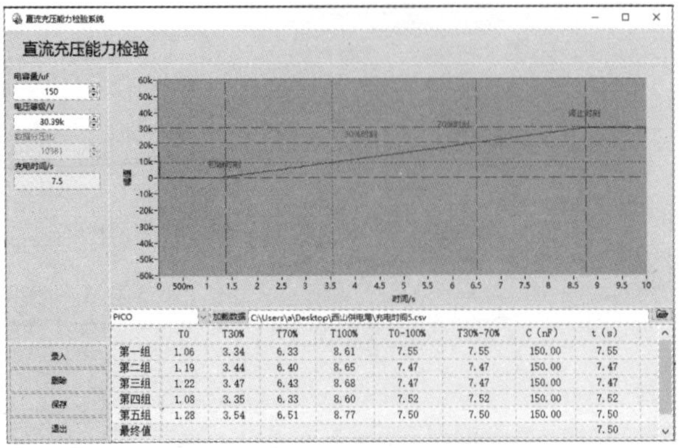

	T0	T30%	T70%	T100%	T0-100%	T30%-70%	C (nF)	t (s)
第一组	1.06	3.34	6.33	8.61	7.55	7.55	150.00	7.55
第二组	1.19	3.44	6.40	8.65	7.47	7.47	150.00	7.47
第三组	1.22	3.47	6.43	8.68	7.47	7.47	150.00	7.47
第四组	1.08	3.35	6.33	8.60	7.52	7.52	150.00	7.52
第五组	1.28	3.54	6.51	8.77	7.50	7.50	150.00	7.50
最终值								7.50

图 6-36　OWC-System 测试系统充电时间录入界面

根据示波器中充电电流与充电时间对应的曲线，在 OWC-System 测试系统中对充电电流与充电时间曲线进行分析，最终的测试结果如表 6-12 所示。

表 6-12　充电电流和时间

检测项目	测量值
充电电流/mA	12.28
充电时间/ms	7.50

2. 局部放电测量误差及稳定度测试

OWC-System 测试系统局部放电测量误差及稳定度录入界面如图 6-37 所示。

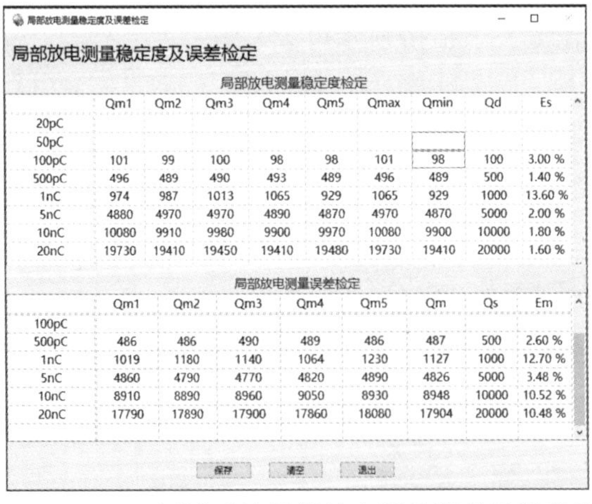

局部放电测量稳定度检定

	Qm1	Qm2	Qm3	Qm4	Qm5	Qmax	Qmin	Qd	Es
20pC									
50pC									
100pC	101	99	100	98	98	101	98	100	3.00 %
500pC	496	489	490	493	489	496	489	500	1.40 %
1nC	974	987	1013	1065	929	1065	929	1000	13.60 %
5nC	4880	4970	4970	4890	4870	4970	4870	5000	2.00 %
10nC	10080	9910	9980	9900	9970	10080	9900	10000	1.80 %
20nC	19730	19410	19450	19410	19480	19730	19410	20000	1.60 %

局部放电测量误差检定

	Qm1	Qm2	Qm3	Qm4	Qm5	Qm	Qs	Em
100pC								
500pC	486	486	490	489	486	487	500	2.60 %
1nC	1019	1180	1140	1064	1230	1127	1000	12.70 %
5nC	4860	4790	4770	4820	4890	4826	5000	3.48 %
10nC	8910	8890	8960	9050	8930	8948	10000	10.52 %
20nC	17790	17890	17900	17860	18080	17904	20000	10.48 %

图 6-37　OWC-System 测试系统局部放电测量误差及稳定度录入界面

局部放电测量误差测试结果如表 6-13、6-14 所示。

表 6-13 局部放电测量误差测试

放电量	Q_{m1}	Q_{m2}	Q_{m3}	Q_{m4}	Q_{m5}	Q_m	Q_s	E_m
20 pC	此挡位无法测试							
50 pC								
100 pC	486	486	490	489	486	487	500	2.60%
500 pC	1019	1180	1140	1064	1230	1127	1000	12.70%
1 nC	4860	4790	4770	4820	4890	4826	5000	3.48%
5 nC	8910	8890	8960	9050	8930	8948	10000	10.52%
10 nC	17790	17890	17900	17860	18080	17904	20000	10.48%
20 nC	486	486	490	489	486	487	500	2.60%

表 6-14 局部放电稳定度测试

放电量	Q_{m1}	Q_{m2}	Q_{m3}	Q_{m4}	Q_{m5}	Q_{max}	Q_{min}	Q_d	E_s
20 pC	此挡位无法测试								
50 pC									
100 pC	101	99	100	98	98	101	98	100	3.00%
500 pC	496	489	490	493	489	496	489	500	1.40%
1 nC	974	987	1013	1065	929	1065	929	1000	13.60%
5 nC	4880	4970	4890	4890	4870	4970	4870	5000	2.00%
10 nC	10080	9910	9900	9900	9970	10080	9900	10000	1.80%
20 nC	19730	19410	19410	19410	19480	19730	19410	20000	1.60%

3. 局部放电测量灵敏度与定位灵敏度

如图 6-37 和 6-39 所示，分别为 OWC-System 测试系统测量灵敏度录入界面和 OWC-System 测试系统定位灵敏度录入界面。

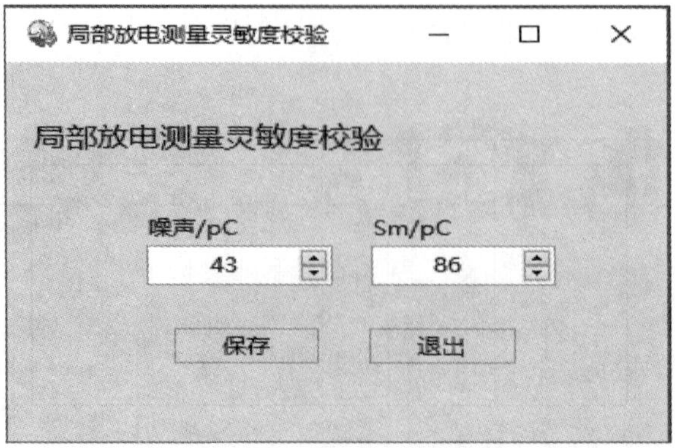

图 6-38　OWC-System 测试系统测量灵敏度录入界面

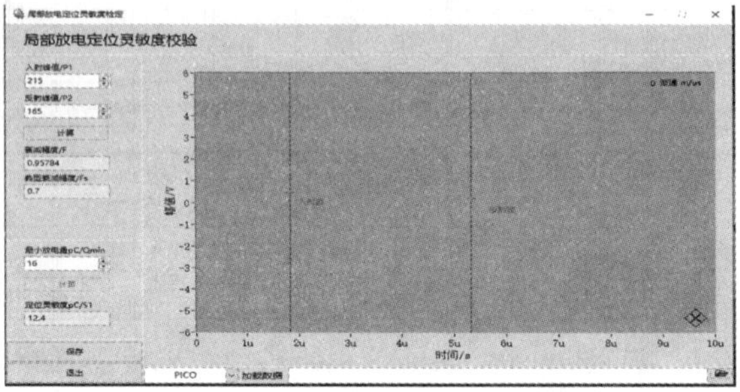

图 6-39　OWC-System 测试系统定位灵敏度录入界面

局部放电测量灵敏度与定位灵敏度测试结果如表 6-15 所示。

表 6-15　局部放电测试灵敏度和定位灵敏度

放电量	被测试设备
S_m/pC	86
Q_{min}/pC	16
S_l/pC	12.4
$F=-\ln(p_2/p_1)$	$p_1=215$；$p_2=165$；$F=0.957\ 84$

注：由于现场环境背景噪声在 43 pC，标准要求从 20 pC 逐渐降低注入电荷量，直至局部放电量不可测，现背景噪声大于标准要求的注入电荷量，因此局部放电测量灵敏度取最小可测放电量和 2 倍噪声之间的高值。

4. 局部放电定位误差（双脉冲法）

电缆振荡波双脉冲波形 OWC-System 测试系统双脉冲发生及测试数据录入界面，如图 6-10、6-11 所示。定位值如表 6-15 所示。

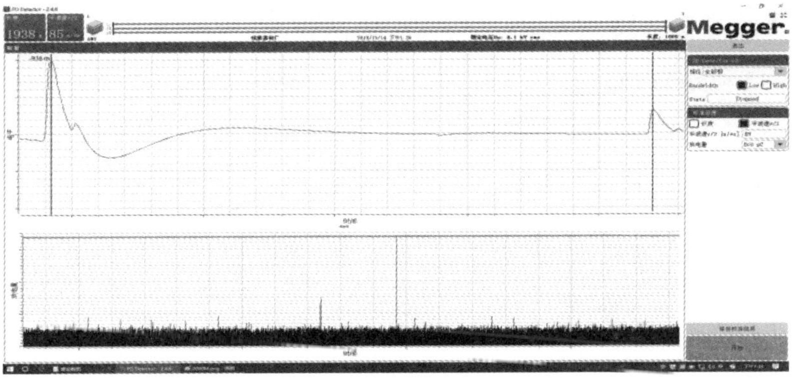

图 6-40 电缆振荡波双脉冲波形

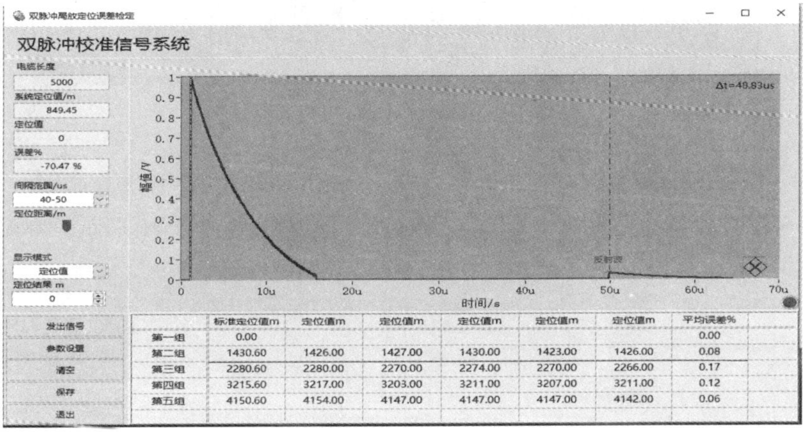

图 6-41 OWC-System 测试系统双脉冲发生及测试数据录入界面

表 6-16 定位值

电缆长度	标准定位值	定位值 1	定位值 2	定位值 3	定位值 4	定位值 5	平均误差%
1000/m	/						
2000/m	1430.60	1426.00	1427.00	1430.00	1423.00	1426.00	0.08
3000/m	2280.60	2280.00	2270.00	2274.00	2270.00	2266.00	0.17
4000/m	3215.60	3217.00	3203.00	3211.00	3207.00	3211.00	0.12
5000/m	4150.60	4154.00	4147.00	4147.00	4147.00	4142.00	0.06

注：由于 OWC-System 测试系统中两个波形之间的脉宽大于脉冲时间间隔（0～10 μs），因此，在此时间间隔之内不能读取定位值。

5. 多源局部放电定位性能

如图 6-42 和 6-43 所示，分别为电缆振荡波多脉冲波形和 OWC-System 测试系统多脉冲发生及测试数据录入界面。多源局部定位测试如表 6-17 所示。

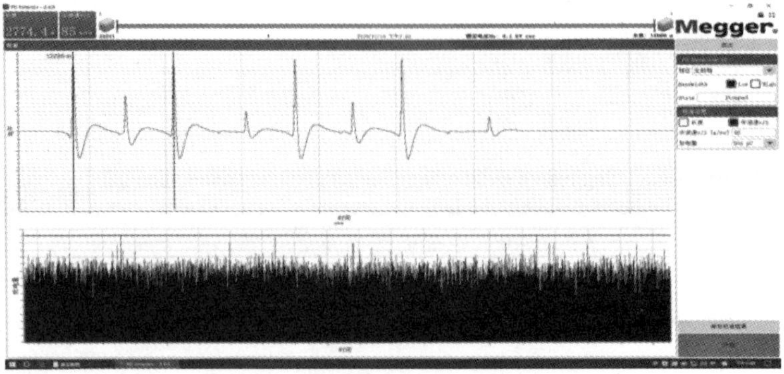

图 6-42　电缆振荡波多脉冲波形

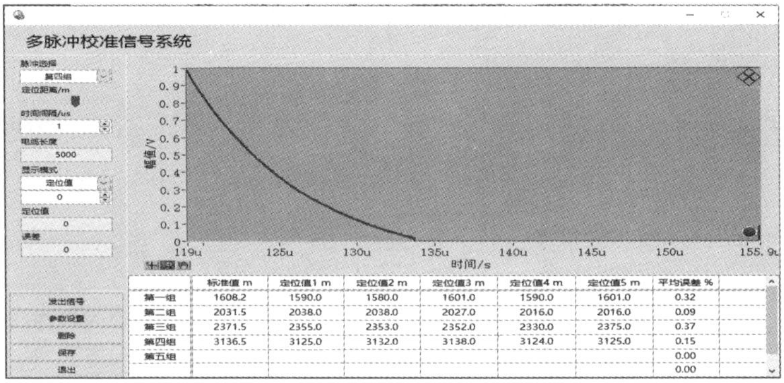

图 6-43　OWC-System 测试系统多脉冲发生及测试数据录入界面

表 6-17　多源局部定位测试

电缆长度	脉冲序号	标准定位值	定位值 1	定位值 2	定位值 3	定位值 4	定位值 5	平均误差 %
		单位：m						
5000 m	1	1608.2	1590.0	1580.0	1601.0	1590.0	1601.0	0.32
	2	2031.5	2038.0	2038.0	2027.0	2016.0	2016.0	0.09
	3	2371.5	2355.0	2353.0	2352.0	2330.0	2375.0	0.37
	4	3136.5	3125.0	3132.0	3138.0	3124.0	3125.0	0.15

6.3.5 测试结果分析

对电缆振荡波局部放电检测系统实行了振荡波高压发生器性能、局部放电测量误差及稳定度、局部放电测量灵敏度、局部放电定位灵敏度、局部放电定位误差、多源局部放电定位性能共计6个检测项目：

（1）电缆振荡波设备高压发生器电压波形（8 周期）不满足标准要求，可能原因如下：

电缆振荡波高压发生器根据施加电压的幅值，通过调整直流电压幅值和控制直流电源的充电时间控制来产生振荡波的幅值，电压波形（8 周期）衰减比率大于 50%，可能由于设备内部电感影响，造成电压波形衰减比率过快。

（2）局部放电测量部分挡位误差不满足标准要求，可能原因如下：

① 测试系统校准器注入电荷量存在误差，使用标准校准器注入电荷量时，与系统注入电荷量与校准器注入电荷量存在偏差，造成局部放电测量误差超过标准要求值；

② 测试系统局部放电采集系统挡位下的采集电荷量精度不足，造成局部放电测量误差不满足要求。

（3）局部放电测量部分挡位稳定度不满足标准要求，可能原因如下：

测试系统局部放电采集系统在挡位下挡位采集电荷量精度不足，造成局部放电测量稳定度不满足要求。

（4）局部放电测量灵敏度不满足标准要求，可能原因如下：

因试验室环境噪声太大，无法完成 20 pC 电荷量的校准，因此未能按标准要求进行测量灵敏度的测试，现试验结果取 2 倍噪声值作为测量灵敏度。

6.3.6 测试结论

通过对赛宝凯特振荡波设备的测试得出以下结论：

（1）电缆振荡波设备高压发生器的电压波形（8 周期）、电压测量误差、最高输出电压、充电电流性能满足 6 ~ 35 kV 电缆振荡波局部放电测量系统的要求，但电压波形（8 周期）衰减比率为 59.53%大于 6 ~ 35 kV 电缆振荡波局部放电测量系统的要求，充电时间为 7.50 s 大于 6 ~ 35 kV 电缆振荡波局部放电测量系统的要求。

（2）电缆振荡波设备局部放电测量误差及稳定测试，局部放电测量误差 100 pC、1 nC、20 nC 对应挡位的局部放电测量误差满足 6 ~ 35 kV 电缆振荡波局部放电测量系统的要求，其余各挡位对应的局部放电测量误差不满足 6 ~ 35 kV 电缆振荡波局部放电测量系统的要求；局部放电稳定度测试在 1 nC 对应挡位下的稳定度不满足 6 ~ 35 kV

电缆振荡波局部放电测量系统的要求，其余各挡位下的稳定度均满足 6 ~ 35 kV 电缆振荡波局部放电测量系统的要求。

（3）局部放电测量灵敏度不满足 6 ~ 35 kV 电缆振荡波局部放电测量系统的要求。

（4）局部放电定位灵敏度满足 6 ~ 35 kV 电缆振荡波局部放电测量系统的要求。

（5）局部放电定位误差满足 6 ~ 35 kV 电缆振荡波局部放电测量系统的要求。

（6）多源局部放电定位性能满足 6 ~ 35 kV 电缆振荡波局部放电测量系统的要求。

6.4 非接触式超声波局部放电检测装置

非接触式超声波检测是发现电力变压器、开关柜、电缆接头、架空线路等电力设备潜在绝缘缺陷公认的最有效的检测途径之一，已成为最主要的一项检测/监测手段，在全国范围内也进入大规模推广应用阶段。但是，行业内缺乏统一的标准和有效的手段对超声波检测系统性能进行量化评价，工程实践中，也发现了大量漏报误报的情况，不仅造成投资浪费，也造成了非常恶劣的影响。所以本章以 NAEC-System 非接触式超声波局部放电检测装置标定系统作为参考，通过自主研发搭建的，该平台目前已经通过中国计量院的检测，代表了非接触式超声局放标定领域的最高水平。

该产品能有效推动非接触式超声波检测技术的发展，保障电网安全稳定运行。不论作为电力科研单位、局放检测产品制造商以及各计量单位，都是必不可少的最佳选择.

6.4.1 检测系统技术参数

检测系统的技术参数如表 6-18 所示。

表 6-18 检测系统相关技术参数要求

项目	参数指标
参考传声器	100 kHz 以内参考
超声声源	谐振式超声声源
超声测量仪	USB 式超声测量仪，配套 Labview 软件
宽频功放	驱动声源
宽频声源	放置于消声室
传声器电源及适配器	给前置供电，并给传声器提供极化电压
系统软件	实现测试数据采集、分析并出具测试报告

系统特色：
具备检测主机外观检查功能；
具备测试传感器灵敏度曲线功能；
具备检测主机与测试传感器频带曲线功能；
具备检测主机与测试传感器线性度曲线功能；
具备检测主机与测试传感器稳定性曲线功能；
具备自动生成报告功能；
所有的测试数据都保存在数据库，可以实现数据智能化。

6.4.2 测试方法

非接触式超声波局放标定系统采用比较法实现待测超声波局放检测仪的标定。采用信号源驱动宽频功率放大器，利用宽频超声声源和谐振式超声源在待测位置产生一定声压级的空气超声信号，在测量位置利用参考传感器进行测量，参考传感器单元测得的信号经过传声器适调放大器后，输入数据采集分析系统，假设参考传感器的测量声压级为 L_p（dB，参考 20 μPa），此时在相同位置，利用待测仪器替换参考传感器进行测量，将待测仪器的传感器声轴位置与参考传感器声轴位置保持一致，读取待测仪器的读数，L（dB，参考 1 μV）。可以计算待测仪器的整体声压灵敏度为：

$$S_p = \frac{10^{\frac{L}{20}}}{20 \times 10^{\frac{L_p}{20}}}$$

式中，S_p 为待测仪器的声压灵敏度，V/Pa；L 为待测仪器的声压级读数，dB（参数 1 μV）；L_p 为参考传感器的声压级读数，dB（参数 20 μPa）。

依次改变信号源的驱动频率，便可获得不同待测仪器的频率响应。

固定信号源的驱动频率，改变激励电压大小或者改变功率放大器的增益，可获得待测仪器的线性度测量结果。如图 6-44 所示为系统原理图。

图 6-44 系统原理图

6.4.3 标定系统的构成

NAEC-System 非接触式超声波局放标定系统由标准参考传声器、超声声源、超声测量仪、宽频功放、宽频声源、传声器电源及适配器、多自由度调节工装以及系统软件等构成。如图 6-45 所示为非接触式超声波局放校验装置实物图。

图 6-45 非接触式超声波局放校验装置实物图

6.4.4 检测结论

非接触式超声局部放电监测装置性能检测设备如图 6-46 所示。

图 6-46 非接触式超声局部放电监测装置性能检测设备

对系统功能参数进行验证，结果如表 6-18 所示。

表 6-18 非接触式超声局部放电监测装置性能检测设备参数测试结果

设备名称	主要功能	技术参数
非接触式超声局部放电监测装置性能检测设备	1. 非接触式超声局部放电监测装置性能检测设备由标准参考传声器、超声声源、超声测量仪、宽频功放、宽频声源、传声器电源及适配器以及系统软件等构成。 2. 非接触式超声局部放电监测装置性能检测设备具备的检测能力主要有： ① 功能检验 ② 灵敏度 ③ 检测频带 ④ 线性度误差 ⑤ 稳定性	1. 参考传声器 ① 规格：1/4 英寸 ② 频率范围：10 ~ 70 kHz ③ 传声器 10 ~ 70 kHz ④ 输出阻抗小于 100 Ω 2. 超声声源 ① 谐振频率：40 kHz; ② 输入电压范围：0 ~ 10 V ③ 辐射声压级：不低于 100 dB ④ 谐波失真：小于 3% 3. 超声测量仪 ① 频率范围：100 Hz ~ 50 kHz ② 频率响应： ±0.5 dB ③ USB 接口，AD16 位，测量程序完成声压级测量和显示。 4. 宽频功放 ① 频率范围：10 ~ 100 kHz; ② 输出信号平坦度：10 ~ 50 kHz，≤ ±0.5dB（参考 10 kHz）; ③ 可选输出放大量：6 dB，12 dB，18 dB，24 dB，30 dB 5. 宽频声源 ① 频率范围：10 ~ 80 kHz ② 辐射声压级：10 ~ 50 kHz 不低于 80 dB；50 ~ 80 kHz，不低于 60 dB ③ 谐波失真：< 3% ④ 发声单元：低频和高频扬声器部件具有同一声轴; ⑤ 输入阻抗：4 Ω ⑥ 输入电压范围：0 ~ 10 V 6. 传声器电源及适配器 ① 给前置供电，并给传声器提供极化电压，计划电压 200 V；增益值 0/20 dB/40 dB 可调，通道数：2

第7章

基于运行缺陷故障和检测的优化分析

为促进云网物资品控检测精准、有效，基于2018—2020年的品控检测结果，结合设备运行缺陷故障信息综合分析，提出2021年品控检测的优化建议。

7.1 2018—2020年配电设备物资品控检测概况

云网品控工作含设备监造、送样检测、到货抽检和专项抽检四类，本报告主要是针对第三方检测机构的检测分析，仅针对到货抽检及专项抽检，不涉及监造及送样检测的内容，2018—2020年云网品控检测概况如表7-1所示。

检测费用以2018年检测费用总值为基准对比，设2018年检测费用值为100，2018年共检测样品8536件，检出不合格品294件，检出率3.44%；2019年检测费用比值99.8，共检测样品8788件，检出不合格品388件，检出率4.42%；2020年检测费用比值129.6，共检测样品6384件，检出不合格样品480件，检出率7.52%。整体来看，品控不合格率逐年上升。

表7-1　2018-2020年云网品控检测概况

年度	检测费用比值	检测数量	不合格品	检出率
2018	100.0	8536	294	3.44%
2019	99.8	8788	388	4.42%
2020	129.6	6384	480	7.52%
合计	329.4	23708	1162	4.90%

统计检测品类，2018—2020年云网品控检测主要品类如表7-2所示，表中主要品类检测数量占比总检测量的94.4%；检出不合格品1110件，占不合格总数的95.5%；费用比值合计329.4，占总检测费用的80.6%。

表 7-2 2018—2020 年云网品控检测主要品类

序号	品类	检测数量	不合格品	检出率	检测费用比值
1	绝缘子	6596	451	6.8%	69.6%
2	金具	3527	43	1.2%	47.8%
3	塔材（含铁附件）	5635	74	1.3%	46.1%
4	混凝土电杆	4766	410	8.6%	21.9%
5	配变	169	24	14.2%	14.2%
6	站用蓄电池	359	26	7.2%	17.5%
7	电缆（含控制电缆）	267	40	15.0%	14.0%
	电缆附件	62	7	11.3%	1.6%
8	柱上开关	76	3	4.0%	2.7%
	自动化成套装备	44	23	52.3%	6.7%
9	10 kV 避雷器	115	1	0.9%	5.5%
10	导线	392	1	0.3%	5.4%
11	地面箱柜类设备	251	1	0.4%	5.0%
12	跌落式熔断器	63	5	7.9%	3.4%
13	光缆	94	1	1.1%	2.8%
14	无人机	6	0	0.0%	1.4%
合计		22422	1110	/	/

从检测成效（检出率）看，自动化成套装备、电缆及附件、配变、混凝土电杆、跌落式熔断器、站用蓄电池、绝缘子等品类检出率超过 6%，处于较高水平。

针对配网四类核心设备（配变、柱开、开关柜、电缆），配网两类核心附属设备（绝缘子、熔断器），以及水泥杆、10 kV 避雷器、站用蓄电池、光缆、无人机等物资，进行关联运行缺陷故障数据的品控检测分析。

7.2 配电设备品控检测与运行缺陷故障关联分析

7.2.1 配　变

1. 故障缺陷分析

截止到2020年12月底，云网共有配变383862台（其中干变17271台）。根据故障缺陷运维数据统计，2020年10 kV变压器故障共计1526次，2020年10 kV变压器缺陷共计1460起。配变运行问题主要如下：

① 渗漏油现象普遍。因严重渗漏油导致的变压器停运故障共计636次（占比总故障数的 42%），包含因设备老化密封失效引起的严重渗漏油、因极端天气故障导致的严重渗漏油、因内部缺陷引起的严重渗漏油等情况。在缺陷方面，因渗漏油导致的缺陷共计 854 起（占比总缺陷数的 58%），主要原因是设备老旧以及过载发热引起密封失效。

② 过载、过热、短路烧毁故障频发。包括因过载导致变压器故障416起（占比总故障数的 28%），因本体缺陷（如过温过热、内部缺陷）导致变压器故障 211 起（占比总故障数的14%）。

③ 雷击故障居高不下。因自然环境（雷雨大风）导致变压器故障285起，占比总故障数的19%。

2. 品控检测情况

2018年至2020年，到货抽检169台油变，检出24台不合格，不合格率14.2%；干式变压器检测数量较少，2019年至2020年共抽检13台，其中1台不合格，不合格率7.7%。配变品控检测问题主要如下：

① 配变不合格最多的是温升试验，其次为负载损耗、声级测定和绝缘油，但该四项在抽检标准中为选做项目。

② 缺少“密封材料”“密封性试验”等项目，不能覆盖运行中频发的渗漏油问题。

③ “感应耐压试验”“雷电冲击试验”等绝缘试验是可选项目，不能覆盖雷击烧毁、内部击穿等故障问题。

④ 部分供货产品与型式产品的不对应、实际制造产品与产品设计图纸不一致。

⑤ 配变现场故障频发（年均千次），损失较大，且品控检测不合格率较高，但是抽检数量总体偏少。

7.2.2 柱上开关及自动化成套装备

1. 故障缺陷分析

截止到2020年年底，云网共有柱上开关53 532台，其中断路器36 773台、负荷开关2149台，配电自动化成套开关16 738套。2020年柱上开关设备共发生故障556次，柱上开关缺陷共计729起，配电自动化缺陷共计2592起。综合运行情况，柱开及控制器主要问题如下：

① 二次设备故障、保护定值设置不合理误动跳等是柱开故障的主要问题，占比39.8%，其原因主要是保护逻辑功能不良、元件老化、元件质量不佳造成，表现为开关拒动、误动、操作失灵等。

② 一次设备击穿烧蚀是柱开故障的主要问题，占比30.4%，其原因主要是产品质量不佳、设备老化引起，表现为触头击穿烧损、断路器击穿、互感器击穿等。

③ 操作机构卡涩、锈蚀、发热是柱开缺陷的主要问题，占比70.8%，导致缺陷的原因主要是锈蚀引起的卡涩、接触不良，表现为分合不到位、表明锈蚀腐蚀、接头触头异常发热等。

④ 柱上自动化开关FTU缺陷，一是通信装置故障占比43.8%，表现为通信不稳定，频繁中断；二是FTU装置故障缺陷占比14.6%，表现为FTU显示屏无显示、保护定值逻辑不符合要求等；三是故障指示器缺陷占比31.8%，主要表现为线路故障时不发信或发出的灯光、信号等信息不正确。

2. 品控检测情况

2018年至2020年，第三方共计检测柱开（含断路器、隔离开关、负荷开关）76台，检出3台不合格，不合格率4.0%，不合格率较高，不合格项目主要是外观检查试验不合格；共计检测配电自动化装备（含成套断路器、自动化终端及故障指示器）44套，检出23套不合格，不合格率52.3%，不合格项目主要是硬件及功能缺配减配、软件功能缺配减配、信号误报、逻辑错误等。柱开及自动化终端不合格率均处于较高水平。柱开及控制箱品控检测问题主要如下：

① 柱开年均检测仅26台，检测量与设备数、运行情况不匹配。

② 自动化装备年均检测15台，且不合格率很高，质量不佳。近年来大量安装自动化成套装置（年均新投15000套以上），且运行中缺陷频发，因此应加大抽检量、扩大抽检范围。

7.2.3 地面箱柜类设备

1. 故障缺陷分析

截止到 2020 年年底，云网共有站内开关柜（10 ~ 35 kV）26671 面、户外开关箱 13313 台。在 2020 年，地面箱柜类设备（含站内开关柜、站外箱柜（环网柜、户外开关箱、电缆分接箱）共发生故障 206 起、紧急重大缺陷 305 起。综合分析，地面箱柜类设备运行主要问题如下：

① 电缆头故障是站外箱柜的主要问题。由于站外环网柜、户外开关箱、电缆分接箱主要使用屏蔽式（可触摸）硅橡胶电缆肘型头，当肘型电缆头产品质量存在问题、安装工艺存在问题以及相关内凝露受潮影响时，都会导致电缆头故障。

② 局放和异常放电是站内开关柜的主要问题。原因主要是站内开关柜存在受潮凝露情况，导致运行中开关柜容易发生局放，或加剧开关柜局放。另外，部分开关柜设计不合理，绝缘裕度不足、未考虑海拔修正，在受潮情况下更易发生局放和放电。

③ 箱柜受潮、凝露是故障的主要诱因。当箱柜受潮、凝露时，首先使柜内金属部件腐蚀影响设备性能，其次会降低柜内绝缘水平，引发柜内绝缘件击穿、箱柜烧毁。

④ 柜内开关设备及辅助设备故障，主要原因是设备质量不佳、性能不良，特别在潮湿凝露、大风雷电、海拔温差等环境下更容易出现故障。

2. 品控检测情况

2018 年至 2020 年，第三方共计检测地面箱柜类设备 251 面，检出 1 面不合格，不合格率 0.4%，不合格率较低。开关柜品控检测问题主要如下：

① 年均检测量较大，但不合格率较低，连续多年无检出，检测结果与设备运行情况不匹配；且检测均在生产企业内进行，检测效果不佳。

② 箱柜检测项目均为考核箱柜整体性能，而对于已经安装于内部的部分主设备和附属设备无检测项目；在箱柜品控中缺少配套电缆附件物资，导致电缆附件部分质量控制缺失。

③ 箱柜运行中受潮凝露严重、绝缘裕度不足，但是品控中无相关检测项目。

7.2.4 电缆及附件

1. 故障缺陷分析

截止到 2020 年年底，云网共有电缆线路 20392.26 km，其中 220 kV 电缆线路 22.142 km、110 kV 电缆线路 364.334 km、35 kV 电缆线路 92.729 km、10 kV 电缆线

路 19913.06 km。2020 年，输电电缆共发生缺陷 42 起，中压电缆共发生缺陷 208 起、故障 363 起。电缆及附件运行问题主要如下；

① 输电电缆问题部位主要在电缆终端头处，占输电电缆线路缺陷的 85%，表现为异常发热、部件缺损伤、终端头倾斜或弯曲。异常发热的原因主要是电缆接头处电阻较大，金具发热较快，进而引起终端接头连接件发热异常。电缆终端部件缺损主要表现为电缆头老化、套管破损开裂等；因此电缆附件是输电电缆品控检测的重点。

② 中压电缆故障较多，且以本体故障为主，占比 56.5%，主要表现为电缆本体受外部施工破坏、电缆老化绝缘劣化导致电缆本体烧损。因此对于电缆本体，应重点关注电缆本体主绝缘性能。

③ 中压电缆附件缺陷高发，占比 68.8%，主要表现为电缆终端头和中间头绝缘劣化、异常发热、终端污秽、保护管损伤等。因此对于电缆附件，应重点关注电缆头的工艺水平。

2. 品控检测分析

2018—2020 年共抽检电缆 267 根，检出 13 根不合格，不合格率 11.3%；共抽检电缆附件 62 件，检测 7 件不合格（均为电缆保护管），不合格率 15.0%。电缆本体不合格项主要是机械性能、金属屏蔽尺寸、绝缘偏心度、绝缘厚度等项目；电缆附件不合格项主要是几何尺寸、落锤冲击试验、压扁试验和维卡软化温度试验等。从抽检标准检测项目来看，当前云网电缆抽检标准检测项目要求高于国家标准要求，但是仍存在以下问题：

① 电缆本体的检测偏向于尺寸及工艺的检查，缺少对整体电气性能的检测，如 4 h 电压试验，而现场本体故障占比较多，建议增加检测。

② 电缆本体和附件检出率较高，但是电缆附件不合格全是电缆保护管，对于电缆终端、电缆头等缺陷故障高发的附件无任何检出。

7.2.5 绝缘子

1. 故障缺陷分析

2020 年 1 月至 2021 年 2 月，云网 10 kV 绝缘子共发生 1475 起故障，其中雷击导致的击穿或破损 1351 起、绑扎线松动导致的导线松动或脱落 113 起、雷击或污秽导致的闪络情况 11 起；共发生 913 起重大缺陷，其中破损 750 起、导线松脱 85 起、污秽 78 起。在输电线路方面，绝缘子金具组装串重大缺陷共计 44 起，其中螺栓、销子缺失或松脱 22 例，玻璃绝缘子劣化自爆 5 起。综合分析，绝缘子运行问题主要如下：

① 雷电击穿或闪络是绝缘子故障的主要表现，占比达 92.3%，造成此问题的原因主要是配网线路中低压绝缘子混用拉低了线路绝缘水平、使用可击穿型绝缘子如针式绝缘子、部分绝缘子产品质量不佳等。

② 破损是绝缘子缺陷的主要表现，占比达 82.1%，造成此问题的原因主要是大档距区段多、绝缘子机械性能差、气候环境因素等。

③ 绝缘子缺陷和故障在配电线路中问题突出，而在输电线路中并非主要问题，输电线路绝缘子故障及缺陷较少。

2. 品控检测情况

2018 年至 2020 年，共计检测绝缘子 6596 只，其中不合格 451 只，不合格率 6.8%，不合格绝缘子均为中低压瓷绝缘子，不合格项主要集中在机械性能方面，与运行中绝缘子破损问题对应，但雷电击穿问题无反映。绝缘子品控检测问题主要如下：

① 品控检测标准侧重于机械性能检测，电气性能考验不足，如瓷柱式绝缘子和蝶式绝缘子无电气检测项目，瓷针式有击穿耐受试验，瓷悬式绝缘子有击穿耐受和机电破坏负荷试验，但均缺少雷电冲击试验项目；

② 云电生（2019）77 号《关于开展 10 kV 配网跌落式熔断器针式绝缘子和防雷整治工作的通知》限制了针式绝缘子的使用，但是仍有大量针式绝缘子的抽检工作；

③ 大量盘型悬式绝缘子、复合绝缘子、玻璃输电线路用绝缘子等抽检合计数量占比 37.8%，但 2018—2020 年合计检出率为 0，无不合格品。

7.2.6 跌落式熔断器

1. 故障缺陷分析

云网在运 10 kV 跌落式熔断器近 40 万组。根据故障统计，2020 年跌落式熔断器故障 625 起，故障原因主要是支撑件损伤击穿或变形、熔管拉弧烧损；2020 年跌落式熔断器缺陷 4401 起，缺陷原因主要是跌落式熔断器锈蚀、熔管非正常脱落、熔断器操作机构卡涩、熔断器接头发热、熔断器绝缘支柱污秽及轻微损伤等，主要问题表现如下：

① 支撑件击穿、损伤或变形故障占比 56.8%，主要是由于上下桩头烧坏及部件变形、瓷柱裂纹、断裂引起，裂纹或断裂主要源自内部机械力破坏。

② 熔管拉弧烧损故障的主要原因是熔断件质量不佳和结构不合理。

③ 跌落式熔断器非正常脱落缺陷高发，主要是由熔断器的结构不合理和接触不良引起。

④ 对于跌落式熔断器锈蚀、操作机构卡涩缺陷、接头发热烧损等频发缺陷，主要是选用铁材质易锈蚀材料，锈蚀后接触不良以及下触头弹簧松弛引起。

2. 品控检测情况

2018—2020 年，第三方检测机构共完成了 63 只跌落式熔断器的到货抽检，共检出 5 只不合格，不合格率 7.9%。通过检测，发现问题如下：

① 2018 年至 2020 年所检样品，不合格项均为雷电冲击试验，但该项目为可选项；

② 抽检项目偏少，未覆盖现场问题及制造关键工艺，瓷柱缺项较多包括爬电距离、温度循环试验、缓冲层检查、孔隙性试验等；外观检查缺少载熔件金属转角处光洁情况检查（主要是不能有锋利的刃口）、触头材质核查等内容；

③ 现场跌落式熔断器故障、缺陷高发（故障 625 起、缺陷 4401 起），但是品控抽检数量偏少。

7.2.7 混凝土电杆

1. 故障缺陷分析

2020 年，云网电杆发生故障 904 起，发生缺陷 7612 起，主要原因有自然灾害破坏（强对流天气、地震、雷击等）、外力破坏（交通车辆破坏、外部施工影响等）、运维施工影响、质量问题（电杆焊口锈蚀、电杆裂纹、性能下降、设备老化等）等。从品控检测的角度来看，电杆主要存在以下问题：

① 电杆裂纹主要是由于电杆在外力作用下产生裂纹，内因是电杆力学性能（抗裂性能）不佳引起。电杆的力学性能（承载能力）不足是造成断杆或倒杆的间接原因。

② 电杆焊口锈蚀是由于电杆的防腐措施不佳，主要表现是采用焊接工艺制造的钢质法兰盘未进行镀锌防腐处理或锌层厚度不足。

③ 电杆在户外环境长期运行中经受日晒雨淋，电杆外观发生风化腐蚀，同时电杆的保护层厚度不足，会导致电杆内部钢筋发生锈蚀，加速电杆的老化，影响电杆使用寿命。

与运行问题对应，品控应重点关注力学性能（抗裂性能、承载能力）、防腐措施、保护层厚度。

2. 品控检测情况

2018—2020 年，云网共检混凝土电杆 4766 个，检出不合格品 410 个，不合格率 8.6%。云南电网的电杆检测标准《云南电网有限责任公司 2021 年混凝土电杆检测项目及判定规则》能覆盖云南电杆生产易发问题、运行问题、检测要点。混凝土电杆品控主要问题如下：

① 不同厂家电杆力学性能呈现异常的质量波动，因此应特别是加强对新中标电杆厂家的品控检测；

② 抽检量过大，与运行缺陷故障不匹配。

7.2.8 10 kV 避雷器

1. 故障缺陷分析

2020 年，10 kV 避雷器共发生 939 起故障，故障类型全部为击穿；重大缺陷 290 起，表现损伤、污秽、脱离器脱离。避雷器的运行问题主要如下：

① 避雷器击穿故障原因有雷击击穿、设备老化后击穿，运行中避雷器雷击击穿故障最多，占比 73%。

② 雷击后避雷器出现明显的外结构破坏，由于其非可脱离结构，导致重大缺陷状态下仍带电运行。

③ 避雷器外套表面严重污秽后在复合外套表面产生爬电闪络或产生局部放电，加速复合外套的老化，影响整个避雷器的使用寿命。

④ 带脱离器式避雷器在实际使用中存在较严重安装问题和拒动误动问题，脱离器脱离性能不可靠。

2. 品控检测情况

2018—2020 年，第三方委托检测避雷器 115 只，不合格 1 只，不合格率 0.9%。云南电科院开展的避雷器专项抽检，抽检 76 只避雷器，测试项目为标准雷电冲击残压试验和标称放电电流下 20 次雷电冲击电流耐受试验，共 26 只不合格，不合格率 34.2%。对比检测结果，主要存在以下问题：

① 第三方主要按照抽检标准开展常规检测项目，未覆盖部分能反映产品质量的特殊试验项目，故不合格率低，且不合格项为局部放电，与避雷器运行状况关联性不高，第三方的检测覆盖面需要优化。

② 专项抽检不合格项集中在雷电冲击残压试验、雷电冲击电流耐受等试验项目，与现场故障情况、制造过程的关键环节一致性好，专项抽检项目针对性强。

③ 从抽检数量来看，第三方 3 年共抽检 115 只，整体抽检数量偏少。

④ 抽检项目未覆盖反映设备质量重要项目，如氧化锌阀片、外护套、脱离器、跌落装置、串联间隙相关性能检测。

7.2.9 站用蓄电池

1. 故障缺陷分析

云网站用直流电源系统共有站用蓄电池组 2194 组，2020 年核容发现 216 组不满足 80%容量要求。从容量不合格蓄电池组运行年限看，蓄电池容量不足 80%多数分布在运行 5 年以上的蓄电池组上。

2020 年，35 kV 及以上变电站站用蓄电池组共发生缺陷 286 次，其中重大紧急缺陷 57 次，缺陷主要为蓄电池本体（96%）、连接片（4%），主要缺陷原因：单体蓄电池过压或欠压（67.8%）、蓄电池容量低于 80%（18.9%）、蓄电池开路（5.6%）、连接片极柱腐蚀氧化（3.8%）、蓄电池膨胀漏液发热（2.8%）等。从运行年限看超过 10 年的设备缺陷率最高（39.6%）；从生产厂家来看，部分厂家的缺陷率超过 20%。

分析结果表明：

① 蓄电池的主要故障和缺陷是蓄电池本体的容量和电压降低，品控关键在于蓄电池长期寿命的检测，应重点关注蓄电池浮充电压、正极板栅的腐蚀、失水控制、热失控、蓄电池的一致性等方面的性能。

② 蓄电池组的故障率和缺陷率总体随运行年限的增长而升高，对于蓄电池运行超 4 年应严格按照《电力设备检修试验规程》要求开展 1 年 1 次蓄电池组核对性充放电试验工作。

③ 部分厂家蓄电池不合格率和缺陷率异常高，对这些不合格率高的厂家蓄电池应特别加强到货抽检、解体验收和交接试验工作。

2. 品控检测情况

2018—2020 年，共开展 359 组蓄电池抽检，检出 26 组不合格，不合格比例 7.2%。不合格项目主要为：正极板厚度、电解液密度、正极板下边框距离壳体下板距离和质量、容量等。

目前品控检测主要按照中国南方电网有限责任公司《电网用阀控式密封铅酸蓄电池解体验收作业手册（试行）》（2018 年 9 月）规定的全部 10 个项目开展（其中容量性能增加 10 h 率容量）。但是，在蓄电池长期寿命方面检测不足，主要表现为：

① 因抽检标准未要求，正极板栅投铅量、内阻和端电压均衡性等重要性能未开展，热失控敏感性检测（因该项目需连续试验 168 h，耗时较长）未大量开展。

② 因送样数量、检测时间限制，部分重要性能如抗机械破损能力、耐高电流能力、再充电性能等项目未开展。

③ 目前每组蓄电池抽检 1 只，无法开展全部项目检测（至少需 6 只）。

7.2.10 金 具

1. 故障缺陷分析

2020 年云网输电线路金具共发生紧急重大缺陷 203 起；中压线路共发生金具故障 1364 起，金具缺陷 3601 起。综合分析，金具运行问题主要如下：

① 金具断裂、损伤是金具线路金具故障的主要问题，占比 83.2%。金具实际承载力大于最大承受载，自身强度不满足使用载荷而断裂。按照其成因，可分为设计强度不足，制造缺陷，安装缺陷，锈蚀、磨损、过载、疲劳、金具老化等运行老化。

② 金具锈蚀、部件发热是金具运行缺陷的主要表现，占比 54.8%。热镀锌技术是输变电线路钢结构普遍采用的防止大气腐蚀的方法，该方法主要是利用阴极保护的原理，以电位较低的锌作为牺牲阳极，防止或减缓钢结构的腐蚀。制造时的镀锌层缺陷，安装时的镀锌层破坏，运行时的金具间碰撞、磨损导致镀锌层破坏、减薄，均会导致金具本体锈蚀。

因此，金具品控检测应重点关注金具外观尺寸与设计图纸的符合性，关注金具机械强度是否满足使用强度的要求。对于金具老化和锈蚀性能，应重点关注金具材质和制造缺陷，加强镀锌层的检测。

2. 品控检测情况

2018—2020 年，第三方检测机构共检测 3527 件金具，检出 43 件不合格，不合格率 1.2%。不合格项目依次是外观尺寸、材质不符、焊缝质量、机械性能、镀锌层厚度，检测结果表现与实际运行中金具断裂、老化、腐蚀缺陷故障密切相关。如机械性能不合格、材质分析不合格和焊缝质量不合格将导致金具在运行中断裂，尺寸不合格、镀锌层厚度不合格、材质分析不合格会导致金具在运行中锈蚀、磨损、老化。金具品控检测存在以下问题：

① 抽检量大，但是检出率较低。

② 2018 年后材质分析为可选项目，大量减少了铝制件的材质分析项目，材质问题未得到重视。

③ 2018 年后对检测发现的尺寸不合格，增加了一个图纸和实物是否对应的核实环节，但该环节中存在厂家修改图纸来对应产品实际尺寸的情况。

④ 部分项目如“特殊镀层”“焊缝金具和铸造金具”检测未开展。

7.2.11 塔材（含铁附件）

1. 故障缺陷分析

2020年云网塔材缺陷626起，其中锈蚀537起、杆塔倾斜61起、螺栓松动13起、组件缺失10起、外力冲击变形5起。在故障方面，近年来云网内出现过多起因塔材结构力学缺陷导致的倒塔、倾斜事件。综合分析，塔材运行问题主要如下：

① 塔材缺陷以锈蚀腐蚀问题为主，占比85.8%。锈蚀腐蚀短期会导致铁塔外观破坏，长期将导致母材的损伤，引起杆塔结构力学问题，危害整体结构安全。导致塔材锈蚀的原因主要有：镀锌层厚度不足、锌层剥落磨损、重腐蚀环境等。

② 结构力学缺陷是引起塔材故障主要原因。结构力学缺陷是基础功能破坏，危害影响大，严重的如倒塔、折断、失稳等。导致结构力学缺陷的原因主要有：过载、材料以低代高、材料不合格、外力破坏、施工缺陷等。

结合塔材在生产制造以及运行中易出现的问题，品控检测应重点关注力学性能、加工精度、镀锌层质量以及焊接质量等内容。

2. 品控检测情况

2018—2020年，塔材类产品到货质量检测共抽检了5635件样品，共发现74件样品的不合格情况，不合格率1.3%。主要不合格项为：锌层厚度、规格尺寸、焊缝质量、机械性能、加工精度、化学成分等。塔材品控检测主要存在以下问题：

① 抽检量大，但是检出率较低，特别是钢管结构、角钢塔等品类检出为0；

② 锌层质量不合格34件，占比46.6%，结果与运行缺陷（锈蚀腐蚀）直接相关。

7.2.12 导　线

1. 故障缺陷分析

2020年云网输电线路导地线紧急重大缺陷117起，主要是异物缠绕和断股损伤；中压架空线路共发生故障11112起，其中因设备超期服役老化导致引流线烧断、线夹断裂3224起，大风大雨引起的倒杆断线故障847起。架空线路本体缺陷5140起，主要是导线断股损伤1761起、飘挂物异物1582起、导线相间安全距离不足1228起、导线锈蚀老化发热569起。

经统计分析，断线、断股是导线故障和缺陷的主要表现。从其成因分析，主要有制造缺陷、安装缺陷及长时间运行的老化缺陷。制造缺陷是制造过程中因原材料管理、工艺控制等原因导致导线存在机械性能或电气性能方面的缺陷，从近几年的品控检测情况看，出现过 4 例导线整体拉断力不合格的情况；安装缺陷是安装过程中导线与导线之间的接续、导线与塔的连接点，容易因安装因素如耐张线夹压接不合格导致导线存在损伤，在长时间运行过程中，受强对流天气、风振，尤其是雷击等因素易导致断裂失效。

因此，导线品控检测的重点关注导线绞合质量、力学性能以及整体强度等性能。

2. 品控检测情况

2018—2020 年，第三方检测中压架空导线 6 个类别（含铝包钢绞线、铝包钢芯铝绞线、钢芯铝合金绞线、铝包钢芯铝合金绞线、钢芯耐热铝合金绞线、镀锌钢绞线）共计 392 个样品，不合格 1 件，不合格率为 0.3%。

检测问题主要有：检测量大，但是检出率低，大部分品类多年无检出，检测结果与生产运行问题不对应。

7.2.13 光 缆

1. 故障缺陷分析

光缆主要用于输电，主要类型有管道光缆、OPGW 光缆、ADSS 光缆等类型。对于光缆故障，主要有光缆电腐蚀、断裂、盐雾腐蚀等：

① 光缆电腐蚀，主要有处于强电场空间导致的电腐蚀、处于盐雾污秽环境加剧的电腐蚀、施工过程中的表皮护套划伤引发的电腐蚀等原因。

② 光缆断裂，主要原因是外护套因破损、腐蚀、老化等原因引起光缆机械强度下降，导致断裂。

③ 光缆盐雾腐蚀，主要有两方面的问题：一是环境原因，光缆处于高盐酸雾污染区域，盐酸雾腐蚀光缆外护层引起；二是材料及工艺原因，光缆外护层的材质耐腐蚀性不佳、外涂层未涂抹防腐油脂等。

综合光缆典型问题分析，光缆的防腐蚀能力以及抗拉和扭转机械性能，是光缆品控的关键项目。

2. 品控检测分析

2018—2020 年，第三方检测机构共检测光缆 94 批次，不合格 1 批，不合格率 1.1%，不合格原因是长度计量误差负偏差。从检测项目来看，目前光缆的检测标准项目已全覆盖典型故障问题、生产关键工艺问题，但是由于样品长度的限制，部分项目未能开展，因为部分项目要求样品长度至少为 50 m、个别项目甚至要求 1 km，而实际送样仅 20 m。因此，实际开展的检测项目有遗漏。

7.2.14　无人机

云网均使用大疆公司生产的小型多旋翼无人机，通过调研南方电网无人机维保中心及云网相关无人机使用单位，无人机使用过程中的问题多为误操作损坏及电池问题（电池故障或续航时间变短）。

在品控检测标准中，主要是对无人机的飞行功能、抗电磁干扰性能、动力电池性能、一般环境适应性能、特殊环境适应性能等项目开展关键性能检测。2019—2020 年共进行了 4 架无人机的品控检测工作，其中 3 架为 MAVIC 2 ZOOM 型，1 架为 MATRICE 600 PRO 型，检测结果均符合技术规范书的要求。

7.2.15　小　结

各品类基于运行缺陷故障数据的品控检测分析小结如表 7-3 所示。

表 7-3　2020 年云网品控检测主要品类的问题

序号	品类	2020 在运数	2020 采购量	2020 抽检率	2018—2020 采购量	2018—2020 抽检率	2018—2020 不合格率	2018—2020 费用比值	问题简述
1	配变	38 万台	4173 台	1.15%（48 台）	19507 台	0.87%（169 台）	14.2%（24 台）	14.2%	1. 检测项目未能覆盖故障缺陷，部分关键项目缺失； 2. 检测量少，与设备数、运行情况不匹配
2	柱上开关	53532 台	2814 台	1.28%（36 台）	15956 台	0.48%（76 台）	4.0%（3 台）	2.7%	检测量少，检测量与设备数、运行情况不匹配
	自动化成套装备	16738 套	2814 套	0.21%（6 套）	15125 套	0.29%（44 套）	52.3%（23 套）	6.7%	检测量少，不合格率很高，设备质量不佳，检测量与设备数、运行情况不匹配
3	地面箱柜类设备	39984 面	1909 面	2.1%（40 面）	6484 面	3.87%（251 面）	0.4%（1 面）	5.0%	1. 检测量较大，但不合格率较低，连续多年无检出，检测在生产企业内进行，检测效果不佳； 2. 对于箱柜内设备、电缆头等无配套检测项目； 3. 运行中受潮凝露问题严重、绝缘裕度不足，但无相关检测考核

续表

序号	品类	2020 在运数	2020 采购量	2020 抽检率	2018—2020 采购量	2018—2020 抽检率	2018—2020 不合格率	2018—2020 费用比值	问题简述
4	电缆	20 万 km	5006 km	116 段	16713 km	267 段	11.3%（40 段）	14.0%	电缆本体的检测偏向于尺寸及工艺的检查，缺少对整体电气性能的检测
	电缆附件	/	18 614 套	0.11%（20 套）	67992 套	0.09%（62 套）	15.0%（7 套）	1.6%	检测量少，检出率较高，但是对于电缆终端、电缆头等缺陷故障高发的主要附件无任何检出
5	绝缘子	/	394 万片	0.04%（1647 片）	1612 万片	0.04%（6596 片）	6.8%（451 片）	69.6%	1. 检测项目未能覆盖故障缺陷，重要电气性能考核项目缺失； 2.针式绝缘子检测量过多； 3.大量品类绝缘子抽检无检出
6	跌落式熔断器	40 万组	16169 组	24 支	43065 组	63 支	7.9%（5 支）	3.4%	1.检测项目未能覆盖故障缺陷，部分关键项目缺失； 2. 检测量少，与设备数、运行情况不匹配
7	混凝土电杆	/	15.5 万根	1.01%（1560 根）	83.9 万根	0.57%（4766 根）	8.6%（410 根）	21.9%	抽检量过大，与运行缺陷故障不匹配。
8	10 kV 避雷器	/	4.69 万只	0.11%（52 只）	17.47 万只	0.07%（115 只）	0.9%（1 只）	5.5%	1. 检测项目未能覆盖故障缺陷，部分重要项目缺失； 2. 检测量少，检出率低
9	蓄电池	2194 组	5592 只	2.5%（142 只）	27139 只	1.3%（359 只）	7.2%（26 只）	17.5%	1.部分重要性能项目未开展； 2.单批抽检量少，无法开展全部检测项目
10	金具	/	452 万件	0.02%（686 件）	2362 万件	0.01%（3527 件）	1.2%（43 件）	47.8%	抽检量大，但检出率低，与运行情况不匹配
11	塔材（含铁附件）	/	6.9 万吨	1468 件	32.5 万吨	5635 件	1.3%（74 件）	46.1%	抽检量大，但检出率低，大部分品类多年无检出
12	导线	/	56.6 吨	70 段	448 吨	392 段	0.3%（1 段）	5.4%	抽检量大，但检出率低，大部分品类多年无检出，与运行情况不匹配
13	光缆	/	2450 km	6 段	8853 km	94 段	1.1%（1 段）	2.8%	送样长度不足，抽检标准要求的部分项目实际未开展
14	无人机	/	773 架	0.52%（4 架）	2172 架	0.28%（6 架）	0%（0）	1.4%	检测量少，未发现问题

注：1. 2020 抽检率列，括号中的数字为抽检量，百分比为抽检量与采购量的比值；2018—2020 抽检率列，括号中的数字为抽检量，百分比为抽检量与采购量的比值；2018—2020 不合格率列，括号中的数字为不合格数，百分比为不合格数与抽检量的比值；跌落式熔断器一般三支为一组；蓄电池每组由数十至上百只构成。

2. 检测费用是以 2018 年检测费用 100 为基准值的相对比值。

7.3 配电设备品控检测

7.3.1 调整品类检测项目

上述14个品类的检测项目调整建议如下(详细情况见附表1配电设备品控检测项目建议):

(1)配变。

① 调整“感应电压试验”“温升试验”“雷电冲击试验”“声级测定”“绝缘油试验”“密封试验”等项目由“可选”为“必做”。

② 增加“设计图纸(型式产品)与样品一致性”“吊芯检查”“密封圈(垫)材质”、“油中溶解气体分析”“短路承受能力”“变压器能效定级”等项目。

③ 修改绝缘油试验“投运前”为“绝缘试验前后各开展一次,并对比检测结果”。

④ 对于干变,还应增加外观检查部分项目,如垫块、温控装置、螺栓配置、绝缘距离、同心情况尺寸测量;增加铁芯、夹件、穿芯螺栓绝缘电阻测量。

(2)柱上开关及配电自动化成套装备。

无优化。

(3)地面箱柜类设备。

① 地面箱柜检测运送至第三方检测机构开展。

② 增加配套设备(电缆附件、避雷器、互感器等)的检测项目与检测要求。

③ 增加箱柜凝露污秽方面的考核项目,增加“局部放电”项目。

④ 增加“绝缘尺寸、距离”测量项目。

(4)电缆及附件。

增加电缆整体电气性能的检测项目。

(5)绝缘子。

① 对瓷悬式、瓷柱式(瓷横担)和蝶式绝缘子抽检增加“雷电冲击试验”。

② 对瓷柱式(瓷横担)绝缘子、蝶式绝缘子抽检增加“工频电压试验”。

③ 取消“针式绝缘子”抽检。

(6)跌落式熔断器。

① 调整“温升试验”“雷电冲击试验”“时间-电流特性试验”等项目由“可选”为“必做”。

② 增加外观尺寸方面“熔管与其固定件尺寸匹配检查”“熔丝扎伤情况检查”“载熔件金属转角处光洁情况检查”“瓷柱缓冲层检查”“爬电距离测量”“接线端子尺寸测量”等项目。

③ 增加瓷柱“温度循环试验”“孔隙型试验”（抽样原则参考绝缘子）。

④ 增加规范书内容 “触头结构采用凸凹压紧 + 弹簧结构检查”“材质检查”“防腐工艺检查”“防弧帽配置检查”等项目。

（7）混凝土电杆。

开展不定期在工地现场的电杆抽检，增加抽检的突击性和真实性。

（8）10 kV 避雷器。

① 增加“8/20 μs 雷电冲击残压”“4/10 μs 大电流冲击”检测项目，并将此部分试验缺陷定级为 A 级；增加“密封性试验”“局部放电试验”检测项目；对串联间隙避雷器的间隙增加“工频放电电压试验”和“雷电冲击放电电压试验”。

② 核查跌落装置金属部件的材质，并对软连接地线压接端子开展外观及尺寸检查、拉力试验、直流电阻试验，对脱离器增加“长持续时间冲击电流耐受试验”。

（9）蓄电池。

① 增加“内阻”“端电压均衡性”“热失控敏感性检测”“正极板栅投铅量”等长期寿命性能项目。

② 增加“抗机械破损能力检测”“耐高电流能力检测”“再充电性能检测”等重要性能项目。

③ 增加“气体析出量”“防酸雾能力”等缺陷频繁项目检测。

（10）金具。

① 增加“特殊镀层厚度及成分”“焊缝金具和铸造金具”检测项目；

② 扩充新型材料产品的材质性能检测。

（11）塔材（含铁附件）。

调整“塔材锌层质量”由送货抽检改为到货抽检（到施工现场进行抽检）。

（12）导线。

无优化。

（13）光缆。

增加送样长度至 50 m。

（14）无人机。

无优化。

7.3.2 调整品类检测量及品控检测费用

基于上述品类物资的运行缺陷故障及品控检测分析，明确优化原则为：

（1）整体检测量大幅下调，大幅调减检测量大但检测效果不佳的品类（调减抽检比例至万分之一左右），增加运行问题突出或检出率高的品类（调增抽检比例至 0.5%~3%），保持检测量一般但检出率较高的品类。具体为：配变、自动化装备、电缆附件、跌落式熔断器、10 kV 避雷器、无人机 6 个品类检测量提升；电缆、地面箱柜、绝缘子、混凝土电杆、站用蓄电池、金具、塔材（含铁附件）、导线 8 个品类检测量减少；柱上开关、光缆两个品类检测量基本不变。

（2）精准检测项目，剔除低效检测项，控制单件样品检测费在 2020 年 80%左右，有新增检测项目的品类并入计算。

（3）大幅优化调减产品价值与检测费用不对等的品类，调减自动化装备、绝缘子、跌落式熔断器、10 kV 避雷器、站用蓄电池、无人机 6 个品类单件检测费。

配电设备各品控类设备检测调整建议如表 7-4 所示。

表 7-4 配电设备各品控类设备检测调整建议

序号	品类	2020 年检测情况			2021 年调整建议		
		检测量	检测费用比值	平均单件检测费用比值	检测量	检测费用比值	平均单件检测费用比值
1	配变	48	4.2%	1.64	125	10.5%	1.6
2	柱上开关	36	1.8%	0.94	30	1.3%	0.8
	自动化装备	6	2.2%	7.06	60	11.1%	3.5
3	地面箱柜类设备	40	2.4%	1.15	20	1.2%	1.15
4	电缆	116	8.3%	1.36	50	2.9%	1.1
	电缆附件	20	0.7%	0.64	90	2.4%	0.5
5	绝缘子	1647	30.5%	0.35	400	5.3%	0.25
6	跌落式熔断器	24	1.7%	1.35	200	6.3%	0.6
7	混凝土电杆	1560	7.1%	0.09	750	3.2%	0.08
8	10 kV 避雷器	52	4.5%	1.64	230	9.7%	0.8
9	站用蓄电池	142	10.6%	1.42	70	3.7%	1.0
10	金具	686	7.5%	0.21	450	4.7%	0.2
11	塔材（含铁附件）	1468	13.0%	0.17	300	2.4%	0.15
12	导线	70	1.2%	0.32	20	0.3%	0.3
13	光缆	6	0.4%	1.11	6	0.3%	1.0
14	无人机	4	0.8%	3.80	8	1.3%	3.0
合计		5925	97.0%	/	2809	66.5%	/

注 1. 因各大品类又分为多个小品类，因此表中“平均单件检测费”按所有数量取平均，小品类详见附表 3。

2. 检测费用是以 2018 年检测费用 100 为基准值的相对比值；平均单件检测费用比值是以 10000 为基准值的相对比值。

具体各品类调整说明如下：

（1）配变，增加抽检比例（抽检比例 3%）和检测费用。抽检应该覆盖每一供货批次，每批次至少 1 台，对供货量大的批次应增加抽检量，抽检总量增加至 125 台/年，结合上述调整品类检测项目并考虑高检出项目，主要针对密封、温升、雷电冲击、感应耐压、绝缘油、声级、空负载、短路阻抗、图实核查等项目开展检测，单台费用比值控制到 1.6，年度检测费用比值调整至 10.5%；

（2）柱开及自动化装备，保持柱开抽检量 30 台/年（抽检比例 1%），考虑运行问题及高检出项目，主要针对工频耐压、雷电冲击、机械特性、操作机构检查、防锈工艺等项目开展检测，单台检测费比值控制到 0.8；增加自动化装备抽检量至 60 台/年（抽检比例 2%），考虑运行问题及高检出项目，主要针对硬件配置、软件功能、保护逻辑功能、通信稳定性、环境防护能力等项目开展检测，单件费用比值控制到 3.5，年度检测费用比值调整至 12.4%；

（3）地面箱柜类设备，调减地面箱柜检测量至 20 面/年（抽检比例 1%），但需运送至检测机构开展，结合上述调整品类检测项目并考虑高检出项目，主要针对防潮防污、雷电冲击、局部放电、绝缘尺寸、电缆头配套物资等项目开展检测，单件费用比值控制到 1.15，年度检测费用比值调整至 1.2%。

（4）电缆及附件，调减电缆本体抽检量至 50 根/年，结合运行问题及高检出项目，主要针对各层结构尺寸、机械性能、绝缘材料性能、交流耐压、局部放电等项目开展检测，单件费用比值控制到 1.1，年度检测费用比值调整至 2.9%；增加电缆附件抽检量至 90 件/年（抽检比例 0.5%），结合运行问题及高检出项目，主要针对结构尺寸、落锤冲击、压扁试验、交流耐压、冲击电压、局部放电、热循环试验等项目开展检测，单件费用比值控制到 0.5，年度检测费用比值调整至 2.4%。

（5）绝缘子，总体抽检比例万分之一，调减对对瓷柱式、瓷横担及瓷悬式绝缘子（以上三种绝缘子为防雷整治工作推荐使用产品）抽检力度，检测量为 300 只/年；调减盘型悬式、玻璃、复合等品类绝缘子检测数量至 100 只/年，取消“针式绝缘子”抽检。结合上述调整品类检测项目并考虑高检出项目，主要针对雷电冲击、机械破坏负荷、弯曲破坏、工频击穿耐受、孔隙性、温度循环、镀层试验等项目开展检测，单件费用比值控制到 0.25，年度检测费用比值调整至 5.3%。

（6）跌落式熔断器，总体抽检比例 0.5%，取消 RW11 型及以下型号的检测，对供货量大的批次应增加抽检量，增加抽检量至 200 只/年，结合上述调整品类检测项目并考虑高检出项目，主要针对雷电冲击、温升、时间-电流特性、结构尺寸、触头材质、防腐工艺等项目开展检，单件费用比值控制到 0.6，年度检测费用比值调整至 6.3%。

（7）混凝土电杆，调减混凝土电杆检测量至750根/年（抽检比例0.5%），结合运行问题及高检出项目，主要针对防腐措施、力学性能（抗裂性能、承载能力）、尺寸偏差、保护层厚度、混凝土抗压强度等项目开展检测，单件费用比值控制到0.08，年度检测费用比值调整至3.2%。

（8）10 kV避雷器，增加避雷器抽检数量至230只/年（抽检比例0.5%），结合上述调整品类检测项目并考虑高检出项目，主要针对雷电冲击残压、雷电冲击电流耐受、局部放电、密封性、串联间隙工频耐受、串联间隙雷电冲击放电、直流参考电压、脱离装置可靠性、脱离器长时冲击电流耐受等项目开展检，单件费用比值控制到0.8，年度检测费用比值调整至9.7%。

（9）站用蓄电池，调减蓄电池抽检批次70组/年（抽检比例20%），但增加每批次抽检数量（批抽检须至少抽检6只蓄电池）。结合上述调整品类检测项目并考虑高检出项目，主要针对容量、内阻、端电压均衡性、热失控、密封性、正极板厚度、电解液密度、抗机械破损能力、耐高电流能力、再充电性能、质量等项目开展检，单件费用比值控制到1，年度检测费用比值调整至3.7%。

（10）金具，总体抽检比例万分之一，调减金具检测量至450件/年，结合上述调整品类检测项目并考虑高检出项目，主要针对结构尺寸、材质分析、焊缝质量、机械性能、镀层厚度等项目开展检，单件费用比值控制到0.2，年度检测费用比值调整至4.7%。

（11）塔材（含铁附件），调减塔材检测量至300件/年，结合运行问题及高检出项目，主要针对锌层厚度、规格尺寸、焊缝质量、机械性能、加工精度、化学成分等项目开展检，单件费用比值控制到0.15，年度检测费用比值调整至2.4%。

（12）导线，调减导线检测量至20件/年，结合运行问题及高检出项目，主要针对导线拉断力、锌层质量、节径比、单线电导率、单线力学性能、单线直径、绞合质量、化学成分、抗拉强度、扭转卷绕试验等项目开展检，单件费用比值控制到0.3，年度检测费用比值调整至0.3%。

（13）光缆，增加送样长度，保持检测量6批次/年，结合运行问题及高检出项目，主要针对结构尺寸、盐雾、抗腐蚀、压扁、冲击、反复弯曲、扭转、拉伸强度、温度循环、应力应变等项目开展检，单件费用比值控制到1，年度检测费用比值调整至0.3%。

（14）无人机，增加检测量至8架/年（抽检比例1%），主要针对飞行性能、抗电磁干扰性能、动力电池性能、环境适应性能等项目开展检，单件费用比值控制到3，年度检测费用比值调整至1.3%。

7.3.3 探索品控新方式

（1）减少检测，提升督导。

结合对16个品类的不合格项分析，通过强化供货前的质量宣介、出厂督导，贯穿信息及时传递，可以大幅度避免因重视不够、信息沟通不畅、滞后而带来的供货批次产品不合格问题出现。如新入围6个智能柱开厂家的前端检测及赴厂里监督。

（2）弱化到货检测，强化专项检测。

结合对16个品类的运行缺陷故障及品控不合格项分析，完全可以轮转针对如配变温升、密封、耐压冲击、图纸审核、抗短路，柱开控制器保护逻辑，站内空气开关柜间距，跌落式熔断器，10 kV 避雷器电流冲击等品类及检测项目开展专项检测。对于到货抽检，减样品数量、精测试项目、多人工核查、依托调试验收。

（3）强化运行物资质量导致的批次共性缺陷故障供应商考核。

设备投运后缺陷故障频发，部分产品甚至出现批次性故障，严重影响了电网的安全稳定运行，但对物资供应厂家的处置却不够。通过分析，造成投运后问题多发的原因主要有：

① 品控检测项目聚焦于短期性能的检测，而设备在运行中长期受到电、磁、热、力等的综合作用，这些长期性能的在品控检测时难体现。

② 品控检测只能反映检测时的性能或质量，对于设计缺陷、结构工艺性缺陷、材料缺陷、渐变性缺陷等无能为力。

③ 各运行单位信息沟通不畅，省公司层面未能及时掌握具体缺陷故障情况，并分析出批次、共性问题。

综上所述，由于投运前后的设备运行环境差异甚大，品控检测具有一定的偶然性，不能百分百反映设备性能和质量水平，只有通过投运后的运行跟踪和缺陷故障时的检测分析，才能掌握设备运行状态、搞清缺陷故障的真正原因，以便制定针对性措施，减少同类缺陷故障的发生。

因此，开展和强化投运后的缺陷故障检测，十分必要。对投运后设备（含老旧设备）的缺陷故障在常态分析处置基础上，可对典型（批次）缺陷故障物资、抽取同型同批在运物资、抽取库存同型同批物资，安排专题品控检测比对分析，确定物资供应商责任，校核供应商对供货物资全寿期的质量保证承诺。

（4）提高检测结果信息分享，完善不合格品的履约批次。

畅通信息的及时传递，冻结样品对应批次物资使用，紧盯样品检测结果：第一时间传递合格结论，并解冻样品对应批次使用；对于样品不合格项一旦出现，不必等待完整检测结果出来，应同步样品不合格项信息传递，启动合同排查，明确批次范围，待样品不合格结论明确时，合同排查及批次确定，以及结论建议同步出具。

（5）推动移动检测能力评估应用。

目前云网的品控检测工作，依据采购计划及到货时间，抽样派货至检测机构，因路途远近不一，响应效率仍有较大的提升空间。结合检测项目精准度、仪器便携度，提出移动检测能力评估应用要求。经对检测机构品类检测项征求意见，并结合关键检测项，理出主要品类设备可开展移动检测的项目（详细项目清单见附表 2 配电物资移动检测建议），总检测项目 251 项，可移动的检测项目 118 项（占比 47.0%），196 个关键项目中有 77 个可通过移动检测开展（占比 39.3%），各品类概况如表 7-5 所示。

表 7-5 品控检测主要品类可移动检测项目统计

序号	品类	总检测项目	关键项目	可移动检测总项目	可移动检测的关键项目
1	配变	12	11	5	4
2	柱上开关	15	13	13	11
	配电自动化成套装备	44	42	35	33
3	地面箱柜	12	9	10	7
4	电缆	26	26	2	1
	电缆附件	7	5	2	0
5	绝缘子	9	6	4	1
6	跌落式熔断器	7	5	4	2
7	混凝土电杆	6	5	4	3
8	10 kV 避雷器	7	7	6	6
9	站用蓄电池	11	8	3	0
10	金具	12	5	8	2
11	塔材（含铁附件）	11	6	8	4
12	导线	15	5	4	1
13	光缆	31	27	4	0
14	无人机	26	16	6	2
合计		251	196	118	77

附　　录

附表 1　配电设备品控检测项目建议

序号	品类	存在问题	检测项目	检测量及检测费
1	配变	① 检测项目未能覆盖故障缺陷，部分关键项目缺失； ② 检测量少，与设备数、运行情况不匹配	① 调整“感应电压试验”“温升试验”“雷电冲击试验”“声级测定”“绝缘油试验”“密封试验”等项目由“可选”为“必做”； ② 增加“设计图纸（型式产品）与样品一致性”吊芯检查、“密封圈（垫）材质”“油中溶解气体分析”“短路承受能力”“变压器能效定级”等项目； ③ 修改绝缘油试验“投运前”为“绝缘试验前后各开展一次，并对比检测结果”； ④ 对于干变，还应增加外观检查部分项目，如垫块、温控装置、螺栓配置、绝缘距离、同心情况尺寸测量；增加铁芯、夹件、穿芯螺栓绝缘电阻测量	增加抽检比例（抽检比例 3%）和检测费用。抽检应该覆盖每一供货批次，每批次至少 1 台，对供货量大的批次应增加抽检量，抽检总量增加至 125 台/年，结合上述调整品类检测项目并考虑高检出项目，主要针对密封、温升、雷电冲击、感应耐压、绝缘油、声级、空负载、短路阻抗、图实核查等项目开展检测，单台费用比值控制到 1.6，年度检测费用比值调整至 10.5%
2	柱上开关	检测量少，检测量与设备数、运行情况不匹配	无优化	保持柱开抽检量 30 台/年（抽检比例 1%），考虑运行问题及高检出项目，主要针对工频耐压、雷电冲击、机械特性、操作机构检查、防锈工艺等项目开展检测，单台检测费控制到约 0.8 万/台；增加自动化装备抽检量至 60 台/年（抽检比例 2%），考虑运行问题及高检出项目，主要针对硬件配置、软件功能、保护逻辑功能、通信稳定性、环境防护能力等项目开展检测，单件费用比值控制到 3.5，年度检测费用比值调整至 12.4%
	配电自动化成套装备	检测量少，不合格率很高，设备质量不佳	无优化	
3	地面箱柜	① 检测量较大，但不合格率较低，连续多年无检出，检测在生产企业内进行，检测效果不佳； ② 对于箱柜内设备、电缆头等无配套检测项目； ③ 运行中受潮凝露问题严重、绝缘裕度不足，但无相关检测考核	① 地面箱柜检测运送至第三方检测机构开展； ② 增加配套设备（电缆附件、避雷器、互感器）的检测项目与检测要求； ③ 增加凝露污秽方面的考核项目，增加“局部放电”项目； ④ 增加“绝缘尺寸、距离”测量项目	调减地面箱柜检测量至 20 面/年（抽检比例 1%），但需运送至检测机构开展，结合上述调整品类检测项目并考虑高检出项目，主要针对防潮防污、雷电冲击、局部放电、绝缘尺寸、电缆头配套物资等项目开展检测，单件费用比值控制到 1.15，年度检测费用比值调整至 1.2%

续表

序号	品类	存在问题	检测项目	检测量及检测费
4	电缆	电缆本体的检测偏向于尺寸及工艺的检查，缺少对整体电气性能的检测	增加电缆整体电气性能的检测项目	调减电缆本体抽检量至 50 根/年，结合运行问题及高检出项目，主要针对各层结构尺寸、机械性能、绝缘材料性能、交流耐压、局部放电等项目开展检测，单件费用比值控制到 1.1，年度检测费用比值调整至 2.9%；增加电缆附件抽检量至 90 件/年（抽检比例 0.5%），结合运行问题及高检出项目，主要针对结构尺寸、落锤冲击、压扁试验、交流耐压、冲击电压、局部放电、热循环试验等项目开展检测，单件费用比值控制到 0.5，年度检测费用比值调整至 2.4%
	电缆附件	检测量少，检出率较高，但是对于电缆终端、电缆头等缺陷故障高发的主要附件无任何检出	无优化	
5	绝缘子	① 检测项目未能覆盖故障缺陷，重要电气性能考核项目缺失； ② 针式绝缘子检测量过多； ③ 大量品类绝缘子抽检无检出	① 对瓷悬式、瓷柱式（瓷横担）和蝶式绝缘子抽检增加“雷电冲击试验”； ② 对瓷柱式（瓷横担）绝缘子、蝶式绝缘子抽检增加“工频电压试验”； ③ 取消“针式绝缘子”抽检	总体抽检比例万分之一，调减对对瓷柱式、瓷横担及瓷悬式绝缘子（以上三种绝缘子为防雷整治工作推荐使用产品）抽检力度，检测量为 300 只/年；调减盘型悬式、玻璃、复合等品类绝缘子检测数量至 100 只/年，取消“针式绝缘子”抽检。结合上述调整品类检测项目并考虑高检出项目，主要针对雷电冲击、机械破坏负荷、弯曲破坏、工频击穿耐受、孔隙性、温度循环、镀层试验等项目开展检，单件费用比值控制到 0.25，年度检测费用比值调整至 5.3%
6	跌落式熔断器	① 检测项目未能覆盖故障缺陷，部分关键项目缺失； ② 检测量少，与设备数、运行情况不匹配	① 调整“温升试验”“雷电冲击试验”“时间-电流特性试验”等项目由“可选”为“必做”； ② 增加外观尺寸方面“熔管与其固定件尺寸匹配检查”“熔丝扎伤情况检查”“载熔件金属转角处光洁情况检查”“瓷柱缓冲层检查”“爬电距离测量”“接线端子尺寸测量”等项目； ③ 增加瓷柱“温度循环试验”“孔隙型试验”（抽样原则参考绝缘子）； ④ 增加规范书内容“触头结构采用凸凹压紧＋弹簧结构检查”“材质检查”“防腐工艺检查”“防弧帽配置检查”等项目	总体抽检比例 0.5%，取消 **RW11** 型及以下型号的检测，对供货量大的批次应增加抽检量，增加抽检量至 200 只/年，结合上述调整品类检测项目并考虑高检出项目，主要针对雷电冲击、温升、时间-电流特性、结构尺寸、触头材质、防腐工艺等项目开展检，单件费用比值控制到 0.6，年度检测费用比值调整至 6.3%

续表

序号	品类	存在问题	检测项目	检测量及检测费
7	混泥土电杆	抽检量过大，与运行缺陷故障不匹配	开展不定期的工地电杆抽检	调减混泥土电杆检测量至750根/年（抽检比例0.5%），结合运行问题及高检出项目，主要针对防腐措施、力学性能（抗裂性能、承载能力）、尺寸偏差、保护层厚度、混泥土抗压强度等项目开展检，单件费用比值控制到0.08，年度检测费用比值调整至3.2%
8	10 kV避雷器	① 检测项目未能覆盖故障缺陷，部分重要项目缺失； ② 检测量少，检出率低	① 增加“8/20 μs雷电冲击残压”“4/10 μs大电流冲击”检测项目，并将此部分试验缺陷定级为A级；增加“密封性试验”“局部放电试验”检测项目；对串联间隙避雷器增加“工频放电电压试验”和“雷电冲击放电电压试验”； ② 核查跌落装置金属部件的材质，并对软连接地线压接端子开展外观及尺寸检查、拉力试验、直流电阻试验，对脱离器增加“长持续时间冲击电流耐受试验”	增加避雷器抽检数量至230只/年（抽检比例0.5%），结合上述调整品类检测项目并考虑高检出项目，主要针对雷电冲击残压、雷电冲击电流耐受、局部放电、密封性、串联间隙工频耐受、串联间隙雷电冲击放电、直流参考电压、脱离装置可靠性、脱离器长时冲击电流耐受等项目开展检，单件费用比值控制到0.8，年度检测费用比值调整至9.7%
9	蓄电池	① 部分重要性能项目未开展； ② 单批抽检量少，无法开展全部检测项目	增加“抗机械破损能力检测”“耐高电流能力检测”“端电压的均衡性检测”“再充电性能检测”“热失控敏感性检测”“正极板栅投铅量检测”等项目	调减蓄电池抽检批次70组/年（抽检比例20%），但增加每批次抽检数量（批抽检须至少抽检6只蓄电池）。结合上述调整品类检测项目并考虑高检出项目，主要针对容量、内阻、端电压均衡性、热失控、密封性、正极板厚度、电解液密度、抗机械破损能力、耐高电流能力、再充电性能、质量等项目开展检，单件费用比值控制到1，年度检测费用比值调整至3.7%
10	金具	抽检量大，但检出率低，与运行情况不匹配	① 增加“特殊镀层厚度及成分”“焊缝金具和铸造金具”检测项目； ② 扩充新型材料产品的材质性能检测	总体抽检比例万分之一，调减金具检测量至450件/年，结合上述调整品类检测项目并考虑高检出项目，主要针对结构尺寸、材质分析、焊缝质量、机械性能、镀层厚度等项目开展检，单件费用比值控制到0.2，年度检测费用比值调整至4.7%

续表

序号	品类	存在问题	检测项目	检测量及检测费
11	塔材（含铁附件）	抽检量大，但检出率低，大部分品类多年无检出	调整“塔材锌层质量”由送货抽检改为到货抽检（到施工现场进行抽检）	调减塔材检测量至300件/年，结合运行问题及高检出项目，主要针对锌层厚度、规格尺寸、焊缝质量、机械性能、加工精度、化学成分等项目开展检，单件费用比值控制到0.15，年度检测费用比值调整至2.4%
12	导线	抽检量大，但检出率低，大部分品类多年无检出，与运行情况不匹配	无优化	调减导线检测量至20件/年，结合运行问题及高检出项目，主要针对导线拉断力、锌层质量、节径比、单线电导率、单线力学性能、单线直径、绞合质量、化学成分、抗拉强度、扭转卷绕试验等项目开展检，单件费用比值控制到0.3，年度检测费用比值调整至0.3%
13	光缆	送样长度不足，抽检标准要求的部分项目实际未开展	增加送样长度至50 m	增加送样长度，保持检测量6批次/年，结合运行问题及高检出项目，主要针对结构尺寸、盐雾、抗腐蚀、压扁、冲击、反复弯曲、扭转、拉伸强度、温度循环、应力应变等项目开展检，单件费用比值控制到1，年度检测费用比值调整至0.3%
14	无人机	检测量少，未发现问题	无优化	增加检测量至8架/年（抽检比例1%），主要针对飞行性能、抗电磁干扰性能、动力电池性能、环境适应性能等项目开展检，单件费用比值控制到3，年度检测费用比值调整至1.3%

附表 2　配电物资移动检测建议

序号	品类	检测项目	可开展移动式检测项目	关键项目
1	配变	外观检查	√	×
		绝缘电阻测量	√	√
		绕组直流电阻测量	√	√
		电压比测量和联结组标号检定	√	√
		外施耐压试验	√	√
2	柱开	外观检查	√	×
		绝缘电阻测量	√	√
		回路电阻测量	√	√
		机械操作试验	√	√
		机械特性试验	√	√
		主回路工频耐压试验	√	√
		辅助和控制回路的绝缘试验	√	√
		三相电流互感器伏安特性检测	√	√
		电流互感器变比和精度试验	√	√
		电压互感器外观检验	√	×
		电压互感器绝缘试验	√	√
		电压互感器变比精度测试	√	√
		分合闸速度及反弹幅值测量	√	√
3	配电自动化装备	设备标示检查	√	×
		终端外观及结构检查	√	×
		航空插头检查	√	√
		装置运行状态指示检查	√	√
		终端电源检查	√	√

续表

序号	品类	检测项目	可开展移动式检测项目	关键项目
3	配电自动化装备	遥测要求检查	√	√
		遥测输入量基本误差检测	√	√
		遥测越限告警功能检测	√	√
		遥信功能检测	√	√
		事件顺序记录站内分辨率检测	√	√
		开入量防抖动功能检测	√	√
		遥控正确性检测	√	√
		遥控保持时间设置功能检测	√	√
		遥控异常自诊断功能检测	√	√
		对时功能检测	√	√
		通信功能检测	√	√
		无线通信模块检测	√	√
		数据处理及传送功能检测	√	√
		调试和维护功能检测	√	√
		远方和就地切换功能检测	√	√
		自诊断自恢复功能检测	√	√
		雪崩处理能力检测	√	√
		过流保护功能检测	√	√
		零序电流保护功能检测	√	√
		重合闸保护功能检测	√	√
		闭锁二次重合闸功能检测	√	√
		保护及重合闸投退功能检测	√	√
		就地馈线自动化功能	√	√

续表

序号	品类	检测项目	可开展移动式检测项目	关键项目
3	配电自动化装备	控制器绝缘电阻试验	√	√
		二次安全防护设备试验	√	√
		录波功能试验	√	√
		遥测正确性检测	√	√
		遥信正确性检测	√	√
		遥控正确性检测	√	√
		保护功能检测	√	√
4	地面箱柜	外观检查	√	×
		主回路电阻测量	√	√
		机械操作试验	√	√
		机械特性试验	√	√
		五防试验	√	√
		接地金属部件的接地连续性试验	√	×
		防护等级验证	√	×
		辅助和控制回路工频耐压试验	√	√
		主回路工频耐压试验	√	√
		触头镀银层检测	√	√
5	10 kV 及以下电力电缆	导体单丝根数	√	√
		标志检查	√	×
6	电缆附件	标志外观检查	√	×
		结构尺寸检查	√	×
7	跌落式熔断器	尺寸检查	√	×
		偏差检查	√	√
		锁紧销检查	√	×
		镀层试验	√	×

续表

序号	品类	检测项目	可开展移动式检测项目	关键项目
8	跌落式熔断器	外观及尺寸检查	√	×
		主回路电阻试验	√	√
		主回路 1 min 工频耐压试验	√	√
		载熔件的跌落试验	√	×
9	混凝土电杆	力学性能	√	√
		外观质量	√	×
		保护层	√	√
		尺寸偏差	√	√
10	10 kV 避雷器	直流参考电压试验	√	√
		0.75 倍直流参考电压下漏电流	√	√
		持续电流试验	√	√
		工频参考电压试验	√	√
		局部放电试验	√	√
		绝缘电阻测量	√	√
11	站用蓄电池	外观	√	×
		质量	√	×
		极性	√	×
12	金具	外观检查	√	×
		尺寸检查	√	√
		组装	√	×
		锌层外观质量	√	×
		锌层厚度	√	√
		锌层附着强度	√	×
		渗透检测	√	×
		射线检测	√	×
13	塔材	外形尺寸	√	√
		锌层外观质量	√	×

续表

序号	品类	检测项目	可开展移动式检测项目	关键项目
13	塔材	锌层厚度	√	√
		锌层附着性	√	×
		零部件加工精度	√	√
		焊缝内部质量	√	√
		焊缝外部质量	√	×
		试组装	√	×
14	导线	结构尺寸	√	√
		表面质量	√	×
		绞合质量	√	×
		单位重量	√	×
15	光缆	光缆结构完整性及外观	√	×
		光纤、松套管识别色谱	√	×
		OPGW 各层绞合节距	√	×
		OPGW 外径	√	×
16	无人机	飞行性能-自检功能	√	√
		飞行性能-任务规划功能	√	√
		其他-资料检查	√	×
		其他-外观特性	√	×
		其他-操作性	√	×
		其他-维修性	√	×

附表 3　2018—2020 年云网品控检测清单

品类		2018 年				2019 年				2020 年			
		检测费用比值	检测数量	不合格数	检出率	检测费用比值	检测数量	不合格数	检出率	检测费用比值	检测数量	不合格数	检出率
总品类合计		100.0%	8536	294	3.44%	99.8%	8788	388	4.42%	129.6%	6384	480	7.52%
16 个主要品类合计		79.8%	8162	271	3.32%	88.6%	8335	373	4.48%	97.0%	5925	466	7.86%
变压器	10 kV 变压器	7.4%	56	12	21.43%	2.7%	65	10	15.38%	4.2%	48	2	4.17%
柱上开关	10 kV 柱上断路器	0.0%				0.9%	24	0	0.00%	1.8%	15	3	20.00%
	10 kV 隔离开关		14	0	0.00%		1	0	0.00%		20	0	0.00%
	交流断路器		1	0	0.00%						1	0	0.00%
自动化成套装备	配电自动化成套设备（真空柱上断路器）	0.0%	21	17	80.95%	4.4%				2.2%			
	配网自动化站所终端						2	0	0.00%				
	配电自动化终端（含故障指示器）						15	6	40.00%		6	0	0.00%
地面箱柜	10 kV 高压开关柜	1.0%	75	1	1.33%	1.6%	44	0	0.00%	2.4%	15	0	0.00%
	10 kV 环网柜		25	0	0.00%		18	0	0.00%				
	户外开关箱		12	0	0.00%		6	0	0.00%		7	0	0.00%
	35 kV 高压开关柜		11	0	0.00%		8	0	0.00%		18	0	0.00%
	低压开关柜		7	0	0.00%		5	0	0.00%				

续表

品类		2018年				2019年				2020年			
		检测费用比值	检测数量	不合格数	检出率	检测费用比值	检测数量	不合格数	检出率	检测费用比值	检测数量	不合格数	检出率
电缆	110 kV 交流电力电缆	2.7%	1	0	0.00%	2.9%	19	2	10.53%	8.3%	40	1	2.50%
	35 kV 交流电力电缆		12	0	0.00%		1	0	0.00%		1	0	0.00%
	10 kV 交流电力电缆		41	10	24.39%								
	低压电缆		48	1	2.08%		29	0	0.00%		17	0	0.00%
	阻燃控制电缆										58	26	44.83%
电缆附件	220 kV 交流电力电缆附件	0.3%	4	0	0.00%	0.7%				0.7%			
	35 kV 交流电力电缆附件		12	0	0.00%								
	10 kV 交流电力电缆附件		7	0	0.00%		5	0	0.00%		7	0	0.00%
	1/0.6 kV 电缆附件		6	0	0.00%		5	0	0.00%		5	0	0.00%
	电缆保护管						3	0	0.00%		8	7	87.50%
绝缘子	瓷绝缘子	18.7%	1582	187	11.82%	20.3%	1160	153	13.19%	30.5%	1360	111	8.16%
	交流盘型悬式绝缘子		891	0	0.00%		1058	0	0.00%		287	0	0.00%
	交流复合绝缘子		133	0	0.00%		39	0	0.00%				
	10～500 kV 复合绝缘子		14	0	0.00%		66	0	0.00%				
	合成悬式棒型绝缘子		6	0	0.00%								
跌落式熔断器	10 kV 熔断器（包含跌落开关）	1.5%	11	1	9.09%	0.1%	28	4	14.29%	1.7%	24	0	0.00%
混凝土电杆	混凝土电杆	6.4%	1566	0	0.00%	8.4%	1640	160	9.76%	7.1%	1560	250	16.03%
避雷器	10 kV 避雷器	0.0%	13	0	0.00%	1.0%	50	1	2.00%	4.5%	52	0	0.00%
站用蓄电池	铅酸蓄电池	0.0%	36	0	0.00%	6.9%	181	17	9.39%	10.6%	142	9	6.34%

续表

品类		2018 年				2019 年				2020 年			
		检测费用比值	检测数量	不合格数	检出率	检测费用比值	检测数量	不合格数	检出率	检测费用比值	检测数量	不合格数	检出率
金具	线路金具	24.2%	1370	37	2.70%	16.1%	551	6	1.09%	7.5%	659	0	0.00%
	35 kV 及以下电压等级线路金具		425	0	0.00%		390	0	0.00%				
	变电金具		12	0	0.00%						21	0	0.00%
	光缆金具		51	0	0.00%								
	ADSS、OPGW 光缆配套金具		3	0	0.00%		39	0	0.00%		6	0	0.00%
塔材（含铁附件）	交流钢管杆	13.1%	12	4	33.33%	19.9%	22	0	0.00%	13.0%	66	0	0.00%
	交流角钢塔		967	1	0.10%		2112	0	0.00%				
	交流钢管塔		1	0	0.00%		127	0	0.00%		1064	0	0.00%
	35 kV 及以下电压等级铁附件		105	0	0.00%		210	12	5.71%		224	57	25.45%
	35 kV 及以下电压等级交流角钢塔		23	0	0.00%		152	0	0.00%		114	0	0.00%
	交流变电站钢结构		264	0	0.00%		172	0	0.00%				
导线	铝绞线	2.7%	257	0	0.00%	1.5%	56	1	1.79%	1.2%	70	0	0.00%
	镀锌钢绞线		6	0	0.00%		3	0	0.00%				
光缆	管道光缆	1.8%	43	0	0.00%	0.6%				0.4%			
	光纤复合架空地线光缆（OPGW）		13	0	0.00%		16	0	0.00%		5	0	0.00%
	ADSS 光缆		5	0	0.00%		11	1	9.09%		1	0	0.00%
无人机	无人机	0.0%				0.6%	2	0	0.00%	0.8%	4	0	0.00%

注：2018 年部分品类检测费用为检测单位打包总值，未作小品类细分，因此有检测数量但无检测费的情形；为方便统计，类似微小占比费用作忽略处理。

参考文献

[1] 刘屏周. 工业与民用供配电设计手册[M]. 北京：中国电力出版社，2016.

[2] 韩伯锋. 电力电缆试验及检测技术[M]. 北京：中国电力出版社，2007.

[3] 胡启凡. 变压器试验技术[M]. 北京：中国电力出版社，2010.

[4] 刘东. 配电自动化系统试验[M]. 北京：中国电力出版社， 2004

[5] 项恩新. 高原中性点非有效接地真型配电网试验平台建设[R]. 云南电网有限责任公司电力科学研究院，2019.

[6] 董涛. 配电变压器智能检测平台[R]. 云南电网有限责任公司电力科学研究院，2018.

[7] 莫文雄. 中低压关键电力设备检测技术与智能柔性检测装备研究与应用[R]. 广东电网有限责任公司广州供电局电力试验研究院，2019.

[8] 朱孟周. 电力设备柔性检测关键技术研究、成套装备研发及应用[R]. 国网江苏省电力公司电力科学研究院，2015.

[9] 中华人民共和国国家质量监督检验检疫总局.电力变压器 第 1 部分 总则：GB/T 1094.1—2013[S]. 北京：中国标准出版社，2013.

[10] 中华人民共和国国家质量监督检验检疫总局.电力变压器 第 2 部分 液浸式变压器的温升：GB/T 1094.2—2013[S]. 北京：中国标准出版社，2013.

[11] 中华人民共和国国家质量监督检验检疫总局.电力变压器 第 3 部分 绝缘水平、绝缘试验和外绝缘空气间隙：GB/T 1094.3—2017[S]. 北京：中国标准出版社，2017.

[12] 中华人民共和国国家质量监督检验检疫总局. 电力变压器 第 4 部分 电力变压器和电抗器的雷电冲击和操作冲击试验导则：GB/T 1094.4—2005[S]. 北京：中国

标准出版社，2005.

[13] 中华人民共和国国家质量监督检验检疫总局. 油浸式电力变压器技术参数和要求：GB/T 6451—2015[S]. 北京：中国标准出版社，2015.

[14] 中华人民共和国国家发展和改革委员会. 电力变压器试验导则：JB/T 501—2006[S]. 北京：机械工业出版社，2006.

[15] 国家能源局.配电网自动化系统远方终端：DL/T 721—2013[S]. 北京：中国电力出版社，2013.

[16] 中华人民共和国国家质量监督检验检疫总局. 3.6 kV ~ 40.5 kV 高压交流负荷开关：GB/T 3804—2017[S]. 北京：中国标准出版社，2018.

[17] 国家市场监督管理总局. 3.6 kV ~ 40.5 kV 交流金属封闭开关设备和控制设备：GB/T 3906—2020[S]. 北京：中国标准出版社，2020.

[18] 国家能源局. 高压开关设备的控制设备标准的共用技术要求：DL/T 593—2016[S]. 北京：中国电力出版社，2016.

[19] 中华人民共和国国家质量监督检验检疫总局. 电缆和光缆绝缘和护套材料通用试验方法：GB/T 2951—2008[S]. 北京：中国标准出版社，2008.

[20] 中华人民共和国国家质量监督检验检疫总局.电线电缆电性能试验方法：GB/T 3048—2007[S]. 北京：中国标准出版社，2008.

[21] 中华人民共和国国家质量监督检验检疫总局.额定电压 1 kV(U_m = 1.2 kV)到 35 kV(U_m = 40.5 kV)挤包绝缘电力电缆及附件：GB/T 12706—2008[S]. 北京：中国标准出版社，2008.

[22] 中华人民共和国国家质量监督检验检疫总局.高压绝缘子瓷件 技术条件：GB/T 772—2005[S]. 北京：中国标准出版社，2006.

[23] 中华人民共和国国家质量监督检验检疫总局. 标称电压高于1000 V的架空线路绝缘子：GB/T 1001—2010[S]. 北京：中国标准出版社，2011.

[24] 国家市场监督管理总局.标称电压高于1000 V的架空线路绝缘子 交流系统用瓷或玻璃绝缘子件 盘形悬式绝缘子件的特性：GB/T 7253—2019[S]. 北京：中国质检出版社，2019.

[25] 国家市场监督管理总局. 高压交流熔断器 第 1 部分 术语：GB/T 15166.1—2019[S]. 北京：中国标准出版社，2019.

[26] 中华人民共和国国家质量监督检验检疫总局. 交流高压熔断器 喷射式跌落式熔断器：GB/T 15166.3—2008[S]. 北京：中国标准出版社，2009.
[27] 国家能源局. 高压交流跌落式熔断器：DL/T 640—2019[S]. 北京：中国电力出版社，2019.
[28] 中华人民共和国国家质量监督检验检疫总局.金属材料拉伸试验 第1部分：室温试验方法：GB/T 228.1—2010[S]. 北京：中国标准出版社，2011.
[29] 中华人民共和国国家质量监督检验检疫总局. 金属材料弯曲试验方法：GB/T 232—2010[S]. 北京：中国标准出版社，2011.
[30] 中华人民共和国国家质量监督检验检疫总局. 环形混凝土电杆：GB/T 4623—2014[S]. 北京：中国标准出版社，2014.
[31] 中华人民共和国国家质量监督检验检疫总局. 预应力混凝土用钢绞线：GB/T 5224—2014[S]. 北京：中国标准出版社，2014.
[32] 中华人民共和国国家质量监督检验检疫总局. 金属覆盖层 钢铁制件热浸镀锌层技术要求及试验方法：GB/T 13912—2020[S]. 北京：中国标准出版社，2020.
[33] 中华人民共和国国家质量监督检验检疫总局.预应力混凝土用钢材试验方法：GB/T 21839—2019[S]. 北京：中国标准出版社，2019.
[34] 中华人民共和国国家质量监督检验检疫总局. 交流无间隙金属氧化物避雷器：GB/T 11032—2020 [S]. 北京：中国标准出版社，2020.
[35] 中华人民共和国国家质量监督检验检疫总局. 交流1 kV以上架空输电和配电线路用带外串联间隙金属氧化物避雷器：GB/T 32520—2016[S]. 北京：中国标准出版社，2016.
[36] 中华人民共和国国家质量监督检验检疫总局. 固定型阀控式铅酸蓄电池：GB/T 19638—2014[S]. 北京：中国标准出版社，2014.
[37] 国家能源局. 电力用固定型阀控式铅酸蓄电池：DL/T 637—2019[S]. 北京：中国电力出版社，2019.
[38] 国家能源局. 电力工程直流电源系统设计技术规程：DL/T 5044—2014[S]. 北京：中国计划出版社，2014.
[39] 中华人民共和国国家质量监督检验检疫总局. 电力金具通用技术条件：GB/T 2314—2008[S]. 北京：中国标准出版社，2009.

[40] 中华人民共和国国家质量监督检验检疫总局. 电力金具试验方法：GB/T 2317—2008[S]. 北京：中国标准出版社，2009.
[41] 国家能源局. 架空线路用预绞式金具技术条件：DL/T 763—2013[S]. 北京：中国电力出版社，2013.
[42] 国家能源局. 全介质自承式(ADSS)光缆用预绞式金具技术条件和试验方法：DL/T 767—2013[S]. 北京：中国电力出版社，2013.
[43] 国家能源局. 光纤复合架空地线（OPGW）用预绞式金具技术条件和试验方法：DL/T 766—2013[S]. 北京：中国电力出版社，2013.
[44] 国家能源局.电力设备 X 射线数字成像检测技术导则：DL/T 1785—2017[S]. 北京：中国电力出版社，2017.
[45] 中华人民共和国国家质量监督检验检疫总局. 接触式超声波脉冲回波测厚方法：GB/T 11344—2008[S]. 北京：中国标准出版社，2008.
[46] 中华人民共和国国家质量监督检验检疫总局. 焊缝无损检测 超声检测 技术、检测等级和评定：GB/T 11345—2013[S]. 北京：中国标准出版社，2013.
[47] 国家质量监督检验检疫总局. 金属覆盖层 钢铁制件热浸镀锌层技术要求及试验方法：GB/T 13912—2002[S]. 北京：中国标准出版社，2002.
[48] 中华人民共和国住房和城乡建设部. 钢结构工程施工质量验收规范：GB 50205—2020[S]. 北京：中国计划出版社，2020.
[49] 中华人民共和国国家质量监督检验检疫总局. 圆线同心绞架空导线：GB/T 1179—2017[S]. 北京：中国标准出版社，2017.
[50] 中华人民共和国国家质量监督检验检疫总局. 架空绞线用镀锌钢线：GB/T 3428—2012[S]. 北京：中国标准出版社，2012.
[51] 中华人民共和国国家质量监督检验检疫总局. 型线同心绞架空导线：GB/T 20141—2018 [S]. 北京：中国标准出版社，2018.
[52] 中华人民共和国国家质量监督检验检疫总局.架空绞线用耐热铝合金线：GB/T 30551—2014 [S]. 北京：中国标准出版社，2014.
[53] 中华人民共和国国家质量监督检验检疫总局. 裸电线试验方法：GB/T 4909—2009[S]. 北京：中国标准出版社，2009.
[54] 王洪林，刘盼，崔庆傲，吴征宇. 故障指示器远程测试系统研究[J]. 电工技术，

2020(16): 75-76.
[55] 戴云航. 配网故障指示器检测系统[J]. 云南电力技术，2016，44(S2):15-16.
[56] 李克文，张大立，吴丽芳，欧世锋，李珊. 配电线路故障指示器检测系统的研发[J]. 广西电力，2015，38(01):20-23.
[57] 李维，王洪林，宋裕，刘盼. 配网馈线自动化(FA)测试常见问题及优化策略探讨[J]. 电工技术，2020(01):118-120.